范例导航系列丛书

Dreamweaver CC 中文版
网页设计与制作(微课版)

文杰书院　编著

清华大学出版社
北　京

内容简介

Dreamweaver CC 是一款集网页制作和管理网站于一身的网页编辑器，是针对专业网页设计师特别开发的视觉化网页开发工具。本书以通俗易懂的语言、翔实生动的操作案例、精挑细选的使用技巧，指导初学者快速掌握 Dreamweaver CC 中文版的基础知识与方法。全书共分为 16 章，主要内容包括网页设计制作基础入门、Dreamweaver CC 轻松入门、创建与管理本地站点、编辑结构清晰的网页信息、在网页中应用图像与多媒体、超链接、使用表格布局页面、应用 CSS 样式美化网页、应用 Div+CSS 布局网页、使用模板和库创建网页、创建表单网页、使用行为创建动态效果、制作 jQuery Mobile 页面、编辑 HTML 代码与实践应用、站点的发布与推广以及设计与制作网站等方面的知识。全书结构清晰、图文并茂，以实战演练的方式介绍知识点，让读者一看就懂。

本书面向学习该软件的初、中级用户，适合无基础又想快速掌握 Dreamweaver CC 入门操作经验的读者，同时对有经验的 Dreamweaver CC 使用者也有很高的参考价值，还可以作为高等院校专业课教材和社会培训机构的培训教材。

图书在版编目(CIP)数据

Dreamweaver CC 中文版网页设计与制作：微课版/文杰书院编著. —北京：清华大学出版社，2019
(范例导航系列丛书)
ISBN 978-7-302-53346-7

Ⅰ. ①D…　Ⅱ. ①文…　Ⅲ. ①网页制作工具　Ⅳ. ①TP393.092.2

中国版本图书馆 CIP 数据核字(2019)第 160045 号

责任编辑：魏　莹
装帧设计：杨玉兰
责任校对：周剑云
责任印制：沈　露
出版发行：清华大学出版社
网　　址：http://www.tup.com.cn, http://www.wqbook.com
地　　址：北京清华大学学研大厦 A 座　　**邮　　编**：100084
社 总 机：010-62770175　　**邮　　购**：010-62786544
投稿与读者服务：010-62776969, c-service@tup.tsinghua.edu.cn
质量反馈：010-62772015, zhiliang@tup.tsinghua.edu.cn
课件下载：http://www.tup.com.cn, 010-62791865
印 装 者：清华大学印刷厂
经　　销：全国新华书店
开　　本：185mm×260mm　　**印　　张**：24.25　　**字　　数**：588 千字
版　　次：2019 年 9 月第 1 版　　**印　　次**：2019 年 9 月第 1 次印刷
定　　价：69.00 元

产品编号：081009-01

致 读 者

“范例导航系列丛书”将成为您“快速掌握电脑技能，灵活运用职场工作”的全新学习工具和业务宝典，通过“**图书+在线多媒体视频教程+网上技术指导**”等多种方式与渠道，为您奉上丰盛的学习与进阶的盛宴。

“范例导航系列丛书”涵盖了电脑基础与办公、图形图像处理、计算机辅助设计等多个领域，本系列丛书汲取目前市面中同类图书作品的成功经验，针对读者最常见的需求进行精心设计，从而让内容更丰富，讲解更清晰，覆盖面更广，是读者首选的电脑入门与应用类学习与参考用书。

热切希望通过我们的努力不断满足读者的需求，不断提高我们的图书编写与技术服务水平，进而达到与读者共同学习，共同提高的目的。

一、轻松易懂的学习模式

我们秉承“**打造最优秀的图书、制作最优秀的电脑学习视频、提供最完善的学习与工作指导**”的原则，在本系列图书编写过程中，聘请电脑操作与教学经验丰富的老师和来自工作一线的技术骨干倾力合作，为您系统化地学习和掌握相关知识与技术奠定扎实的基础。

1. 快速入门、学以致用

本套图书特别注重读者学习习惯和实践工作应用，针对图书的内容与知识点，设计了更加贴近读者学习的教学模式，采用“**基础知识学习+范例应用与上机指导+课后练习与上机操作**”的教学模式，帮助读者从**初步了解**到**掌握**再到**实践应用**，循序渐进地成为电脑应用高手与行业精英。

2. 版式清晰，条理分明

为便于读者学习和阅读本书，我们聘请专业的图书排版与设计师，根据读者的阅读习惯，精心设计了赏心悦目的版式，全书图案精美、布局美观，读者可以轻松完成整个学习过程，进而在愉快的阅读氛围中，快速学习、逐步提高。

3. 结合实践，注重职业化应用

本套图书在内容安排方面，尽量摒弃枯燥无味的基础理论，精选了更适合实际生活与工作的知识点，每个知识点均采用“**基础知识+范例应用**”的模式编写，其中“基础知识”的操作部分偏重在知识学习与灵活运用，“范例应用与上机指导”主要讲解该知识点在实际工作和生活中的综合应用。除此之外，每一章的最后都安排了“课后练习与上机操作”，帮助读者综合应用本章的知识进行自我练习。

二、言简意赅的教学体例

本套图书在编写过程中，注重内容起点低、操作上手快、讲解言简意赅，读者不需要复杂的思考，即可快速掌握所学的知识与内容。同时针对知识点及各个知识板块的衔接，科学地划分章节，知识点分布由浅入深，符合读者循序渐进与逐步提高的学习习惯，从而使学习达到事半功倍的效果。

- **本章要点**：在每章的章首页，我们以言简意赅的语言，清晰地表述了本章即将介绍的知识点，读者可以有目的地学习与掌握相关知识。
- **操作步骤**：对于需要实践操作的内容，全部采用分步骤、分要点的讲解方式，图文并茂，使读者不但可以动手操作，还可以在大量的实践案例练习中，不断提高操作技能和经验。
- **知识精讲**：对于软件功能和实际操作应用比较复杂的知识，或者难于理解的内容，进行更为详尽的讲解，帮助您拓展、提高与掌握更多的技巧。
- **范例应用与上机操作**：读者通过阅读和学习此部分内容，可以边动手操作，边阅读书中所介绍的实例，一步一步地快速掌握和巩固所学知识。
- **课后练习与上机操作**：通过此栏目内容，不但可以温习所学知识，还可以通过练习，达到巩固基础、提高操作能力的目的。

三、精心制作的在线视频教程

本套丛书配套在线多媒体视频教学课程，旨在帮助读者完成“从入门到提高，从实践操作到职业化应用”的一站式学习与辅导过程。读者在阅读本书的过程中，可以使用手机网络浏览器或者微信等工具，扫描每节标题左侧的二维码，即可在打开的视频界面中实时在线观看视频教程，或者将视频课程下载到手机中，也可以将视频课程发送到自己的电子邮箱随时离线学习。

四、图书产品与读者对象

“范例导航系列丛书”涵盖电脑应用各个领域，为读者提供了全面的学习与交流平台，适合电脑的初、中级读者，以及对电脑有一定基础、需要进一步学习电脑办公技能的电脑爱好者与工作人员，也可作为大中专院校、各类电脑培训班的教材。本套丛书具体书目如下。

- Office 2010 电脑办公基础与应用(Windows 7+Office 2010 版)
- Dreamweaver CS6 网页设计与制作
- AutoCAD 2014 中文版基础与应用
- Excel 2010 电子表格入门与应用
- Flash CS6 中文版动画设计与制作
- CorelDRAW X6 中文版平面设计与制作
- Excel 2010 公式・函数・图表与数据分析
- Illustrator CS6 中文版平面设计与制作
- UG NX 8.5 中文版入门与应用
- After Effects CS6 基础入门与应用
- Office 2016 电脑办公基础与应用(Windows 7+Office2016 版)(微课版)
- Dreamweaver CC 中文版网页设计与制作(微课版)
- Flash CC 中文版动画设计与制作(微课版)

五、全程学习与工作指导

为了帮助您顺利学习、高效就业，如果您在学习与工作中遇到疑难问题，欢迎来信与我们及时交流与沟通，我们将全程免费答疑。希望我们的工作能够让您更加满意，希望我们的指导能够为您带来更大的收获，希望我们可以成为志同道合的朋友！

最后，感谢您对本系列图书的支持，我们将再接再厉，努力为读者奉献更加优秀的图书。衷心地祝愿您能早日成为电脑高手！

编　者

前　　言

Adobe 公司的网页设计软件 Dreamweaver 就是当下最流行的 Web 开发工具之一。为帮助读者快速掌握与应用 Dreamweaver CC 软件，以便在工作中学以致用，我们编写了《Dreamweaver CC 中文版网页设计与制作(微课版)》。

一、购买本书能学到什么？

本书为读者快速入门 Dreamweaver CC 提供了一个崭新的学习和实践平台，无论从基础知识安排还是应用能力的训练，都充分地考虑了用户的需求，可以快速达到理论知识与应用能力的同步提高。本书在编写过程中根据电脑初学者的学习习惯，采用由浅入深、由易到难的方式讲解。全书结构清晰、内容丰富，主要内容包括以下 5 个方面。

1. 基础入门

第 1～2 章介绍关于 Dreamweaver CC 的一些基础知识，包括网页的基本要素、网页中的色彩特性以及 Dreamweaver CC 的工作环境等内容。

2. 网页设计与制作

第 3～7 章主要讲解网页设计与制作的内容，全面介绍创建管理站点、在网页中编排文本、使用图像与多媒体丰富网页内容、网页超级链接的应用和使用表格布局页面的方法与技巧。

3. CSS 样式布局页面

第 8～9 章主要讲解利用样式布局页面，介绍认识 CSS 样式表、创建 CSS 样式、将 CSS 应用到网页、应用 CSS+Div 灵活布局网页、CSS 布局方式和使用 AP Div 元素布局页面、使用框架布局页面等方面的方法与技巧。

4. 动态网页设计

第 10~15 章全面讲解动态网页设计方面的知识，包括利用模板和库创建网页、使用行为创建动态效果、使用表单、HTML 代码与时间应用、制作 jQuery Mobile 页面以及站点的发布和推广方面的知识。

5. 网页制作案例

第 16 章通过制作一个完整的网页案例来帮助读者回顾前面所讲的知识点，并达到巩固与提高的目的。

二、如何获取本书的学习资源？

为帮助读者高效、快捷地学习本书知识点，我们不但为读者准备了与本书知识点有关的配套素材文件，而且还设计并制作了精品视频教学课程，同时还为教师准备了 PPT 课件资源。

读者在学习本书过程中，可以使用手机浏览器、QQ或者微信的扫一扫功能，扫描本书各节标题左下角的二维码，在打开的视频播放页面中在线观看视频课程，也可以下载并保存到手机中离线观看。免费赠送的图书配套素材文件和PPT教学课件可登录清华大学出版社官方网站，打开网页后，搜索本书专属服务网页进行下载。

本书由文杰书院组织编写，参与本书编写工作的有李军、袁帅、文雪、李强、高桂华、蔺丹、张艳玲、李统财、安国英、贾亚军、蔺影、李伟、冯臣、宋艳辉等。

我们真切希望读者在阅读本书之后，可以开阔视野，增长实践操作技能，并从中学习和总结操作的经验和规律，达到灵活运用的水平。鉴于编者水平有限，书中纰漏和考虑不周之处在所难免，热忱欢迎读者予以批评、指正，以便我们日后能为您编写更好的图书。

编　者

目 录

第1章 网页设计制作基础入门

本章主要介绍什么是网页、制作网页的常用工具、网页的基本要素、网页相关知识、网页设计中的色彩应用，同时还讲解怎样设计出好的网页。通过对本章内容的学习，读者可以掌握网页设计制作方面的知识，为深入学习 Dreamweaver CC 知识奠定基础。

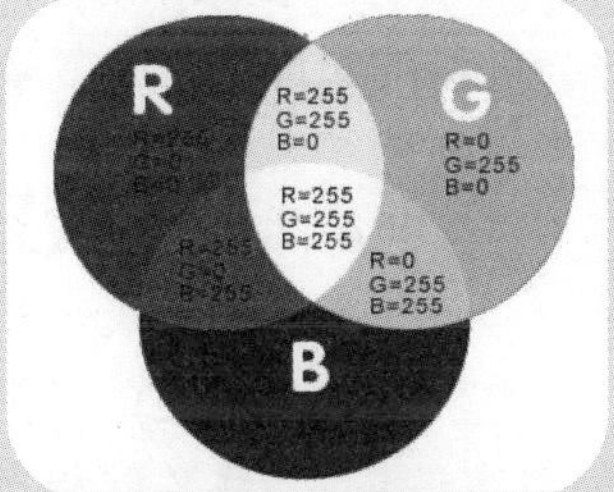

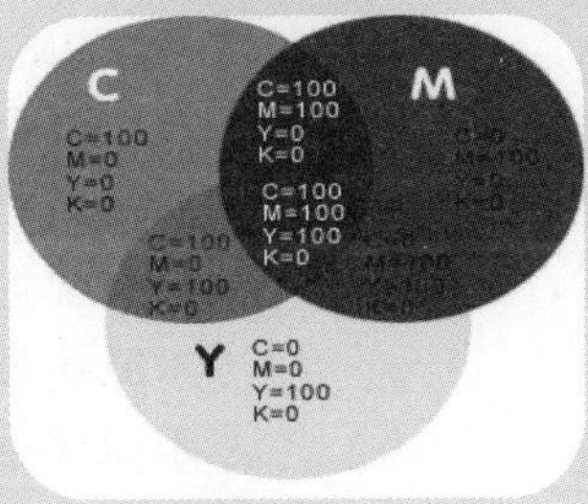

范例导航

1. 什么是网页
2. 制作网页的常用工具
3. 网页的基本要素
4. 网页的相关知识
5. 网页设计中的色彩应用
6. 怎样设计出好的网页

Section 1.1 什么是网页

手机扫描下方二维码，观看本节视频课程

网页是构成网站的基本元素，也是网站信息发布的一种最常见的表现形式。网页主要由文字、图片、动画、音频、视频等内容组成。在学习制作网页之前，首先要了解网页的基础知识。

1.1.1 认识网站与网页

下面详细介绍网站和网页的相关概念，以及网站与网页的关系。

1. 网站

网站(Website)是指在因特网(Internet)上根据一定的规则，使用 HTML(标准通用标记语言下的一个应用)等工具制作的用于展示特定内容的相关网页的集合。

简单地说，网站是一种沟通工具，人们可以通过网站来发布自己想要公开的资讯，或者利用网站来提供相关的网络服务。人们可以通过网页浏览器来访问网站，获取自己需要的资讯或者享受网络服务。

在早期，域名、空间服务器与程序是网站的基本组成部分，随着科技的不断进步，网站的组成也日趋复杂，目前多数网站由域名、空间服务器、DNS 域名解析、网站程序、数据库等组成。

- 域名：域名(Domain Name)，是由一串用点分隔的字母组成的 Internet 上某一台计算机或计算机组的名称。用于在数据传输时标识计算机的电子方位(有时也指地理位置)。域名已经成为互联网的品牌、网上商标保护必备的产品之一。通俗地说，域名就相当于一个家庭的门牌号码，别人通过这个号码可以很容易地找到你。域名系统(Domain Name System，DNS)规定，域名中的标号都由英文字母和数字组成。每一个标号不超过 63 个字符，也不区分大小写字母。标号中除连字符(-)外不能使用其他的标点符号。级别最低的域名写在最左边，级别最高的域名写在最右边。
- 空间：常见网站空间包括虚拟主机、虚拟空间、独立服务器、云主机、VPS(虚拟专用服务器)。虚拟主机是在网络服务器上划分出一定的磁盘空间供用户放置站点、应用组件等，提供必要的站点功能、数据存放和传输功能。所谓虚拟主机，也叫“网站空间”，就是把一台运行在互联网上的服务器划分成多个“虚拟”的服务器。每一个虚拟主机都具有独立的域名和完整的 Internet 服务器(支持 WWW、FTP、E-mail 等)功能。虚拟主机是网络发展的福音，极大地促进了网络技术的应用和普及。同时虚拟主机的租用服务也成了网络时代新的经济形式。虚拟主机的租用类似于房屋租用。VPS 即指虚拟专用服务器(Virtual Private Server)，是将一个服务器分区形成多个虚拟独立专享服务器的技术。每个使用 VPS 技术的虚拟独立服务器拥有各自独立的公网 IP 地址、操作系统、硬盘空间、内存空间、CPU 资源等，还可以进行安装程序、重启服务器等操作，与运行一台独立服务器完全相同。

- 程序源代码：程序即建设与修改网站所使用的编程语言编写的指令序列，换成源代码就是一堆按一定格式书写的文字和符号。源代码是指原始代码，可以是任何语言代码。汇编码是指源代码编译后的代码，通常为二进制文件，比如 DLL、EXE、.NET 中间代码、Java 中间代码等。高级语言通常指 C/C++、Basic、C#、Java、Pascal 等。浏览器就好像程序的编译器，它会帮我们把源代码翻译成看到的模样。

根据网站所用编程语言可将网站分为：ASP 网站、PHP 网站、JSP 网站、ASP. NET 网站等；

根据网站的用途可将网站分为：门户网站(综合网站)、行业网站、娱乐网站等；

根据网站的功能可将网站分为：单一网站(企业网站)、多功能网站(网络商城)等；

根据网站的持有者可将网站分为：个人网站、商业网站、政府网站、教育网站等；

根据网站的商业目的可将网站分为：营利型网站(行业网站、论坛)、非营利型网站(企业网站、政府网站、教育网站)。

2. 网页

网页是构成网站的基本元素，是承载各种网站应用的平台。通俗地说，网站就是由网页组成的，如果只有域名和虚拟主机而没有制作任何网页的话，客户仍旧无法访问网站。

网页是一个包含 HTML 标签的纯文本文件，它可以存放在世界某个角落的某一台计算机中，是万维网中的一页，是超文本标记语言格式(标准通用标记语言的一个应用，文件扩展名为.html 或.htm)。网页通常用图像文件来提供图画。网页要通过网页浏览器来阅读。

网页通常包括文字资料、图像文件及 Applet(在页面内执行的子程序)。超链接网页的合成体为网站。一个网站的开始点为首页。

知识精讲

因特网起源于美国国防部高级研究计划管理局建立的阿帕网。阿帕网于 1968 年开始组建，1969 年第一期工程投入使用。开始时只有 4 个节点。1970 年的 ARPANET(阿帕网)已初具雏形，并且开始向非军用部门开放，许多大学和商业部门开始接入，同时阿帕网在美国东海岸地区建立了首个网络节点。

1.1.2 静态网页

在网站设计中，纯粹使用 HTML(标准通用标记语言下的一个应用)格式的网页通常被称为“静态网页”。静态网页是标准的 HTML 文件，它的文件扩展名是：.htm、.html、.shtml 和.xml 等。静态网页可以包含文本、图像、声音、Flash 动画、客户端脚本和 ActiveX 控件及 Java 小程序等。

静态网页是网站建设的基础，早期的网站一般都是由静态网页制作的。静态网页是相对于动态网页而言，是指没有后台数据库、不含程序和不可交互的网页。静态网页相对更新起来比较麻烦，适用于一般更新较少的展示型网站。容易误解的是静态页面都是 htm 这类页面，实际上静态也不是完全静态，它也可以出现各种动态的效果，如 GIF 格式的动画、

Flash、滚动字幕等。静态网页界面如图 1-1 所示。

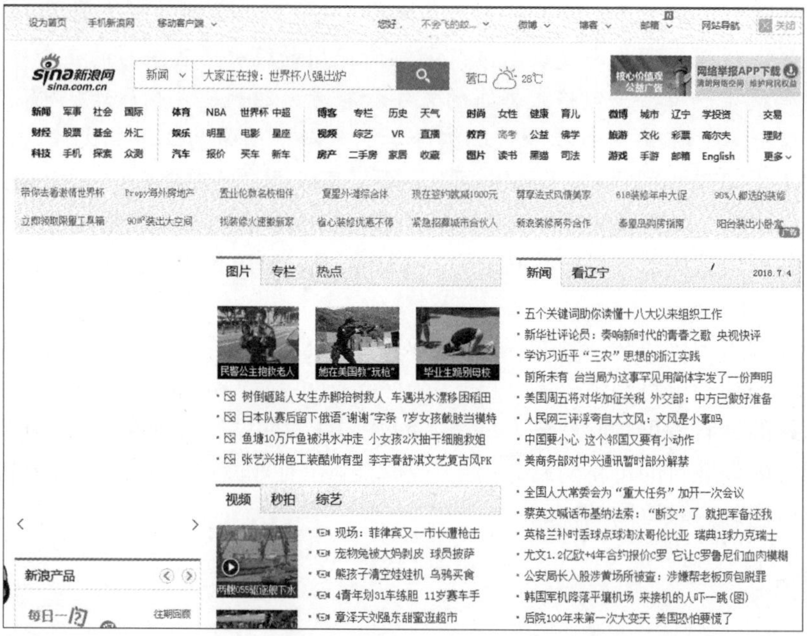

图 1-1

静态网页的特点如下：

- 静态网页每个网页都有一个固定的 URL，且网页 URL 以.htm、.html、.shtml 等常见形式为后缀，而不含有“?”。
- 网页内容一经发布到网站服务器上，无论是否有用户访问，每个静态网页的内容都是保存在网站服务器上的。也就是说，静态网页是实实在在保存在服务器上的文件，每个网页都是一个独立的文件。
- 静态网页的内容相对稳定，因此容易被搜索引擎检索。
- 静态网页没有数据库的支持，在网站制作和维护方面工作量较大，因此当网站信息量很大时完全依靠静态网页制作方式比较困难。
- 静态网页的交互性较差，在功能方面有较大的限制。
- 页面浏览速度较快，过程无须连接数据库。
- 减轻了服务器的负担，工作量减少，意味着降低了维护数据库的成本。

知识精讲

静态网页并不是网页中的元素都是静止不动的，而是指浏览器与服务器端不发生交互的网页。动态网页除了包括静态网页中的元素外，还包括一些应用程序，这些应用程序需要浏览器与服务器之间发生交互行为。

1.1.3 动态网页

所谓的动态网页，是指与静态网页相对的一种网页编程技术。静态网页，随着 HTML 代码的生成，页面的内容和显示效果就基本上不会发生变化了——除非你修改页面代码。而动态网页则不然，页面代码虽然没有变，但是显示的内容却是可以随着时间、环境或者数据库操作的结果而发生改变的。

动态网页是以.aspx、.asp、.jsp、.php、.perl 和.cgi 等形式为后缀，并且在动态网页网址中有一个标志性的符号 “?”。动态网页界面如图 1-2 所示。

图 1-2

Section 1.2 制作网页的常用工具

手机扫描下方二维码，观看本节视频课程

在网页制作中，经常使用的软件包括 Dreamweaver、Flash、Photoshop 和 Fireworks 这 4 种，同时还需要使用一些编程语言如网页标记语言 HTML、网页脚本语言 JavaScript 以及动态网页编程语言 ASP。本节将详细介绍网页制作常用的软件和语言的相关知识。

1.2.1 网页编辑排版软件 Dreamweaver

Dreamweaver 是 Adobe 公司推出的一款网页设计的专业软件，其强大的功能和易操作性使其成为同类开发软件中的佼佼者。

Dreamweaver 是集创建网站和管理网站于一身的专业性网页编辑工具，特点是界面更为友好、人性化和易于操作，可快速生成跨平台及跨浏览器的网页和网站，并且能进行可视化的操作，拥有强大的管理功能，受到广大网页设计师们的青睐，一经推出就好评如潮。

Dreamweaver CC 不仅是专业人士制作网页的首选，而且推广到广大网页制作爱好者中。Dreamweaver CC 是 Adobe 公司推出的最新版本，如图 1-3 所示。

图 1-3

1.2.2 图像制作软件 Photoshop 和 Fireworks

Photoshop 是 Adobe 公司推出的图像处理软件，目前已被广泛应用于平面设计、网页设计和照片处理等领域。随着计算机技术的发展，Photoshop 已经历数次版本更新，功能越来越强大，Photoshop CC 是 Adobe 公司推出的最新版本，如图 1-4 所示。

图 1-4

Fireworks 能快速地创建网页图像，随着版本的不断升级，功能的不断增强，Fireworks 受到越来越多网页图像设计者的欢迎。Fireworks CS6 中文版更是以其方便快捷的操作模式，在位图编辑、矢量图形处理与 GIF 动画制作功能上的优秀整合，赢得业界的诸多好评。使用 Fireworks CS6 在网页图像设计中，除了对相应的页面插入图像进行调整处理外，还可以使用图像进行页面的总体布局，然后使用切片导出，如图 1-5 所示。

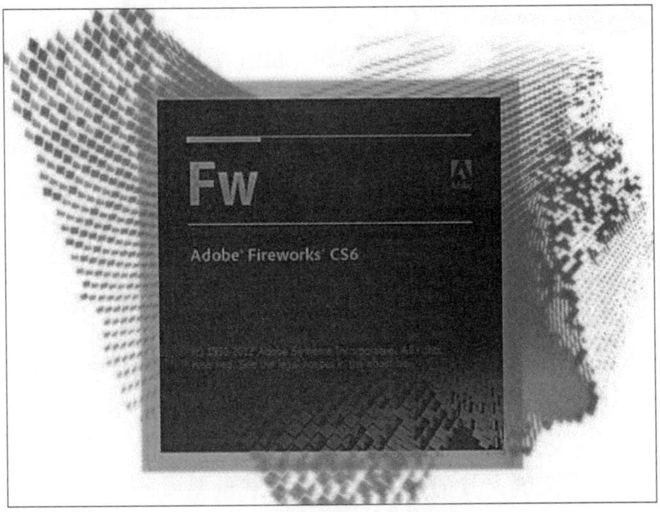

图 1-5

> Adobe 公司在 MAX 大会上证实，原 CS 系列成员 Fireworks 已经被项目组砍掉，今后将不再推出这款产品的新版本，也就是说 Fireworks CS6 将会是它的最后一个版本。至于以后的需求，Adobe 表示将会重新开发一款产品来替代 Fireworks。

知识精讲

1.2.3 网页动画制作软件 Flash

动画可以吸引网页浏览者的注意力，网页中的动画大多是运用 Flash 软件制作出来的。Flash CC 是 Adobe 公司推出的一款功能强大的动画制作软件，也是动画设计中应用较广泛的一款软件，如图 1-6 所示。

图 1-6

Flash CC 是一款功能非常强大的交互式矢量多媒体网页制作软件，能够轻松输出各种各样的动画网页。不需要特别繁杂的操作，也比 Java 小巧精悍，而且其动画效果、多媒体效果十分出色。

Flash CC 是 Adobe 公司推出的最新版本，界面清新简洁友好，用户能在较短的时间内掌握软件的使用。Adobe Flash CC 可以实现多种动画特效，是由一帧帧的静态图片在短时间内连续播放而造成的视觉效果，表现为动态过程，能满足用户的制作需要。

1.2.4 网页标记语言 HTML

HTML 的英文全称是 Hyper Text Markup Language，中文翻译为“超文本标记语言”，是全球广域网上描述网页内容和外观的标准。HTML 不是一种编程语言，而是一种描述性的标记语言，用于描述超文本中内容的显示方式。如文字以什么颜色、大小来显示等，这些都是利用 HTML 标记完成的。其最基本的语法格式就是＜标记符＞内容＜/标记符＞。标记符通常都是成对使用，有一个开头标记和一个结束标记。结束标记只是在开头标记的前面加一个斜杠“/”。当浏览器收到 HTML 文件后，就会解释里面的标记符，然后把标记符相应的功能表达出来。

1.2.5 网页脚本语言 JavaScript

使用 HTML 只能制作出静态的网页，无法独立地完成与客户端动态交互的网页任务，虽然也有其他的语言如 CGI、ASP 和 Java 等编程软件能制作出交互的网页，但其编程方法较为复杂。因此 Netscape 公司开发了 JavaScript 语言，JavaScript 引进了 Java 语言的概念，是内嵌于 HTML 中的脚本语言。Java 和 JavaScript 语言虽然在语法上很相似，但仍然是两种不同的语言。

1.2.6 动态网页编程语言 ASP

ASP 是 Active Server Page 的缩写，中文翻译为“动态服务器页面”。早期的 Web 程序开发十分复杂，以至于要制作一个简单的动态页面也需要编写大量的 C 代码才能完成。于是 Microsoft 公司于 1996 年推出一种 Web 应用开发技术 ASP，用于取代对 Web 服务器进行可编程扩展的 CGI 标准。ASP 的主要功能是将脚本语言、HTML、组件和 Web 数据库访问功能有机地结合在一起，形成一个能在服务器端运行的应用程序，该应用程序可根据来自浏览器端的请求生成相应的 HTML 页面并回送给浏览器。使用 ASP 能够创建以 HTML 网页作为用户界面，并能够与数据库进行交互的 Web 应用程序。

ASP 文件的扩展名是.asp，可以用来创建和运行动态网页或 Web 应用程序，一些 Web 站点为了安全目的，会通过使用更常见的.htm 或.html 扩展名来伪装它们对脚本语言的选择。.aspx 扩展名的页面使用 ASP.NET。但是 ASP.NET 页面也可以包含一些 ASP 脚本。当介绍 ASP.NET 时，往往使用经典 ASP 这一术语来表示原始的 ASP 技术。

ASP 网页可以包含 HTML 标记、普通文本、脚本命令以及 COM 组件等。

Section 1.3 网页的基本要素

手机扫描下方二维码，观看本节视频课程

在制作网页之前，首先要了解网页的基本要素。网页的基本要素包括 Logo、Banner、导航栏、文本、图像、Flash 动画以及表单等，同时还要注意在不同屏幕上网页的显示效果，因此要了解屏幕分辨率。下面详细介绍每个要素的相关知识。

1.3.1 Logo

Logo 是代表企业形象或栏目内容的标志性图片，一般位于网页的左上角，通常有 3 种尺寸：88 像素×31 像素、120 像素×60 像素和 120 像素×9 像素。

Logo 是一个站点的象征，也是一个站点是否正规的标志之一。好的 Logo 应能体现该网站的特色、内容及其内在的文化内涵和理念，有着独特的形象标识，并可以在网站推广和宣传中起到事半功倍的效果，如图 1-7 和图 1-8 所示。

图 1-7

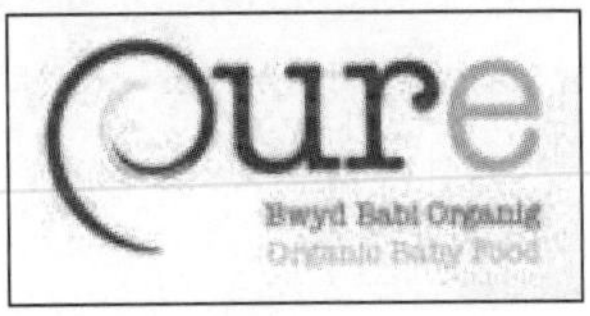

图 1-8

1.3.2 Banner

Banner 是一种网络广告形式，用于宣传网站内某个栏目或活动的广告，一般要求制作成动画形式。动画能够吸引更多的注意力，在用户浏览网页信息的同时将介绍性的内容简练地加在其中，吸引用户对于广告信息的关注，达到宣传的效果。

Banner 一般位于网页的顶部或底部，有一些小型的广告还会被适当地放在网页的两侧。网站 Banner 广告有多种规格和形式，其中最常用的尺寸是 480 像素×60 像素或 233 像素×30 像素的标准广告，这种标准广告有多种不同的称呼，如横幅广告、全幅广告、条幅广告和旗帜广告等。

网站 Banner 广告通常使用 GIF、JPG 等格式的图像文件或 Flash 文件，既可以使用静态图形，也可以使用动画图像，如图 1-9 所示。

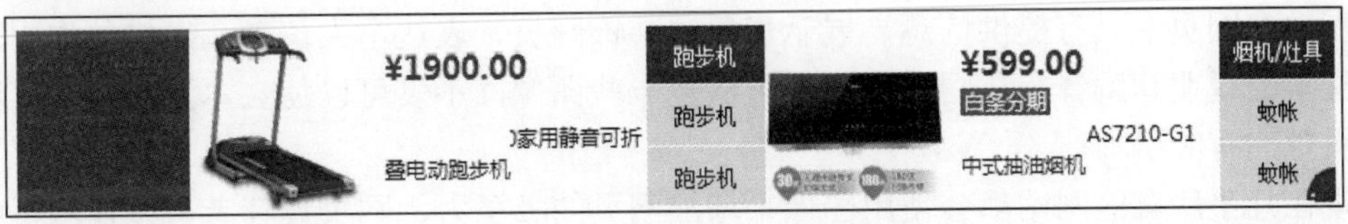

图 1-9

1.3.3 导航栏

导航栏就是一组用来方便地浏览站点的超链接，用于网站各部分内容之间相互链接的指引。导航栏可能是按钮或者文本超链接，是网页的重要组成元素。

导航栏的形式多样，可以是简单的文字链接，也可以是设计精美的图片或是丰富多彩的按钮，还可以是下拉菜单导航，如图 1-10 所示。

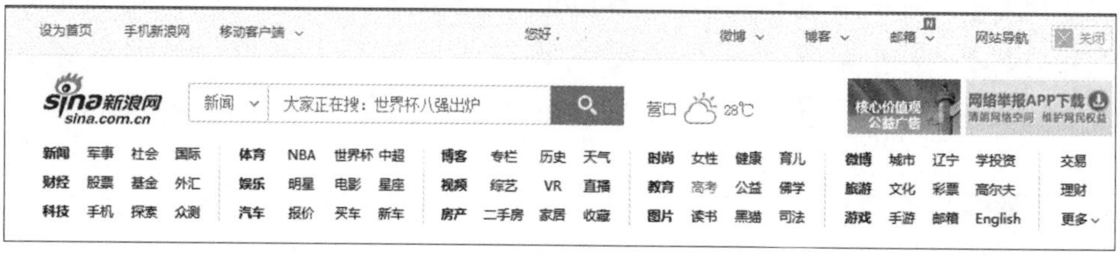

图 1-10

导航栏是网页设计中的重要部分，又是整个网页设计中的一个较独立的部分。一般来说，网站中的导航栏位置在各个页面中出现的位置是比较固定的，而且风格也较为一致。导航栏的位置对网站的结构与各个页面的整体布局起到举足轻重的作用。导航栏的位置一般有 4 种：在页面的左侧、右侧、顶部或底部。

1.3.4 文本

网页中的信息主要是以文本为主的，良好的文本格式可以创建出别具特色的网页，激发用户的兴趣。在网页中可以通过字体、大小、颜色、底纹、边框等来设计文本的属性，通过不同格式的区别，突出显示重要的内容，如图 1-11 所示。

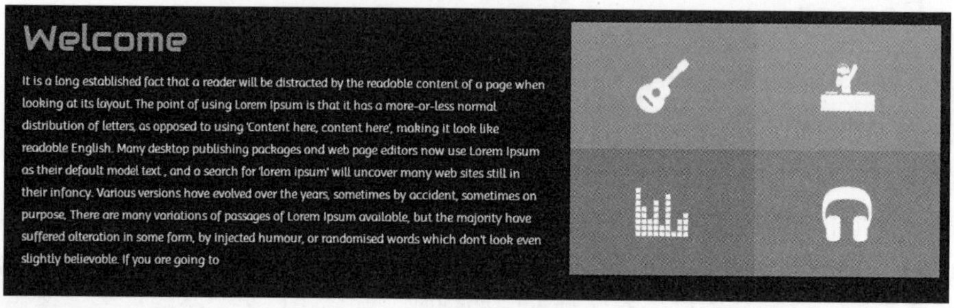

图 1-11

1.3.5 图像

图像在网页中具有提供信息、展示形象、装饰网页、表达个人情趣和风格的作用。图像是文本的说明和解释，在网页适当位置放置一些图像，不仅可以使文本清晰易读，而且使网页更加有吸引力。

现在几乎所有的网站都会使用图像来增加网页的吸引力，网页设计者可以在网页中使用 GIF、JPEG 和 PNG 等多种图像格式，其中使用最广泛的是 GIF 和 JPEG 两种格式，如图 1-12 所示。

1.3.6 Flash 动画

随着网络技术的发展，网页上已经出现了越来越多的 Flash 动画。Flash 动画已经成为当今网站必不可少的部分，美观的动画能够为网页增色不少，从而吸引更多的用户。

制作 Flash 动画不仅需要对动画制作软件非常熟悉，更重要的是设计者独特的创意。随着 Action Script 动态脚本编程语言的发展，Flash 已经不再局限于简单的交互式动画，通过复杂的动态脚本编程可以制作出各种各样有趣、精彩的 Flash 动画，如图 1-13 所示。

图 1-12

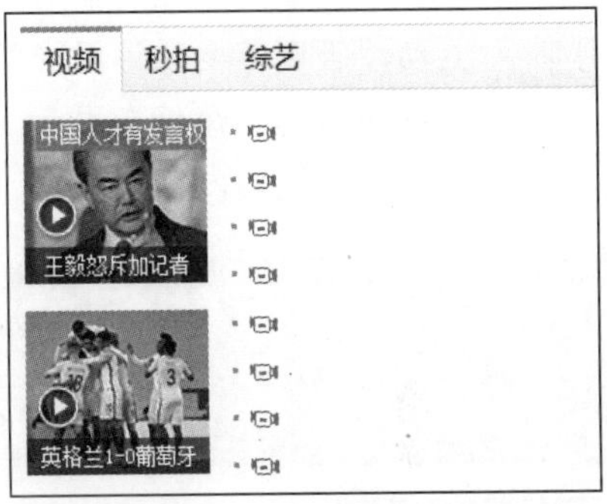

图 1-13

1.3.7 表单

表单在网页中主要负责数据采集功能，如图 1-14 所示。一个表单有 3 个基本组成部分。①表单标签，这里面包含了处理表单数据所用 CGI 程序的 URL 以及数据提交到服务器的方法。②表单域：包含文本框、密码框、隐藏域、多行文本框、复选框、单选按钮、下拉列表框和文件上传框等。③表单按钮：包括提交按钮、复位按钮和一般按钮；用于将数据传送到服务器上的 CGI 脚本或者取消输入，还可以用表单按钮来控制其他定义了处理脚本的工作。

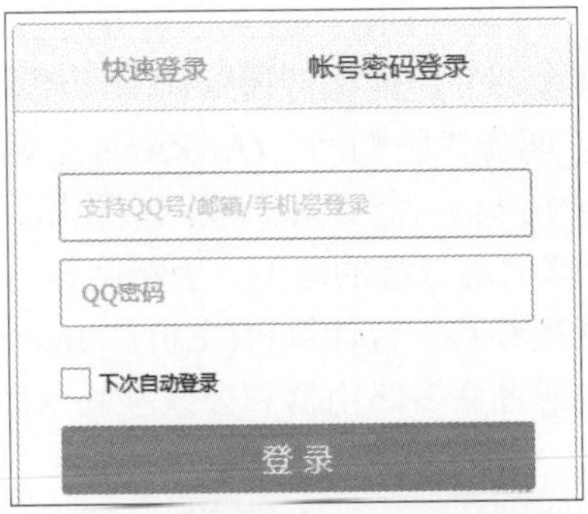

图 1-14

1.3.8 屏幕分辨率

屏幕分辨率就是屏幕上显示的像素个数。分辨率为 160×128 的意思是水平方向含有的像素数为 160 个，垂直方向含有的像素数为 128 个。屏幕尺寸一样的情况下，分辨率越高，显示效果就越精细和细腻。屏幕分辨率低时，在屏幕上显示的像素少，但尺寸比较大。屏幕分辨率高时，在屏幕上显示的像素多，但尺寸比较小。

屏幕分辨率直接决定了网站设计制作的尺寸。网页的局限就在于无法突破显示器的范围，而且因为浏览器也会占去不少空间，留下的页面范围变得更小。在设计网页时，布局的难点在于用户各自的环境是不同的，设计在不同屏幕分辨率下看起来都很美观的网页布局是相当困难的。

知识精讲

需要提醒网页制作者的是，除非可以确定页面显示内容能够吸引访问者拖动，否则不要让访问者拖动页面超过 3 屏。如果需要在同一个页面显示超过 3 屏的内容，最好在页面上使用类似于锚点链接的技术，以便浏览者快速地找到需要浏览的内容。

Section 1.4 网页的相关知识

手机扫描下方二维码，观看本节视频课程

本节将详细介绍因特网、万维网、浏览器、HTML、电子邮件、URL、域名以及 IP 地址的相关概念，了解了这些概念才能更好地制作网页，为以后网页的制作与完善打下坚实的基础。

1.4.1 因特网

因特网是“Internet”的中文译名，它起源于美国的五角大楼，它的前身是美国国防部高级研究计划局(ARPA)主持研制的 ARPAnet。

20 世纪 50 年代末，正处于冷战时期。当时美国军方为了自己的计算机网络在受到袭击时，即使部分网络被摧毁，其余部分仍能保持通信联系，便由美国国防部的高级研究计划局(ARPA)建设了一个军用网，叫作“阿帕网”(ARPAnet)。阿帕网于 1969 年正式启用，当时仅连接了 4 台计算机，供科学家们进行计算机联网实验用，这就是因特网的前身。

因特网(Internet)是一组全球信息资源的总汇。因特网是由许多小的网络(子网)互联而成的一个逻辑网，每个子网中连接着若干台计算机(主机)。Internet 以相互交流信息资源为目的，基于一些共同的协议，并通过许多路由器和公共互联网而成，它是一个信息和资源共享的集合。

因特网几乎连接着所有的联网计算机，人们可以从网上找到不同的信息。有数百万对人们有用的信息，你可以用搜索引擎来找到你所需的信息。搜索引擎帮助人们更快更容易地找到信息，只需输入一个或几个关键词，搜索引擎会找到所有符合要求的网页，你只需要点击这些网页，就可以了。

1.4.2 万维网

WWW 是环球信息网的缩写(亦作“Web”、“WWW”、“'W3'”，英文全称为“World Wide Web”)，中文名字为“万维网”或“环球网”等，常简称为 Web。 分为 Web 客户端和 Web 服务器程序。WWW 可以让 Web 客户端(常用浏览器)访问浏览 Web 服务器上的页面。是一个由许多互相链接的超文本组成的系统，通过互联网访问。在这个系统中，每个有用的事物，称为一样“资源”；并且由一个全局“统一资源标识符”(URI)标识；这些资源通过超文本传输协议(Hypertext Transfer Protocol，HTTP)传送给用户，而后者通过点击链接来获得资源。

万维网并不等同互联网，万维网只是互联网所能提供服务的其中之一，是靠着互联网运行的一项服务。

1.4.3 浏览器

浏览器是指可以显示网页服务器或者文件系统的HTML文件(标准通用标记语言的一个应用)内容，并让用户与这些文件交互的一种软件。

它用来显示在万维网或局域网等内的文字、图像及其他信息。这些文字或图像，可以是链接其他网址的超链接，用户可迅速及轻易地浏览各种信息。一个网页中可以包括多个文档，每个文档都是分别从服务器获取的。大部分的浏览器本身支持除了 HTML 之外的广泛的格式，例如 JPEG、PNG、GIF 等图像格式，并且能够扩展支持众多的插件(plug-ins)。另外，许多浏览器还支持其他的 URL 类型及其相应的协议，如 FTP、Gopher、HTTPs(HTTP 协议的加密版本)。HTTP 内容类型和 URL 协议规范允许网页设计者在网页中嵌入图像、动画、视频、声音、流媒体等。

国内网民计算机上常见的网页浏览器有 QQ 浏览器、Internet Explorer、Firefox、Safari、Opera、Google Chrome、百度浏览器、搜狗浏览器、猎豹浏览器、360 浏览器、UC 浏览器、傲游浏览器、世界之窗浏览器等。浏览器是最经常使用到的客户端程序。

1.4.4 HTML

HTML 是“超文本标记语言”的英文缩写，是标准通用标记语言下的一个应用。“超文本”就是指页面内可以包含图片、链接，甚至音乐、程序等非文字元素。超文本标记语言的结构包括“头”部分(英语：Head)和“主体”部分(英语：Body)，其中“头”部分提供关于网页的信息，“主体”部分提供网页的具体内容。

1.4.5 电子邮件

电子邮件是一种用电子手段提供信息交换的通信方式，是互联网应用最广的服务。通过网络的电子邮件系统，用户可以以非常低廉的价格(不管发送到哪里，都只需负担网费)、非常快速的方式(几秒钟之内可以发送到世界上任何指定的目的地)，与世界上任何一个角落的网络用户联系。

电子邮件可以是文字、图像、声音等多种形式。同时，用户可以得到大量免费的新闻、专题邮件，并实现轻松的信息搜索。电子邮件的存在极大地方便了人与人之间的沟通与交流，促进了社会的发展。

1.4.6 URL

URL 是“统一资源定位符”的英文缩写，统一资源定位符是对可以从互联网上得到的资源的位置和访问方法的一种简洁的表示，是互联网上资源的标准地址。互联网上的每个文件都有一个唯一的 URL，它包含的信息指出文件的位置以及浏览器应该怎么处理它。

它最初是由蒂姆·伯纳斯·李发明用来作为万维网的地址，现在它已经被万维网联盟编制为互联网标准 RFC1738 了。

1.4.7 域名

域名(Domain Name)，简称网域，是由一串用点分隔的名字组成的 Internet 上某一台计算机或计算机组的名称，用于在数据传输时标识计算机的电子方位(有时也指地理位置)。

网域名称系统(Domain Name System，DNS，有时也简称为域名)是因特网的一项核心服务，它作为可以将域名和 IP 地址相互映射的一个分布式数据库，能够使人更方便地访问互联网，而不用去记住能够被机器直接读取的 IP 地址数串。

1.4.8 IP 地址

IP 是英文 Internet Protocol 的缩写，意思是“网络之间互连的协议”，也就是为计算机网络相互连接进行通信而设计的协议。在因特网中，它是能使连接到网上的所有计算机网络实现相互通信的一套规则，规定了计算机在因特网上进行通信时应当遵守的规则。任何厂家生产的计算机系统，只要遵守 IP 协议就可以与因特网互连互通。正是因为有了 IP 协议，因特网才得以迅速发展成为世界上最大的、开放的计算机通信网络。因此，IP 协议也可以叫作“因特网协议”。

IP 地址被用来给 Internet 上的电脑一个编号。大家日常见到的情况是每台联网的计算机上都需要有 IP 地址，才能正常通信。

IP 地址是一个 32 位的二进制数，通常被分割为 4 个“8 位二进制数”(也就是 4 个字节)。IP 地址通常用“点分十进制”表示成(a.b.c.d)的形式，其中，a、b、c、d 都是 0~255 之间的十进制整数。

知识精讲

最初设计互联网络时，为了便于寻址以及层次化构造网络，每个 IP 地址包括两个标识码(ID)，即网络 ID 和主机 ID。同一个物理网络上的所有主机都使用同一个网络 ID，网络上的一个主机(包括网络上工作站、服务器和路由器等)有一个主机 ID 与其对应。Internet 委员会定义了 5 种 IP 地址类型以适合不同容量的网络，即 A 类~E 类。

Section 1.5 网页设计中的色彩应用

手机扫描下方二维码，观看本节视频课程

色彩的运用在网页中的作用非常重要，有些网页看上去十分典雅、有品位，但是页面结构却很简单，图像也不复杂，这主要是色彩运用得当。只有掌握了配色的要领，才能设计出令人心旷神怡的美丽页面。

1.5.1 网页色彩的特性

任何颜色都可以使用三原色——红、绿、蓝组合而成，三原色中只有红色是暖色，所以要判断作品颜色的冷暖，可以依据红色成分的多少而定。色调主要由明度与彩度组合而成，用来表示颜色的状态。本节将详细介绍网页色彩特性的相关知识。

1. 暖色调

暖色调包含红紫、红、红橙、橙、黄橙，这类色彩给人很强烈的冲击感，有扩张及迫近视线的作用，令人产生温暖的感觉，如图 1-15 所示。

2. 冷色调

冷暖之间的关系是通过比较得到的，明度和彩度较弱的色相如青、青绿、蓝、蓝紫等以青色为中心的颜色及与其接近的颜色，会给人带来收缩、疏远和寒冷的印象。冷色会使人联想到蓝天、绿水等景物，产生深邃、严肃的感觉，如图 1-16 所示。

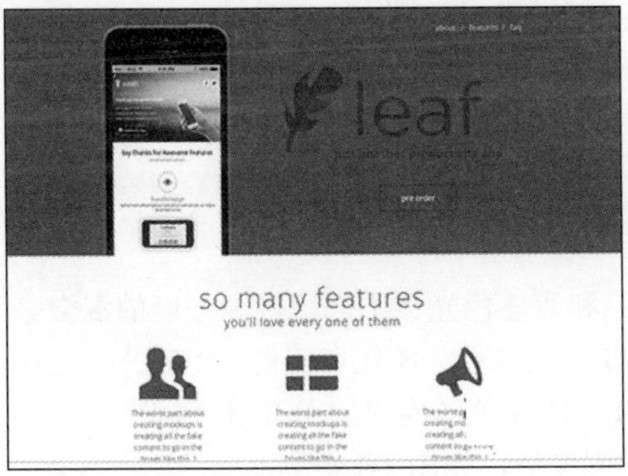

图 1-15

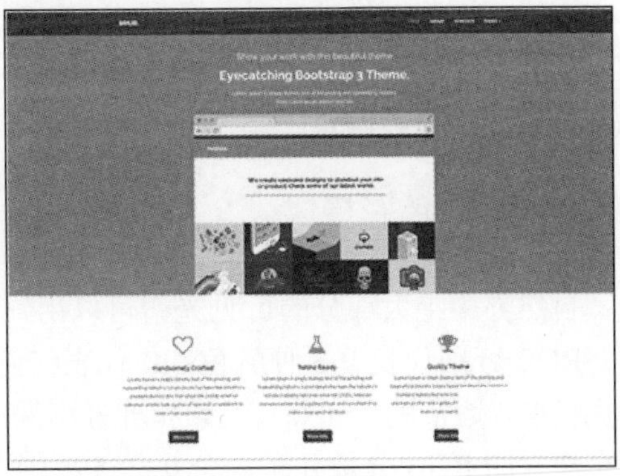

图 1-16

3. 中性色调

紫、黄、绿等色彩没有在暖色调与冷色调中出现，这是因为这些颜色既不属于冷色，也不属于暖色，由于其所包含的冷暖比例不定而称为中性色，如图 1-17 所示。

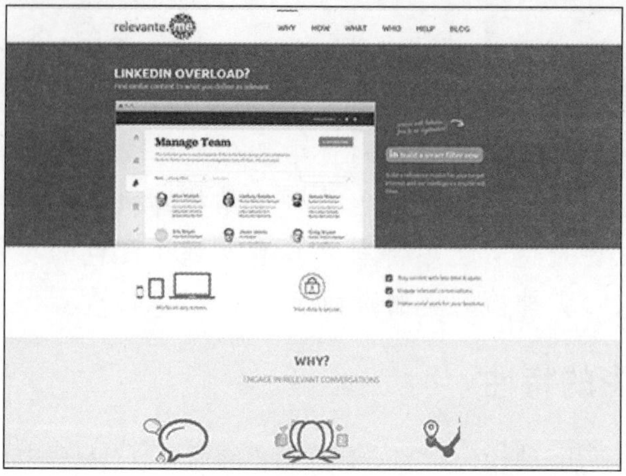

图 1-17

1.5.2 网页安全色

不同颜色会使人感受到不同的效果。网页安全色是在不同的硬件环境、不同的操作系统、不同的浏览器中都能够正常显示的颜色集合。也就是说这些颜色在任何终端浏览，显示设备上的显示效果都是相同的。

网络安全色是当红色(Red)、绿色(Green)、蓝色(Blue)颜色数字信号值(DAC Count)分别为 0、51、102、153、204、255 时构成的颜色组合，共有 6×6×6=216 种颜色(其中彩色为 210 种，非彩色为 6 种)。

1.5.3 色彩模式

在进行图形图像处理时，色彩模式以建立好的描述和重现色彩的模型为基础。每一种模式都有自己的特点和适用范围，可以根据需要在不同的色彩模式之间转换。下面详细介绍几种常用的色彩模式。

1. RGB 色彩模式

自然界中绝大部分的可见光谱可以用红、绿和蓝三色光按不同比例和强度的混合来表示。RGB 分别代表着 3 种颜色：R 代表红色，G 代表绿色，B 代表蓝色。RGB 模式也称为加色模型，通常用于光照、视频和屏幕图像编辑。RGB 色彩模式使用 RGB 模型为图像中每一个像素的 RGB 分量分配一个 0~255 范围内的强度值，如图 1-18 所示。

2. CMYK 色彩模式

CMYK 色彩模式以打印油墨在纸张上的光线吸收特性为基础，图像中的每个像素都是由靛青(C)、品红(M)、黄(Y)和黑(K)色按照不同的比例合成的。由于 C、M、Y、K 四种成分的增多，反射到人眼的光会越来越少，光纤的亮度会越来越低，因此 CMYK 模式产生颜色的方法又称为色光减色法，如图 1-19 所示。

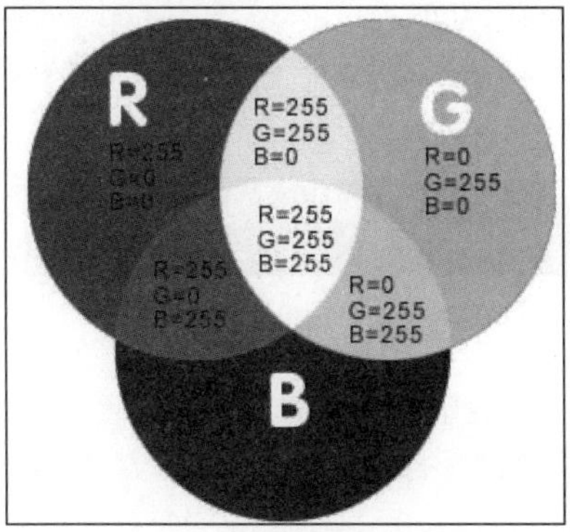

图 1-18

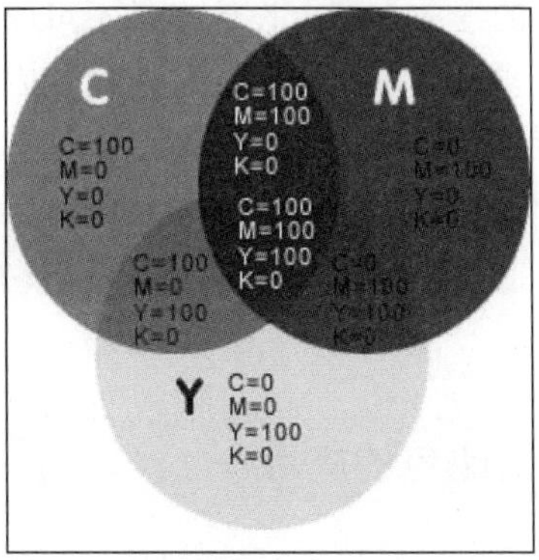

图 1-19

3. 位图色彩模式

位图色彩模式的图像由黑色与白色两种像素组成，每一个像素用“位”来表示。“位”只有两种状态：0 表示有点，1 表示无点。位图模式主要用于早期不能识别颜色和灰度的设备，通常用文字识别。

4. 灰度色彩模式

灰度色彩模式最多使用 256 级灰度来表现图像，图像中的每个像素有一个 0(黑色)到 255(白色)之间的亮度值。灰度值也可以用黑色油墨覆盖的百分比来表示(0%表示白色，100%表示黑色)。

5. 索引色彩模式

索引色彩模式是网上和动画中常用的图像模式，彩色图像转换为索引色彩模式的图像后包含 256 种颜色。这种模式主要在使用网页安全色彩和制作透明的 GIF 图片时使用。在 Photoshop 中，必须使用索引色彩模式，才能制作出透明的 GIF 图片。

1.5.4 网页配色的基本规则

在网页配色中，我们对颜色不同程度的理解，影响到设计页面的表现。熟练地运用色彩搭配，在网页制作时即可达到事半功倍的效果。一张优秀的设计作品，其色彩搭配必定和谐得体，令人赏心悦目。下面详细介绍网页配色的基本原则。

1. 相近色的应用

相近色是网页设计中常用的色彩搭配，其特点是画面统一和谐。下面详细介绍在网页制作中应用相近色的基本原则。

不同的亮度会对人的视觉产生不同的影响，颜色重的会显得面积小，颜色浅的会显得面积大。将同样面积和形状的三种颜色摆放在画面中，会使画面显得单调、乏味，这种过于平均化的摆放在网页设计中是不可取的，如图 1-20 所示。

设定颜色最重的褐色为主要色，因此面积最大，中间色较少，浅色面积最小，画面马上就显得丰富了，如图 1-21 所示。

图 1-20

图 1-21

2. 对比色的应用

对比色在网页中的应用是很普遍的，其特点是使画面生动、有活力，视觉效果更加强烈。下面详细介绍在网页制作中使用对比色的基本原则。

人们通过生活中的经验积累，对色彩有一种心理上的冷暖感觉，一般把橘红色定为暖色极，把天蓝色定为冷色极。凡与暖色极相近的色和色组为暖色，如橙色、黄色、红色等；而与冷色极相近的色和色组为冷色，如蓝绿、蓝、蓝紫等。黑色偏暖，白色偏冷，灰、绿、紫为中性色。

在网页中应用对比色时，首先要注意的是定下整个画面的基本色调，是以暖色调为主还是以冷色调为主。

知识精讲

如果两种颜色的衔接比较生硬，那么就需要使用灰色来进行中和，使画面达到和谐统一的效果。在网页的中间画一条直线，这就定下了整个画面构图的版式，所有网页元素的布局必须围绕该版式来排列，注意要考虑好标题的颜色、内文的灰度等。

1.5.5 网页配色中的文本颜色

与图像或图形布局要素相比，文本配色需要更强的可读性和可识别性。如果字的颜色和背景色有明显的差异，其可读性和可识别性就强，这时主要使用的配色是明度的对比配色或者利用补色关系的配色。使用灰色或白色等无彩色背景，其可读性高，和其他颜色也容易配合，但如果想使用一些比较有个性的颜色则需要注意颜色的对比度问题。另外，在文本背景下使用图像，如果使用对比度高的图像，那么可识别性就会降低，在这种情况下要考虑降低图像的对比度或使用只有颜色的背景。

实际上，想在网页中恰当地使用颜色就要考虑各个要素的特点。背景和文字如果使用近似的颜色，其可识别性就会降低，这是文本字号大小处于某个值时的特征。也就是说，各要素的大小如果发生了改变，色彩也需要改变。如果标题字号大小大于一定值，即使使用与背景相近的颜色对其可识别性也不会有太大的影响。相反，如果与周围的颜色互为补充，可以给人整体上调和的感觉。

Section 1.6 怎样设计出好的网页

手机扫描下方二维码，观看本节视频课程

在制作网页的时候，为了制作出色的网页，用户需要注意网页设计的基本原则、网页设计的成功要素以及网页的色彩搭配，本节将详细介绍网页设计的基本原则、网页设计的成功要素以及网页的色彩搭配的相关知识。

1.6.1 网页设计的基本原则

建立网站的目的是给访问者提供所需的信息，明确了设计网页的基本原则，才会使访问者增多。下面详细介绍网页设计的基本原则。

1. 明确主题

一个好的网页需要一个明确的主题，整个网站的建设都要围绕这个主题进行。换句话说，设计者在设计网页之前，首先要明确网页的制作目的，所有的页面内容都要围绕这个目的去实施，这样在内容上有较强的统一感。

2. 首页设计

首页的设计决定着整个网站的成功与否。是否能够吸引访问者，首页的设计效果起着至关重要的作用。首页首先要清晰、明了，并且在设置上要人性化，使访问者快速地找到需要的内容。

3. 分类

网站的分类十分重要，设计者可以按照一定的模式进行分类，如主题、性质、类目或者内容等，清晰的分类可以更加容易地找到目标。

4. 互动性

互动性是网络本身的特点，所以，好的网站必须与访问者有一个良好的互动，包括界面中的引导、精美的设计呈现等。

5. 图像的应用

图像是网页的特色之一，有了图像可以使网页更直观、醒目。好的图像可以使网页增色，如果运用得不恰当则会适得其反。所以，在运用图像的时候，设计时需要注意图像文件一般采用压缩格式，缩短访问者的访问时间；也可以在图像旁边配以文字，以加强图像的说明效果；如果准备采用大型的图像文件，最好将图像文件与网页分开，先在网页中设置一个小型的图像链接并说明，让读者自行判断是否通过链接打开大型图像文件。

6. 避免过分使用网页技术

使用网页技术可以制作出各种各样特殊的网页效果，网页技术运用得当，会使得网页栩栩如生，如果过分使用网页技术则会起到反效果。例如，效果的过分叠加会让整个网页看起来杂乱无章、无从下手，使访问者失去访问网页的兴趣。

7. 更新与维护

每一位访问者在每一次浏览网页的时候，基本都希望浏览到新鲜的东西，除了翻查资料外，一般人都喜欢翻看新鲜的事物，对过时的信息提不起兴趣。因此，网站一定要注意及时性，定时地更新内容，保持新鲜感。

1.6.2 网页设计的成功要素

设计一个成功的网页，设计者首先要注意几个基本要素，这些要素影响着网页的设计成功与否。下面分别予以详细介绍。

1. 整体布局

网页设计作为一种视觉语言，对页面的编排和布局十分讲究。一个好的网站应该整洁明了、条理清晰、主题突出，如果布局杂乱无章、色彩搭配凌乱刺眼，只会让访问者失去浏览的兴趣。

2. 有价值的信息

无论设计的网站是何种类型，如商业网站、个人主页还是时事新闻，都必须提供有价值的信息内容才能吸引访问者。这些有价值的信息可以是商品简介、娱乐新闻、时事新闻、答疑解难或者相关网页的跳转等。

3. 速度

页面的访问速度也是吸引访问者的关键因素。如果访问一个页面，很长时间还不能打开，一般访问者会失去耐心，这样便会造成访问者流失的现象。因此，网页的访问速度需要尽可能地快，一般来说图像的大小直接影响网页的访问速度。

4. 图形和版面设计

一般来说图形和版面设计直接影响访问者对网页的第一印象，如果第一印象不好，一般访问者就会失去继续浏览的兴趣。

5. 文字的可读性

文本文字一般是枯燥的、一成不变的，但是在网页设计中，可以通过设置字体、字体颜色、字号等提高文字的可读性。例如一些特殊字体可以用于文章的标题，但不一定适合文章的正文。

6. 网页标题的可读性

网页中的标题必须易于阅读，设计者需要为标题和副标题设置相同的字体，并将标题的字体加大 1~2 个字号，这样可以使访问者在网页中快速地找到文中要点，以便翻阅有兴趣的内容。

7. 网站导航

根据常人由左至右、由上至下的阅读习惯，导航栏通常设置在网页的左侧或者上方，也可以在网页下方设置一个简单的导航栏。

在确定了导航栏的方案以后，需要将网站中每一个页面都设置成一个模式，便于访问者浏览查找网站中的信息内容。

8. 用词准确

一个网站如果只是具有漂亮的外观，而网页中的文字错误连篇、语法混乱，同样也是失败的网页。因此，在设计网页的时候，需要注意用词的准确性。

1.6.3 网页的色彩搭配

不同的色彩、色调能够引起人们不同的情感反应，因此在网页中，用什么颜色首先是根据网站的主题决定的。

在一个网页中可以使用强烈的颜色，也可以使用宁静一点的颜色，但是不要盲目地使用，以免使得网页中的颜色显得杂乱。

如果当前内容需要访问者长时间阅读，则需要选择让眼睛比较舒服的颜色，这样访问者在阅读的时候不容易感到疲倦。

1. 网页流行色

不同主题的网页所使用的颜色不同，达到的效果也不同。下面详细介绍网页的流行色在不同主题中的使用。

蓝色，沉静整洁的颜色。如蓝天，配上白云会让访问者觉得心旷神怡。

绿色，雅致的颜色。如果使用绿色作为网页的主色调，可以在其中搭配白色，使网页看起来雅致却不失生气。

橙色，活泼热烈的颜色。橙色是标准的商业色调，可以使企业看起来朝气蓬勃，便于展示企业形象。

暗红，高贵凝重的颜色。暗红可以搭配较深的颜色，如黑色、灰色，这样会使得网页看起来庄重、高贵、神秘。

2. 忌讳的配色

在网页设计中忌讳背景与网页中文字的颜色相近，因为两者颜色相近，会造成对比不强烈，灰暗的背景会使访问者感到阅读费力；在网页中忌讳使用大面积艳丽的纯色，太过艳丽的纯色会使视觉的刺激过于强烈，从而缺乏内涵；在同一页面中同样忌讳使用过多的颜色，网页中的主色并不是面积最大的颜色，而最重要的颜色才能反映主题；在网页中也尽量不要使用对比过弱的颜色，那样做虽然会显得干净整洁，但是颜色的对比过弱，会显得苍白无力。

知识精讲

色彩具有象征性，例如嫩绿色、翠绿色、金黄色、灰褐色可以分别象征着春、夏、秋、冬。还有职业的标志色，例如军警的橄榄绿，医疗卫生的白色等。色彩还具有明显的心理感觉，例如冷、暖的感觉，进、退的效果等。另外，色彩还有民族性，各个民族由于环境、文化、传统等因素的影响，对于色彩的喜好也存在着较大的差异。

Section 1.7 范例应用与上机操作

手机扫描下方二维码，观看本节视频课程

网站制作的基本流程包括前期策划、收集素材、制作 HTML 页面、测试并上传网站、网站的更新与维护等。静态网页的制作流程包括观察设计稿、拆分设计稿以及实现网页设计等。

1.7.1 网站的制作流程

1. 前期策划

网站界面是人机之间的信息交互界面。交互是一个结合计算机科学、美学、心理学和人机工程学等学科领域的行为，其目标是促进设计，执行和优化信息与通信系统以满足用户的需要。如果想制作出合格的网页，最先要考虑的是网页的理念，也就是要决定网页的主题以及构成方式等内容。如果不经过策划直接进入制作阶段，可能会导致网页结构混乱、操作时间加倍等各种各样的问题，合理的前期策划会大幅度缩短制作网页的时间。

2. 收集素材

前期策划准备工作完成后，网页制作者就可以围绕主题开始搜集材料了。要想让自己的网站有血有肉，能够吸引住用户，网页制作者就需要尽量搜集材料，搜集的材料越多，以后制作网站就越容易。材料既可以从图书、报纸、光盘、多媒体上得来，也可以从互联网上搜集，然后把搜集的材料去粗取精，去伪存真，作为自己制作网页的素材。

3. 规划网站

一个网站设计得成功与否，很大程度上取决于设计者的规划水平。规划网站就像设计师设计大楼一样，图纸设计好了，才能建成一座漂亮的楼房。网站规划包含的内容很多，如网站的结构、栏目的设置、网站的风格、颜色搭配、版面布局、文字图片的运用等，只有在制作网页之前把这些方面都考虑到了，才能在制作时驾轻就熟，胸有成竹。也只有如此制作出来的网页才能有个性、有特色，具有吸引力。

4. 制作 HTML 页面

网站规划做好后，接下来就需要按照规划一步步地把自己的想法变成现实。这是一个复杂而细致的过程，一定要按照先大后小、先简单后复杂来进行制作。所谓先大后小，就是指在制作网页时，先把大的结构设计好，然后再逐步完善小的结构设计。所谓先简单后复杂，就是先设计出简单的内容，然后再设计复杂的内容，以便出现问题时好修改。在制作网页时要多灵活运用模板，这样可以大大提高制作效率。

5. 测试并上传网站

网页制作完毕后要发布到 Web 服务器上，才能够让全世界的朋友观看。现在上传的工具有很多，有些网页制作工具本身就带有 FTP 功能，利用这些 FTP 工具，网页制作者可以很方便地把网站发布到自己申请的主页存放服务器上。网站上传以后，制作者要在浏览器中打开自己的网站，逐页逐个链接地进行测试，发现问题及时修改，然后再上传测试结果。

6. 网站的更新与维护

网站上传后，要注意经常维护更新内容，保持内容的新鲜，只有不断地给网站补充新的内容，才能够吸引住浏览者。网站的更新与维护需要注意以下方面。

- 服务器及相关软硬件的维护：服务器软件的维护包括服务器、操作系统和 Internet 联接线路等，以确保网站 24 小时不间断正常运行；服务器硬件的维护包括对可能出现的问题进行评估，指定响应时间。
- 数据库维护：有效地利用数据库是网站维护的重要内容，因此数据库的维护要受到重视。
- 内容的更新、调整等。
- 制定相关网站维护的规定，将网站维护制度化、规范化。
- 做好网站安全管理，防范黑客入侵网站，检查网站各个功能、链接是否有错。

1.7.2 静态网页的制作流程

静态网页的制作看似简单，如何让页面既美观又可以有较快的访问速度、友好的访问界面，以留住更多的访问者，是一个关键问题。

1. 观察设计稿

在拿到设计稿的时候，不要立即对其进行拆分和切片，首先要观察图纸，对页面的布局、着色有一个整体的认识。在对设计稿有了初步的了解之后，需要对如何在 HTML 页面进行布局有一个大的规划，然后根据规划对设计稿进行分割，以免草草切分之后又发现施工的效果不好，或者无法实现效果而重新返工。

2. 拆分设计稿

在对设计稿有了规划之后，即可将设计稿进行拆分了，以方便在组装页面时使用。在拆分的过程中，需要注意以下几点。

- 分离颜色：页面颜色一般分为三部分，即页面主辅颜色搭配的基本配色、普通超链接的配色和导航超链接的配色。
- 提取尺寸：按照设计稿中的尺寸搭建网页才会符合设计，但有的时候也需要灵活掌握。
- 分离背景：背景图一般是纯色图或者大面积的重复图案。
- 分离图标和特殊边框：小图标及花边可以给网页增添亮点。边框的使用方法一般与背景类似，不过往往需要单独输出。
- 分离图片：与网页内容相关的图片，同样需要单独输出。

3. 实现网页设计

网页设计的实现通常使用两种方式，一种是传统的表格布局方式，另一种则是 CSS 布局方式。

传统的表格布局方式实际上利用了 HTML 中表格元素具有的无边框特性，由于表格元素可以在显示时使单元格的边框和间距设置为“0”，因此可以将网页中的各个元素按版式划分如表格中的各个单元格中，从而实现复杂的排版组合。

Div 在使用时不需要像表格一样通过其内部的单元格来组织版式，通过 CSS 强大的样式定义功能可以比表格更简单、更自由地控制页面版式以及样式。

1.7.3 网页编辑器

网页编辑器是用来设计网页的可视化工具，可以帮助用户快速地设计网页，这样用户就不必花大量时间写 HTML 代码，从而可以把更多精力放在设计工作上。

目前，市面上有许多网页编辑器，用户可以根据自身对网页制作的熟悉程度进行自由选择。应用较为广泛的网页编辑器有以下几种：Amaya、Adobe Dreamweaver、Microsoft Frontpage、Microsoft Expression Web、CoffeeCup HTML Editor、CKEditor。

Section 1.8 本章小结与课后练习

本节内容无视频课程，习题参考答案在本书附录。

本章主要介绍了什么是网页、制作网页常用的工具、网页的基本要素、网页的相关知识、网页设计中的色彩应用以及怎样才能设计出好的网页，通过本章的学习，用户可以初步对网页制作有大体上的了解。

思考与练习

1. 填空题

(1) 网页的基本要素包括 Logo、______、导航栏、______、图像、______、表单等。

(2) 网站的制作流程包括______、搜集素材、______、制作 HTML 页面、______、网站的更新与维护。

(3) 网络安全色是当______、绿色、______的颜色数字信号值分别为 0、51、102、153、204、255 时构成的颜色组合。

2. 判断题

(1) 表单由表单标签、表单域和表单按钮 3 部分组成。 ( )

(2) 万维网是一组全球信息资源的总汇。 ( )

3. 思考题

(1) 网页设计的基本原则有哪些？

(2) 网页设计的成功要素有哪些？

第2章

Dreamweaver CC 轻松入门

本章主要介绍 Dreamweaver CC 工作界面方面的知识与技巧，同时还讲解了如何设置 Dreamweaver 视图。通过对本章内容的学习，读者可以掌握 Dreamweaver CC 入门方面的知识，为深入学习 Dreamweaver CC 知识奠定基础。

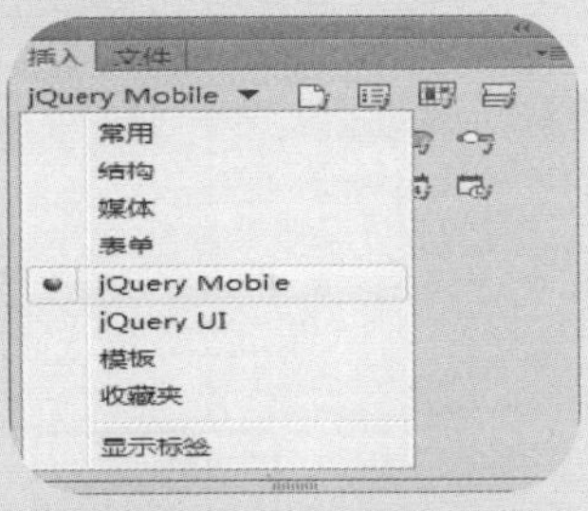

范例导航

1. 认识工作界面
2. 设置 Dreamweaver 视图

Section 2.1 认识工作界面

手机扫描下方二维码，观看本节视频课程

Dreamweaver CC 包含了一个崭新、高效的界面，性能也得到了改进。此外，还包含了众多新增功能，改善了软件的操作性，用户无论使用设计视图还是代码视图都可以方便地创建网页。本节主要讲述 Dreamweaver CC 的工作环境。

2.1.1 界面布局

启动 Dreamweaver CC，进入 Dreamweaver CC 工作界面，其中包括菜单栏、工具栏、状态栏、编辑窗口、【属性】面板和浮动面板组 6 个部分，如图 2-1 所示。

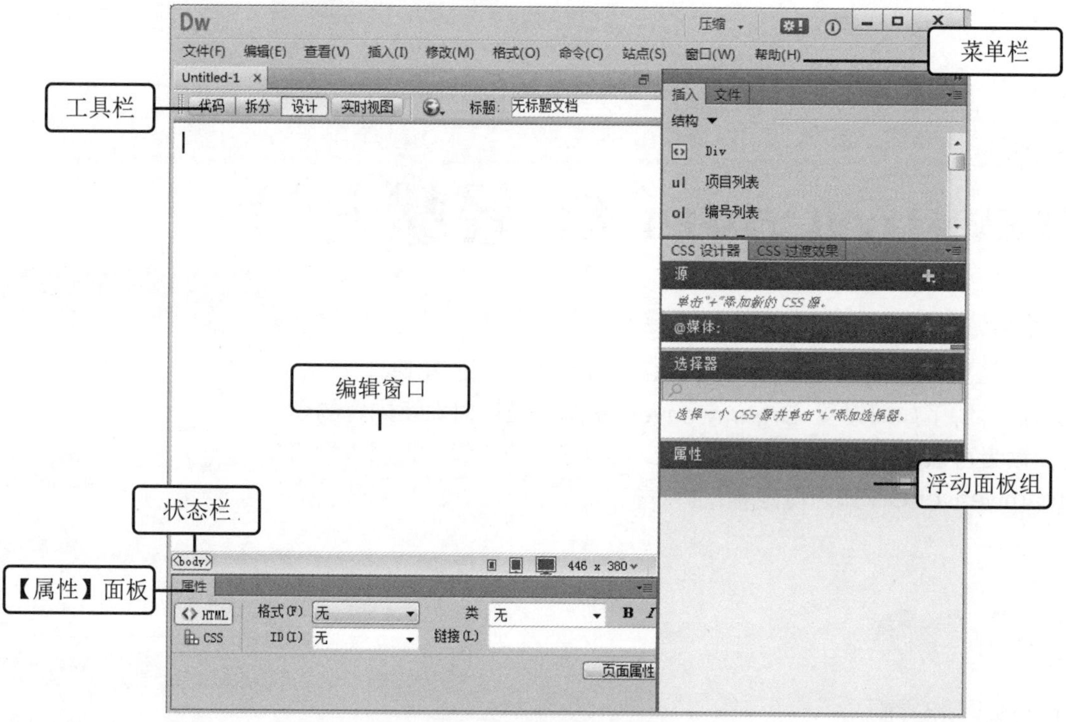

图 2-1

2.1.2 菜单栏

在菜单栏中包含多个菜单，如【文件】、【编辑】、【查看】、【插入】、【修改】、【格式】、【命令】、【站点】、【窗口】和【帮助】等，单击任意一个菜单将弹出下拉菜单，从中选择不同的菜单命令可以完成不同的操作。图 2-2 所示为菜单栏。

图 2-2

- 【文件】菜单：包含【新建】、【打开】、【保存】、【保存全部】命令，还包含各种其他命令，用于查看当前文档或对当前文档执行操作。
- 【编辑】菜单：包含选择和搜索命令，如【选择父标签】和【查找和替换】。
- 【查看】菜单：可以看到文档的各种视图，如【设计】视图和【代码】视图，并且可以显示和隐藏不同类型的页面元素和 Dreamweaver 工具及工具栏。
- 【插入】菜单：提供【插入】栏的替代项，用于将对象插入文档中。
- 【修改】菜单：可以更改选定页面元素或项的属性。单击此菜单，可以编辑标签属性，更改表格和表格元素，并且为库项和模板执行不同的操作。
- 【格式】菜单：用来对文本进行操作，包括字体、字形、字号、字体颜色、HTML/CSS 样式、段落格式化、扩展、缩进、列表和文本的对齐方式等。
- 【命令】菜单：提供对各种命令的访问，包括设置代码格式的命令、一个创建相册的命令等。
- 【站点】菜单：提供用于管理站点以及上传和下载文件的命令。
- 【窗口】菜单：提供对 Dreamweaver 中的所有面板、检查器和窗口的访问。
- 【帮助】菜单：提供对 Dreamweaver 文档的访问，包括关于使用 Dreamweaver 以及创建 Dreamweaver 扩展功能的帮助系统，还包括各种语言的参考材料。

2.1.3 【插入】面板

在【插入】面板中包括【常用】、【结构】、【媒体】、【表单】、jQuery Mobile、jQuery UI、【模板】和【收藏夹】8 个选项，每个选项又包含多个子选项，用户可以根据需要在网页中插入适合网页的内容，如图 2-3 所示。

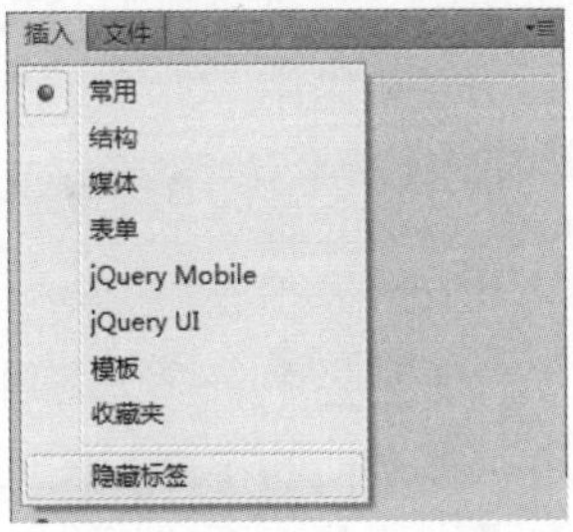

图 2-3

- 【常用】选项：在该选项中提供了网页中常用对象的插入按钮，包括 Div、图像和表格等。
- 【结构】选项：该选项是 Dreamweaver CC 新增的选项，在该选项中提供了与网页结构相关的对象的插入按钮，包括页眉、页脚和标题等。
- 【媒体】选项：该选项提供了网页中各种媒体对象的插入按钮，包括 Flash、FLV 和视频等。
- 【表单】选项：该选项提供了网页中表单对象的插入按钮，并且新增了许多全新的 HTML5 表单对象，包括表单、文本和密码等。
- jQuery Mobile 选项：该选项提供了一系列针对移动设备页面开发的按钮，包括页面、列表视图和布局网格等。
- jQuery UI 选项：该选项是 Dreamweaver CC 新增的选项，该选项提供了以 jQuery 为基础的开源 JavaScript 网页用户界面代码库。
- 【模板】选项：该选项提供了 Dreamweaver CC 中各种模板对象的创建按钮，包括创建模板、创建可编辑区域等。

- 【收藏夹】选项：该选项用于收藏用户自定义的网页对象创建按钮，在默认情况下该选项中没有对象，用户可以根据自己的使用习惯将常用的网页对象创建按钮添加到该选项中。
- 【隐藏标签】选项：选择该选项，可以隐藏【插入】面板中各插入对象按钮后的标签提示，只显示插入按钮，如图 2-4 所示；当选择了【隐藏标签】选项后，该选项变为【显示标签】选项，如图 2-5 所示。

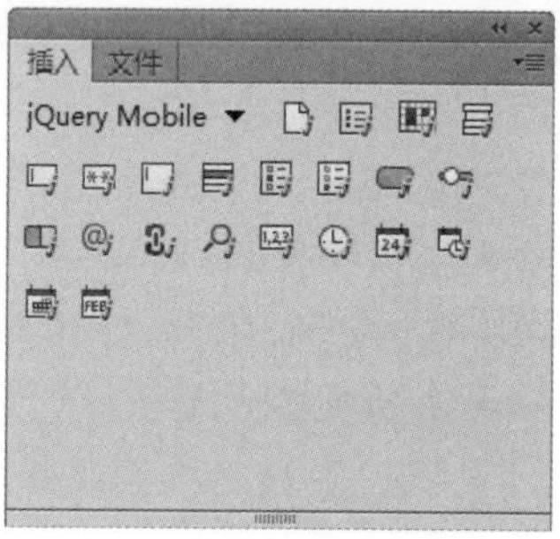

图 2-4

图 2-5

2.1.4 工具窗口和面板

Dreamweaver CC 工作界面中的工具栏、编辑窗口和【属性】面板分别有着各自的功能和作用，本节将详细介绍 Dreamweaver CC 工作界面中的工具栏、编辑窗口和【属性】面板的功能和作用。

1. 工具

工具栏中包含了各种工具按钮，单击左侧的【代码】/【拆分】/【设计】按钮 代码 拆分 设计 可以在文档的不同视图间快速切换，包括【代码】视图、【设计】视图，同时显示【代码】和【设计】视图的拆分视图。工具栏还包含一些与查看文档、在本地和远程站点间传输文档有关的常用命令和选项，如图 2-6 所示。

图 2-6

- 【代码】按钮 代码：单击此按钮，可以在【文档】窗口中显示【代码】视图。
- 【拆分】按钮 拆分：单击此按钮，将在【文档】窗口的一部分显示【代码】视图，而在另一部分中显示【设计】视图。
- 【设计】按钮 设计：单击此按钮，可以在【文档】窗口中显示【设计】视图。
- 【实时视图】按钮 实时视图：单击此按钮，将显示不可编辑的、交互式的、基于浏览器的文档视图。
- 【在浏览器中预览/调试】按钮：单击此按钮，从弹出的菜单中选择一个浏览器即可在浏览器中预览或调试文档。。

- 【标题】文本框：可以为文档输入一个标题，该标题将显示在浏览器的标题栏中。
- 【文件管理】按钮⇅：当有多个人对一个页面进行操作时，单击该按钮可以进行获取、取出、打开文件、导出和设计附注等操作。

2. 窗口

在编辑窗口中，网页制作者可以实时查看网页制作的效果，从而进行进一步的完善与修改工作，如图 2-7 所示。

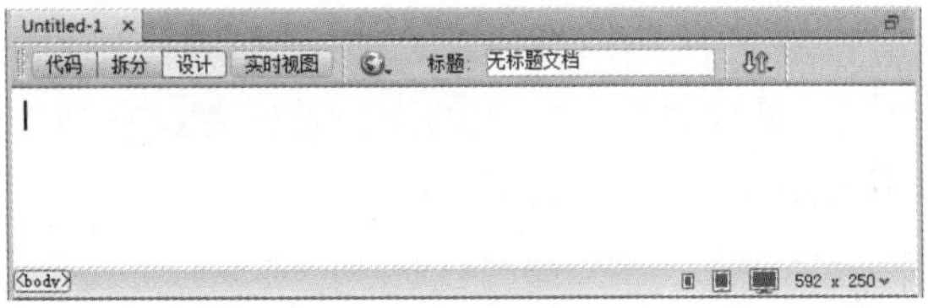

图 2-7

3. 面板

Dreamweaver CC 有很多面板。单击【窗口】菜单，在弹出的下拉菜单中用户可以根据需要将面板调出，如图 2-8 所示。

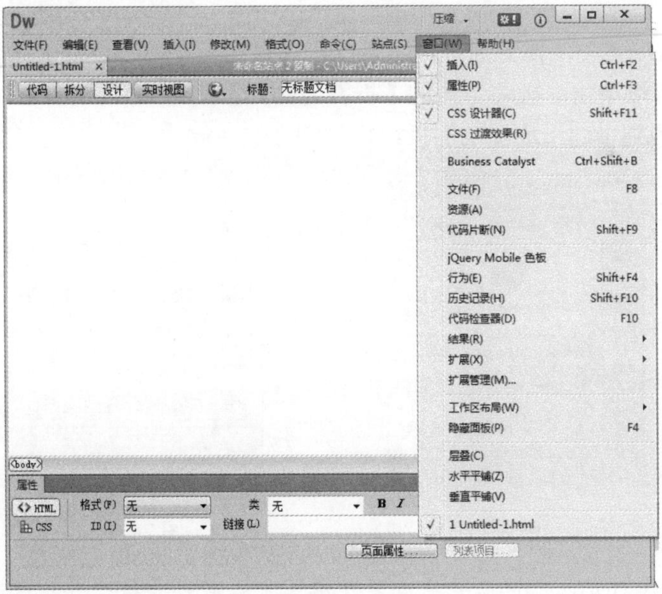

图 2-8

2.1.5 属性检查器

Dreamweaver CC 的属性检查器又称为【属性】面板，主要用于查看和更改所选择对象的各种属性。其中包含两个选项即 HTML 选项和 CSS 选项，HTML 选项为默认格式，单击不同的选项可以设置不同的属性，如图 2-9 所示。

图 2-9

使用属性检查器，可以检查和编辑当前页面选定元素的最常用属性，如文本和插入的对象。属性检查器的内容根据选定的元素的不同会有所不同。

默认情况下，属性检查器位于工作区的底部边缘，但是可以将其取消停靠并使其成为工作区中的浮动面板。单击属性检查器右上角的下拉按钮，在弹出的下拉菜单(见图 2-10)中选择【关闭】命令即可关闭属性检查器。

图 2-10

2.1.6 使用管理面板和面板组

在 Dreamweaver CC 工作界面中，如果打开太多面板窗口，会使工作界面显得混乱，不利于操作，这时可以单击面板右上角的【折叠为图标】按钮，如图 2-11 所示。面板缩小后，即可将其排列到一起形成浮动面板组，如图 2-12 所示。

图 2-11

图 2-12

知识精讲

面板打开之后可能随意放置在屏幕上，有时会很杂乱，这时可以执行【窗口】|【工作区布局】命令，选择一种布局方式，将面板整齐地摆放在屏幕上。当需要更大的编辑窗口时，可以按快捷键 F4 将所有的面板隐藏。再按一下快捷键 F4，隐藏了的面板又会在原来的位置上出现。

Section 2.2 设置 Dreamweaver 视图

手机扫描下方二维码，观看本节视频课程

在 Dreamweaver CC 中，提供了设计、代码、拆分、实时视图等多种视图模式，可以帮助设计者随时查看网页的设计效果和相应代码的对应状态。使用可视化助理布局包括使用标尺、使用网格等，可以更准确地制作出精美的网页。

2.2.1 切换“文档”视图

Dreamweaver CC 文档窗口用于显示当前文档。在菜单栏中单击【查看】菜单，在弹出的下拉菜单中，可以选择【设计】、【代码】、【拆分】、【实时视图】等视图模式。

1. 设计视图

设计视图为 Dreamweaver 的默认视图，该视图显示可视化页面布局、可视化编辑和快速应用程序开发的设计环境。在设计视图中显示文档的完全可编辑的可视化表示形式，类似于在浏览器中查看页面时看到的内容。

2. 代码视图

Dreamweaver 代码视图用于显示编写和编辑 HTML、JavaScript、服务器语言代码以及任何其他类型代码的手动编码环境，如图 2-13 所示。

3. 拆分视图

使用拆分视图可以在一个窗口中同时显示网页文档的代码视图和设计视图，如图 2-14 所示。在拆分视图中，用户选中视图右侧设计视图中的网页元素，左侧代码视图中将会自动显示并标注相应的网页代码。

图 2-13

图 2-14

4. 实时视图

实时视图模式与设计视图类似，实时视图可以逼真地显示文档在浏览器中的表示形式，并使用户能够像在浏览器中那样与文档交互。该视图虽然不可编辑，但是用户可以在代码视图中对网页进行编辑，如图 2-15 所示。

5. 实时代码模式

实时代码模式仅在实时视图模式中查看文档时可用，实时代码视图显示浏览器用于执行网页页面的实际代码。在实时视图中与页面进行交互时，实时代码视图可以动态变化。在实时代码视图中，Dreamweaver 不允许用户执行编辑操作。

6. 检查模式

检查模式与实时视图一起使用有助于用户快速识别 HTML 元素及其关联的 CSS 样式。打开检查模式后，将鼠标指针悬停在页面上的元素上方即可查看任何块级元素的 CSS 和模型属性，如图 2-16 所示。

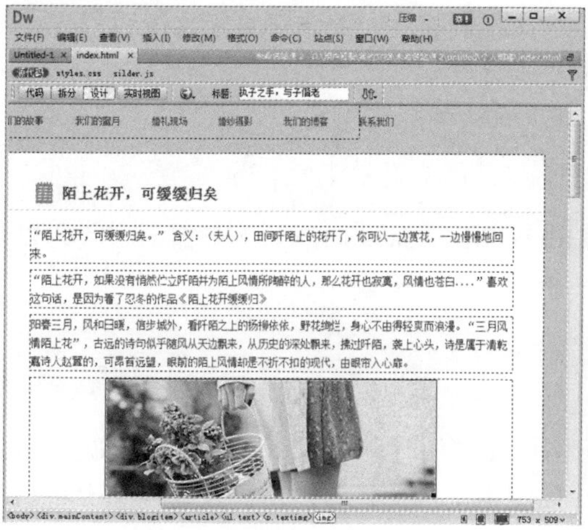

图 2-15

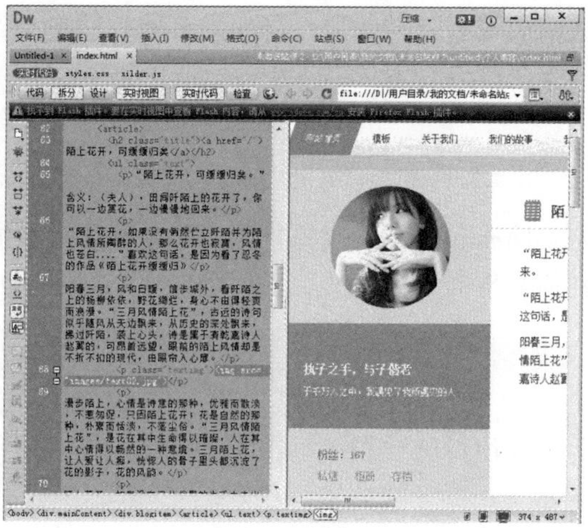

图 2-16

2.2.2 使用可视化助理

使用可视化助理布局包括使用标尺、使用网格等，可以更加准确地制作出精美的网页。本节将详细介绍使用可视化助理方面的知识。

1. 标尺

使用标尺可以更精确地计算所编辑网页的宽度和高度，使网页更符合浏览器的显示要求。下面详细介绍使用标尺的操作方法。

素材文件 无

效果文件 无

step 1 启动 Dreamweaver CC 程序，① 单击【查看】菜单，② 在弹出的下拉菜单中选择【标尺】菜单项，③ 在弹出的子菜单中选择【显示】命令，如图 2-17 所示。

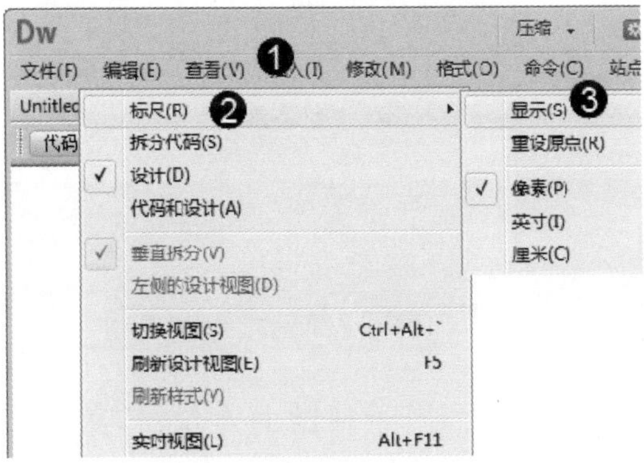

图 2-17

step 2 可以看到编辑窗口中已经添加了标尺，通过以上步骤即可完成在 Dreamweaver CC 中显示标尺的操作，如图 2-18 所示。

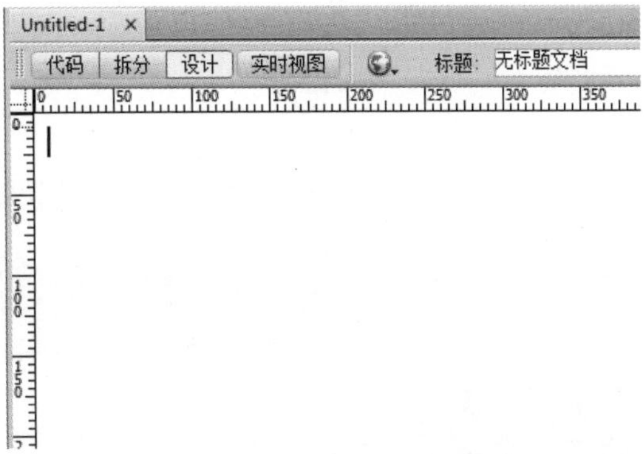

图 2-18

知识精讲

如果要更改标尺的度量单位，可以单击【查看】菜单，在弹出的下拉菜单中选择【标尺】菜单项，在弹出的子菜单中包括【像素】、【英寸】和【厘米】命令，用户可以根据需要来更改标尺的度量单位。

2. 网格

在 Dreamweaver CC 的设计视图中，网格是对 Div 进行绘制、定位或大小调整的可视化向导。利用 Dreamweaver 中的网格功能，可以使页面元素在被移动后自动靠齐到网格，并通过指定网格设置来更改网格或控制靠齐行为。下面详细介绍在 Dreamweaver CC 中设置网格的操作方法。

素材文件 无

效果文件 无

step 1 启动 Dreamweaver CC 程序，① 单击【查看】菜单，② 在弹出的下拉菜单中选择【网格设置】菜单项，③ 在弹出的子菜单中选择【显示网格】命令，如图 2-19 所示。

step 2 这时可以看到编辑窗口中已经添加了网格。通过以上步骤即可完成在 Dreamweaver CC 中设置网格的操作，结果如图 2-20 所示。

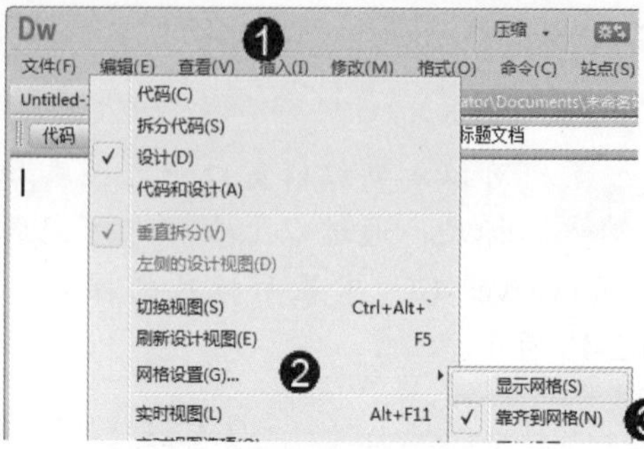

图 2-19

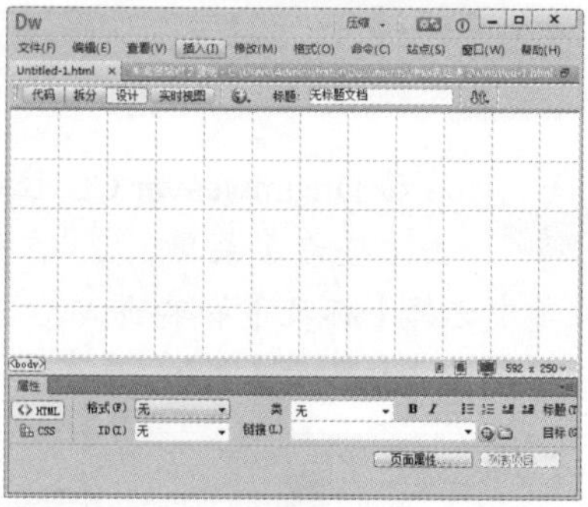

图 2-20

Section 2.3 范例应用与上机操作

手机扫描下方二维码，观看本节视频课程

辅助线功能可以在创建网页时，用于辅助的定位；“跟踪图像”是 Dreamweaver 一个非常有效的功能，它允许用户在网页中将原来的平面设计稿作为辅助的背景；本节还会讲解设置缩放比率、调整窗口大小以及页面方向的方法。

2.3.1 使用辅助线

在 Dreamweaver CC 中，辅助线功能可以在创建网页时，用于辅助的定位。下面详细介绍使用辅助线的操作方法。

素材文件 无

效果文件 无

step 1 启动程序，① 单击【查看】菜单，② 在弹出的下拉菜单中选择【辅助线】菜单项，③ 在弹出的子菜单中选择【显示辅助线】命令，如图 2-21 所示。

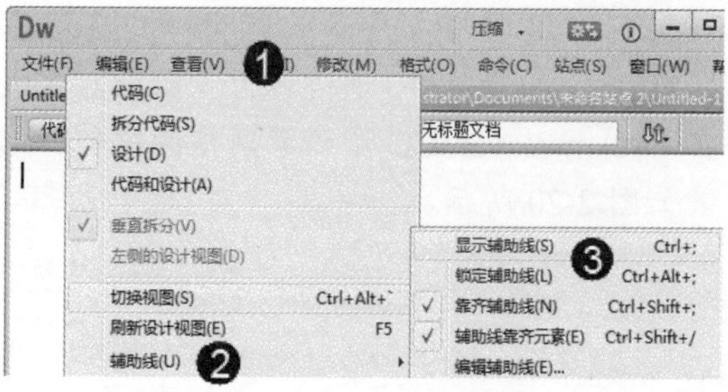

图 2-21

step 2 单击【查看】菜单，① 在弹出的下拉菜单中选择【标尺】菜单项，② 在弹出的子菜单中选择【显示】命令，如图 2-22 所示。

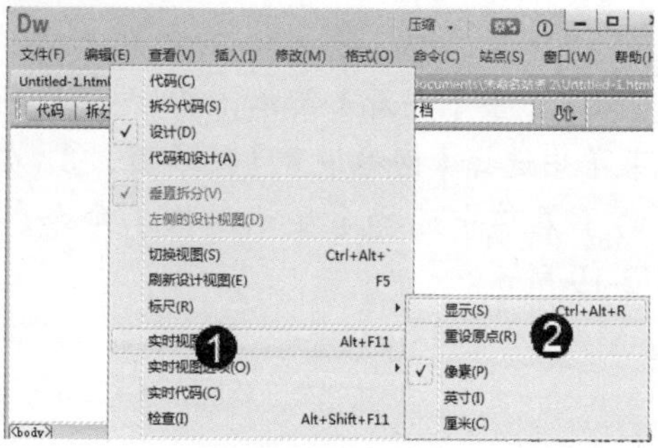

图 2-22

step 3 在左侧的标尺上单击并拖动鼠标指针，在上侧的标尺上单击并拖动鼠标指针，即可拖曳出辅助线，如图 2-23 所示。

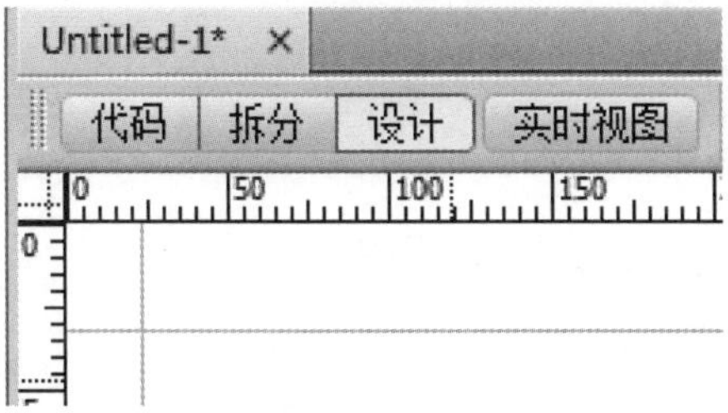

图 2-23

智慧锦囊

网页设计者还可以对辅助线的属性进行具体设置。只需单击【查看】菜单，在弹出的下拉菜单中选择【辅助线】菜单项，在弹出的子菜单中选择【编辑辅助线】命令，在弹出的【辅助线】对话框中即可对辅助线的相关属性进行具体的设置。

2.3.2 使用跟踪图像

在制作网页时，还可以使用图像跟踪功能。下面详细介绍使用图像跟踪的方法。

素材文件 第 2 章\素材文件\灯塔.JPG
效果文件 第 2 章\效果文件\2.3.2 使用跟踪图像.html

step 1 启动程序，① 单击【查看】菜单，② 在弹出的下拉菜单中选择【跟踪图像】菜单项，③ 在弹出的子菜单中选择【载入】命令，如图 2-24 所示。

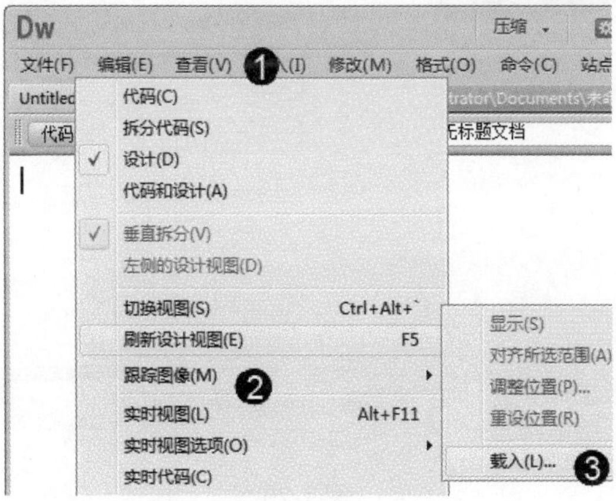

图 2-24

step 2 弹出【选择图像源文件】对话框，① 选择要载入图片的位置，② 选中准备载入的图片，③ 单击【确定】按钮，如图 2-25 所示。

图 2-25

step 3 弹出【页面属性】对话框，单击【确定】按钮，如图 2-26 所示。

step 4 通过以上步骤即可完成图像跟踪的操作，如图 2-27 所示。

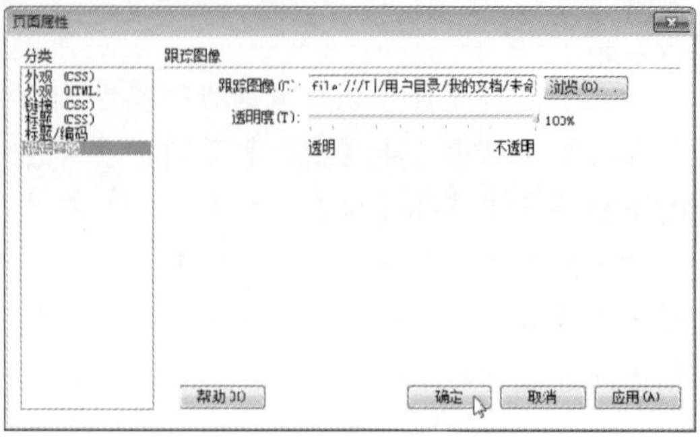

图 2-26

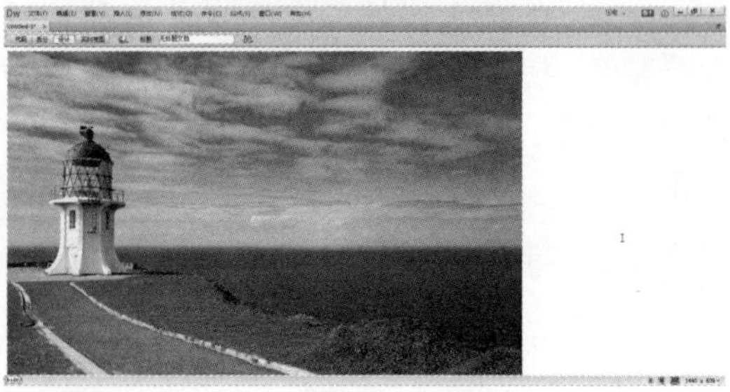

图 2-27

2.3.3 设置缩放比率

可以根据自身需要设置画面的缩放比率。下面详细介绍设置缩放比率的方法。

素材文件 无

效果文件 无

step 1 启动程序，① 单击【查看】菜单，② 在弹出的下拉菜单中选择【缩放比率】菜单项，③ 在弹出的子菜单中选择25%命令，如图 2-28 所示。

图 2-28

step 2 图片比例发生变化。通过以上步骤即可完成设置缩放比率的操作，如图 2-29 所示。

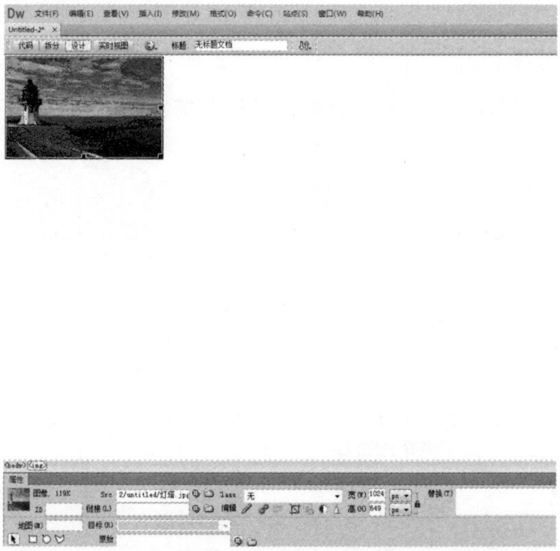

图 2-29

知识精讲

如果觉得【缩放比率】子菜单中的百分比率都不适合，可以按组合键 Ctrl+=键放大页面，按组合键 Ctrl+-键缩小页面，直至调整到适合的比率。网页制作完成后，还可以选择【缩放比率】子菜单中的【符合全部】命令来调整页面大小。

2.3.4 调整窗口大小

可以根据自身需要设置窗口大小，设置窗口大小的方法非常简单。下面详细介绍设置窗口大小的操作方法。

素材文件 无

效果文件 无

step 1 启动 Dreamweaver CC 程序，① 单击【查看】菜单，② 在弹出的下拉菜单中选择【窗口大小】菜单项，③ 在弹出的子菜单中选择【320×480 智能手机】命令，如图 2-30 所示。

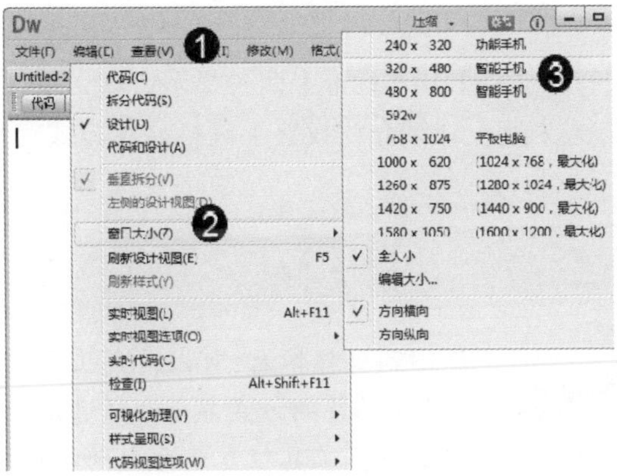

图 2-30

step 2 窗口大小发生变化。通过以上步骤即可完成设置窗口大小的操作，如图 2-31 所示。

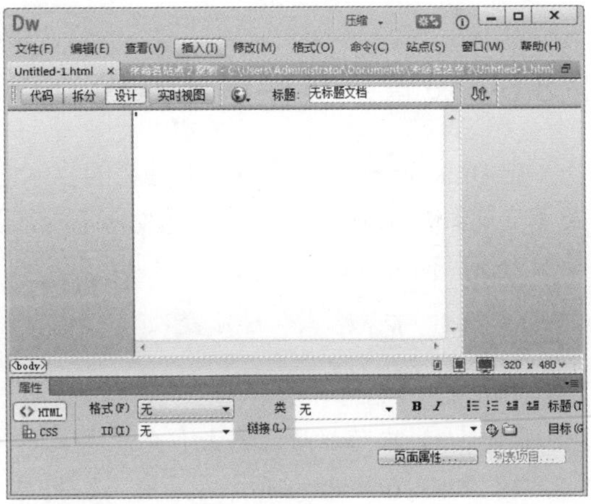

图 2-31

2.3.5 调整页面方向

在 Dreamweaver CC 中，页面的显示方向有横向和纵向两种显示方式。下面以纵向为例，详细介绍调整页面显示方向的操作方法。

素材文件 无

效果文件 无

step 1 ① 启动程序，单击【查看】菜单，② 在弹出的下拉菜单中，选择【窗口大小】菜单项，③ 在弹出的子菜单中，选择【方向纵向】命令，如图 2-32 所示。

step 2 返回到工作界面，可以看到编辑窗口中页面以纵向的方式显示。通过以上方法，即可完成调整页面显示方向的操作，如图 2-33 所示。

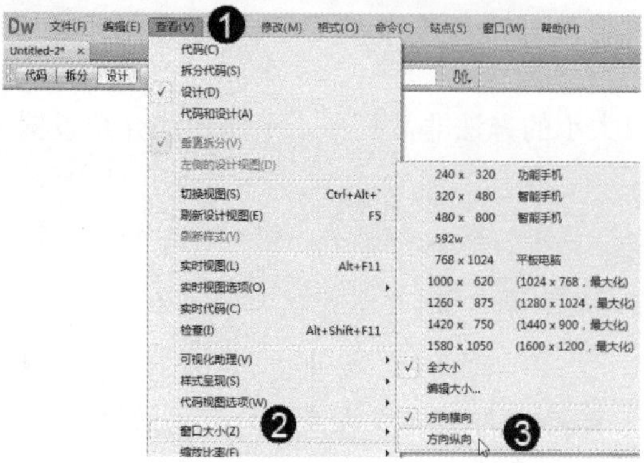

图 2-32

图 2-33

2.3.6 设置工具栏显示方式

在 Dreamweaver CC 中，工具栏的显示方式有【文档】和【标准】两种显示方式，默认为【文档】显示方式。下面以更改为【标准】方式为例，详细介绍设置工具栏显示方式的操作方法。

素材文件 无

效果文件 无

step 1 ① 启动程序，单击【查看】菜单，② 在弹出的下拉菜单中，选择【工具栏】菜单项，③ 在弹出的子菜单中，选择【标准】命令，如图 2-34 所示。

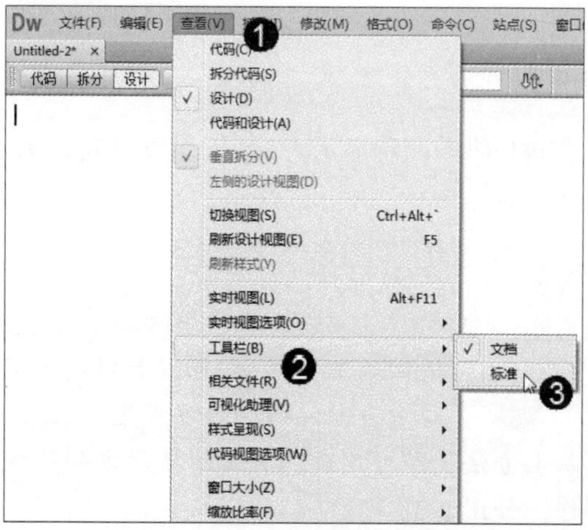

图 2-34

step 2 返回到工作界面，可以看到工具栏以【标准】的方式显示。通过以上方法，即可完成设置工具栏显示方式的操作，如图 2-35 所示。

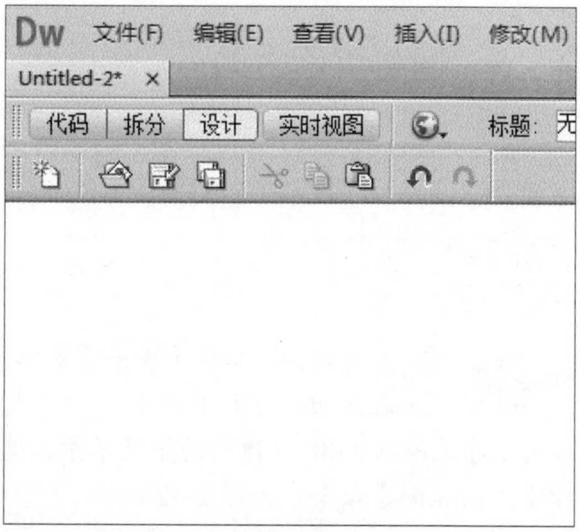

图 2-35

Section 2.4 本章小结与课后练习

本节内容无视频课程，习题参考答案在本书附录。

本章主要介绍了 Dreamweaver CC 的工作界面组成、设置 Dreamweaver 视图以及使用辅助线、使用跟踪图像、设置缩放比例、调整窗口大小、调整页面方向等内容，通过本章的学习，还可以做到清除辅助线、调整标尺的单位等操作。

2.4.1 思考与练习

1. 填空题

(1) Dreamweaver CC 工作界面包括______、工具栏、______、______、______和浮动面板组。

(2) 单击【查看】菜单，在弹出的下拉菜单中，可以选择【设计】、______、【拆分】、______等视图模式。

2. 判断题

(1) 【编辑】菜单包含【新建】、【打开】、【保存】、【保存全部】命令，还包含各种其他命令，用于查看当前文档或对当前文档执行操作。 (　)

(2) 使用标尺可以更精确地计算所编辑网页的宽度和高度，使网页更符合浏览器的显示要求。 (　)

3. 思考题

(1) 如何调整页面方向？

(2) 如何使用网格？

2.4.2 上机操作

(1) 通过对本章内容的学习，读者基本可以掌握使用可视化助理布局方面的知识，下面通过练习清除辅助线，达到巩固与提高的目的。

(2) 通过对本章内容的学习，读者基本可以掌握使用可视化助理布局方面的知识，下面通过练习调整标尺的显示方式为厘米，达到巩固与提高的目的。

第 3 章

创建与管理本地站点

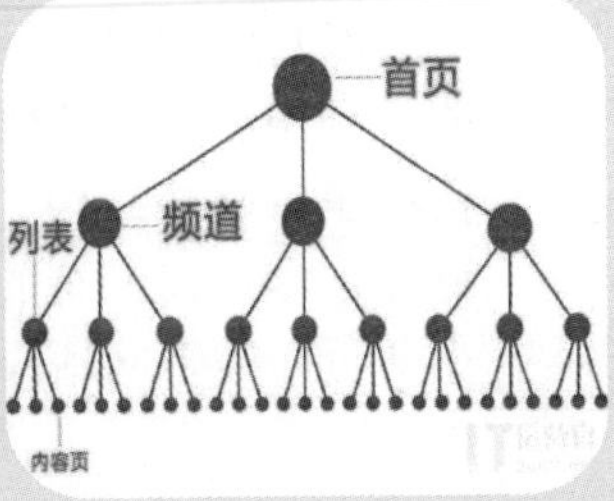

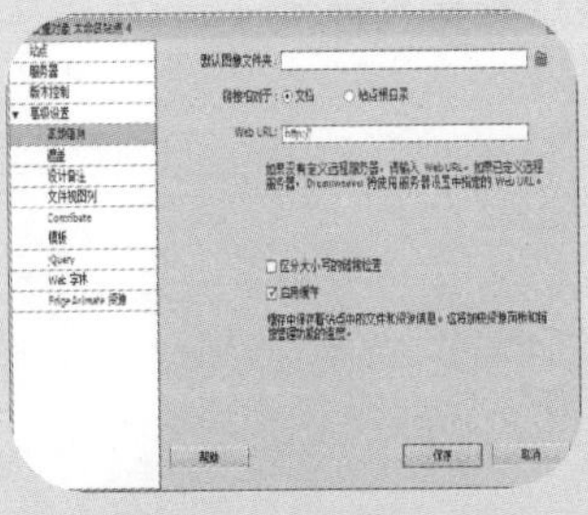

本章主要介绍站点及站点结构、创建本地站点、管理站点方面的知识与技巧，同时还讲解了站点的规划与操作。通过对本章内容的学习，读者可以掌握创建与管理本地站点方面的知识，为深入学习 Dreamweaver CC 知识奠定基础。

范例导航

1. 站点及站点结构
2. 创建本地站点
3. 管理站点
4. 站点的规划与操作

Section 3.1 站点及站点结构

手机扫描下方二维码，观看本节视频课程

在 Dreamweaver 中，可以创建本地站点，本地站点是本地计算机中创建的站点，其所有的内容都保存在计算机硬盘上，本地计算机可以被看成网络中的站点服务器。本节将详细介绍站点及站点结构的基本概念。

3.1.1 什么是站点

Dreamweaver 中的“站点”指的是一个本地或远程文件的存储位置。Dreamweaver 站点提供了一种方法来组织和管理用户所有的 Web 文档，包括上传网站到一个 Web 服务器、跟踪和维护链接以及管理和共享文件。

定义一个 Dreamweaver 的站点，只需要设置一个本地文件夹，如果想要传输文件到一个 Web 服务器或开发 Web 应用程序，则必须添加信息远程站点和测试服务器。

3.1.2 站点结构

站点的链接结构是指站点中各页面之间相互链接的拓扑结构。规划网站链接结构的目的是利用尽量少的链接达到网站的最佳浏览效果。通常，网站的链接结构包括树状链接结构和星状链接结构。在规划站点链接时，应混合应用这两种链接结构设计站点内各页面的链接，尽量使网站的浏览者既可以方便快捷地打开自己需要访问的网页，又能清晰地知道当前页面处于网站内的确切位置，如图 3-1 所示。

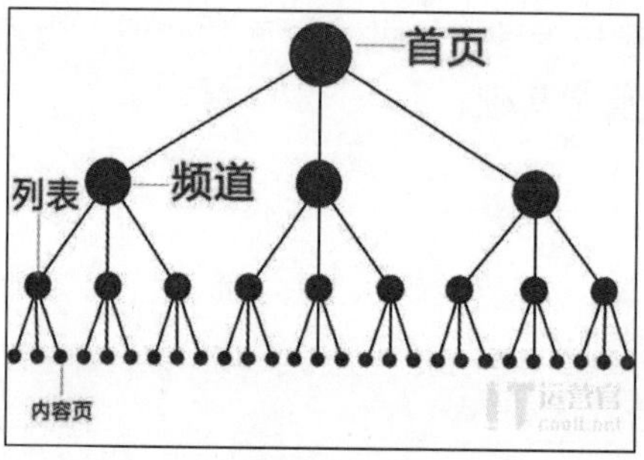

图 3-1

知识精讲

互联网中包括无数的网站和客户端浏览器，网站托管在网站服务器中，它通过存储和解析网页的内容，向各种客户端浏览器提供信息浏览服务。通过客户端浏览器打开网站中的某个网页时，网站服务软件会在完成对网页内容的解析工作后，将解析的结构回馈给网络中要求访问该网页的浏览器。

Section 3.2 创建本地站点

手机扫描下方二维码，观看本节视频课程

创建网站之前，一般需要在本地计算机上将整个完整网站完成，然后再将站点上传到网站 Web 服务器上。在 Dreamweaver 中，创建站点既可以使用软件提供的向导创建，也可以使用高级面板创建。

3.2.1 使用向导搭建站点

在使用 Dreamweaver CC 制作网页之前，最好先定义一个新站点，这是为了更好地利用站点对文件进行管理，也可以尽可能地减少错误，如路径出错、链接出错等。下面详细介绍使用【管理站点】向导搭建站点的操作方法。

step 1 启动程序，① 单击【站点】菜单，② 在弹出的下拉菜单中选择【管理站点】命令，如图 3-2 所示。

图 3-2

step 2 弹出【管理站点】对话框，在其中单击【新建站点】按钮，如图 3-3 所示。

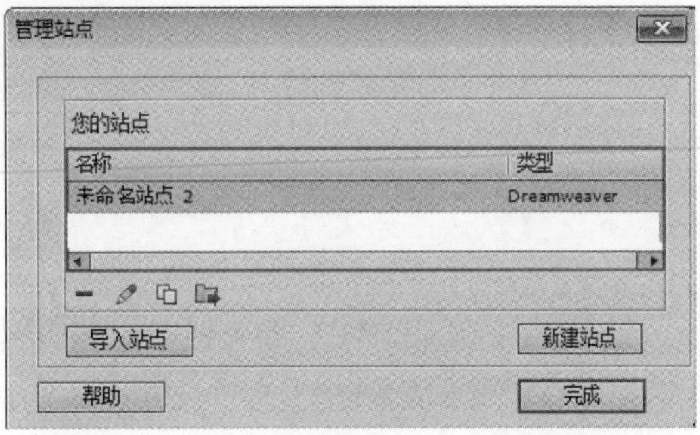

图 3-3

step 3 弹出【站点设置对象】对话框，① 选择【站点】选项卡，② 在【站点名称】文本框中输入准备使用的名称，③ 在【本地站点文件夹】文本框中输入文件夹所在的路径，④ 单击【保存】按钮，如图 3-4 所示。

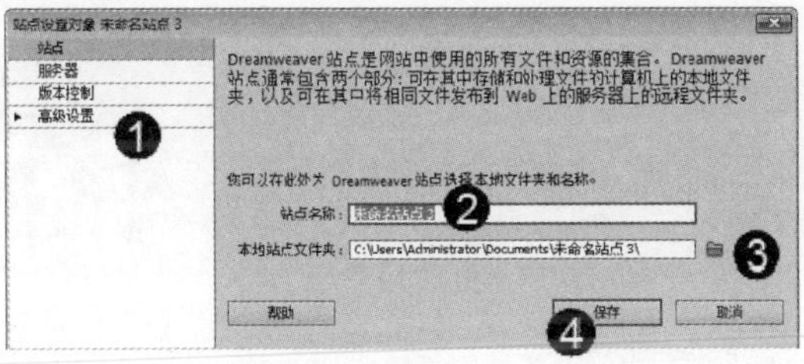

图 3-4

step 4 返回【管理站点】对话框，在对话框中显示刚刚新建的站点，单击【完成】按钮即可完成使用向导搭建站点的操作，如图 3-5 所示。

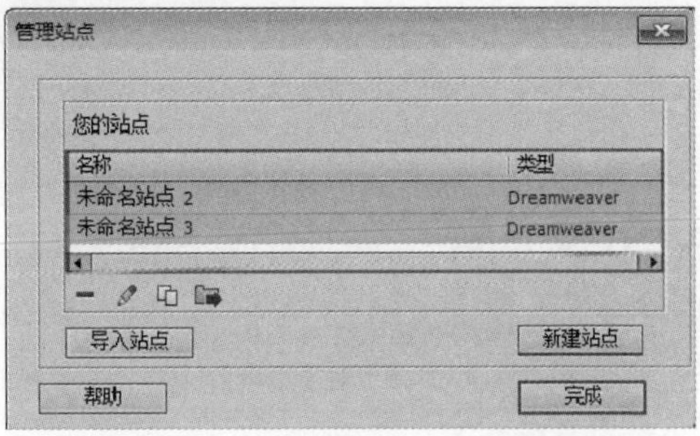

图 3-5

3.2.2 使用高级面板创建站点

选择【高级】面板可以不使用向导而直接创建站点信息。通过模式进行设置，可以让网页设计师在创建站点过程中发挥更强的主动性。

在【站点设置对象】对话框中，选择【高级设置】选项，即可展开相应的选项区域，在该区域中可以设置准备创建的站点的详细信息，如图 3-6 所示。

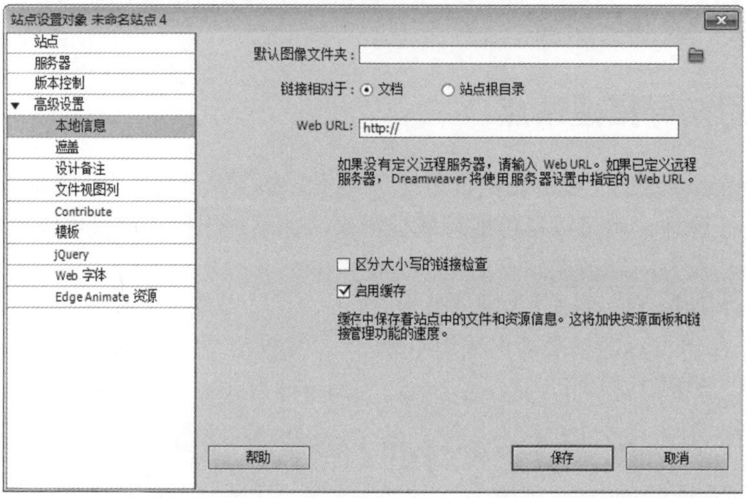

图 3-6

- 【默认图像文件夹】文本框：单击该文本框后的【浏览文件夹】按钮，可以在打开的【选择图像文件夹】对话框中，设定本地站点的默认图像文件夹存储路径。
- 【链接相对于】选项组：在网站站点中创建指向其他资源或页面的链接时指定创建的链接类型。
- Web URL 文本框：设置 Web 站点的 URL。Dreamweaver CC 使用 Web URL 创建站点根目录相对链接，并在使用链接检查器时验证这些链接。
- 【区分大小写的链接检查】复选框：在 Dreamweaver 检查链接时用于确保链接的大小写与文件名的大小写匹配。
- 【启用缓存】复选框：指定是否创建本地缓存以提高链接和站点管理任务的速度。

Section 3.3 管理站点

手机扫描下方二维码，观看本节视频课程

在 Dreamweaver CC 中，管理站点中文件的操作包括打开站点、编辑站点、复制站点、删除站点以及站点的切换等操作，本节将详细介绍有关打开站点、编辑站点、复制站点、删除站点等相关知识。

3.3.1 认识【管理站点】对话框

在 Dreamweaver 中对站点的所有管理操作都可以通过【管理站点】对话框来实现。单击【站点】菜单，在弹出的下拉菜单中选择【管理站点】命令即可打开【管理站点】对话框，如图 3-7 所示。

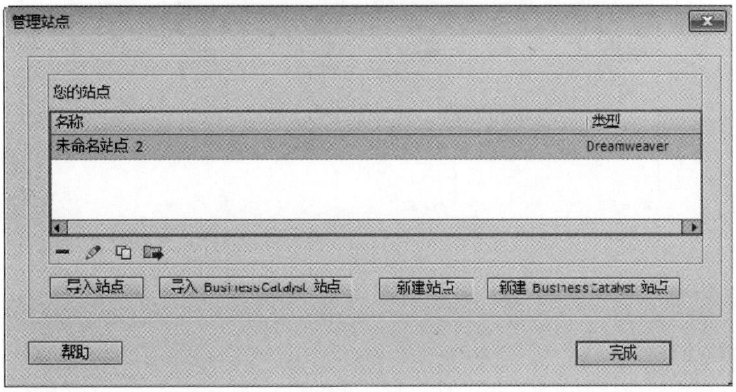

图 3-7

- 站点列表：该列表显示了当前 Dreamweaver CC 中创建的所有站点，并且显示了各个站点的类型，用户可以在该列表中选择需要管理的站点。
- 【删除当前选定的站点】按钮：单击该按钮，将弹出提示对话框，单击【是】按钮即可删除当前选定的站点。这里删除的只是在 Dreamweaver 中创建的站点，该站点中的文件并不会被删除。
- 【编辑当前选定的站点】按钮：单击该按钮，系统会自动弹出【站点设置对象】对话框，在该对话框中可以对选择的站点进行修改。
- 【复制当前选定的站点】按钮：单击该按钮即可复制选择的站点，得到该站点的副本。
- 【导出当前选定的站点】按钮：单击该按钮，将弹出【导出站点】对话框，选择导出位置，在【文件名】文本框中输入名称，单击【保存】按钮即可将选择的站点导出一个扩展名为.ste 的 Dreamweaver 站点文件。
- 【导入站点】按钮：单击该按钮，系统会自动弹出【导入站点】对话框，在该对话框中选择需要导入的站点文件，单击【打开】按钮即可将该站点文件导入到 Dreamweaver 中。
- 【导入 Business Catalyst 站点】按钮：单击该按钮，将弹出 Business Catalyst 对话框，显示当前用户所创建的 Business Catalyst 站点，选中准备导入的站点，单击 Import Site 按钮即可导入 Business Catalyst 站点。
- 【新建站点】按钮：单击该按钮，将弹出【站点设置对象】对话框，在其中可以创建新的站点。
- 【新建 Business Catalyst 站点】按钮：单击该按钮，将弹出 Business Catalyst 对话框，在其中可以创建新的 Business Catalyst 站点。

3.3.2 打开站点

启动 Dreamweaver CC 后，可以在【文件】面板中，单击【显示】下拉列表框的下拉按钮，在弹出的下拉列表中选择准备打开的站点，单击即可打开相应的站点，如图 3-8 所示。

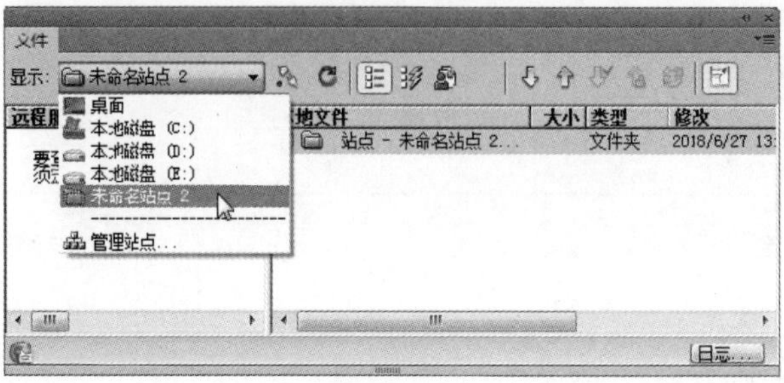

图 3-8

3.3.3 编辑站点

在 Dreamweaver CC 中创建站点以后，可以对站点进行编辑。下面介绍编辑站点的操作方法。

素材文件 无

效果文件 无

step 1 启动 Dreamweaver CC 程序，① 单击【站点】菜单，② 在弹出的下拉菜单中选择【管理站点】命令，如图 3-9 所示。

图 3-9

step 2 弹出【管理站点】对话框，① 选择准备编辑的站点名称，② 单击【编辑】按钮，如图 3-10 所示。

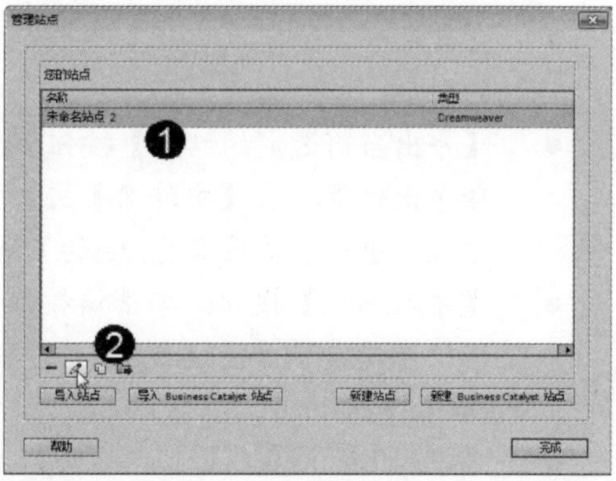

图 3-10

step 3 弹出【站点设置对象】对话框，①展开【高级设置】选项卡，并进行相应的设置，② 单击【保存】按钮，如图 3-11 所示。

step 4 返回至【管理站点】对话框，单击【完成】按钮。通过以上方法即可完成站点编辑的操作，如图 3-12 所示。

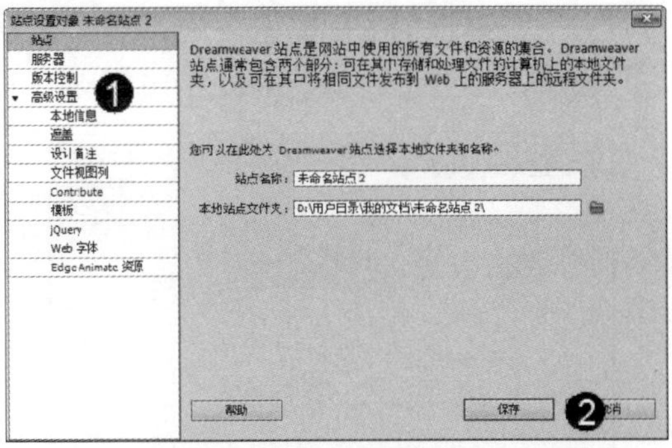

图 3-11

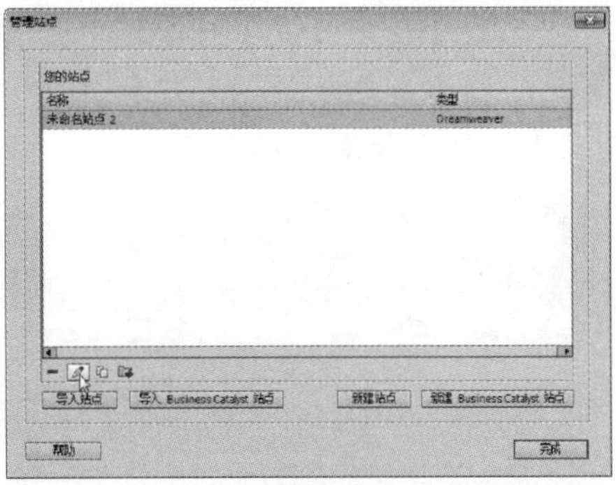

图 3-12

3.3.4 复制站点

在 Dreamweaver CC 中，当用户准备创建多个结构相同或类似的站点时，可以进行复制站点的操作。下面详细介绍复制站点的操作方法。

素材文件 无

效果文件 无

step 1 在【管理站点】对话框中，① 选择准备复制的站点名称，② 单击【复制】按钮，如图 3-13 所示。

step 2 选择的站点已经成功复制。通过以上方法，即可完成复制站点的操作，如图 3-14 所示。

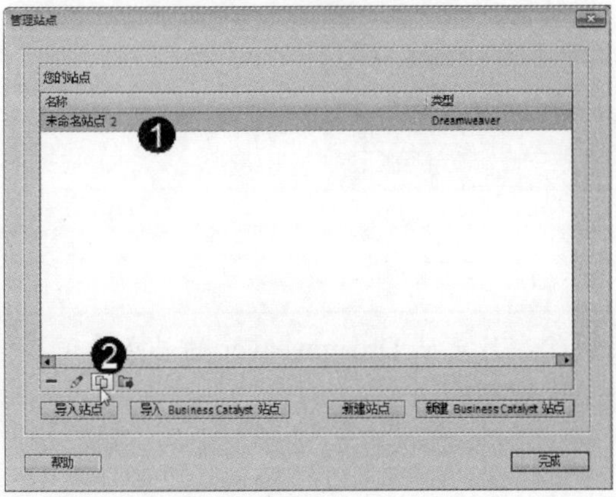

图 3-13

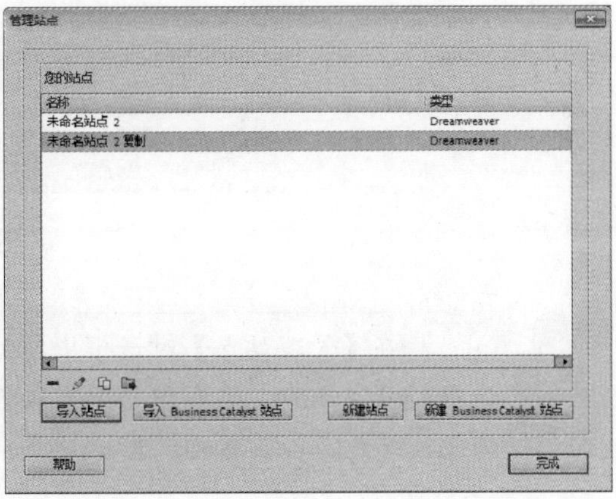

图 3-14

3.3.5 删除站点

如果对某个站点不太满意，可以进行删除站点的操作。下面详细介绍删除站点的操作方法。

素材文件 无

效果文件 无

step 1 在【管理站点】对话框中，① 选择准备删除的站点名称，② 单击【删除】按钮，如图 3-15 所示。

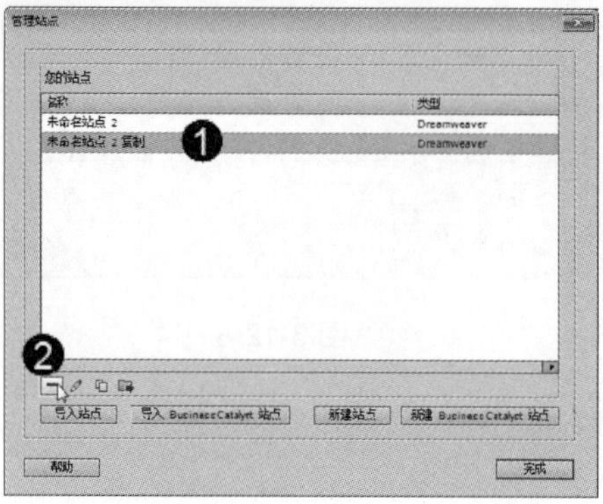

图 3-15

step 2 弹出 Dreamweaver 对话框，单击【是】按钮，如图 3-16 所示。

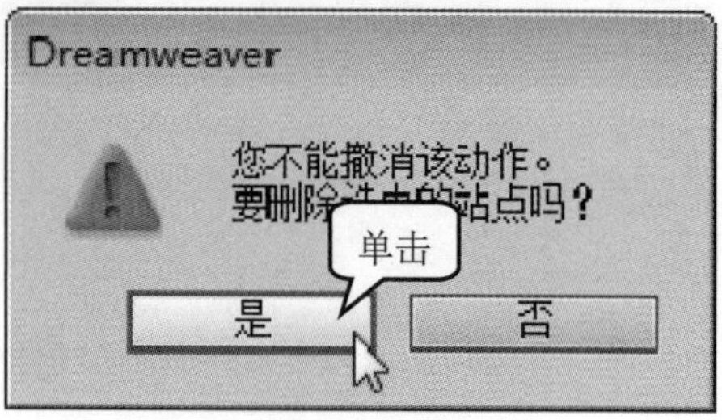

图 3-16

step 3 返回到【管理站点】对话框，可以看到已经将选择的站点删除。通过以上方法即可完成删除站点的操作，如图 3-17 所示。

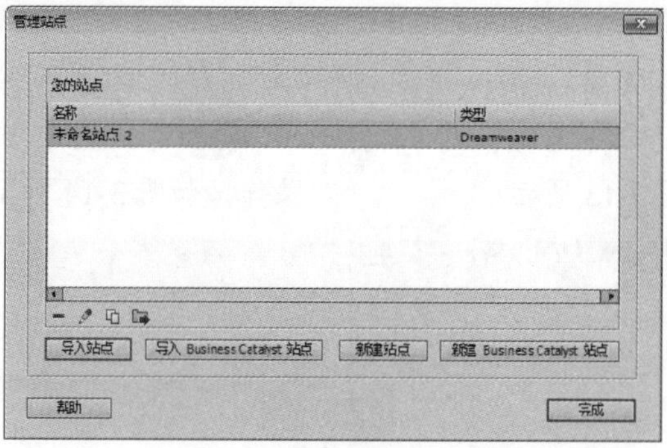

图 3-17

知识精讲

在【管理站点】对话框中将站点删除，只是从 Dreamweaver 的站点管理器中将站点删除，站点中的所有文件并不会被删除。

3.3.6 站点的切换

在【管理站点】对话框中单击选中准备切换到的站点名称，单击【完成】按钮即可进行切换站点的操作；或者也可以在【文件】面板中，单击左边的下拉列表，在弹出的下拉列表中单击即可完成切换站点的操作。

知识精讲

无论是重命名还是移动操作，都应该在 Dreamweaver 的【文件】面板中进行，因为【文件】面板有动态更新链接的功能，可以确保在站点内部不会出现链接错误。

Section 3.4 站点的规划与操作

手机扫描下方二维码，观看本节视频课程

在创建网站之前，往往需要对整个网站的结果进行规划，好的规划可以帮助网页制作者节省很多时间和精力。如果需要制作大型网站，其分类繁多，则更需要做好前期规划。本节将详细介绍站点的规划与操作方面的知识。

3.4.1 站点规划

站点的规划是为了使网站的结构更清晰，方便访问者的浏览。下面介绍进行站点规划时需要注意的几点。

1. 划分站点目录

将站点划分为多个目录，并将相关或者具有相同属性的文件放置在一个目录内。如“公司简介”、“商品展示”、“招聘人才”或者“联系方式”等，均可放置在一个目录内。当真正涉及网站的具体内容的时候，再放置在各自的文件夹中。

2. 不同种类的文件放在不同的文件夹中

随着网络的发达，多媒体网站已经司空见惯了，除了具有标准的 HTML 文件以外，在网站中还会出现如 Flash 文件、MP3 文件等。对于这些不同种类的文件，可以选择将其放置在不同的文件夹中，最常见的是将所有图片文件放置在一个文件夹内，并取名为“image”，而国外的大量网站在管理过程中，经常把非 HTML 文件放在一个称为“Assets”的二级目录下，或者在每个分类下再建立“Assets”目录。

3. 本地站点和远程服务器站点使用统一的目录结构

本地站点必须和远程服务器站点使用统一的目录结构，这是因为只有做到统一才会使本地制作的站点原封不动地上传至服务器，如果使用的是 Dreamweaver 自身的上传功能，则 Dreamweaver 会自动将这一切做好。

3.4.2 在站点中新建文件夹

刚刚建立的站点内部是空的，用户可以通过添加文件或者文件夹增加站点内的内容。下面详细介绍新建文件夹的操作方法。

素材文件 无
效果文件 无

step 1 在【文件】面板中，使用鼠标右键单击站点的根目录，在弹出的快捷菜单中选择【新建文件夹】命令，如图 3-18 所示。

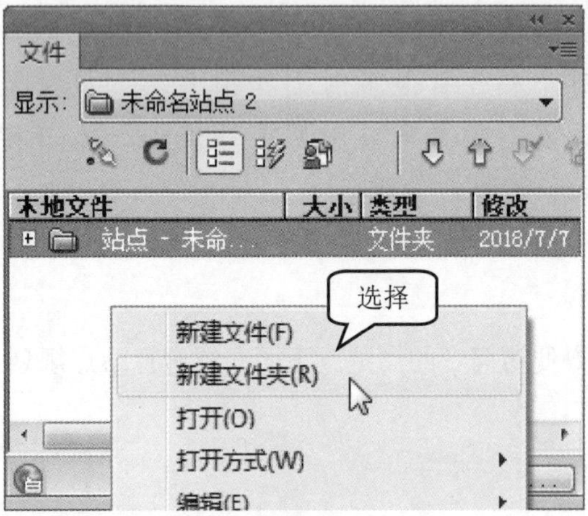

图 3-18

step 2 系统会自动在根目录下新建一个文件夹，此时，文件夹名称为可编辑状态，修改文件夹名称并按下键盘上的 Enter 键，即可完成在站点中新建文件夹的操作，如图 3-19 所示。

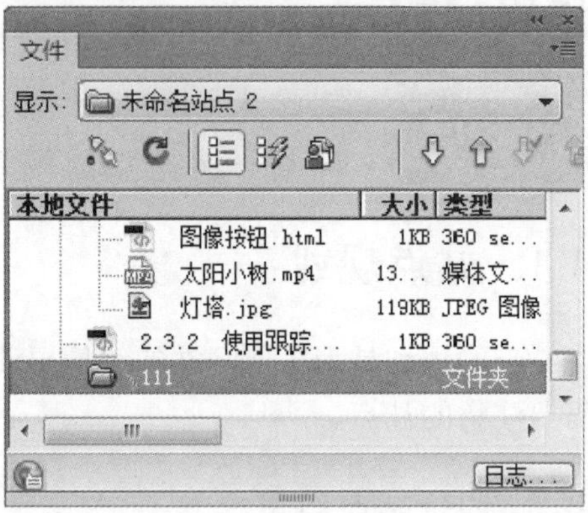

图 3-19

3.4.3 在站点中新建网页文件

在很多情况下文件夹代表网站的子栏目，而每个子栏目都需要有自己对应的网页文件。下面详细介绍在站点中新建网页文件的操作方法。

素材文件 无

效果文件 无

step 1 在【文件】面板中，使用鼠标右键单击站点的根目录，在弹出的快捷菜单中选择【新建文件】命令，如图 3-20 所示。

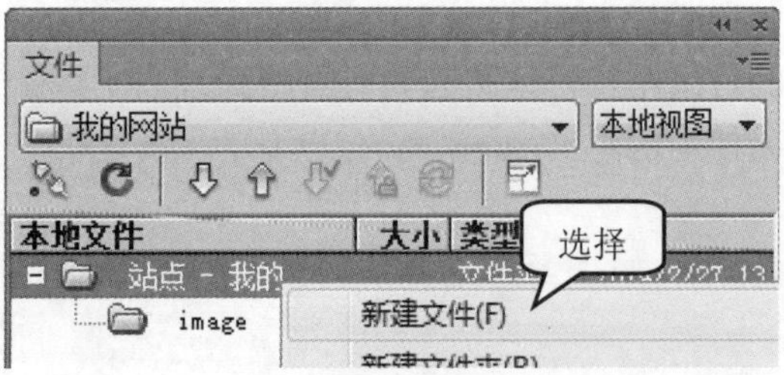

图 3-20

step 2 系统会自动新建一个网页文件，此时文件名称为可编辑状态，修改文件名称为“index.html”，并按下键盘上的 Enter 键，这样即可完成在站点中新建网页文件的操作，如图 3-21 所示。

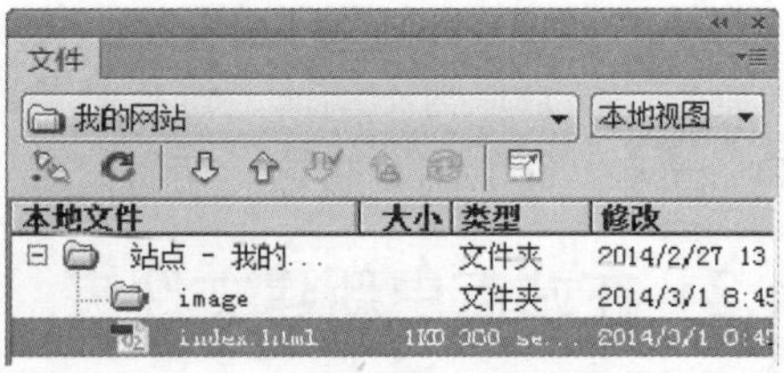

图 3-21

3.4.4 使用【新建文档】对话框新建文件

在 Dreamweaver CC 中，还可以通过【新建文档】对话框新建文件。下面详细介绍使用【新建文档】对话框新建文件的操作方法。

素材文件 无

效果文件 无

step 1 启动 Dreamweaver CC 程序，① 单击【文件】菜单，② 在弹出的下拉菜单中选择【新建】命令，如图 3-22 所示。

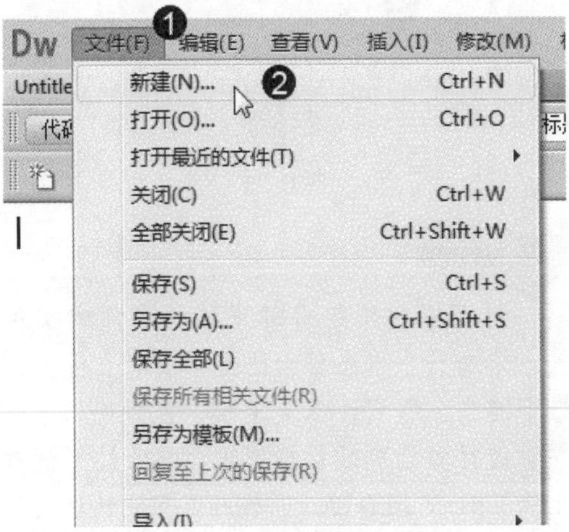

图 3-22

step 2 弹出【新建文档】对话框，① 在对话框左侧选择【空白页】选项卡，② 在【页面类型】列表框中选择准备使用的文件类型，如 HTML；③ 单击【创建】按钮即可完成使用【新建文档】对话框新建文件的操作，如图 3-23 所示。

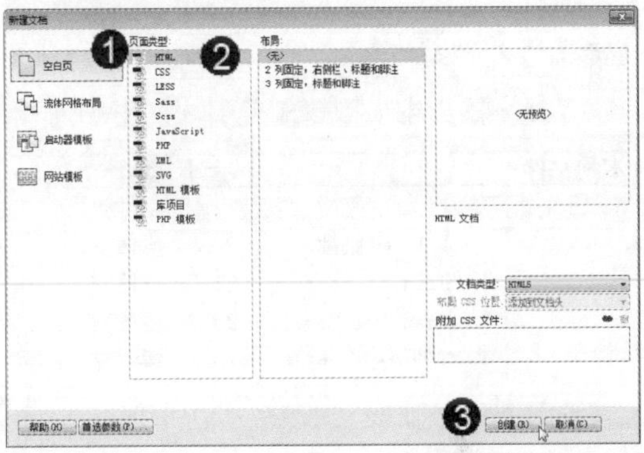

图 3-23

3.4.5 移动和复制文件或文件夹

在编辑网站的时候，可以根据实际工作需要将文件或者文件移动或者复制到其位置。下面分别予以详细介绍。

1. 移动文件或文件夹

移动文件或文件夹是指，将选中的文件或文件夹移动到目标位置后，原文件或文件夹不作保留。下面以移动文件为例详细介绍移动文件或文件夹的操作方法。

素材文件 无

效果文件 无

step 1 在【文件】面板中，右击准备移动的文件，① 在弹出的快捷菜单中，选择【编辑】菜单项，② 在弹出的子菜单中选择【剪切】命令，如图 3-24 所示。

step 2 右击准备移动到的目标位置，① 在弹出的快捷菜单中，选择【编辑】菜单项，② 在弹出的子菜单中选择【粘贴】命令，如图 3-25 所示。

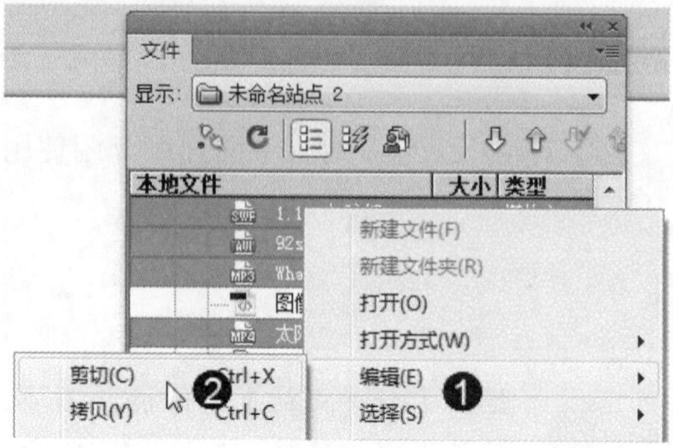

图 3-24

step 3 可以看到文件已经移动到文件夹中，如图 3-26 所示。

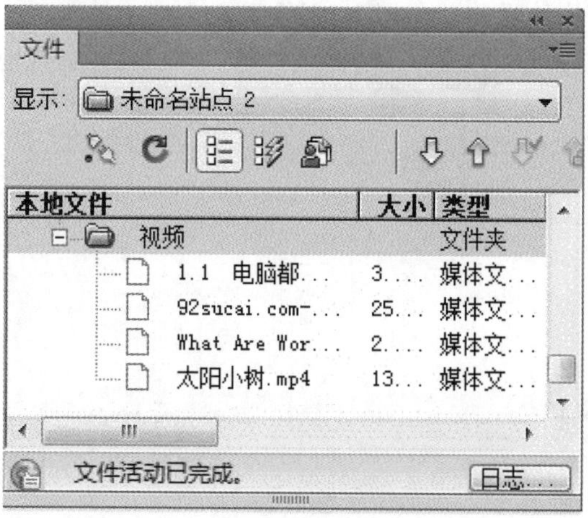

图 3-26

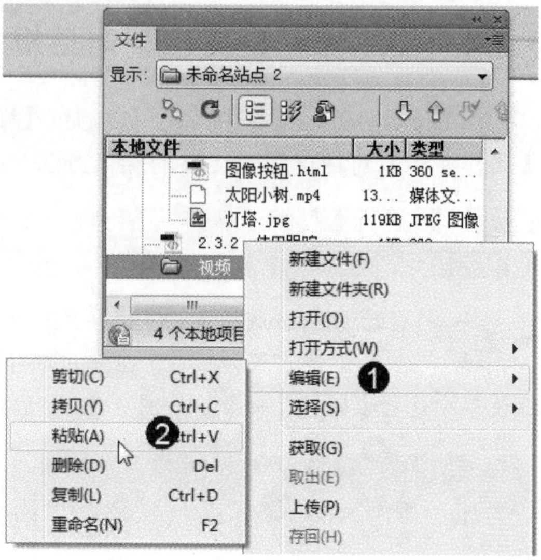

图 3-25

智慧锦囊

也可以使用组合键来移动文件或文件夹。单击选中准备移动的文件或者文件夹，按下键盘上的 Ctrl+X 组合键，然后使用鼠标左键选择移动到的目标位置，然后按下键盘上的 Ctrl+V 组合键，同样可以完成移动文件的操作。

2. 复制文件或文件夹

复制文件或文件夹是指，将选中的文件或文件夹移动到目标位置后，原文件或文件夹仍做保留。下面详细介绍移动文件或文件夹的操作方法。

素材文件 无

效果文件 无

step 1 在【文件】面板中右击准备复制的文件，① 在弹出的快捷菜单中选择【编辑】菜单项，② 在弹出的子菜单中，选择【拷贝】命令，如图 3-27 所示。

step 2 右键单击准备复制到的目标位置，① 在弹出的快捷菜单中选择【编辑】菜单项，② 在弹出的子菜单中选择【粘贴】命令，如图 3-28 所示。

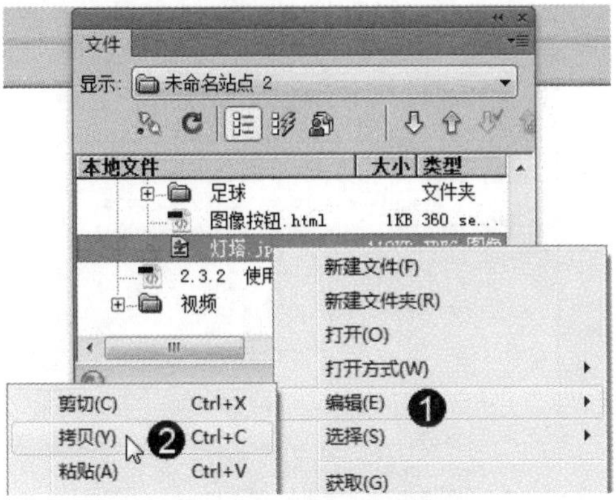

图 3-27

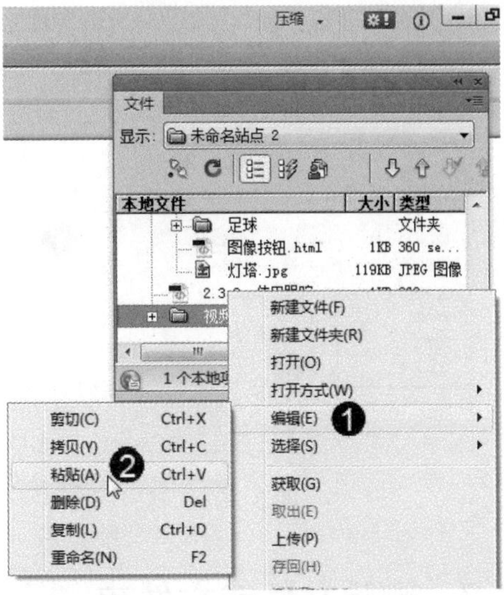

图 3-28

step 3 可以看到名为“灯塔”的文件已经复制到“视频”文件夹中，如图 3-29 所示。

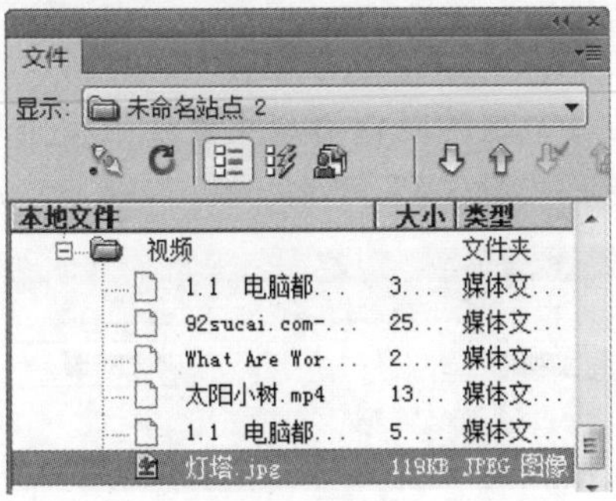

图 3-29

智慧锦囊

也可以使用快捷键来复制文件或文件夹。单击选中准备复制的文件或者文件夹，按下键盘上的 Ctrl+C 组合键，然后使用鼠标左键选择复制到的目标位置，然后按下键盘上的 Ctrl+V 组合键，同样可以完成复制文件的操作。

3.4.6 重命名文件或文件夹

在创建好文件或者文件夹之后，可以对文件或者文件夹进行重命名，以满足工作中的需要。下面详细介绍重命名文件或文件夹的操作方法。

素材文件 无
效果文件 无

step 1 在【文件】面板中右击准备重命名的文件，① 在弹出的快捷菜单中选择【编辑】菜单项，② 在弹出的子菜单中选择【重命名】命令，如图 3-30 所示。

step 2 选中的文件名称变为可编辑状态，重新输入准备使用的文件名称，并按下键盘上的 Enter 键。通过以上方法，即可完成重命名文件或文件夹的操作，如图 3-31 所示。

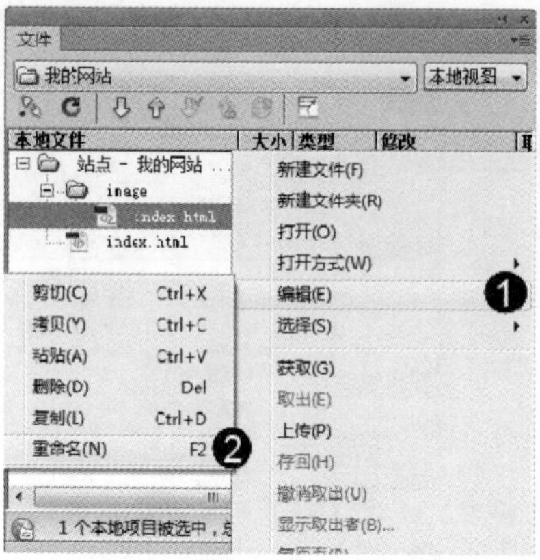

图 3-30

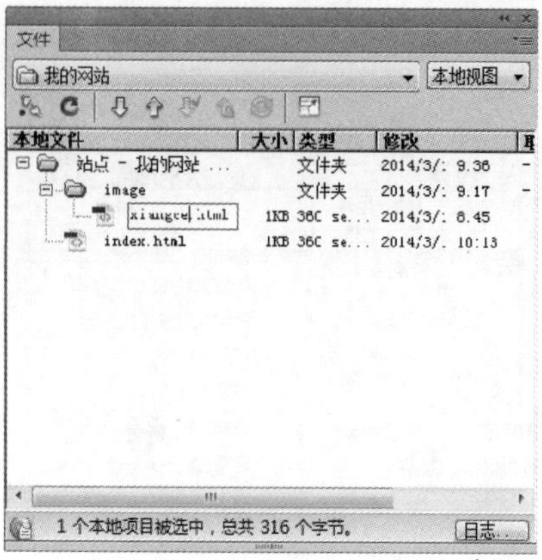

图 3-31

3.4.7 删除文件或文件夹

如果准备不再使用某个文件或者文件夹，可以选择将其删除。下面详细介绍删除文件或文件夹的操作方法。

素材文件 无

效果文件 无

step 1 在【文件】面板中右击准备删除的文件，① 在弹出的快捷菜单中选择【编辑】菜单项，② 在弹出的子菜单中选择【删除】命令，如图 3-32 所示。

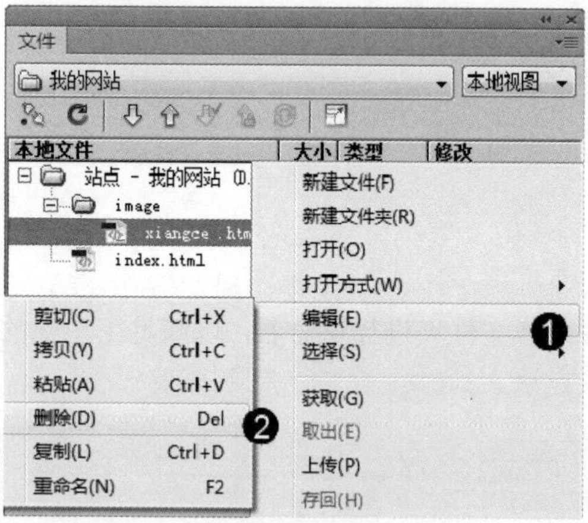

图 3-32

step 2 这时可以看到文件已经被删除，如图 3-33 所示。

图 3-33

Section 3.5 范例应用与上机操作

手机扫描下方二维码，观看本节视频课程

本节将介绍在站点中新建名为“音乐”的文件夹、在站点中新建名为“视频网页”的文件、使用站点地图、Business Catalyst站点、文件视图列等相关知识。

3.5.1 在站点中新建名为“音乐”的文件夹

在创建网站的过程中，经常会遇到使用音乐的情况，用户可以将音乐统一放置在一个文件夹中，以方便查找。下面详细介绍在站点中新建音乐文件夹的操作方法。

素材文件：无

效果文件：无

step 1 ①在【文件】面板中使用鼠标右键单击站点的根目录，②在弹出的快捷菜单中，选择【新建文件夹】命令，如图3-34所示。

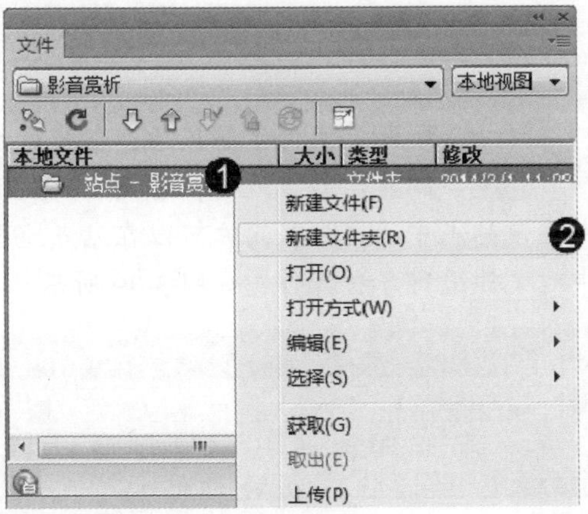

图3-34

step 2 在弹出的新建文件夹文本框中输入文件夹名称，如music，按下键盘上的Enter键，这样即可完成在站点中新建文件夹的操作，如图3-35所示。

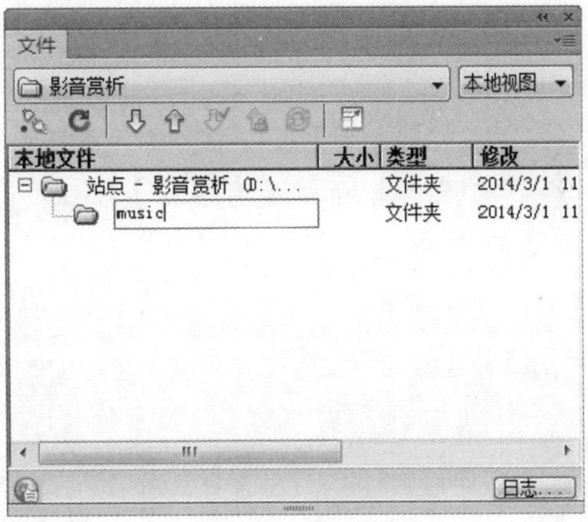

图3-35

3.5.2 在站点中新建名为“视频网页”的文件

在创建影音类网站的时候，可以在站点中创建一个视频网页并命名，以方便规划。下面详细介绍在站点中新建视频网页文件的操作方法。

素材文件：无

效果文件：第3章\效果文件\视频网页.Html

step 1 在【文件】面板中使用鼠标右键单击站点的根目录，在弹出的快捷菜单中，选择【新建文件】命令，如图 3-36 所示。

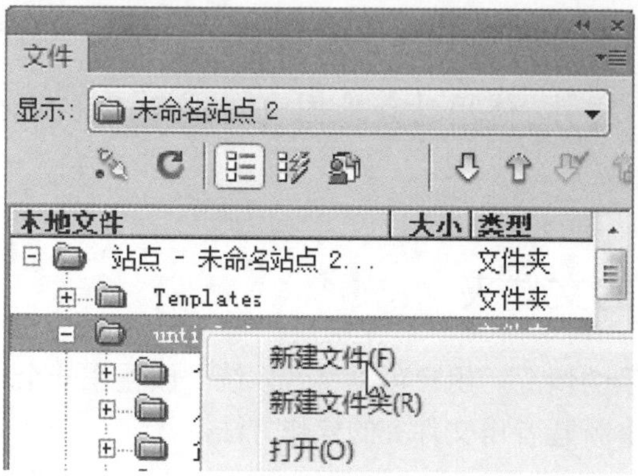

图 3-36

step 2 在弹出的新建文件文本框中输入文件名称，如“视频网页.html”，按下键盘上的 Enter 键即可完成在站点中新建视频网页文件的操作，如图 3-37 所示。

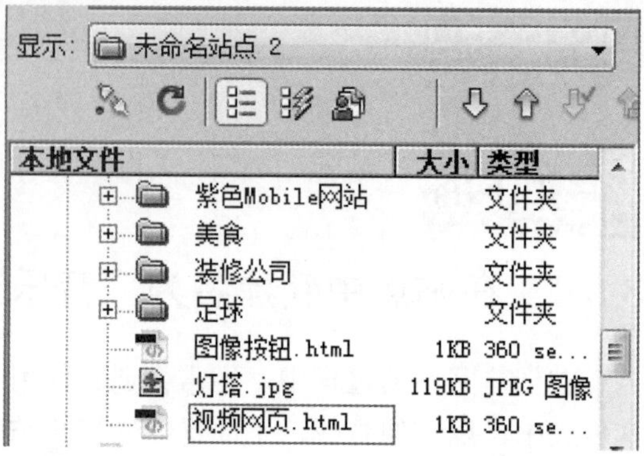

图 3-37

3.5.3 使用站点地图

站点地图是以树形结构图方式显示站点中文件的链接关系，在站点地图中可以添加、修改、删除文件间的链接关系。下面介绍使用站点地图的操作方法。

素材文件 第 3 章\素材文件\影音赏析
效果文件 第 3 章\效果文件\影音赏析

step 1 在【文件】面板中，单击【展开以显示本地和远端站点】按钮，如图 3-38 所示。

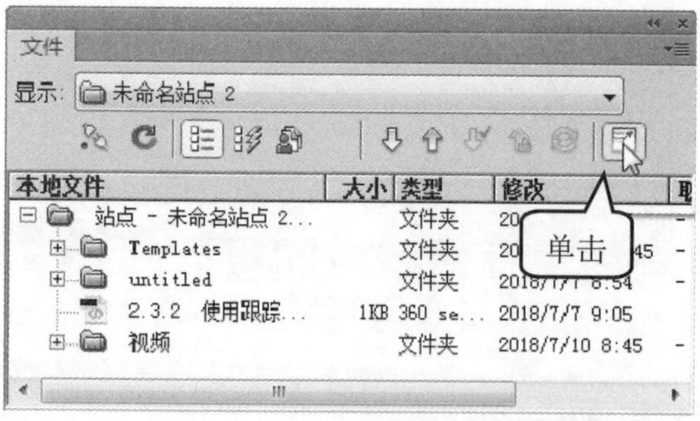

图 3-38

step 2 展开【文件】面板后，在窗口左侧显示站点地图，右侧以列表形式显示站点中的文件，用户可以在站点地图中对文件进行各种操作，如图 3-39 所示。

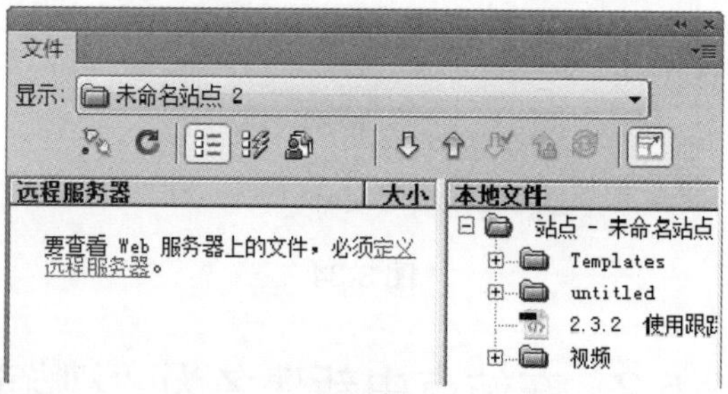

图 3-39

3.5.4 Business Catalyst 站点

Adobe 公司在 2009 年收购了澳大利亚的 Business Catalyst 公司，Business Catalyst 为网站设计人员提供了一个功能强大的电子商务内容管理系统。Business Catalyst 平台拥有一些非常实用的功能，例如网站分析和电子邮件营销等。Business Catalyst 可以让所涉及的网站轻松地获得一个在线平台，并且可以让网站管理者轻松地掌握网站浏览者的行踪，建立和管理任何规模的客户数据库，以及在线销售产品和服务。Business Catalyst 平台还集成了很多主流的网络支付系统，例如 PayPal、Google 和 Checkout，以及预集成的网关。

Business Catalyst 站点功能是从 Dreamweaver CS6 开始加入的，在 Dreamweaver CC 中同样继承了 Business Catalyst 的功能，以满足设计者对于独立工作平台的需求。Business Catalyst 提供了一个在线远程服务器站点，使设计者能够获得一个专业的在线平台。

3.5.5　文件视图列

【站点设置对象】对话框中的【高级设置】选项下的【文件视图列】选项卡，用于设置站点管理其中文件浏览窗口所显示的内容，如图 3-40 所示。

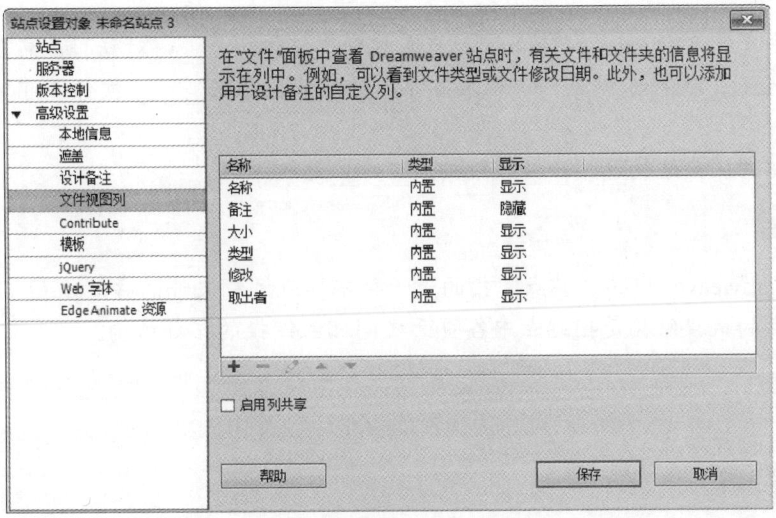

图 3-40

- 【文件视图列】：在文件视图列中默认有 6 个选项，其中【名称】用于显示文件名；【备注】用于显示设计备注；【大小】用于显示文件大小；【类型】用于显示文件类型；【修改】用于显示修改时间；【取出者】用于显示文件正在被谁打开或修改。
- 【添加新列】按钮：单击该按钮，会弹出【添加新列】对话框，在其中可以添加新的项目。
- 【删除列】按钮：单击该按钮，可以删除选中的列。
- 【编辑现有列】按钮：单击该按钮，会弹出【编辑现有列】对话框，在其中可以对选中的列项目进行编辑。
- 【在列表中上移项】按钮：选中要调整的列项目，单击该按钮，可以将选中的列项目向上移动。
- 【在列表中下移项】按钮：选中要调整的列项目，单击该按钮，可以将选中的列项目向下移动。

Section 3.6 本章小结与课后练习

本节内容无视频课程，习题参考答案在本书附录。

本章主要介绍了站点和站点结构的概念，认识【管理站点】对话框，打开、编辑、复制、删除和切换站点，站点的规划，在站点中新建文件夹，在站点中新建网页，使用站点地图，文件视图列等内容。下面通过习题进行巩固与提高。

3.6.1 思考与练习

1. 填空题

(1) 单击【导入 Business Catalyst 站点】按钮，将弹出______对话框，显示当前用户所创建的 Business Catalyst 站点，选中准备导入的站点，单击______按钮即可导入 Business Catalyst 站点。

(2) 网站的链接结构包括______结构和______结构。

2. 判断题

(1) Dreamweaver 中的“站点”指的是一个本地或远程文件的存储位置。 ( )

(2) 站点的链接结构是指站点中各页面之间相互链接的拓扑结构。 ( )

3. 思考题

(1) 如何打开站点？

(2) 如何删除站点？

3.6.2 上机操作

(1) 通过对本章内容的学习，读者基本可以掌握在站点中新建文件夹方面的知识，下面通过练习建立名为“pic”的文件夹，达到巩固与提高的目的。

(2) 通过对本章内容的学习，读者基本可以掌握在站点中新建网页文件方面的知识，下面通过练习建立名为“tushang.html”的网页文件，达到巩固与提高的目的。

第 4 章

编辑结构清晰的网页信息

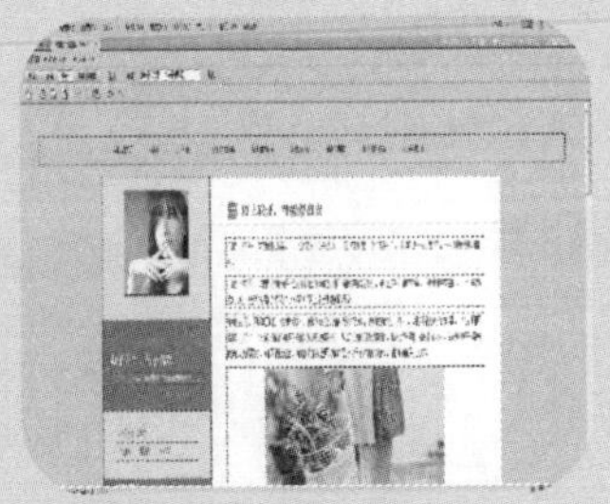

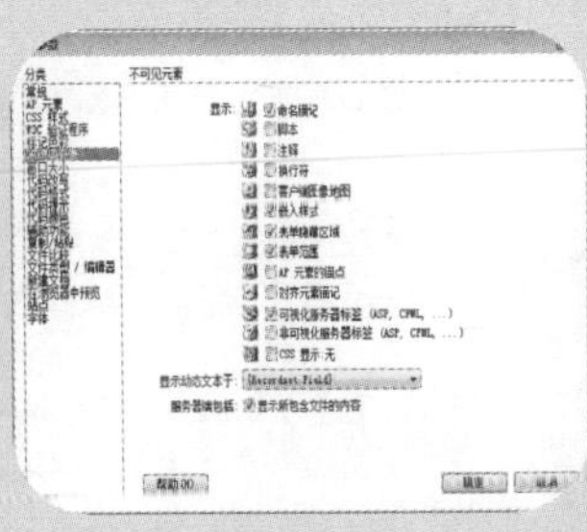

本章主要介绍在网页中插入文本、插入特殊文本对象、项目列表和编号列表、设置页面的 META 信息、设置网页的头信息方面的知识与技巧，同时还讲解了如何设置页面属性。通过本章的学习，读者可以掌握编辑结构清晰的网页信息方面的知识，为深入学习 Dreamweaver CC 知识奠定基础。

范 例 导 航

1. 在网页中插入文本
2. 插入特殊文本对象
3. 项目列表和编号列表
4. 设置页面的 META 信息
5. 设置网页的头信息
6. 设置页面属性

Section 4.1 在网页中插入文本

手机扫描下方二维码，观看本节视频课程

文本是网页的基本元素，所以掌握文本的基本操作，对用户起着至关重要的作用。在 Dreamweaver CC 中，用户可以输入文本，并设置文本的字体、字号、字体颜色和字体样式等。本节将详细介绍在网页中插入文本的相关知识。

4.1.1 输入网页文本

在网页中创建文本，不仅可以在网页中传递网站制作者的思想，同时还有存储信息量大、输入修改方便、生成方便等特点。下面详细介绍输入文本的操作方法。

素材文件 第 4 章\素材文件\文本.txt
效果文件 第 4 章\效果文件\网站公告.html

step 1 打开素材文件，将光标定位在准备输入文本的位置，如图 4-1 所示。

图 4-1

step 2 打开准备好的文本文件，将其中文本全部选中，按下组合键 Ctrl+C，如图 4-2 所示。

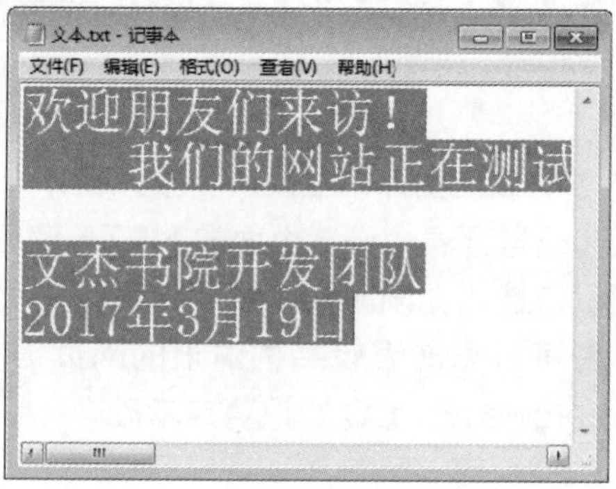

图 4-2

step 3 切换到 Dreamweaver 中，将光标移动到页面中，① 单击【编辑】菜单，② 在弹出的下拉菜单中选择【粘贴】命令，如图 4-3 所示。

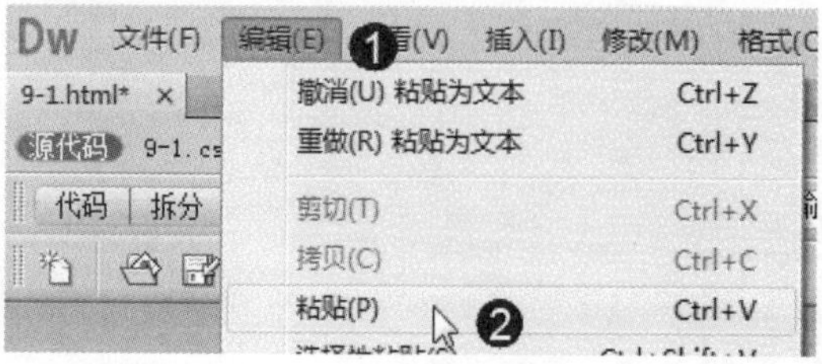

图 4-3

step 4 可以看到文本已经复制到网页中，如图 4-4 所示。

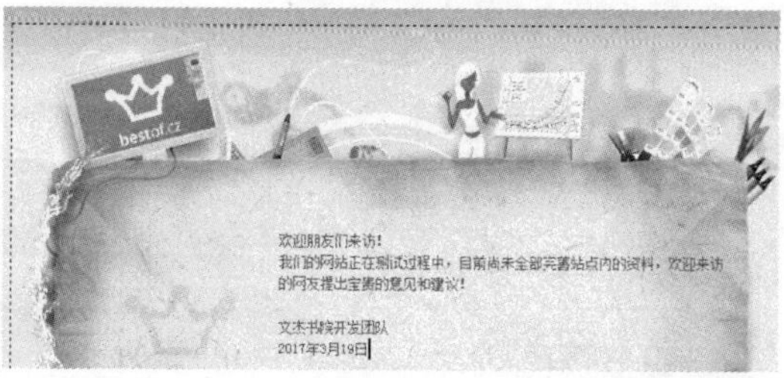

图 4-4

4.1.2 设置文本属性

在输入文本完成后，即可对文本进行属性设置，包括设置字体、字号、字体颜色、对齐方式、文本样式、段落文本和插入换行符等。下面分别予以详细介绍。

素材文件 第 4 章\素材文件\文本属性.html

效果文件 第 4 章\效果文件\文本属性.html

step 1 打开素材文件，在【属性】面板中单击【页面属性】按钮，如图 4-5 所示。

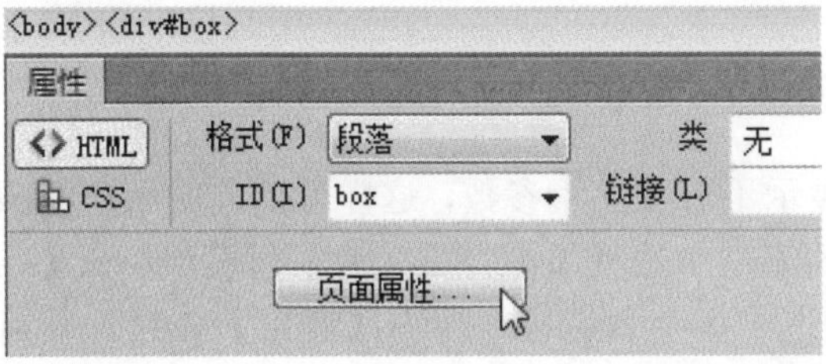

图 4-5

step 3 可以看到文本属性已经改变，如图 4-7 所示。

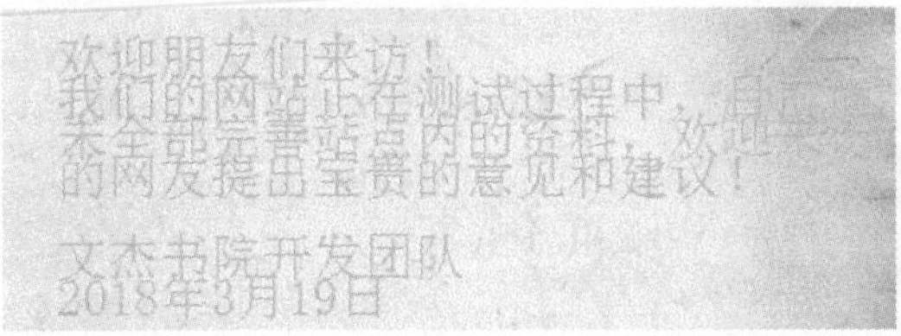

图 4-7

step 2 弹出【页面属性】对话框，① 在【分类】列表框中选择【外观(CSS)】选项，② 在【页面字体】、【大小】【文本颜色】、【背景颜色】下拉列表框中设置文本的属性，③ 单击【确定】按钮，如图 4-6 所示。

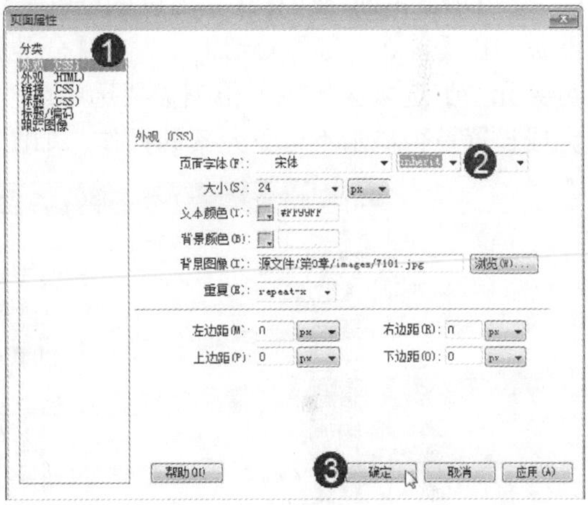

图 4-6

4.1.3 允许输入连续的空格

在通常情况下，Dreamweaver CC 中是不允许输入连续空格的，通过设置可以改变这一限制。下面详细介绍如何允许输入连续的空格。

素材文件 无

效果文件 无

step 1 打开 Dreamweaver CC 程序，① 单击【编辑】菜单，② 在弹出的下拉菜单中选择【首选项】命令，如图 4-8 所示。

step 2 弹出【首选项】对话框，① 在【分类】列表框中，选择【常规】列表项，② 在【编辑选项】选项中，选中【允许多个连续的空格】复选框，③ 单击【确定】按钮即可完成允许输入连续的空格的操作，如图 4-9 所示。

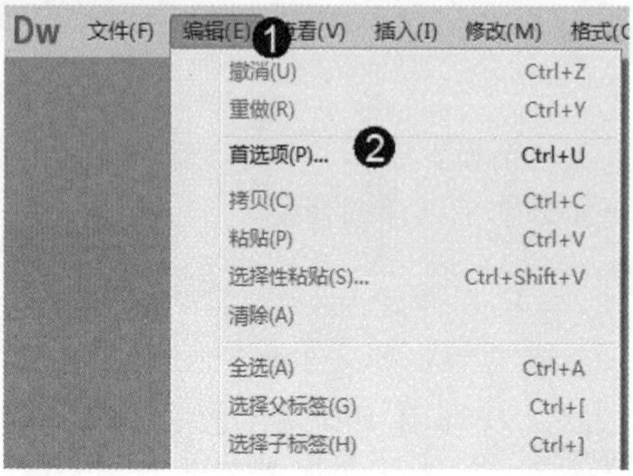

图 4-8

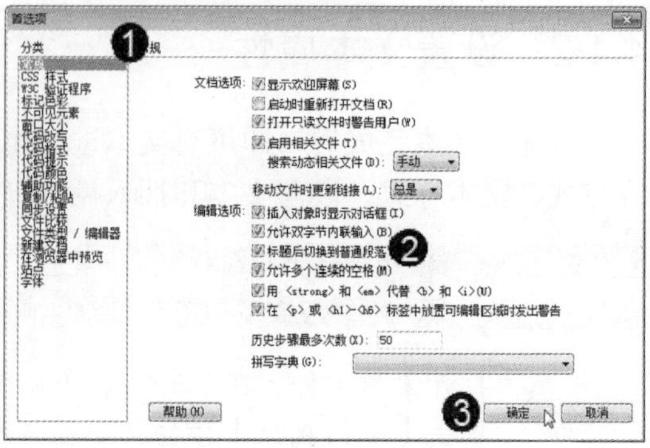

图 4-9

4.1.4 设置是否显示不可见元素

在 Dreamweaver CC 中，还可以设置是否显示不可见元素参数，这样可以方便用户编辑网页。在【首选参数】对话框中，在【分类】列表框中选择【不可见元素】列表项，在【不可见元素】选项区域中，根据需要选中或取消选中多个复选框，单击【确定】按钮，即可完成设置是否显示不可见元素的操作，如图 4-10 所示。

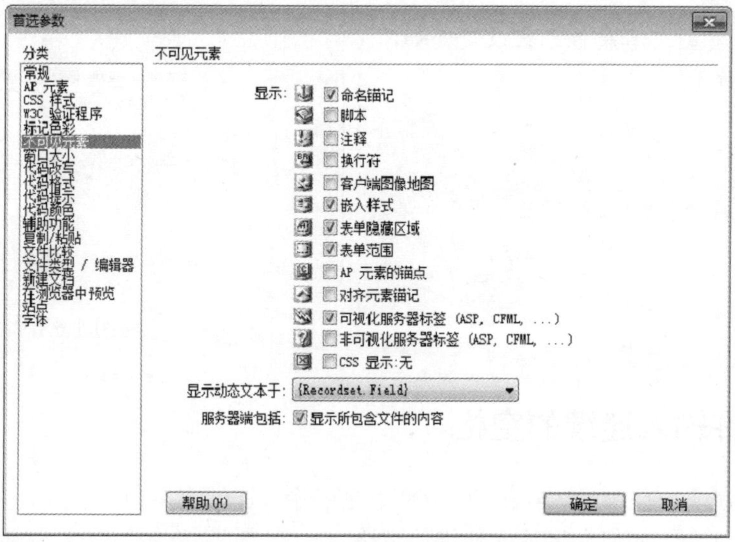

图 4-10

4.1.5 设置页边距

在 Dreamweaver CC 中，还可以对当前页面的页边距进行设置，以达到满意的效果。下面详细介绍设置页边距的操作方法。

素材文件 第 4 章\素材文件\设置页边距.html

效果文件 第 4 章\效果文件\设置页边距.html

step 1 打开素材文件，在【属性】面板中单击【页面属性】按钮，如图 4-11 所示。

图 4-11

step 2 弹出【页面属性】对话框，① 在【分类】列表框中选择【外观(CSS)】列表项，② 分别在【左边距】、【右边距】、【上边距】和【下边距】文本框中输入相应的数值，③ 单击【确定】按钮，如图 4-12 所示。

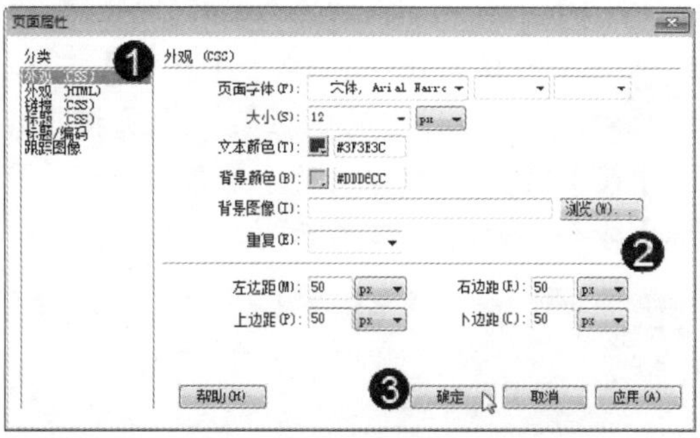

图 4-12

step 3 可以看到页边距已经更改，如图 4-13 所示。

图 4-13

考考您

请您根据上述方法重新设置页边距，测试一下您的学习效果。

知识精讲

在设置页边距的时候，还可以对页边距的单位进行设置，其中 px 代表像素，pt 代表点(Points)(1 点=1/72 英寸)，in 代表英寸(1 英寸=2.54 厘米)，cm 代表厘米，mm 代表毫米，pc 代表皮卡(Picas)(1 皮卡=12 点)，em 代表字母 x 的高度，% 代表百分比。

Section 4.2 插入特殊文本对象

手机扫描下方二维码，观看本节视频课程

在 Dreamweaver CC 中，可以根据实际工作需求插入特殊文本对象。常见的特殊文本对象包括特殊字符、水平线、注释以及日期等。本节将详细介绍在网页中插入特殊文本对象的相关知识。

4.2.1 插入特殊字符

特殊字符包括版权、注册商标、商标、英镑符号、日元符号、欧元符号、左引号、右引号、破折线和短破折线等。下面以插入商标为例，详细介绍插入特殊字符的操作方法。

素材文件 无

效果文件 第 4 章\效果文件\特殊字符.html

step 1 新建网页，① 单击【插入】菜单，② 在弹出的下拉菜单中选择【字符】菜单项，③ 在弹出的子菜单中选择【商标】命令，如图 4-14 所示。

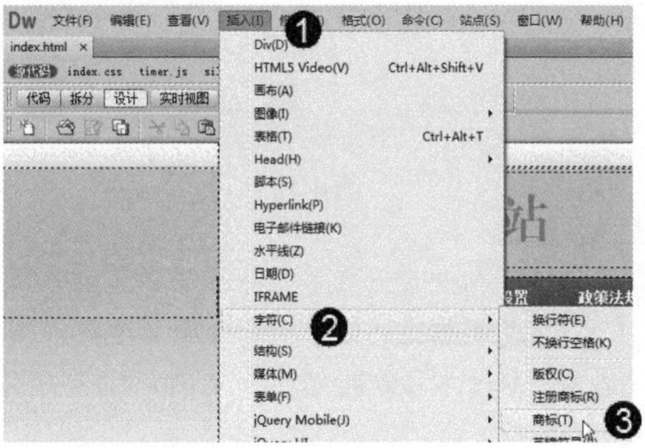

图 4-14

step 2 可以看到已经插入的“商标”字符。通过以上方法即可完成插入特殊字符的操作，如图 4-15 所示。

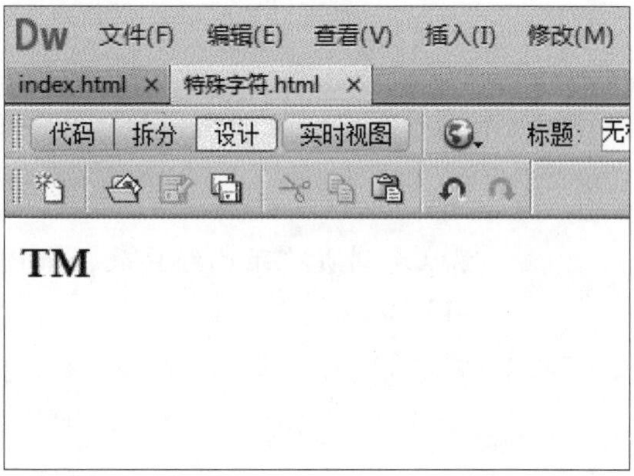

图 4-15

4.2.2 插入水平线

在网页版式设计中，水平线可以用来分隔文本和对象。下面详细介绍插入水平线的操作方法。

素材文件 第 4 章\素材文件\水平线.html

效果文件 第 4 章\效果文件\水平线.html

step 1 新建网页，① 单击【插入】菜单，② 在弹出的下拉菜单中选择【水平线】命令，如图 4-16 所示。

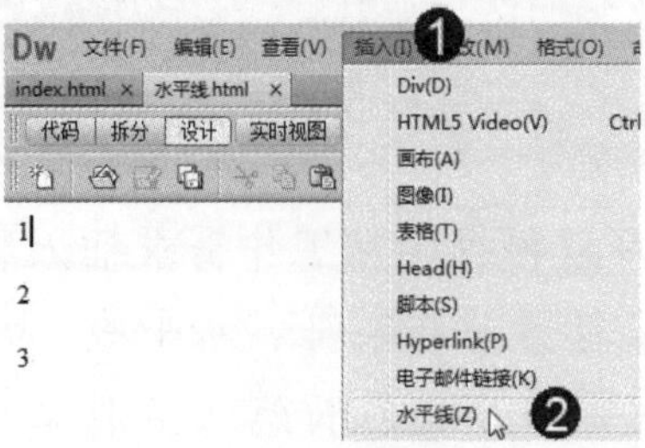

图 4-16

step 2 可以看到网页中已经插入水平线，如图 4-17 所示。

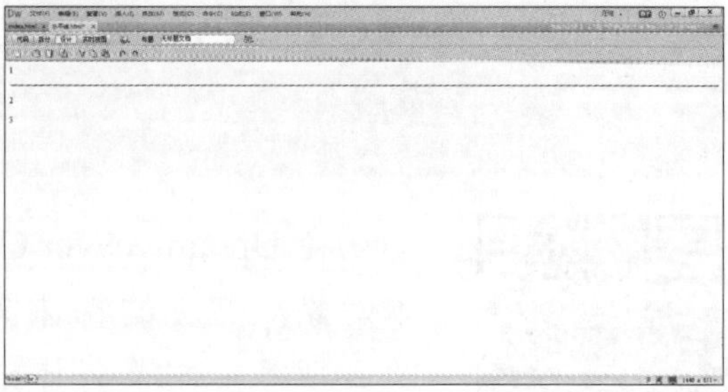

图 4-17

4.2.3 插入日期和时间

在网页中插入日期可以方便以后编辑网页。在网页中插入日期的方法很简单，下面详细介绍插入日期的操作方法。

素材文件 无

效果文件 第 4 章\效果文件\日期和时间.html

step 1 新建网页，① 单击【插入】菜单，② 在弹出的下拉菜单中选择【日期】命令，如图 4-18 所示。

图 4-18

step 2 弹出【插入日期】对话框，① 在【日期格式】列表框中选择一种格式，②在【时间格式】下拉列表框中选择一种时间格式，③ 单击【确定】按钮，如图 4-19 所示。

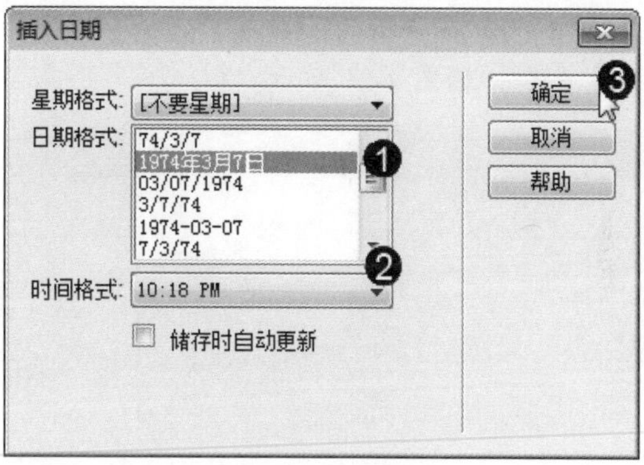

图 4-19

step 3 可以看到网页中已经添加了日期与时间。通过以上步骤即可完成在网页中插入日期与时间的操作，如图 4-20 所示。

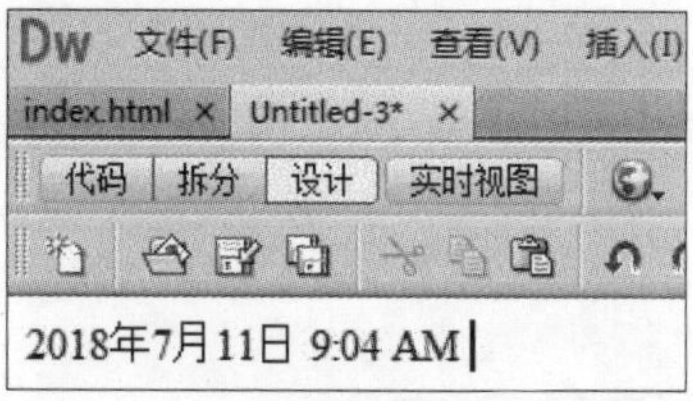

图 4-20

Section 4.3 项目列表和编号列表

手机扫描下方二维码，观看本节视频课程

在网页设计中，如果遇到需要按条例平铺的并列关系的文本，可以选择使用项目列表或者编号列表以突出显示；在文本上设置项目编号和项目列表并进行适当的缩进，可以直观地表示文本间的逻辑关系。本节将详细介绍项目列表和编号列表的知识。

4.3.1 设置项目列表或编号列表

在网页设计中，为了突出显示并列关系的文本，可以选择使用项目列表或者编号列表。下面以设置项目列表为例，详细介绍具体的操作方法。

素材文件 第 4 章\素材文件\项目.html

效果文件 第 4 章\效果文件\项目.html

step 1 打开素材文件，将光标定位在准备设置项目的位置，① 单击【插入】菜单，② 在弹出的下拉菜单中选择【结构】菜单项，③ 在弹出的子菜单中选择【项目列表】命令，如图 4-21 所示。

图 4-21

step 2 通过以上方法即可完成设置项目的操作，如图 4-22 所示。

图 4-22

知识精讲

如果想通过单击【属性】面板上的【项目列表】按钮生成项目列表，则所选中的文本必须是段落文本，此时 Dreamweaver 会自动将每个段落转换成一个项目列表。

4.3.2 修改项目列表或编号列表

如果对当前使用的项目列表或者编号列表不满意，可以对其进行修改。下面以修改项目列表为例，详细介绍修改项目列表或者编号列表的操作方法。

素材文件 第 4 章\素材文件\修改项目.html

效果文件 第 4 章\效果文件\修改项目.html

step 1 打开素材文件，将光标定位在带有项目列表的文本上，① 单击【格式】菜单，② 在弹出的下拉菜单中选择【列表】命令，③ 在弹出的子菜单中选择【属性】命令，如图 4-23 所示。

step 2 弹出【列表属性】对话框，① 在【样式】下拉列表框中，选择准备使用的编号样式，② 单击【确定】按钮即可完成修改项目列表或符号的操作，如图 4-24 所示。

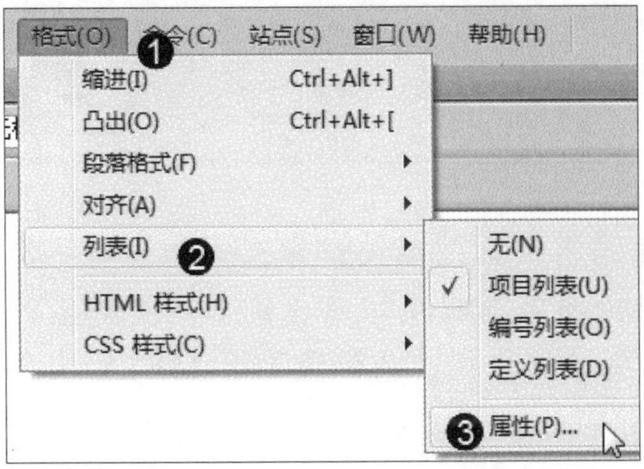

图 4-23

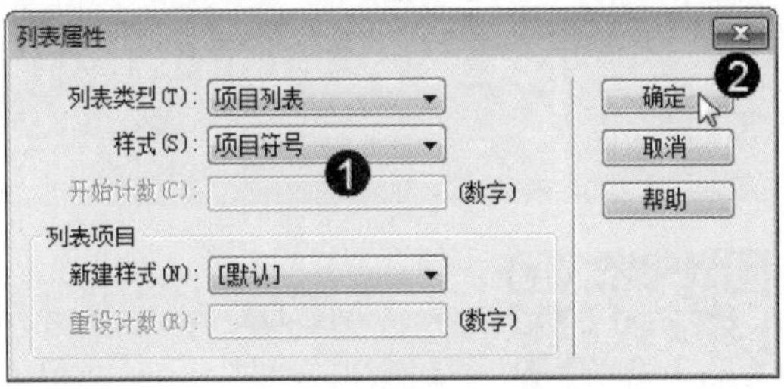

图 4-24

4.3.3 设置文本缩进格式

文本缩进是指调整文本与页面边界之间的距离，通过设置文本缩进格式可以达到美化网页的效果。下面详细介绍设置文本缩进格式的操作方法。

素材文件 第 4 章\素材文件\文本缩进.html

效果文件 第 4 章\效果文件\文本缩进.html

step 1 打开素材文件，鼠标右键单击准备设置缩进格式的文本，① 在弹出的快捷菜单中选择【列表】菜单项，② 在弹出的子菜单中选择【缩进】命令，如图 4-25 所示。

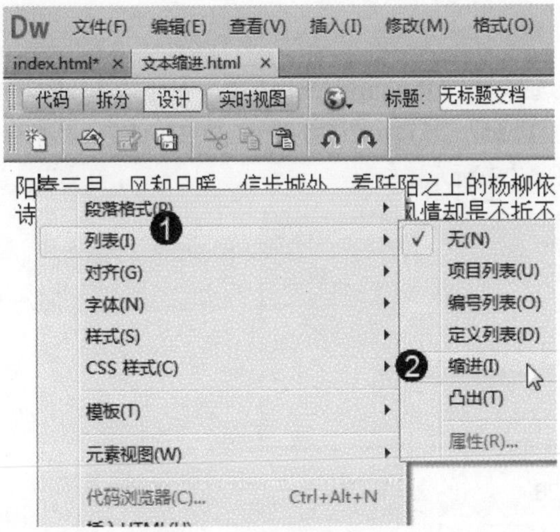

图 4-25

step 2 可以看到，文本已经被设置了缩进格式。通过以上方法，即可完成设置文本缩进格式的操作，如图 4-26 所示。

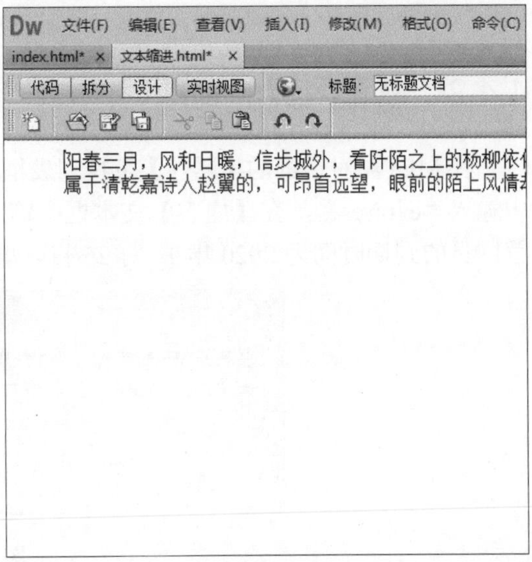

图 4-26

Section 4.4 设置页面的 META 信息

手机扫描下方二维码，观看本节视频课程

META 标记用来记录当前页面的相关信息，例如编码、作者和版权等，也可以用来给服务器提供信息，例如网页终止时间和刷新的间隔等。本节将详细介绍有关设置页面 META 信息的相关知识。

4.4.1 设置网页的文字编码格式

在 META 对话框的【属性】下拉列表框中选择 HTTP-equivalent 选项，在【值】文本框中输入“Content-Type”，在【内容】文本框中输入“text/html; charset=UTF-8”，则设置文字编码为国际通用码，如图 4-27 所示。

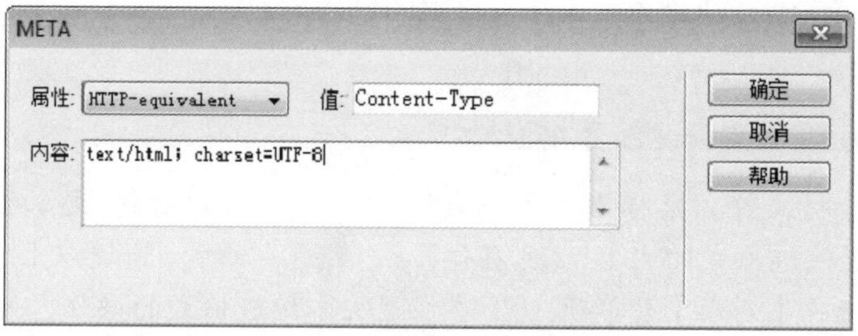

图 4-27

4.4.2 设置网页的到期时间

在 META 对话框的【属性】下拉列表框中选择 HTTP-equivalent 选项，在【值】文本框中输入“expires”，在【内容】文本框中输入“Wed, 25 Dec 2020 09:00:00 GMT”，则设置网页的到期时间为 2020 年 12 月 25 日，如图 4-28 所示。

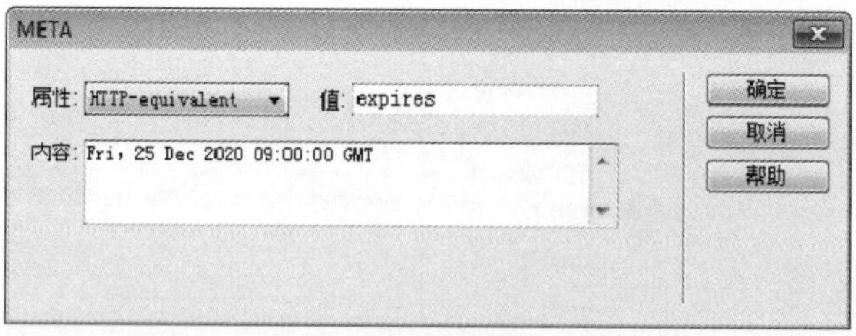

图 4-28

4.4.3 禁止浏览器从本地计算机的缓存中读取页面内容

在 META 对话框的【属性】下拉列表框中选择 HTTP-equivalent 选项，在【值】文本框中输入“Pragma”，在【内容】文本框中输入“no-cache”，则禁止该页面保存在访问者的缓存中。当浏览器访问某个页面时会将它保存在缓存中，下次再访问该页面时就可以从缓存中读取，以缩短访问该页面的时间。如果用户希望访问者每次访问时都刷新网页广告的图标或网页的计数器，则要禁用缓存了，如图 4-29 所示。

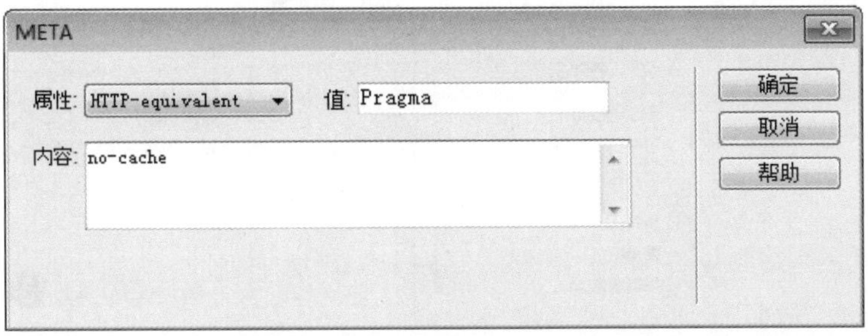

图 4-29

Section 4.5 设置网页的头信息

手机扫描下方二维码，观看本节视频课程

头信息的设置属于页面总体设置的范畴，虽然大多数头信息不能够直接在网页上看到效果，但是从功能上，头信息是网页中必不可少的信息。插入页面头信息的内容主要包括设置网页标题、插入关键字、插入说明等。

4.5.1 设置网页标题

在浏览网页时，用户在浏览器的标题栏中看到网页的标题，在进行多个窗口切换时，标题可以很明白地提示当前网页的信息，因此网页的标题对网页起着至关重要的作用。下面详细介绍设置网页标题的操作方法。

素材文件 无

效果文件 无

step 1 启动 Dreamweaver CC 程序，① 单击【修改】菜单，② 在弹出的下拉菜单中选择【页面属性】命令，如图 4-30 所示。

step 2 弹出【页面属性】对话框，① 在【分类】列表中选择【标题(CSS)】选项，② 在【标题(CSS)】区域中可以对标题名称、字体、大小等属性进行具体设置，③ 单击【确定】按钮即可完成设置网页标题的操作，如图 4-31 所示。

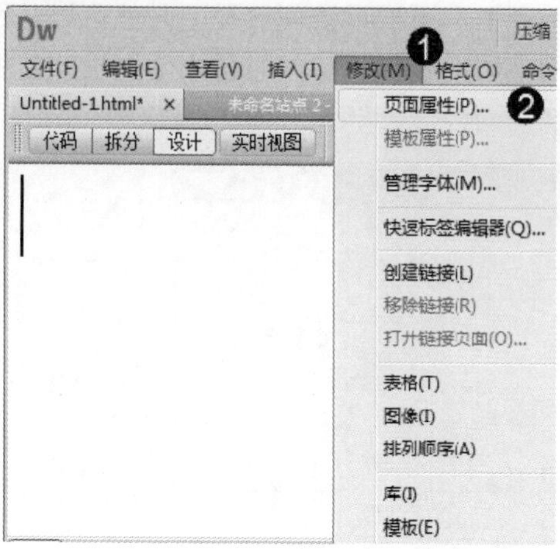

图 4-30

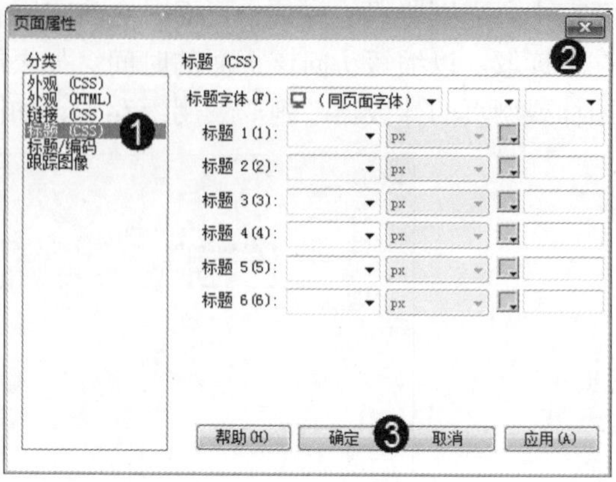

图 4-31

4.5.2 添加关键字

页面的头部信息还包括添加关键字。给网页插入关键字的方法非常简单，下面详细介绍添加关键字的方法。

素材文件 无

效果文件 无

step 1 启动 Dreamweaver CC 程序，① 单击【插入】菜单，② 在弹出的下拉菜单中选择 Head 菜单项，③ 在弹出的子菜单中选择【关键字】命令，如图 4-32 所示。

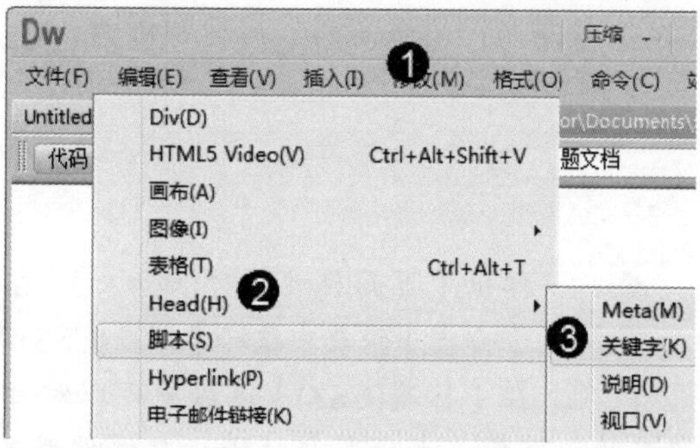

图 4-32

step 2 弹出【关键字】对话框，① 在【关键字】文本框中输入内容，② 单击【确定】按钮即可完成关键字的设置，如图 4-33 所示。

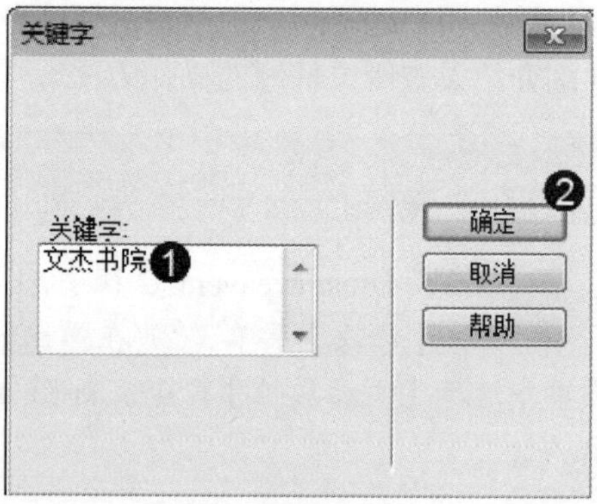

图 4-33

4.5.3 添加说明

页面的头部信息还包括添加说明。给网页添加说明的方法非常简单，下面详细介绍添加说明的方法。

素材文件	无
效果文件	无

step 1 启动 Dreamweaver CC 程序，① 单击【插入】菜单，② 在弹出的下拉菜单中选择 Head 菜单项，③ 在弹出的子菜单中选择【说明】命令，如图 4-34 所示。

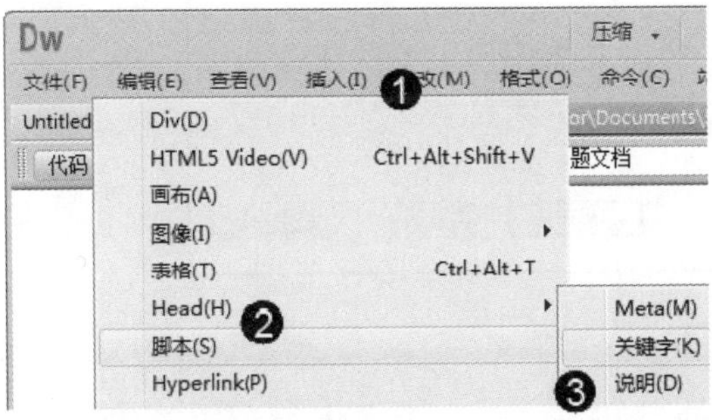

图 4-34

step 2 弹出【说明】对话框，① 在【说明】文本框中输入内容，② 单击【确定】按钮即可完成说明的设置，如图 4-35 所示。

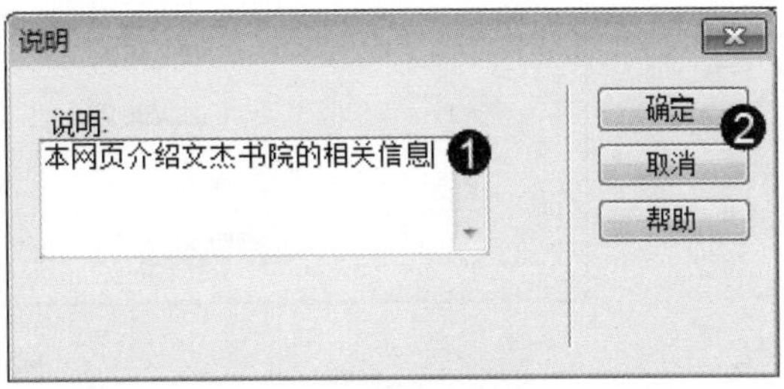

图 4-35

Section 4.6 设置页面属性

手机扫描下方二维码，观看本节视频课程：2 分 14 秒

许多网站的页面会有固定的色彩或者图像背景，这些特征可以由网站页面的属性来控制。在开始设计网站页面时即可设置页面的各种属性，网页属性主要对网页的背景颜色和文本颜色等外观进行总体控制。

4.6.1 设置外观(CSS)

在 Dreamweaver CC 的编辑窗口中执行【修改】|【页面属性】命令，将弹出【页面属性】对话框。Dreamweaver CC 将页面属性分为许多类别，其中【外观(CSS)】选项用于设置页面的一些基本属性，如图 4-36 所示，并且将设置的页面属性自动生成为 CSS 样式写在页面头部。

知识精讲

【页面字体】后的 3 个下拉列表框分别用于设置字体、字体样式和字体粗细，后两个下拉列表框是 Dreamweaver CC 新增的功能，其设置与 CSS 样式中 font-style 和 font-weight 属性的设置相同。

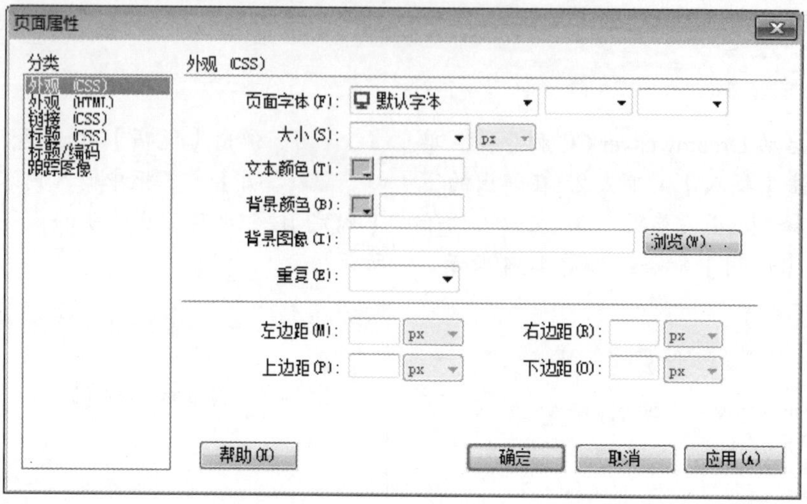

图 4-36

4.6.2 设置外观(HTML)

在【页面属性】对话框左侧的【分类】列表中选择【外观(HTML)】选项，可以切换到【外观(HTML)】选项设置界面，如图 4-37 所示。该选项的设置与【外观(CSS)】的设置相同，唯一的区别是在【外观(HTML)】选项中设置的页面属性将会自动在页面主体标签<body>中添加相应的属性设置代码，而不会自动生成 CSS 样式。

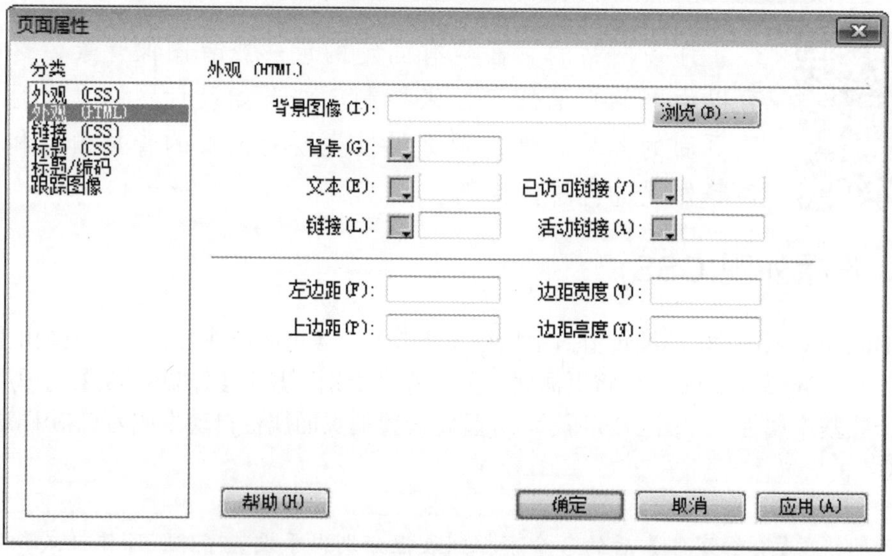

图 4-37

4.6.3 设置链接(CSS)

在【页面属性】对话框左侧的【分类】列表中选择【链接(CSS)】选项，可以切换到【链接(CSS)】选项设置界面，在其中可以设置页面中链接文本的效果，如图 4-38 所示。

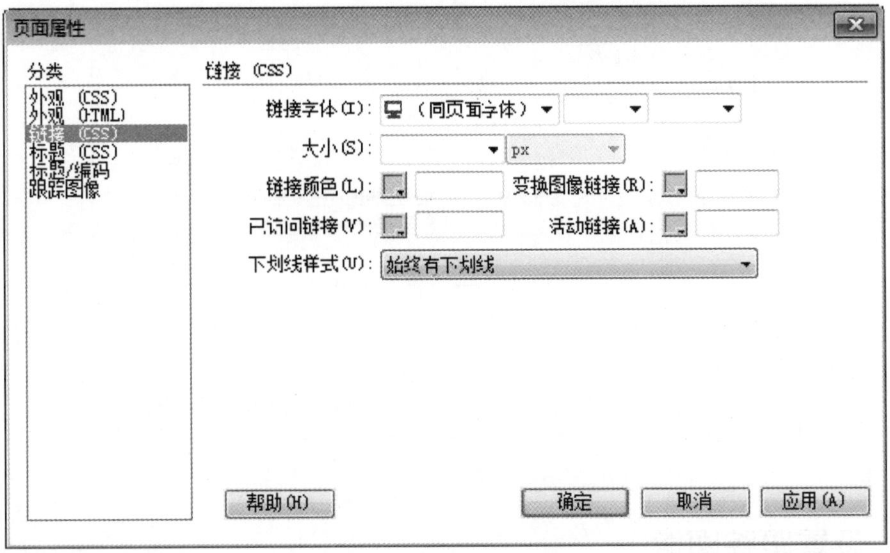

图 4-38

4.6.4　设置标题(CSS)

在【页面属性】对话框左侧的【分类】列表中选择【标题(CSS)】选项，可以切换到【标题(CSS)】选项设置界面，在其中可以设置标题文字的相关属性，如图 4-39 所示。

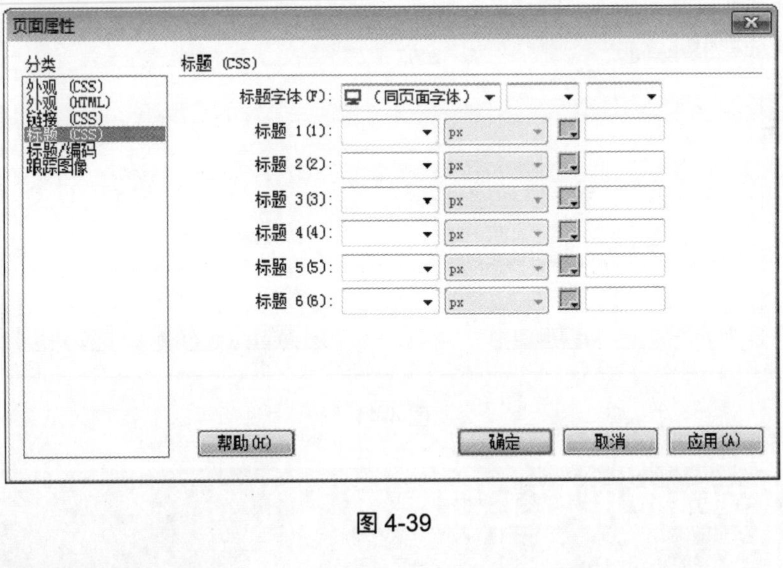

图 4-39

4.6.5　设置标题和编码

在【页面属性】对话框左侧的【分类】列表中选择【标题/编码】选项，可以切换到【标题/编码】选项设置界面，在其中可以设置网页的标题和文字编码等，如图 4-40 所示。

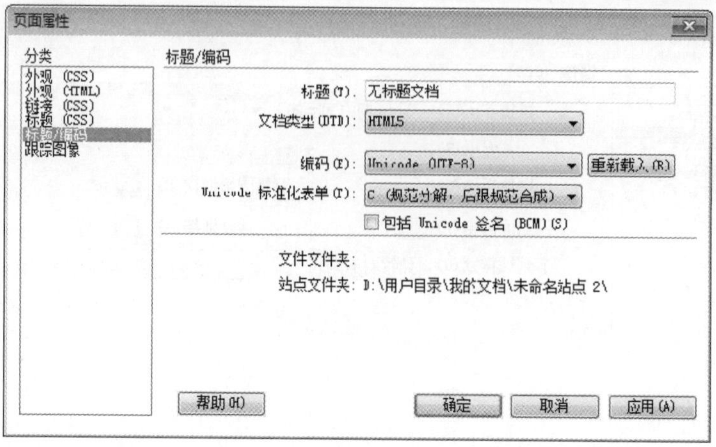

图 4-40

4.6.6 设置跟踪图像

在【页面属性】对话框左侧的【分类】列表中选择【跟踪图像】选项，可以切换到【跟踪图像】选项设置界面，在其中可以设置跟踪图像的属性，如图 4-41 所示。

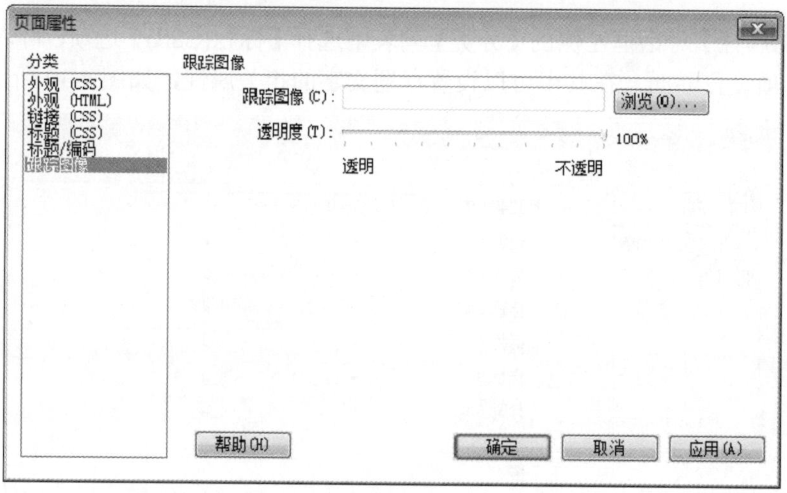

图 4-41

Section 4.7 范例应用与上机操作

手机扫描下方二维码，观看本节视频课程

本节将详细介绍设置 cookie 过期、强制网页在当前窗口中以独立页面显示、设置网页打开时的效果、设置网页退出时的效果、插入短破折线等内容的操作方法，以达到举一反三的目的。

4.7.1 设置 cookie 过期

cookie，有时也用其复数形式 cookies，中文翻译为“浏览器缓存”。指某些网站为了辨别用户身份、进行 session(会话控制)跟踪而储存在用户本地终端上的数据(通常经过加密)。

在制作网页时，可以根据需要设置 cookie 过期的时间。下面详细介绍设置 cookie 过期的操作方法。

素材文件 无

效果文件 无

step 1 启动 Dreamweaver CC 程序，① 单击【插入】菜单，② 在弹出的下拉菜单中选择 Head 菜单项，③ 在子菜单中选择 Meta 命令，如图 4-42 所示。

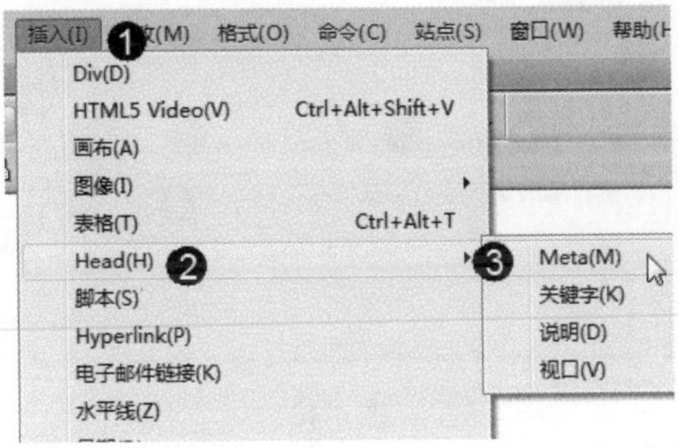

图 4-42

step 2 弹出 META 对话框，① 在【属性】下拉列表框中选择 HTTP-equivalent 选项，② 在【值】文本框中输入“set-cookie”，③ 在【内容】文本框中输入“Thu，29 Sept 2016 18:00:00 GMT”，④ 单击【确定】按钮即可完成设置 cookie 过期的操作，如图 4-43 所示。

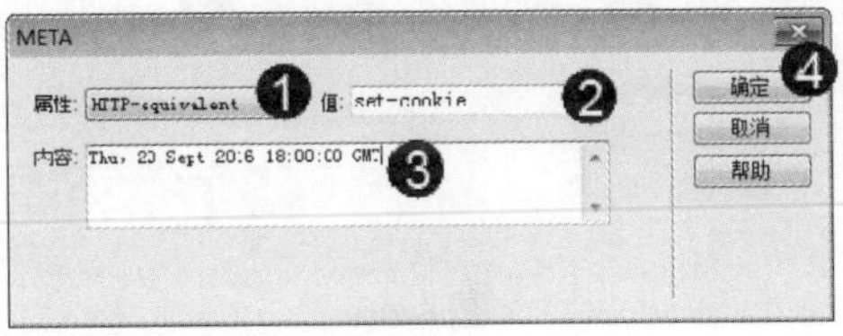

图 4-43

4.7.2 强制网页在当前窗口中以独立页面显示

在 META 对话框的【属性】下拉列表框中选择 HTTP-equivalent 选项，在【值】文本框中输入“Window-target”，在【内容】文本框中输入“_top”，可以防止这个网页被显示在其他网页的框架结构中，如图 4-44 所示。

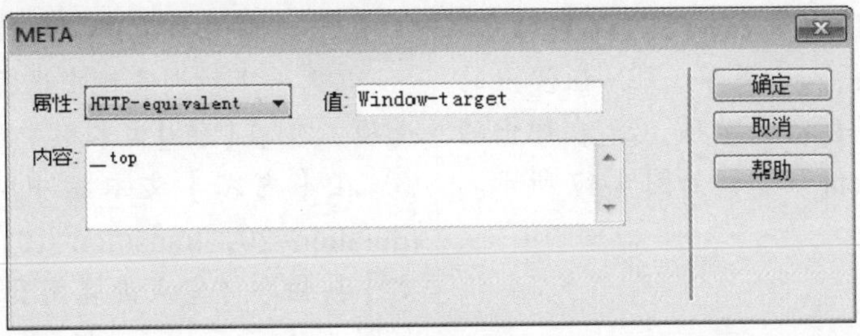

图 4-44

4.7.3 设置网页打开时的效果

在制作网页时，可以根据需要设置网页打开时的效果。下面详细介绍设置网页打开效果的操作方法。

素材文件 无
效果文件 无

step 1 启动 Dreamweaver CC 程序，① 单击【插入】菜单，② 在弹出的下拉菜单中选择 Head 菜单项，③ 在子菜单中选择 Meta 命令，如图 4-45 所示。

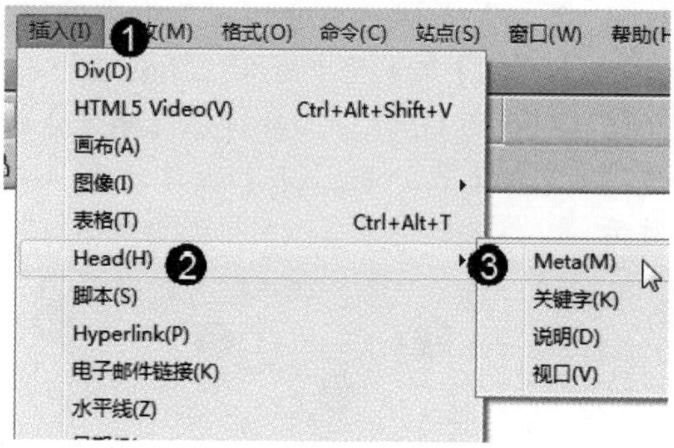

图 4-45

step 2 弹出 META 对话框，① 在【属性】下拉列表框中选择 HTTP-equivalent 选项，② 在【值】文本框中输入"Page-Enter"，③ 在【内容】文本框中输入"revealTrans (duration=10，transition=20)"，④ 单击【确定】按钮即可完成设置网页打开效果的操作，如图 4-46 所示。

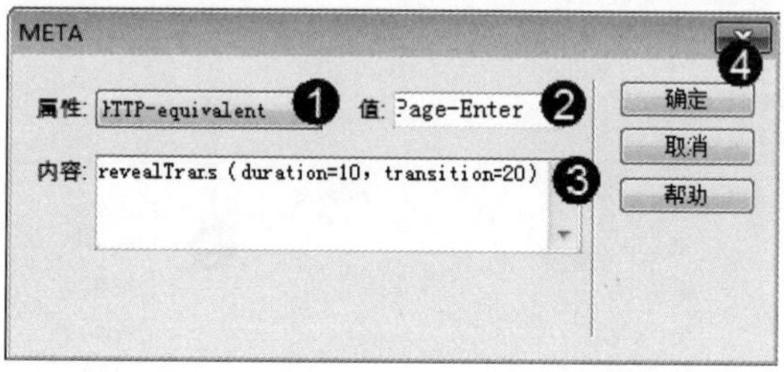

图 4-46

4.7.4 设置网页退出时的效果

在制作网页时，可以根据需要设置网页退出时的效果。下面详细介绍设置网页退出效果的操作方法。

素材文件 无
效果文件 无

step 1 启动 Dreamweaver CC 程序，① 单击【插入】菜单，② 在弹出的下拉菜单中选择 Head 菜单项，③ 在弹出的子菜单中选择 Meta 命令，如图 4-47 所示。

step 2 弹出 META 对话框，① 在【属性】下拉列表框中选择 HTTP-equivalent 选项，② 在【值】文本框中输入"Page-Exit"，③ 在【内容】文本框中输入"revealTrans (duration=20，transition=10)"，④ 单击【确定】按钮即可完成设置网页退出效果的操作，如图 4-48 所示。

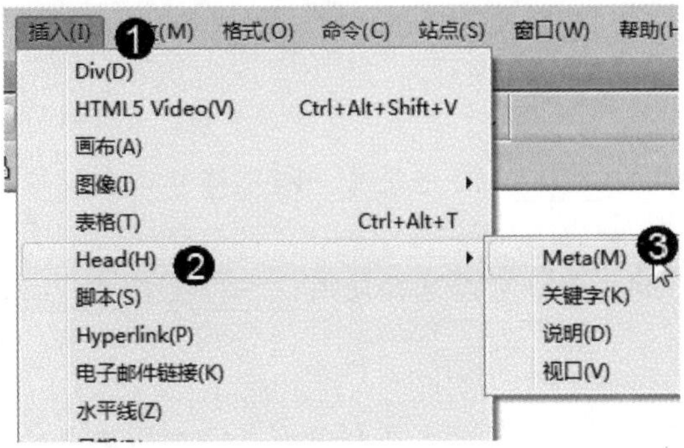

图 4-47

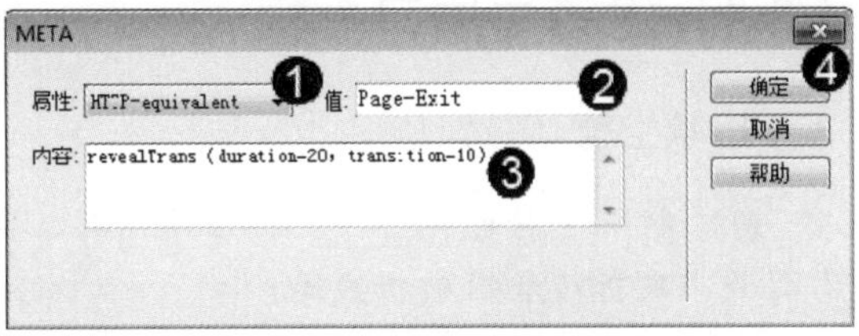

图 4-48

4.7.5 插入短破折线

可以在网页中插入短破折线。在网页中插入短破折线的方法非常简单，下面详细介绍在网页中插入短破折线的方法。

素材文件 无

效果文件 第 4 章\效果文件\短破折线.html

step 1 启动 Dreamweaver CC 程序，① 单击【插入】菜单，② 在弹出的下拉菜单中选择【字符】菜单项，③ 在弹出的子菜单中选择【短破折线】命令，如图 4-49 所示。

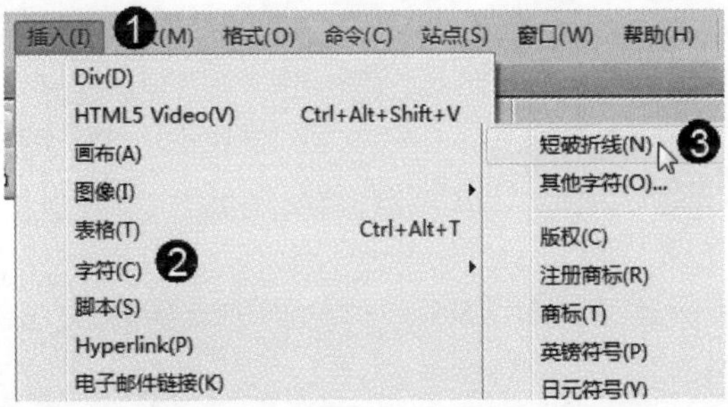

图 4-49

step 2 可以看到网页中已经插入了一个短破折线。通过以上步骤即可完成在网页中插入短破折线的操作，如图 4-50 所示。

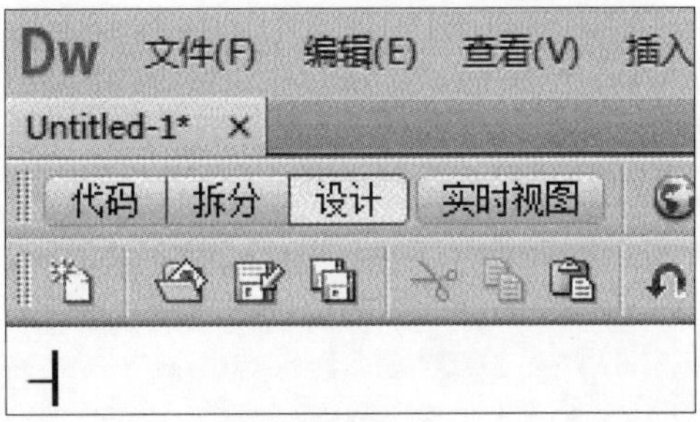

图 4-50

Section 4.8 本章小结与课后练习

本节内容无视频课程，习题参考答案在本书附录。

本章介绍了在网页中插入文本、在网页中插入特殊文本对象、在网页中插入项目列表与编号列表、设置页面的 META 信息、设置网页的头信息以及设置页面属性等内容，下面通过习题进行巩固与提高。

4.8.1 思考与练习

1. 填空题

(1) 特殊字符包括______、注册商标、商标、______、日元符号、欧元符号、左引号、右引号、破折线和短破折线等。

(2) 在网页设计中，为了突出显示并列关系的文本，可以选择使用______或者______。

2. 判断题

(1) 如果想通过单击【属性】面板上的【项目列表】按钮生成项目列表，则所选中的文本必须是段落文本。 (　)

(2) META 标记用来记录当前页面的相关信息，例如编码、作者和版权等。 (　)

3. 思考题

(1) 如何设置网页标题？

(2) 如何添加说明？

4.8.2 上机操作

1. 通过对本章内容的学习，读者基本可以掌握设置文本属性方面的知识，下面通过练习将文本字体颜色设置为“紫色”，达到巩固与提高的目的。

2. 通过对本章内容的学习，读者基本可以掌握设置页边距方面的知识，下面通过练习设置页边距各值为“30px”，达到巩固与提高的目的。

第 5 章

在网页中应用图像与多媒体

本章主要介绍常用的图像格式、插入与设置图像、多媒体在网页中的应用、插入其他图像的知识与技巧，同时还讲解了如何使用热区。通过本章的学习，读者可以掌握在网页中应用图像与多媒体的知识，为深入学习 Dreamweaver CC 知识奠定基础。

范例导航

1. 常用的图像格式
2. 插入与设置图像
3. 多媒体在网页中的应用
4. 插入其他图像
5. 使用热区

Section 5.1 常用的图像格式

手机扫描下方二维码，观看本节视频课程

网页中的图像常用格式通常有3种，即GIF格式图像、JPGE格式图像和PNG格式图像，其中使用最广泛的是GIF和JPEG格式的图像。本节将详细介绍网页中常见的图像格式方面的知识。

5.1.1 JPEG格式图像

JPG/JPEG(Joint Photographic Experts Group)可译为“联合图像专家组”，是一种压缩格式的图像。通过压缩JPEG文件使其在图像品质和文件大小之间达到较好的平衡，损失了原图像中不易为人眼察觉的内容，获得较小文件尺寸，使图像下载快捷。

JPG/JPEG支持24位真彩色，普遍用于显示摄影图片和其他连续色调图像的高级格式。若对图像颜色要求较高，应采用这种类型的图像。目前各类浏览器均支持JPEG这种图像格式。

5.1.2 GIF格式图像

GIF(Graphics Interchange Format)格式图像，可译为“图像交换格式”，是一种无损压缩格式的图像。可以使文件大小最小化，支持动画格式，能在一个图像文件中包含多帧图像页，在浏览器中浏览时可看到动感图像效果。网上小一点的动画一般都是GIF格式的图像。

GIF只支持8位颜色(256种色)，不能用于存储真彩色的图像文件，适合大面积单一颜色的图像，如导航条、按钮、图标等。其压缩率一般在50%左右，它不属于任何应用程序。通常情况下，GIF图像的压缩算法是有版权的。

5.1.3 PNG格式图像

PNG(Portable Network Graphic)可译为“便携网络图像”，是一种格式非常灵活的图像，用于在因特网上无损压缩和显示图像。Fireworks制作的图像默认为PNG格式，PNG文件可以保留所有的原始图层、矢量、颜色和效果信息，并且在任何时候都可以完全编辑所有元素(文件必须具有.png扩展名才能被Dreamweaver CC识别为PNG文件)。

PNG图像支持多种颜色数目，从8位、16位、24位到32位都有。PNG格式图像可替代GIF格式，PNG图像支持索引色、灰度、真彩色图像及透明背景。商业网站使用PNG格式的图像比较安全，因为没有版权问题。

Section 5.2 插入与设置图像

手机扫描下方二维码，观看本节视频课程

图像是网页中不可缺少的元素之一，插入合适的图像文件可以达到美化网页的目的，为了使网页内容更加丰富，方便浏览者的浏览，可以将图像插入到网页中，并进行相应的设置。本节将介绍插入与设置图像方面的知识。

5.2.1 在网页中插入图像文件

要在 Dreamweaver CC 文档中插入图像，必须位于当前站点文件夹内或远程站点文件夹内，否则图像不能正确显示，所以在建立站点时，设计者常先创建一个名叫“image”的文件夹，并将需要的文件复制到其中，然后再从这个文件夹中选择图片，向网页插入图像。下面将详细介绍在网页中插入图像的操作方法。

素材文件 无

效果文件 第5章\效果文件\插入图像.html

step 1 新建网页，① 单击【插入】菜单，② 在弹出的下拉菜单中选择【图像】菜单项，③ 在弹出的子菜单中选择【图像】命令，如图 5-1 所示。

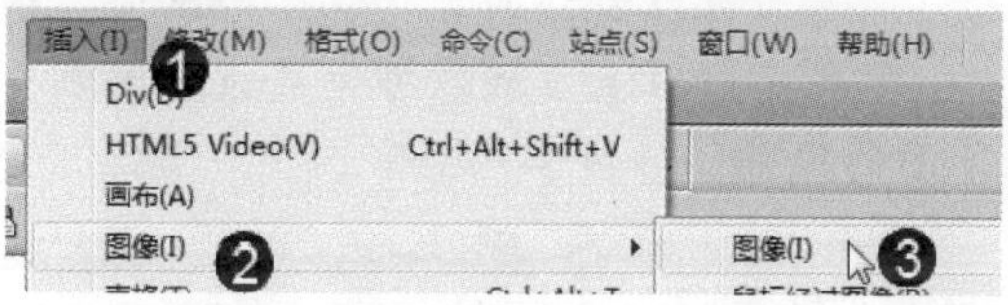

图 5-1

step 2 弹出【选择图像源文件】对话框，① 选择准备插入的图像，② 单击【确定】按钮，如图 5-2 所示。

图 5-2

step 3 可以看到网页中已经插入了图像，如图 5-3 所示。

图 5-3

5.2.2 设置网页背景图

背景图像是网页中的另外一种图像方式，该方式的图像既不影响文件输入，也不影响插入式图像的显示。下面详细介绍设置网页背景图的操作方法。

素材文件 无

效果文件 第5章\效果文件\网页背景图.html

step 1 新建网页，单击【属性】面板中的【页面属性】按钮，如图 5-4 所示。

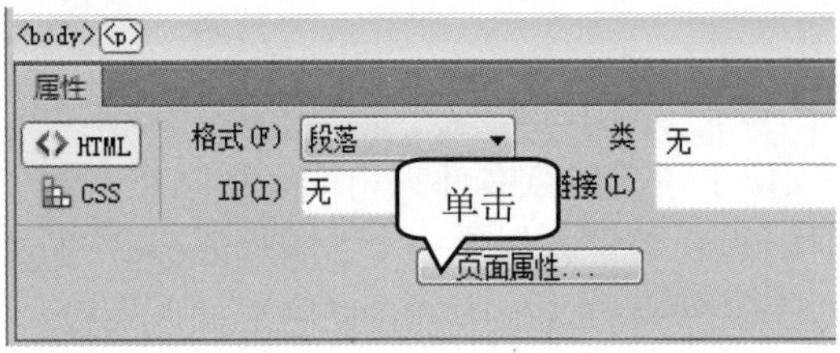

图 5-4

step 2 打开【页面属性】对话框，① 在【分类】列表框中选择【外观(CSS)】选项，② 单击右侧【外观(CSS)】区域中的【浏览】按钮，如图 5-5 所示。

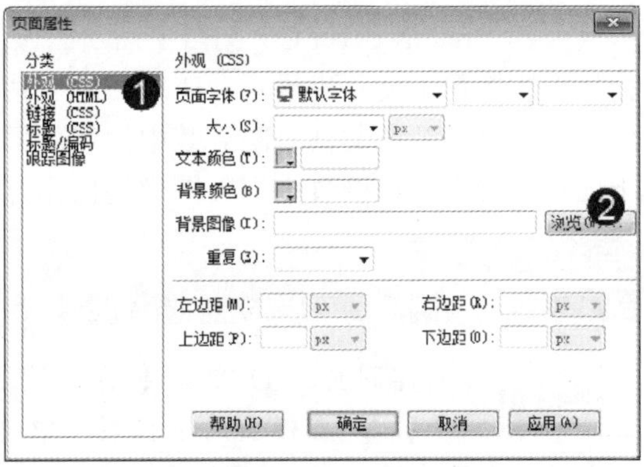

图 5-5

step 3 弹出【选择图像源文件】对话框，① 选中准备设置为背景的图片，② 单击【确定】按钮，如图 5-6 所示。

图 5-6

step 4 可以看到网页背景已经改变。通过以上步骤即可完成设置网页背景图的操作，如图 5-7 所示。

图 5-7

5.2.3 图像的对齐方式

当网页文件中包括图像文件和文本时，需要对图像进行对齐设置。图像的对齐方式包括左对齐、居中对齐、右对齐、两端对齐四种。下面将详细介绍设置图像对齐方式的操作方法。

素材文件 无
效果文件 第5章\效果文件\图像对齐方式.html

step 1 选中图像，① 单击【格式】菜单，② 在弹出的下拉菜单中选择【对齐】菜单项，③ 在弹出的子菜单中选择【居中对齐】命令，如图5-8所示。

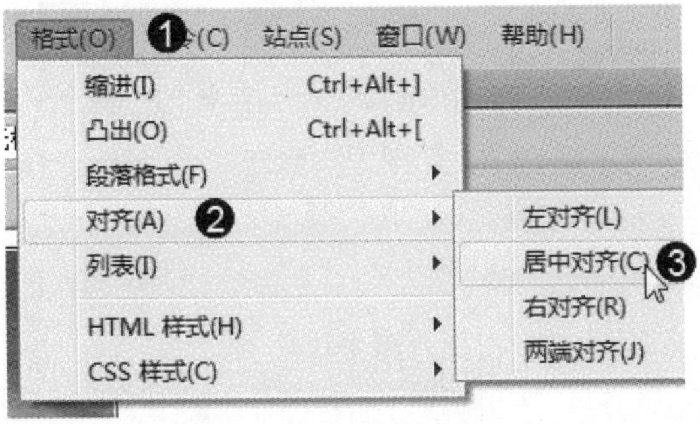

图 5-8

step 2 可以看到图像对齐方式已经改变。通过以上步骤即可完成设置图像对齐方式的操作，如图5-9所示。

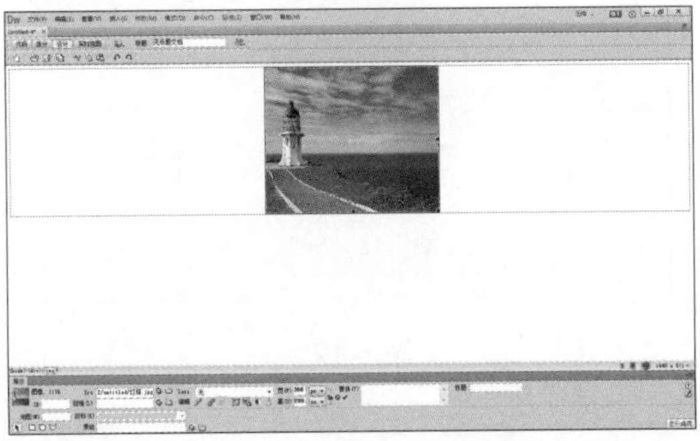

图 5-9

5.2.4 插入 Photoshop 智能对象

Dreamweaver CC 不仅能够插入 PSD 格式的图像，还能够在修改 PSD 图像文件后，以简单的方式直接更新输出的图像。下面介绍插入 Photoshop 智能图像的方法。

素材文件 第5章\素材文件\智能对象.psd
效果文件 第5章\效果文件\插入智能对象.html

step 1 选中图像，① 单击【插入】菜单，② 在弹出的下拉菜单中选择【图像】菜单项，③ 在弹出的子菜单中选择【图像】命令，如图5-10所示。

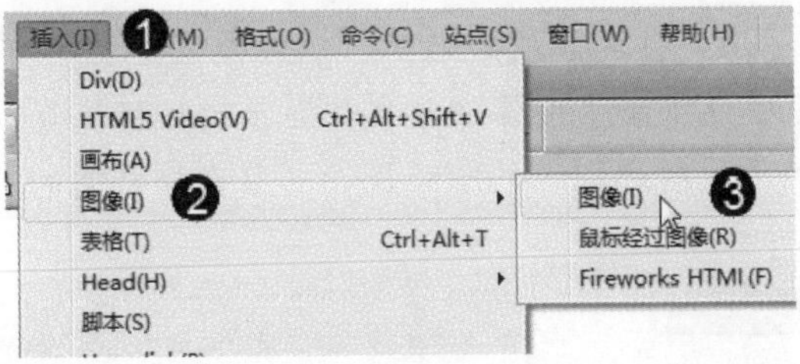

图 5-10

step 2 弹出【选择图像源文件】对话框，① 选择准备插入的图像，② 单击【确定】按钮，如图5-11所示。

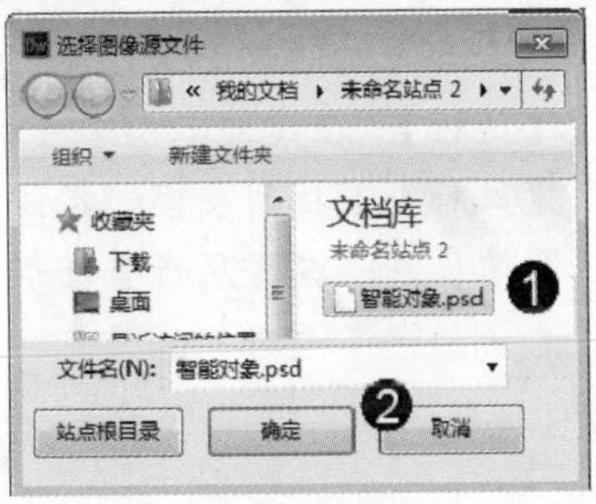

图 5-11

step 3 弹出【图像优化】对话框，单击【确定】按钮，如图 5-12 所示。

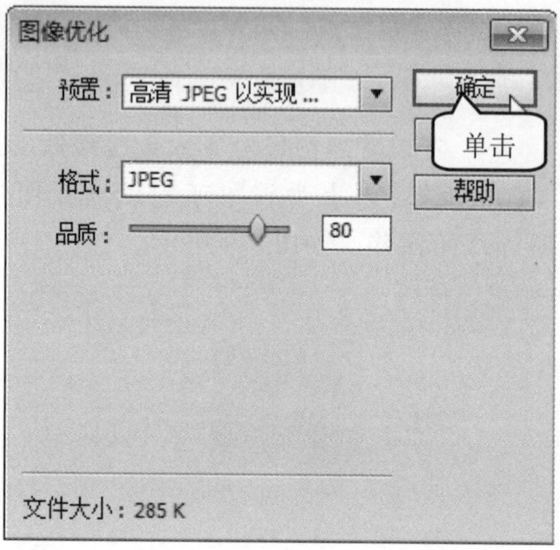

图 5-12

step 4 弹出【保存 Web 图像】对话框，单击【保存】按钮即可完成在网页中插入智能对象的操作，如图 5-13 所示。

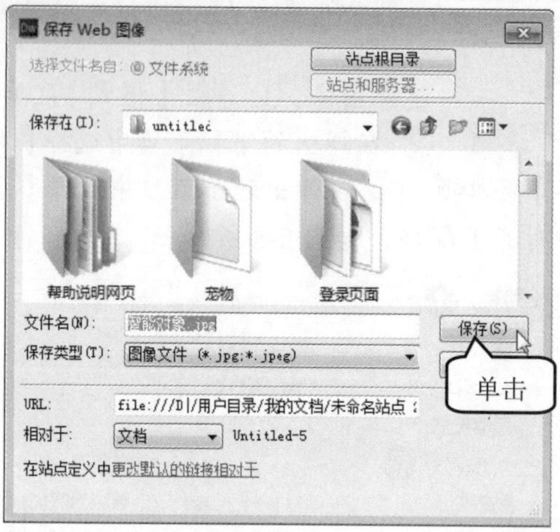

图 5-13

5.2.5 更改图像的基本属性

在 Dreamweaver CC 中插入图像文件之后，图像默认为选中状态，在【属性】面板中显示图像的属性，可以对其进行设置，如图 5-14 所示。

图 5-14

- ID 文本框：可以在该文本框中定义图像名称，主要是为了在脚本语言中便于引用图像。
- Src 文本框：在页面中选中图像，可以在该文本框中查看图像的源文件位置，也可以在此手动修改图像位置。
- 【链接】：在该文本框中可以设置当前图像文件的链接地址。
- 【目标】下拉列表框：在该下拉列表框中可以设置图像链接文件显示的目标位置。
- 图像信息：在【属性】面板的左上角显示了所选图像的缩略图，并且在缩略图的右侧显示了该对象的信息，如图 5-15 所示。

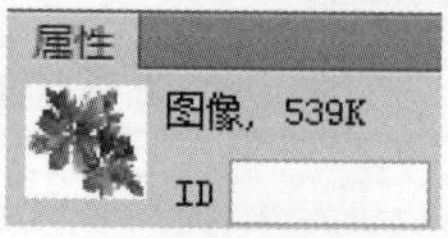

图 5-15

- 【原始】文本框：用于设置所选图像的低分辨率图像。
- Class 下拉列表框：在该下拉列表框中可以选择已经定义好的类 CSS 样式。
- 【编辑】按钮：单击该按钮，将启动外部图像编辑软件对所选图像进行编辑操作。
- 【编辑图像设置】按钮：单击该按钮，将弹出【图像优化】对话框，在该对话框中可以对图像进行优化设置。
- 【从源文件更新】按钮：单击该按钮，在更新智能对象时网页图像会根据原始文件的当前内容和原始优化设置以新的大小、无损方式重新呈现图像。
- 【裁剪】按钮：单击该按钮，在图像上会出现虚线区域，拖动该虚线区域的 8 个角点至合适位置，然后按 Enter 键即可完成图像的裁剪操作。
- 【重新取样】按钮：对已经插入页面中的图像进行编辑操作后，可以单击该按钮重新读取该图像文件的信息。
- 【亮度和对比度】按钮：选中图像，单击该按钮，将弹出【亮度/对比度】对话框，可以通过拖动滑块或者在后面的文本框中输入数值来设置图像的亮度和对比度，如图 5-16 所示。

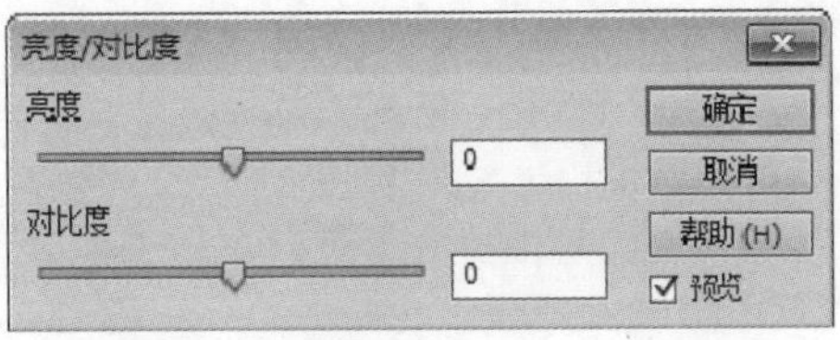

图 5-16

- 【锐化】按钮：单击该按钮，可以对图像的清晰度进行调整。
- 【宽】和【高】文本框：在【宽】和【高】文本框中可以输入数值，以便于设置图像文件的宽度和高度，通过后面的下拉按钮可以设置宽和高的单位。
- 【切换尺寸约束】按钮：单击该按钮，可以约束图像缩放比例，当修改图像的宽度时，可恢复图像至原始的尺寸大小。
- 【替换】文本框：在该文本框中可以输入文本，用于设置当前图像文件的描述。

Section 5.3 多媒体在网页中的应用

手机扫描下方二维码，观看本节视频课程

在 Dreamweaver CC 中，用户除了使用文本和图像来表达页面信息以外，还可以插入 Flash 动画、视频文件和音乐控件等对象，丰富网页效果，使得页面更加精彩，更加具有视觉冲击力。

5.3.1 插入并设置 Flash 动画

在 Dreamweaver CC 中可以插入 Flash 动画，Flash 动画一般是在 Flash 中完成的。下面详细介绍插入 Flash 动画的操作方法。

素材文件 第 5 章\素材文件\电脑都能做些什么.swf
效果文件 第 5 章\效果文件\Flash 动画.html

step 1 启动 Dreamweaver CC 程序，① 在【插入】面板中选择【媒体】选项，② 选择 Flash SWF 选项，如图 5-17 所示。

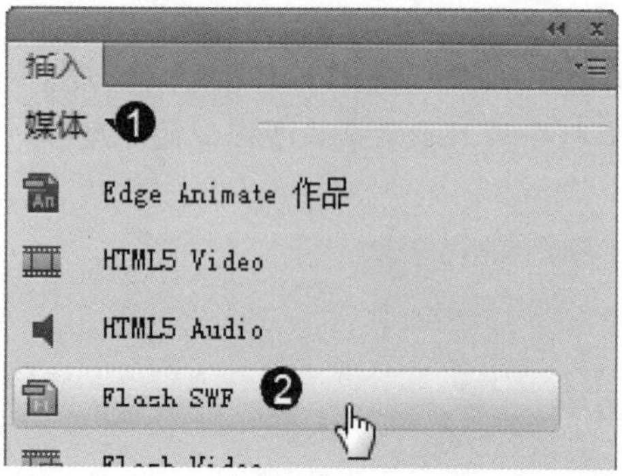

图 5-17

step 2 弹出【选择 SWF】对话框，① 选中准备插入的文件，② 单击【确定】按钮，如图 5-18 所示。

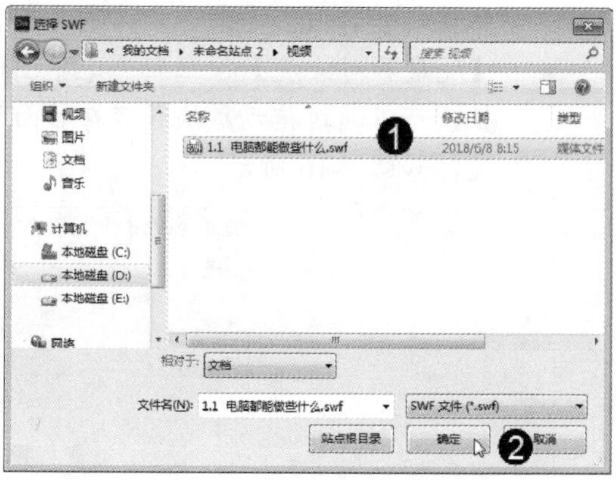

图 5-18

step 3 弹出【对象标签辅助功能属性】对话框，① 在【标题】文本框中输入内容，② 单击【确定】按钮，如图 5-19 所示。

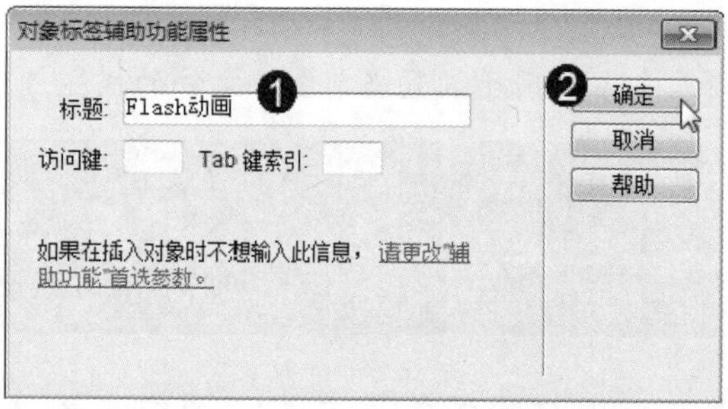

图 5-19

step 4 按 Ctrl+S 组合键保存网页，再按 F12 键即可在浏览器中预览添加的 Flash 效果，如图 5-20 所示。

图 5-20

在文档中插入动画之后，可以在【属性】面板中设置 Flash 动画的属性。选中文档中的 Flash 动画，可以在【属性】面板(见图 5-21)中进行相关设置。

- Flash 名称文本框：在该文本框中可以输入当前 Flash 动画的名称，此名称用来标识影片的脚本。
- 【高】和【宽】文本框：在这两个文本框中可以输入 Flash 高度和宽度的数值，用来设置文档中 Flash 动画的高度和宽度。

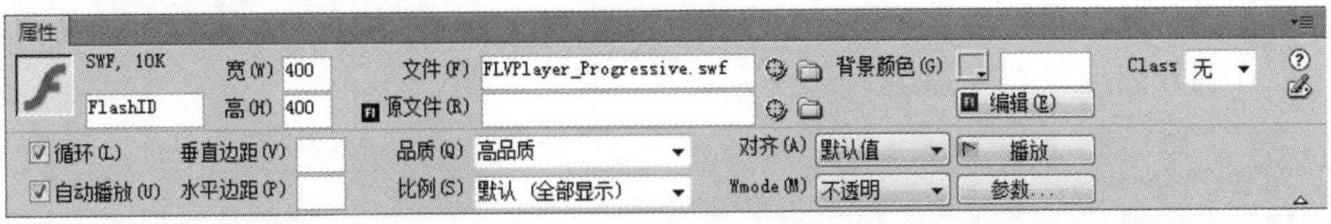

图 5-21

- 【文件】文本框：在该文本框中显示当前 Flash 动画的路径地址。单击文本框右侧的文件夹按钮，在弹出的对话框中显示当前 Flash 动画文件。
- 【源文件】文本框：在该文本框中显示当前 Flash 动画的源文件地址。源文件是 Flash 动画发布之前的文件，即 FLA 文件。单击【源文件】文本框右侧的文件夹按钮，在弹出的对话框中可以选择 Flash 动画源文件的地址。
- 【循环】复选框：可以设置当前 Flash 动画的播放方式。选中此复选框，Flash 动画将循环播放。
- 【自动播放】复选框：可以设置当前 Flash 动画的播放方式。选中此复选框，Flash 动画将在浏览网页时便开始播放。
- 【垂直边距】文本框：在该文本框中输入数值可以设置当前 Flash 动画距离文档垂直方向的距离。
- 【水平边距】文本框：在该文本框中输入数值可以设置当前 Flash 动画距离文档水平方向的距离。
- 【品质】下拉列表框：单击该下拉列表框中的下拉按钮，在弹出的列表中包括【高品质】、【低品质】、【自动高品质】和【自动低品质】选项，用于设置 Flash 动画显示在浏览器中的效果。
- 【比例】下拉列表框：单击该下拉列表框中的下拉按钮，在弹出的列表中包括【默认】、【无边框】和【严格匹配】选项，用于设置当前 Flash 动画的显示方式。通常情况下，选择【默认】选项。
- 【对齐】下拉列表框：单击该下拉列表框中的下拉按钮，在弹出的列表中包括【默认值】、【基线和底部】、【顶端】、【居中】、【文本上方】、【绝对居中】、【绝对底部】、【左对齐】和【右对齐】选项，用于设置 Flash 动画与文档中的文本的对齐方式。
- 【背景颜色】按钮：单击该按钮，在弹出的颜色调板中选择任意色块应用于当前 Flash 动画的背景颜色。
- 【编辑】按钮：单击该按钮，将弹出 Flash 编辑器，用来编辑当前 Flash 动画。
- 【播放】按钮：单击该按钮，将在文档中播放当前 Flash 动画。当播放 Flash 动画时，【播放】按钮将变成【停止】按钮。
- 【参数】按钮：单击该按钮，将弹出【参数】对话框，在对话框中可以设置当前 Flash 动画。

5.3.2 插入 Flash Video

FLV 是 Flash Video 的简称，是随着 Flash 系列产品推出的一种流媒体格式。由于其形成的文件极小、加载速度极快，使得通过网络观看视频文件成为可能。FLV 的出现有效地解决了视频文件导入 Flash 后，导出的 SWF 文件体积庞大，不能在网络上很好地使用等问题。下面详细介绍插入 FLV 视频的操作方法。

素材文件 第 5 章\素材文件\太阳小树.flv
效果文件 第 5 章\效果文件\Flash Video.html

step 1 启动 Dreamweaver CC 程序，① 在【插入】面板中选择【媒体】选项，② 选择 Flash Vedio 选项，如图 5-22 所示。

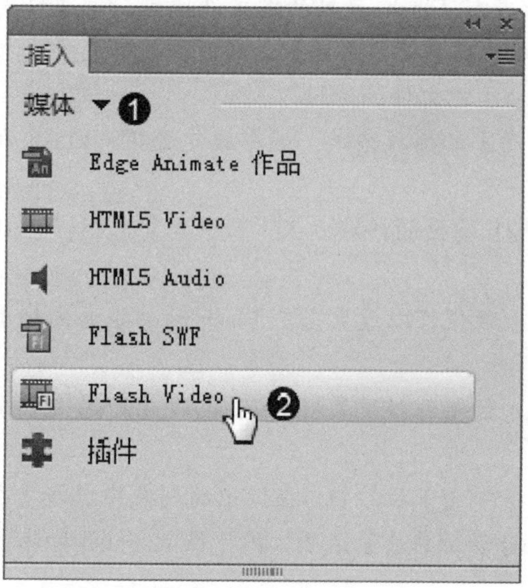

图 5-22

step 2 弹出【插入 FLV】对话框，单击 URL 文本框右侧的【浏览】按钮，如图 5-23 所示。

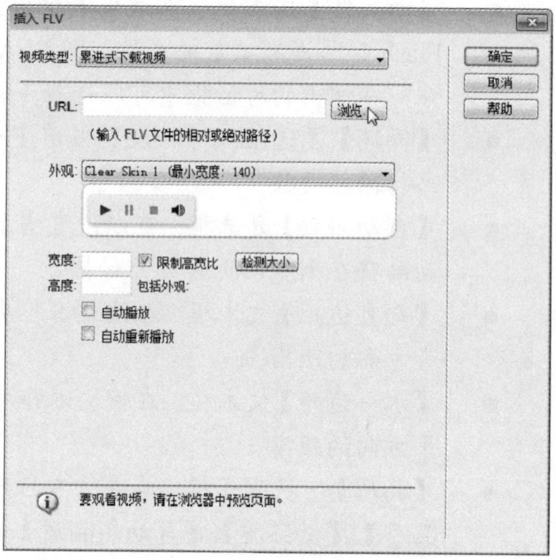

图 5-23

step 3 弹出【选择 FLV】对话框，① 选中准备插入的视频文件，② 单击【确定】按钮，如图 5-24 所示。

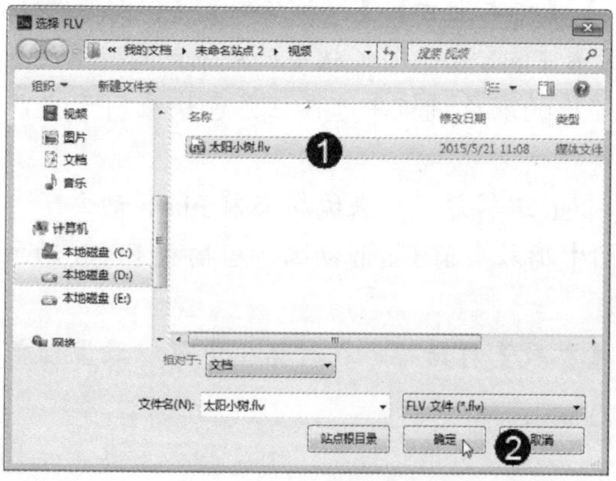

图 5-24

step 4 返回【插入 FLV】对话框，① 在【宽度】和【高度】文本框中输入相应参数，② 单击【确定】按钮即可完成插入 Flash Video 的操作，如图 5-25 所示。

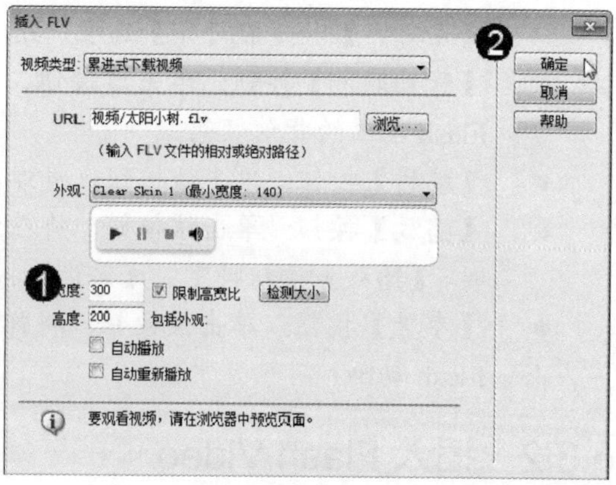

图 5-25

5.3.3 插入普通音频

在 Dreamweaver CC 中制作网页时可以将音频插入到页面中，如果页面中插入了音频可以在页面上显示播放器的外观，包括声音文件的播放、暂停、停止、音量及开始和结束等控制按钮。下面详细介绍插入音频的操作方法。

素材文件 第5章\素材文件\太阳小树.flv

效果文件 第5章\效果文件\Flash Video.html

step 1 启动 Dreamweaver CC 程序，① 在【插入】面板中选择【媒体】选项，② 选择【插件】选项，如图 5-26 所示。

图 5-26

step 2 弹出【选择文件】对话框，① 选择准备插入的音频文件，② 单击【确定】按钮，如图 5-27 所示。

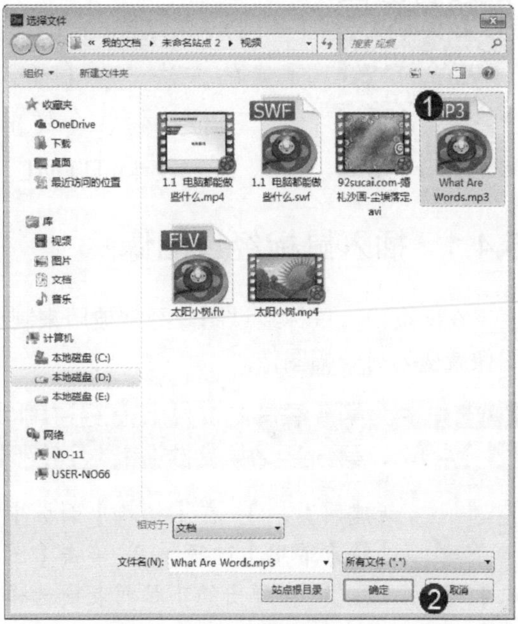

图 5-27

step 3 此时网页中显示一个通用占位符，通过以上步骤即可完成插入普通音频的操作，如图 5-28 所示。

图 5-28

在网页中插入插件后，在【属性】面板(见图 5-29)中可以进行相关设置。

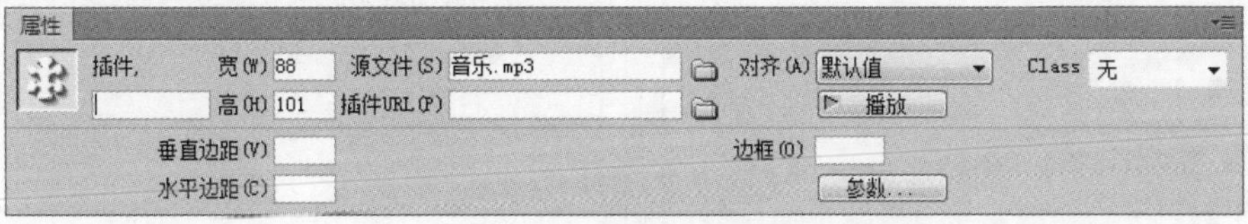

图 5-29

- 【插件】文本框：可以输入用于播放媒体对象的插件名称，使该名称可以被脚本引用。
- 【宽】和【高】文本框：可以设置对象的宽度和高度，默认单位为像素。

- 【垂直边距】文本框：设置对象上端和下端与其他内容的间距，单位为像素。
- 【水平边距】文本框：设置对象左端和右端与其他内容的间距，单位为像素。
- 【源文件】文本框：设置插件内容的 URL 地址，既可以直接输入地址，也可以单击其右侧的【浏览文件】按钮，从磁盘中选择文件。
- 【插件 URL】文本框：输入插件所在的路径。在浏览网页时，如果浏览器中没有安装该插件，则从此路径上下载插件。
- 【对齐】下拉列表框：选择插件内容在文档窗口中水平方向的对齐方式。

Section 5.4 插入其他图像

手机扫描下方二维码，观看本节视频课程

Dreamweaver CC 还提供了在网页中插入一些其他相关图像元素的方法，在【插入】面板中选择【常用】选项，单击【图像】下拉按钮，会弹出一个下拉菜单，包括插入鼠标经过图像、插入 Fireworks HTML。

5.4.1 插入鼠标经过图像

在网页中，鼠标经过图像经常被用来制作动态效果。当鼠标指针移动到图像上时，该图像就变为另一幅图像。

素材文件 第 5 章\素材文件\鼠标经过前.jpg 鼠标经过后.jpg

效果文件 第 5 章\效果文件\鼠标经过图像.html

step 1 新建网页，① 在【插入】面板中选择【常用】选项，② 单击【图像】下拉按钮，③ 在弹出的下拉列表中选择【鼠标经过图像】选项，如图 5-30 所示。

图 5-30

step 2 弹出【插入鼠标经过图像】对话框，① 在【原始图像】文本框中输入图像存储路径，② 在【鼠标经过图像】文本框中输入图像存储路径，③ 单击【确定】按钮，如图 5-31 所示。

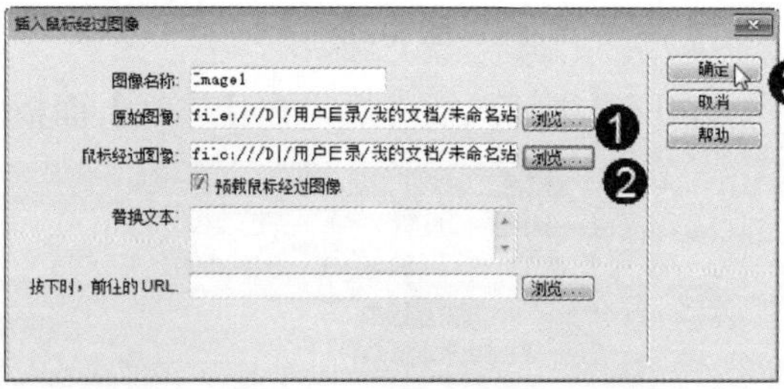

图 5-31

step 3 可以看到网页中已经插入了鼠标经过图像，如图 5-32 所示。

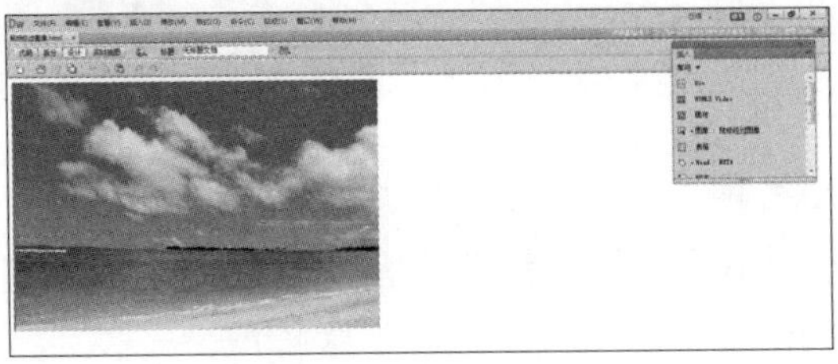

图 5-32

智慧锦囊

鼠标经过图像通常被应用在链接的按钮上，通过按钮外观的变化使页面看起来更加生动，并且提示浏览者单击该按钮可以链接到另一个网页。

5.4.2 插入 Fireworks HTML

在 Dreamweaver CC 中整合了很多 Fireworks 的功能，这里讲的也是其中之一，即插入用 Fireworks 制作的 HTML 文档。

将光标移动到需要插入 Fireworks HTML 的位置，在【插入】面板中单击【图像】右侧的下拉按钮，在弹出的菜单中选择 Fireworks HTML 选项，如图 5-33 所示，此时会弹出【插入 Fireworks HTML】对话框，如图 5-34 所示。

图 5-33

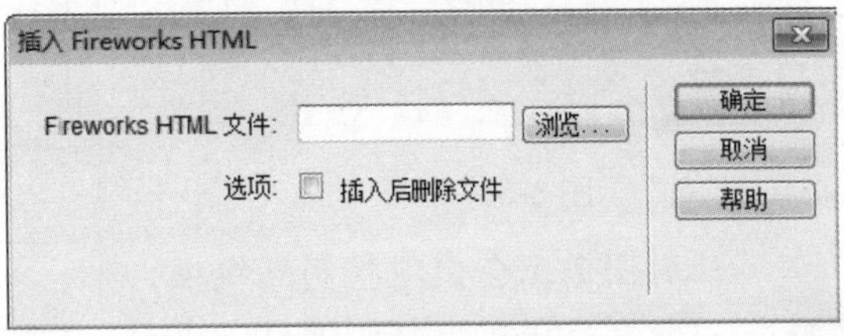

图 5-34

- 【Fireworks HTML 文件】文本框：在该文本框中可以设置需要插入的 Fireworks HTML 的地址，或者单击后面的【浏览】按钮，选择需要插入的 Fireworks HTML 文档。
- 【插入后删除文件】复选框：如果选中该复选框，可以在插入 Fireworks HTML 文档后删除原始的 Fireworks HTML 文档。

单击【确定】按钮，可以完成【插入 Fireworks HTML】对话框的设置，并在网页中插入 Fireworks HTML 文档。

Section 5.5 编辑图像

手机扫描下方二维码，观看本节视频课程

在默认状态下，插入到网页中的图像使用的是原图像的大小、颜色等属性。根据不同网页设计需求，用户需要适当地重新调整图像的属性。图像的属性既包括其基本属性(如大小、源文件等)，也包括改变图像本身的属性(如亮度、对比度、锐化等)。

5.5.1 裁剪图像

在网页设计中，为了使图像更符合页面的要求，可以通过裁剪来完成。下面详细介绍裁剪图像的操作方法。

素材文件 第5章\素材文件\裁剪图像.html

效果文件 第5章\效果文件\裁剪图像.html

step 1 打开素材文件，选择准备裁剪的图像，在【属性】面板中单击【裁剪】按钮，如图5-35所示。

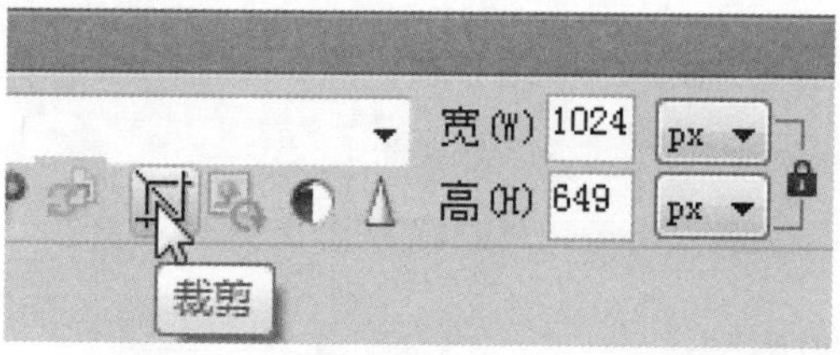

图 5-35

step 2 弹出Dreamweaver对话框，单击【确定】按钮，如图5-36所示。

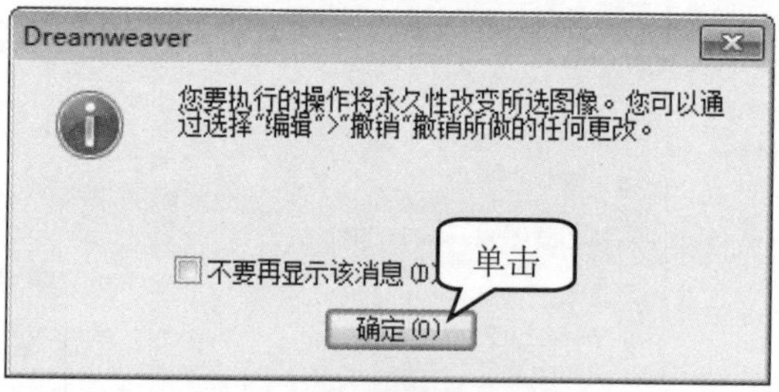

图 5-36

step 3 此时图像上会出现控制点线框，对控制点进行调整，调整完成后左键双击图像，如图5-37所示。

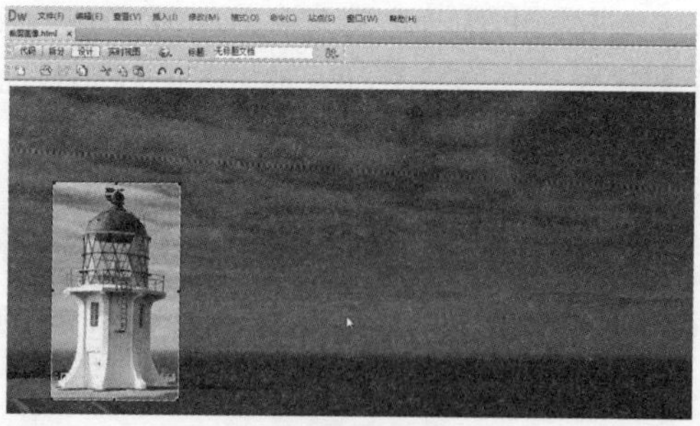

图 5-37

step 4 可以看到图像已经裁剪完成，如图5-38所示。

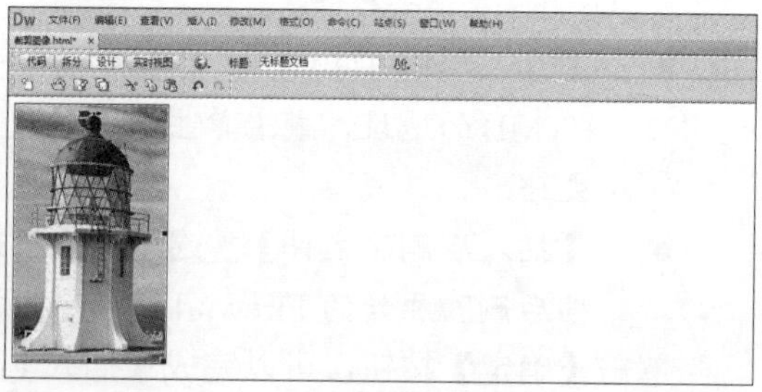

图 5-38

5.5.2 更改图像大小

在 Dreamweaver CC 中调整图像大小有两种方法：一种是在【属性】面板中设置，另一种是在设计窗口中拖动图像改变大小。具体如下。

- 选中网页文档中的图像，在【属性】面板中的【宽】和【高】文本框中分别输入图像的宽度和高度值，单位为像素，如图 5-39 所示。
- 选中网页中的图像后，在图像周围会显示 3 个控制柄，调整不同的控制柄即可分别在水平、垂直、水平和垂直 3 个方向调整图像大小，如图 5-40 所示。

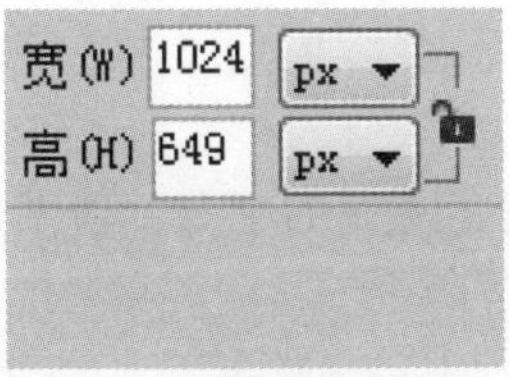

图 5-39

图 5-40

5.5.3 调整亮度和对比度

亮度是图片的明亮程度，对比度是颜色之间的对比程度，通过调整亮度和对比度可以美化图像。下面详细介绍调整亮度和对比度的操作方法。

素材文件 第 5 章\素材文件\亮度对比度.html
效果文件 第 5 章\效果文件\亮度对比度.html

step 1 打开素材文件，选择准备调整亮度和对比度的图像，在【属性】面板中单击【亮度和对比度】按钮，如图 5-41 所示。

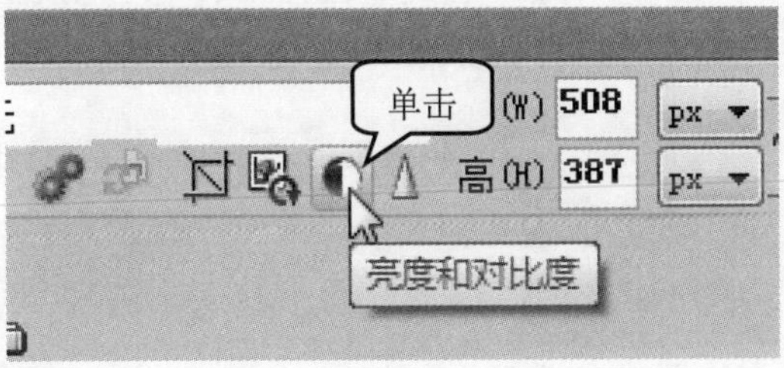

图 5-41

step 2 弹出 Dreamweaver 对话框，单击【确定】按钮，如图 5-42 所示。

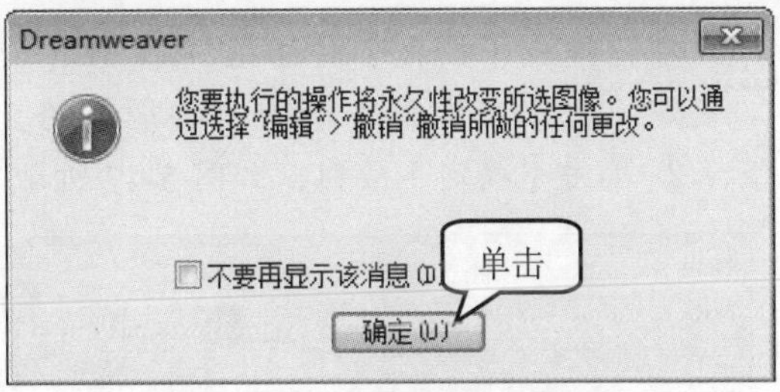

图 5-42

step 3 弹出【亮度/对比度】对话框，① 在【亮度】文本框中输入数值，② 在【对比度】文本框中输入数值，③ 单击【确定】按钮，如图 5-43 所示。

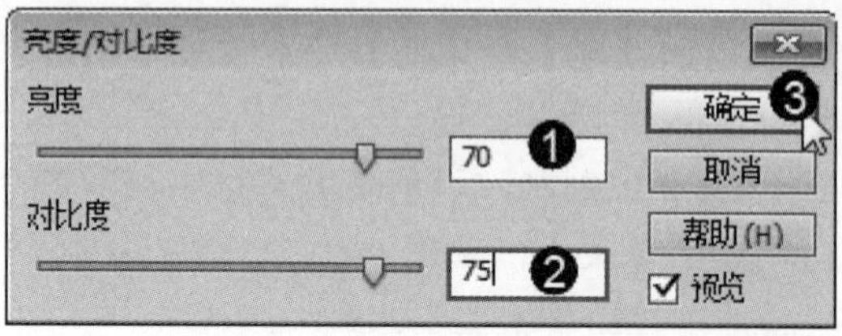

图 5-43

step 4 可以看到选中图像的亮度和对比度已经发生了变化。通过以上方法即可完成调整图像亮度和对比度的操作，如图 5-44 所示。

图 5-44

5.5.4 锐化图像

图像锐化是指补偿图像的轮廓，增强图像的边缘及灰度跳变的部分，使图像变得清晰。下面详细介绍锐化图像的操作方法。

素材文件 第 5 章\素材文件\锐化图像.html

效果文件 第 5 章\效果文件\锐化图像.html

step 1 打开素材文件，选择准备锐化的图像，在【属性】面板中，单击【锐化】按钮，如图 5-45 所示。

图 5-45

step 2 弹出 Dreamweaver 对话框，单击【确定】按钮，如图 5-46 所示。

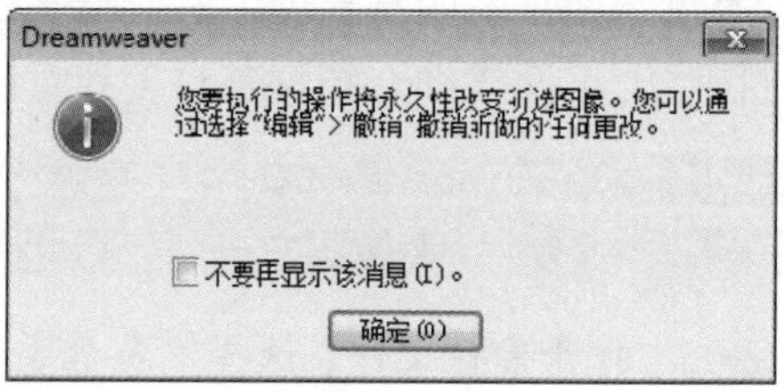

图 5-46

step 3 弹出【锐化】对话框，① 在【锐化】文本框中输入准备调整的数值，② 单击【确定】按钮，如图 5-47 所示。

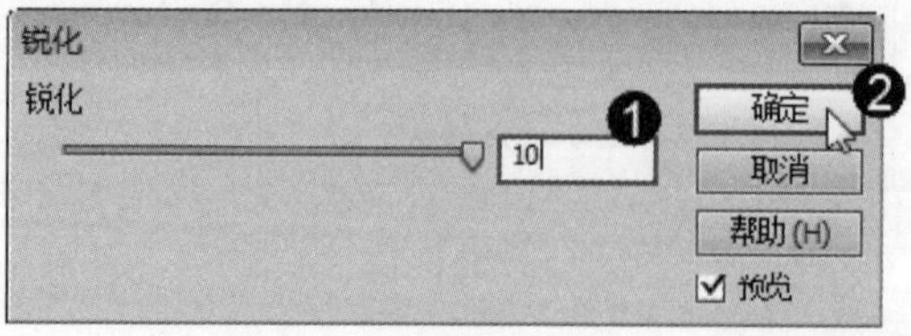

图 5-47

step 4 可以看到选中的图像已经发生了变化。通过以上方法，即可完成锐化图像的操作，如图 5-48 所示。

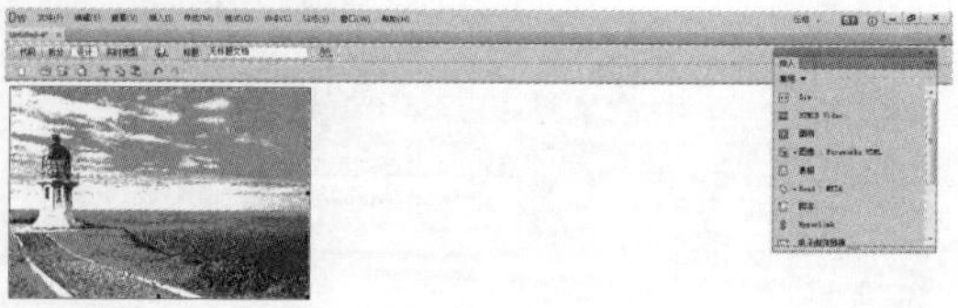

图 5-48

Section 5.6 使用热区

手机扫描下方二维码，观看本节视频课程

用户不仅可以将整张图像作为链接的载体，还可以将图像的一部分设置为链接，这要通过设置图像映射链接来实现。图像映射链接的原理是利用 HTML 在图片上定义一块区域，然后给这些区域加上链接，这些区域称为热区。

5.6.1 绘制热区

热区是在图片上绘制出来的，相当于在图像上添加一层图层，当鼠标指针移动到热区的时候，鼠标指针变为可点击状态，单击即可打开超链接。热区可以是矩形、圆形或者多边形，下面详细介绍绘制热区的操作方法。

素材文件 第 5 章\素材文件\绘制热区.html

效果文件 第 5 章\效果文件\绘制热区.html

step 1 打开素材文件，选择准备绘制热区的图像，在【属性】面板中单击 Rectangle Hotspot Tool (矩形热点工具)按钮，如图 5-49 所示。

图 5-49

step 2 使用鼠标左键在图像上拖动出一个矩形，如图 5-50 所示。

图 5-50

step 3 弹出 Dreamweaver 对话框，单击【确定】按钮，如图 5-51 所示。

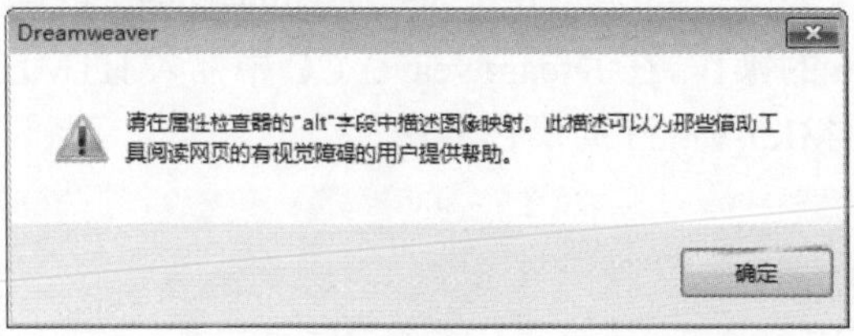

图 5-51

step 4 在【链接】文本框中输入热点的链接地址即可完成制作热点的操作，如图 5-52 所示。

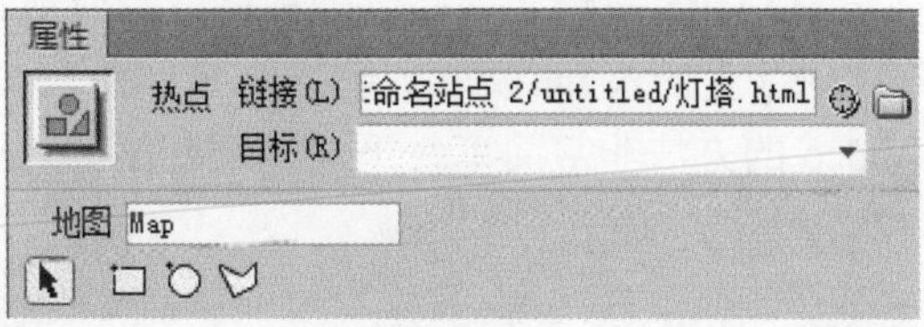

图 5-52

5.6.2 在【属性】面板中设置热区

在热点【属性】面板中，用于创建图像热点链接的选项功能如图 5-53 所示。

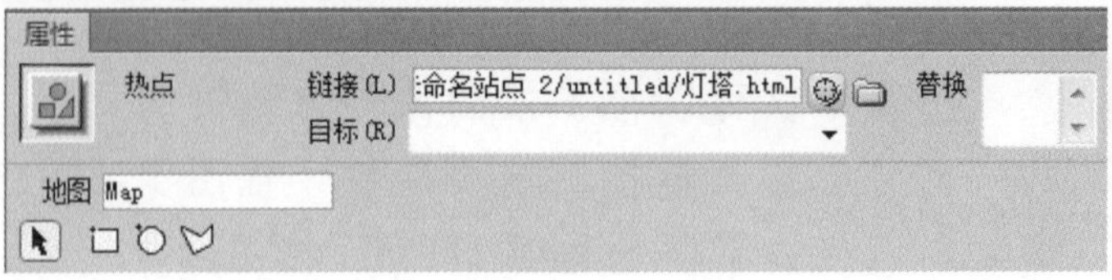

图 5-53

- 【地图】文本框：在其中输入需要的热点名称，即可完成对热区的命名。如果在同一个网页文档中使用了多个映像图，则应保证该文本框中输入的名称是唯一的。
- 【矩形热区工具】按钮：单击该按钮，然后按住鼠标左键在图像上拖动，可以绘制出矩形区域。
- 【圆形热区工具】按钮：单击该按钮，然后按住鼠标左键在图像上拖动，可以绘制出圆形区域。
- 【多边形热区工具】按钮：单击该按钮，然后按住鼠标左键在图像上拖动，可以绘制出多边形区域。
- 【指针热点工具】按钮：可以将光标恢复为标准箭头状态，这时可以从图像上选取热区，被选中的热区边框上会出现控制点，拖动控制点可以改变热区的形状。

Section 5.7 范例应用与上机操作

手机扫描下方二维码，观看本节视频课程

本节将介绍在网页中插入 HTML5 Video、在网页中插入 HTML5 Audio、在网页中插入 Edge Animate、重新取样图片、复制 Photoshop 选区图像到 Dreamweaver 中等内容，以达到举一反三的目的。

5.7.1 插入 HTML5 Video

HTML5 视频元素提供一种将电影或视频嵌入网页的标准方式。在 Dreamweaver CC 中，可以通过【插入】面板来实现插入 HTML5 Video 的操作。在 Dreamweaver CC 中插入 HTML5 Video 的方法非常简单，下面详细介绍插入 HTML5 Video 的操作方法。

素材文件 无

效果文件 第 5 章\效果文件\HTML5 Video.html

step 1 新建网页，① 在【插入】面板中选择【媒体】选项，② 选择 HTML5 Video 选项，如图 5-54 所示。

step 2 在网页中显示一个占位符，在【属性】面板中单击【源】文本框后侧的【浏览】按钮，如图 5-55 所示。

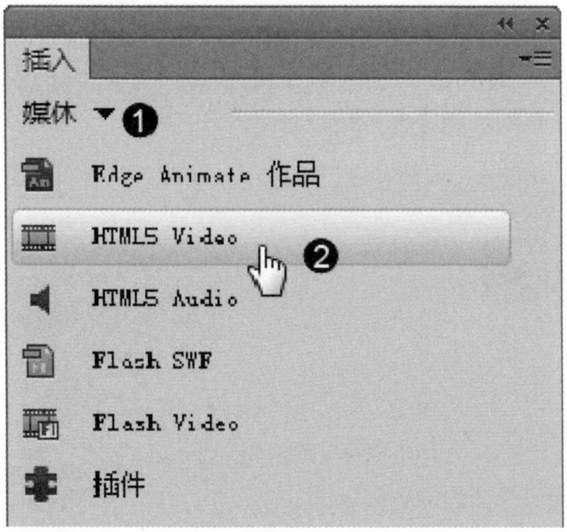

图 5-54

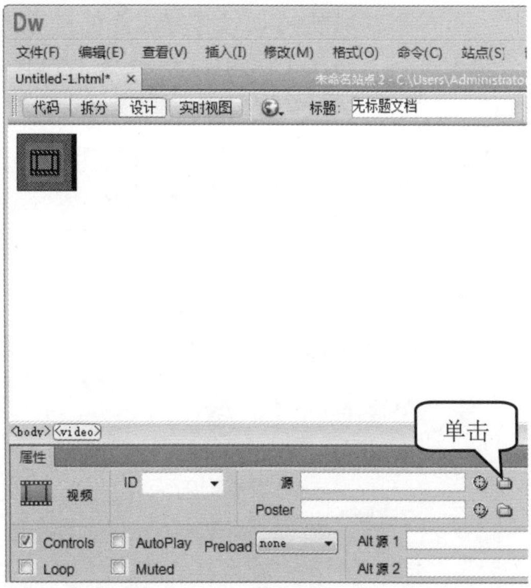

图 5-55

step 3 弹出【选择视频】对话框，① 选择准备插入的文件，② 单击【确定】按钮，如图 5-56 所示。

图 5-56

step 4 在【属性】面板中，① 在 W 和 H 文本框中设置视频在页面中的宽度和高度，② 选中 Controls 和 AutoPlay 复选框。通过以上步骤即可完成插入 HTML5 Video 的操作，如图 5-57 所示。

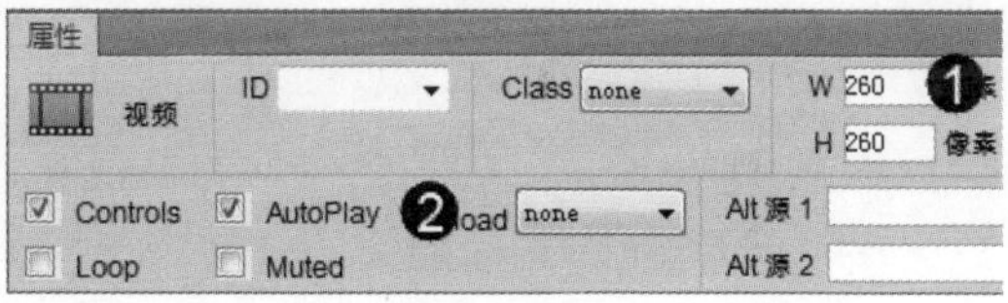

图 5-57

5.7.2 插入 HTML5 Audio

用户还可以在网页中插入 HTML5 Audio。在网页中插入 HTML5 Audio 的方法非常简单，下面详细介绍在网页中插入 HTML5 Audio 的方法。

素材文件 无

效果文件 第 5 章\效果文件\HTML5 Audio. html

step 1 新建网页，① 在【插入】面板中选择【媒体】选项，② 选择 HTML5 Audio 选项，如图 5-58 所示。

图 5-58

step 2 在网页中显示一个占位符，在【属性】面板中单击【源】文本框后侧的【浏览】按钮，如图 5-59 所示。

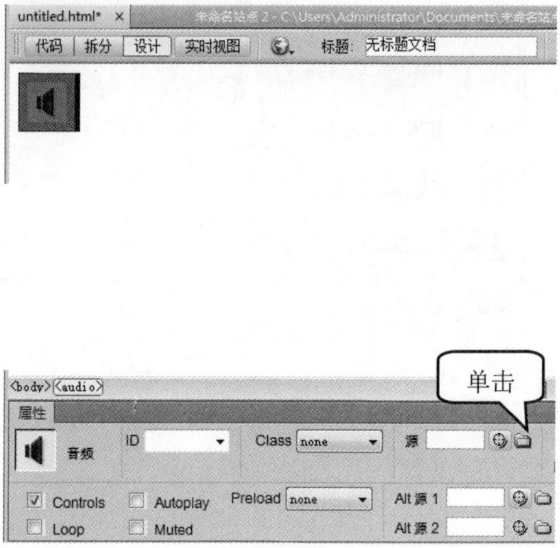

图 5-59

step 3 弹出【选择音频】对话框，① 选择准备插入的文件，② 单击【确定】按钮，如图 5-60 所示。

图 5-60

step 4 通过以上步骤即可完成插入 HTML5 Audio 的操作，如图 5-61 所示。

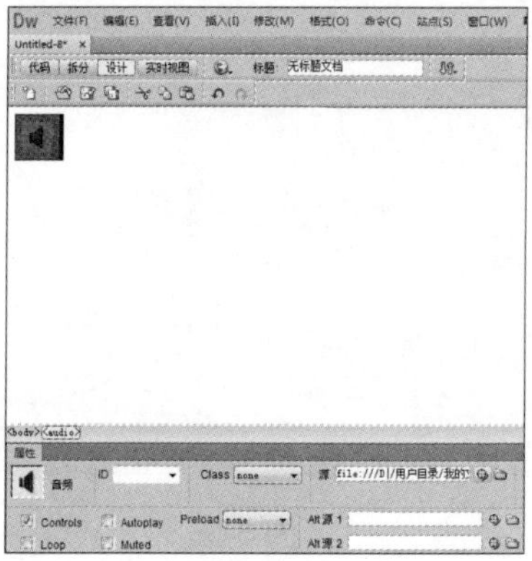

图 5-61

5.7.3 插入 Edge Animate

Dreamweaver CC 为适应 HTML5 的发展趋势，新增了插入 Edge Animate 作品功能。下面详细介绍插入 Edge Animate 作品的操作方法。

素材文件 无

效果文件 无

新建网页，① 在【插入】面板中选择【媒体】选项，② 选择【Edge Animate 作品】选项，如图 5-62 所示。

图 5-62

通过以上步骤即可完成插入 Edge Animate 作品的操作，如图 5-64 所示。

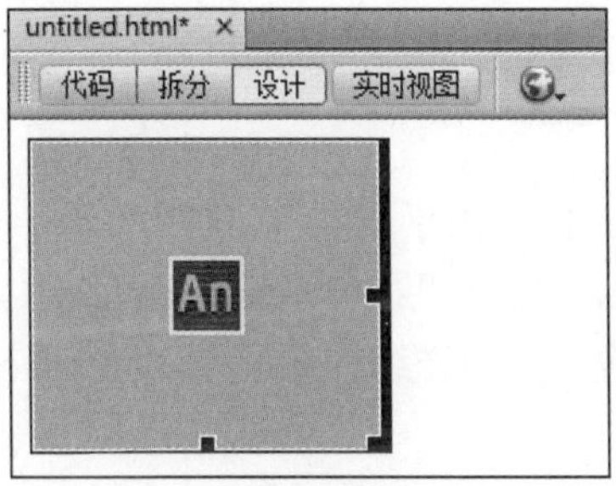

图 5-64

弹出【选择 Edge Animate 包】对话框，① 选择准备插入的文件，② 单击【确定】按钮，如图 5-63 所示。

图 5-63

知识精讲

在网页中插入的 Edge Animate 作品的文件扩展名必须是.oam，该文件是 Edge Animate 软件发布的 Edge Animate 作品包。在浏览器 IE10 中还不支持网页中 Edge Animate 作品的显示，但用户可以在 Chrome 浏览器中看到 Edge Animate 作品的效果。

5.7.4 重新取样

在网页设计中，经常会对图像进行一系列的调整，而调整后的图像像素不会即时调整，通过重新取样功能可以对这样的图像进行一定的像素补充，以达到美化图像的效果。重新取样功能特别对裁剪之后或者强烈拉伸之后的图像有着很好的效果，下面详细介绍重新取样的操作方法。

素材文件 第 5 章\素材文件\重新取样.html

效果文件 第 5 章\效果文件\重新取样.html

打开素材文件，选择准备重新取样的图像，在【属性】面板中单击【重新取样】按钮，如图 5-65 所示。

可以看到，重新取样的图像像素有了一定的补充，如图 5-66 所示。

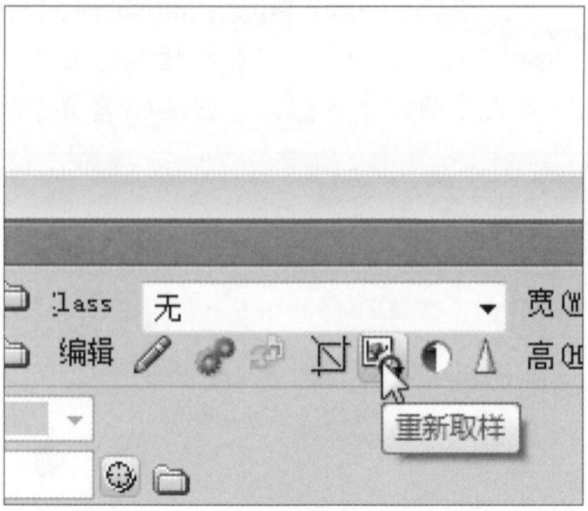

图 5-65

图 5-66

5.7.5 复制 Photoshop 选区图像

在 Dreamweaver CC 中，用户不仅可以导入 PSD 文件，由于 PSD 格式图像属于分层图像，因此用户还可以在 Photoshop 中有选择地复制图像，然后粘贴至 Dreamweaver 中。此时，既可以选择一个图层中的图像，也可以选择局部的图像。下面详细介绍复制 Photoshop 选区图像粘贴到 Dreamweaver CC 中的操作方法。

素材文件 第 5 章\素材文件\复制 Photoshop 选区图像.psd

效果文件 第 5 章\效果文件\复制 Photoshop 选区图像.html

step 1 在 Photoshop 中打开素材文件，选中图层中的某个区域，① 单击【编辑】菜单，② 在弹出的下拉菜单中选择【拷贝】命令，如图 5-67 所示。

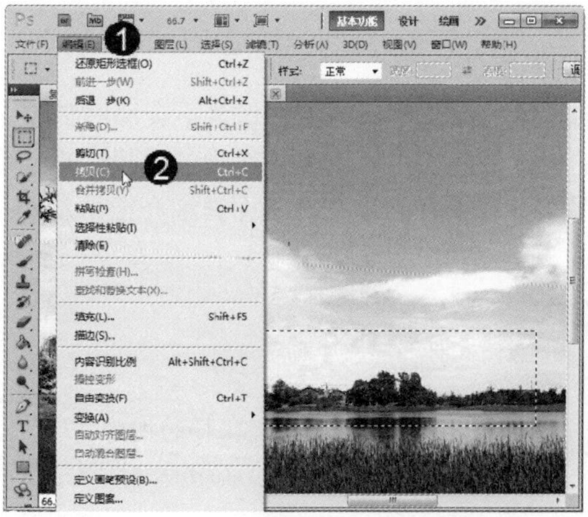

图 5-67

step 2 打开 Dreamweaver CC 程序，① 单击【编辑】菜单，② 在弹出的下拉菜单中选择【粘贴】命令，如图 5-68 所示。

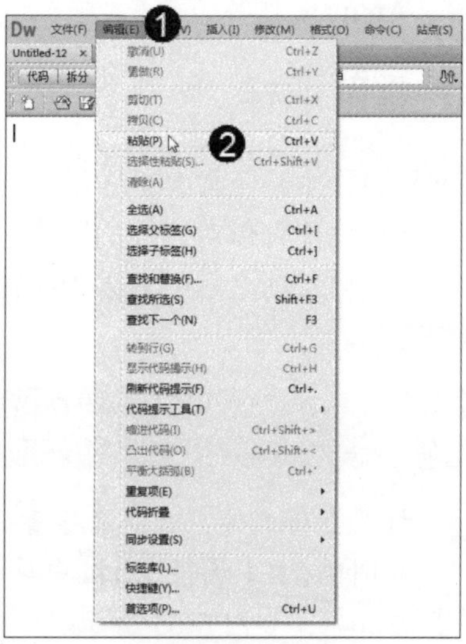

图 5-68

step 3 弹出【图像优化】对话框，单击【确定】按钮，如图 5-69 所示。

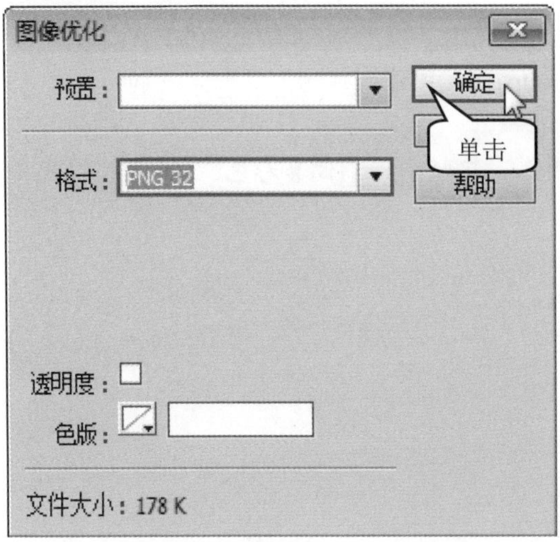

图 5-69

step 4 弹出【保存 Web 图像】对话框，设置图像保存位置，单击【保存】按钮，如图 5-70 所示。

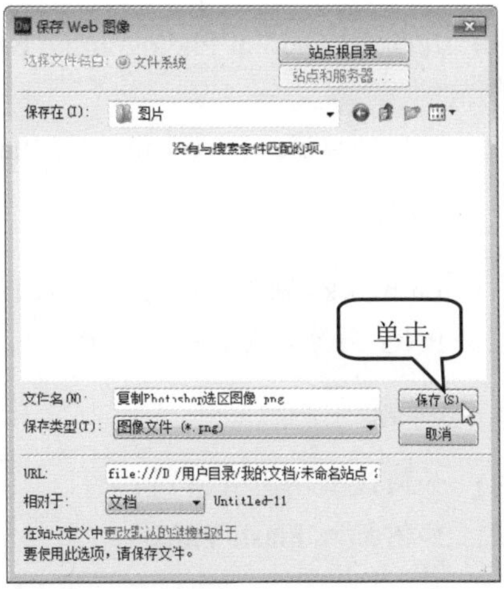

图 5-70

step 5 这时可以看到选区已经粘贴到 Dreamweaver 网页中，如图 5-71 所示。

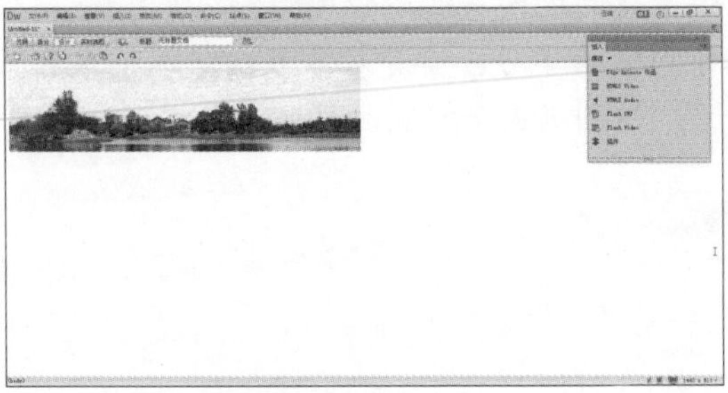

图 5-71

Section 5.8 本章小结与课后练习

本节内容无视频课程，习题参考答案在本书附录。

本章主要介绍了常用的图像格式(JPEG、GIF、PNG)、在网页中插入与设置图像、多媒体在网页中的应用、插入其他图像、编辑图像、使用热区等内容，下面通过习题进行巩固与提高。

5.8.1 思考与练习

1. 填空题

(1) JPG/JPEG(Joint Photographic Experts Group)格式图像可译为______，支持______位真彩色。

(2) GIF(Graphics Interchange Format)格式图像，支持______位真彩色。

2. 判断题

(1) Fireworks 制作的图像默认为 PNG 格式。 ( )

(2) PNG 图像只支持一种颜色数目，即 8 位。 ( )

3. 思考题

(1) 如何设置网页背景图?

(2) 如何插入 Flash Video?

5.8.2 上机操作

(1) 通过对本章内容的学习，读者基本可以掌握插入图像方面的知识，下面通过练习在文本下方插入图像，达到巩固与提高的目的。

(2) 通过对本章内容的学习，读者基本可以掌握插入音频方面的知识，下面通过练习在标题前方插入音频，达到巩固与提高的目的。

第 6 章

超链接

本章主要介绍超链接基本概念、链接路径、创建超链接的方法、创建不同种类超链接、管理与设置超链接的知识与技巧，同时还讲解了超链接的属性控制。通过本章的学习，读者可以掌握在 Dreamweaver CC 中创建超链接的知识，为深入学习 Dreamweaver CC 知识奠定基础。

范例导航

1. 超链接基本概念
2. 链接路径
3. 创建超链接的方法
4. 创建不同种类的超链接
5. 管理与设置超链接
6. 超链接的属性控制

Section 6.1 超链接基本概念

手机扫描下方二维码，观看本节视频课程：3 分 45 秒

当网页制作完成后，需要在页面中创建链接，使网页能够与网络中的其他页面建立联系。链接是一个网站的灵魂，也是构成网站最为重要的部分之一。网页设计者不仅要知道如何去创建页面之间的链接，更应了解链接地址的真正意义。

6.1.1 超链接的定义

网络中的一个个网页是通过超链接的形式关联在一起的。可以说超链接是网页中最重要、最根本的元素之一。超级链接的作用是在 Internet 上建立从一个位置到另一个位置的链接。超链接由源端点和目标端点两部分组成，其中设置了链接的一端称为源端点，跳转到的页面或对象称为链接的目标端点。当访问者单击超链接时，浏览器会从相应的目标地址检索网页并显示在浏览器中。

超链接与 URL 及网页文件的存放路径是紧密相关的。URL 可以简单地称为网址，顾名思义，就是 Internet 文件在网上的地址，定义超链接其实就是指定一个 URL 地址来访问指向的 Internet 资源。同时，认识从作为链接起点的文档到作为链接目标的文档之间的文件路径，对于创建链接至关重要。在网页中的链接按照路径的不同可以分为 3 种形式：绝对路径、相对路径和基于根目录路径。

在 Dreamweaver CC 中，用户可以创建下列几种类型的链接。

- 页面链接：利用该链接可以跳转到其他文档或文件，如图形、PDF 或声音文件等。
- 页内容链接：也称为锚记链接，利用该链接可以跳转到本站点指定文档的位置。
- E-mail 链接：使用 E-mail 链接可以启动电子邮件程序，允许用户书写电子邮件，并发送到指定地址。
- 空链接及脚本链接：空链接与脚本链接允许用户附加行为至对象或创建一个执行 JavaScript 代码的链接。

知识精讲

URL(Uniform Resource Locator)中文翻译为统一资源定位器，是指 Internet 文件在网上的地址，是使用数字和字母按一定顺序排列来确定的 Internet 地址，由访问方法、服务器名、端口号以及文档位置组成。

6.1.2 内部、外部与脚本链接

常规超链接包括内部超链接、外部超链接和脚本超链接 3 种，每一种的链接方法不同。下面详细介绍设置 3 种超链接的操作方法。

1. 内部超链接

选中准备设置超链接的文本或图像后，在【属性】面板上的【链接】下拉列表框中的

相对路径，一般使用【指向文件】和【浏览文件】的方法创建，如图 6-1 所示。

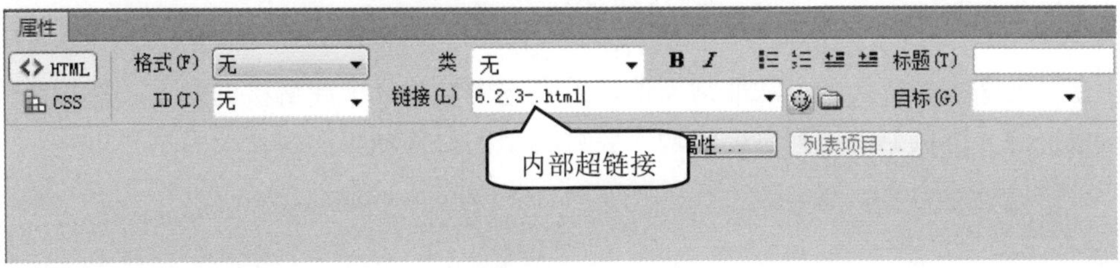

图 6-1

2. 外部超链接

外部超链接是指目标端点位于其他网站中，通过其可跳转到其他网站的超链接。外部超链接只能采用一种方法设置。选中准备设置超链接的文本或图像后，在【属性】面板上的【链接】下拉列表框中输入准备链接网页的网址，即可完成，如图 6-2 所示。

图 6-2

3. 脚本超链接

脚本超链接就是通过脚本控制链接。一般而言，脚本链接可以用来执行计算、表单验证和其他处理。选择文档窗口中的文本或图像，在【属性】面板上的【链接】下拉列表框中输入“JavaScript：window.close{}”，即可完成脚本超链接，如图 6-3 所示。

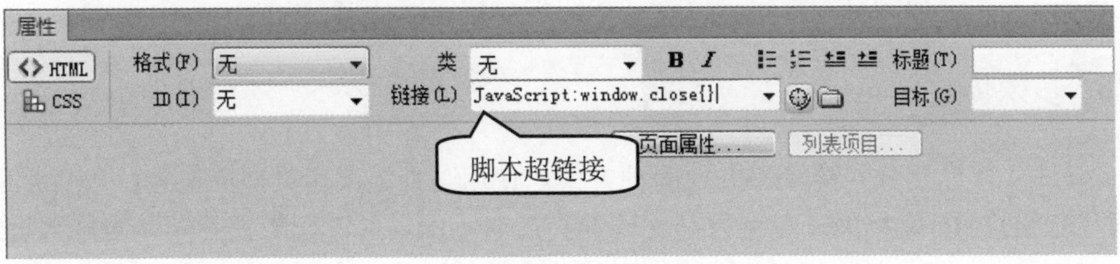

图 6-3

6.1.3 超链接的类型

超链接的类型按照使用对象的不同，可以分为文本超链接、图像超链接、E-mail 链接、锚点链接、多媒体文件链接和空链接这 6 种，下面分别予以详细介绍。

1. 文本超链接

建立一个文本超链接的方法非常简单，首先选中要建立成超链接的文本，然后在【属性】面板上的【链接】下拉列表框中输入要跳转至的目标网页的路径及名字即可。

2. 图像超链接

创建图像超链接的方法和创建文本超链接的方法大致相同，选中准备设置链接的图像，然后在【属性】面板上的【链接】下拉列表框中输入链接地址即可。较大的图片如果需要实现多个链接，可以使用【热点】功能。

3. E-mail 链接

在网页中添加 E-mail 链接的方法是，利用“mailto”功能，在【属性】面板上的【链接】下拉列表框中输入要提交的邮箱地址即可，如图 6-4 所示。

图 6-4

4. 锚点链接

锚点是在文档中设置的标记，并给该位置设置一个名称，以便引用。通过创建锚点可以使链接指向当前文档中的指定位置。锚点常常被用作跳转到指定的主题或者文档的顶部，使访问者能够快速地浏览到指定的位置，加快信息检索的速度。

5. 多媒体文件链接

多媒体文件链接分为链接和嵌入两种方式。使用与外连图像类似的语句，可以把影视文件链接到 HTML 文档中，差别只是文件的扩展名不同。与链接影视不同，对嵌入有影视文件的 HTML 文档，浏览器在从网络上下载该文档的时候，会把影视文件一并下载下来，如果影视文件过大，则下载时间会变长。

6. 空链接

在网页制作过程中，有时候需要利用空链接来模拟连接，这主要是用来影响鼠标事件，可以防止页面出现各种问题。在【属性】面板上的【连接】下拉列表框中输入“#”符号即可创建空链接，如图 6-5 所示。

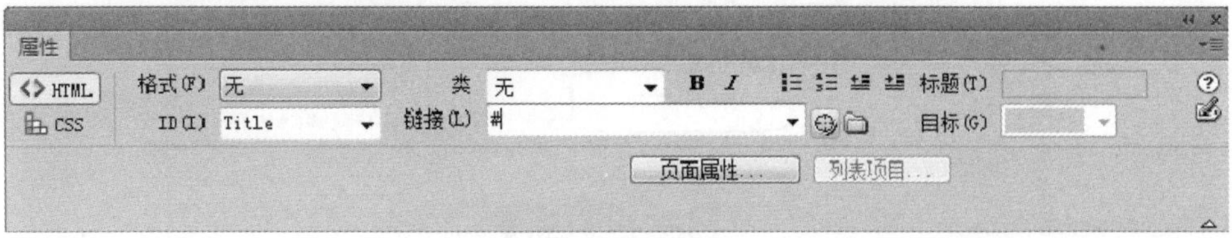

图 6-5

Section 6.2 链接路径

手机扫描下方二维码，观看本节视频课程

了解从作为链接起点的文档，到作为链接目标的文档之间的文件路径，对于创建链接至关重要。每个网页都有一个唯一的地址，称作统一资源定位器(URL)。网页中的超链接可以分为绝对路径、文档相对路径和站点根目录相对路径。

6.2.1 绝对路径

绝对路径提供所链接文档的完整 URL，而且包括所使用的协议(对于 Web 页，使用 http://)，例如 http:///www.macromedia.com/support/dreamweaver/contents.html 就是一个绝对路径。尽管对本地链接(即到同一站点内文档的链接)也可使用绝对路径链接，但不建议采用这种方式，因为一旦将此站点移动到其他域，则所有本地绝对路径链接都将断开。对本地链接使用相对路径还能在需要站点内移动文件时，提供更大的灵活性。

绝对路径也会出现在尚未保存的网页上，在没有保存的网页上插入图像或添加链接，Dreamweaver 会暂时使用绝对路径。

使用绝对路径与链接的源端点无关，只要目标站点地址不变，无论文档在站点中如何移动，都可以正常实现跳转而不会发生错误。如果想要链接当前站点之外的网页或网站，就必须使用绝对路径。

绝对路径为文件提供完全的路径，包括使用的协议，如 http、ftp 和 rtsp 等。一般常见的绝对路径如“http://baidu.com”或者“ftp://202.118.224.241”，如图 6-6 所示。

本地链接也可以使用绝对路径，但不建议采用这种方式，因为一旦将整个站点移动至其他服务器，则所有本地链接都将断开。

绝对路径也会出现在尚未保存的网页上，如果在没有保存的网页上插入图像或者添加链接，Dreamweaver 会暂时使用绝对路径，在网页保存后，Dreamweaver 会自动将绝对路径转换为相对路径。

知识精讲

绝对路径链接方式不利于测试，如果在站点中使用绝对路径地址，要想测试链接是否有效，必须在 Internet 服务器端进行。此外，采用绝对路径不利于站点的移植。例如，一个较为重要的站点，可能会在几个服务器上创建镜像，同一个文档也就有几个不同的网址，要将文档在这些站点之间移植，必须对站点中的每个使用绝对路径的链接分别进行修改，这样才能达到预期目的。

图 6-6

6.2.2 文档相对路径

文档相对路径就是指包含当前文件的文件夹，也就是以当前网页所在文件夹为基础来计算的路径。

文档相对路径对于大多数 Web 站点的本地链接来说，是最实用的路径。在当前文档与所连接文档处于同一文件夹内，而且可能保持这种状态的情况下，文档相对路径特别有用。

文档相对路径还可用来链接到其他文件夹中的文档，方法是利用文件夹层次结构，指定从当前文档到所连接的文档的路径。

文档相对路径是省略掉对于当前文档和所连接的文档都相同的绝对 URL 部分，而只提供不同的路径部分。

文档相对路径最适合作为网站的内部链接。只要在同一网站之内，即使在不同的目录下，相对路径也非常合适。一个站点的内部结构如图 6-7 所示。

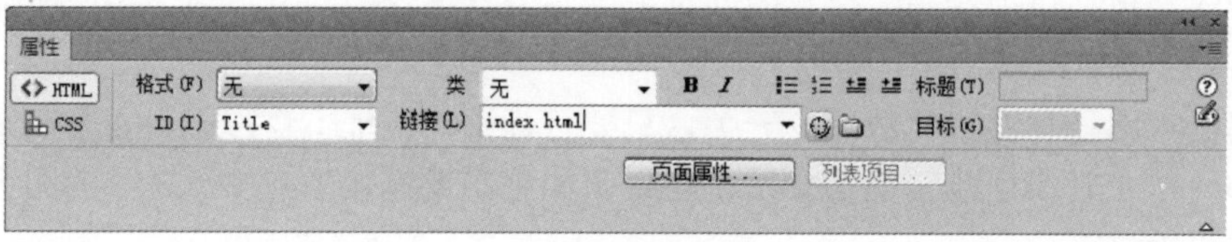

图 6-7

如果链接到同一目录下，只需要输入链接文档的名称即可，如图 6-8 所示。

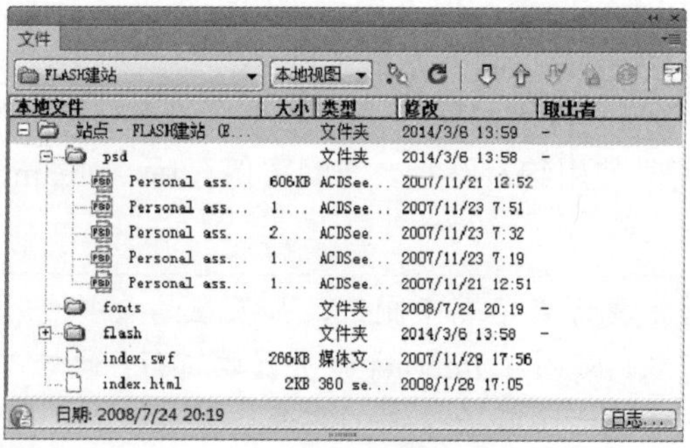

图 6-8

如果链接到下一级目录中的文件，需要先输入目录名，然后加“/”符号再输入文件名即可，如图 6-9 所示。

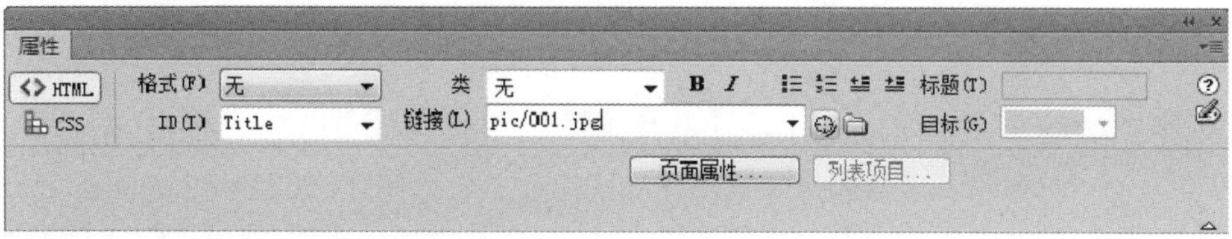

图 6-9

如果需要链接到上一级目录中的文件，则需要先输入“../”，然后再输入目录名、文件名即可，如图 6-10 所示。

图 6-10

6.2.3 站点根目录相对路径

使用 Dreamweaver 制作网页时，需要选定一个文件夹来定义一个本地站点，模拟服务器上的根文件夹，系统会根据这个文件夹来确定所有链接的本地文件位置，而根相对路径中的根就是指这个文件夹。

站点根目录相对路径提供从站点的根文件夹到文档的路径。在处理使用多个服务器的大型 Web 站点，或者使用承载有多个不同站点的服务器时，则可能需要使用站点根目录相对路径。如果不熟悉此类型的路径，最好坚持使用文档相对路径。

站点根目录相对路径以一个斜杠开始，该斜杠表示站点根文件夹。例如，/support/tips.html 是文件 tips.html 的站点根目录相对路径，该文件位于站点根文件夹的 support 子文件夹中。

在某些 Web 站点中，需要经常在不同文件夹之间移动 HTML 文件，在这种情况下，站点根目录相对路径通常是指定链接的最佳方法。

如果移动或重命名根目录相对路径所链接的文档，即使文档彼此之间的相对路径没有改变，仍必须更新这些链接。

站点根目录相对路径可以作为内部链接，但大多数情况下不推荐使用，通常使用站点根目录相对路径只在以下两种情况：

- 站点的规模非常之大，放置在几个服务器上。
- 一个服务器上同时放置多个站点。

站点根目录相对路径以“\”开始，然后是根目录下的目录名，如图 6-11 所示。

图 6-11

知识精讲

如果根目录结构过深，在引用根目录下的文件时，用根相对路径会更好些。例如，网页文件中引用根目录下 images 目录中的一个图 good.gif，在当前网页中使用根相对路径表示为/images/good.gif 即可。

Section 6.3 创建超链接的方法

手机扫描下方二维码，观看本节视频课程

创建文档主要包括两种方式，网页的最大优点在于可以使用户通过超链接功能在多个网页文档中自如地来回访问。创建超链接的方法包括：使用指向文件图标创建链接、使用【属性】面板创建链接等。

6.3.1 使用指向文件图标创建链接

在 Dreamweaver CC 中，可以使用指向文件图标创建链接。下面详细介绍使用指向文件图标创建超链接的操作方法。

在 Dreamweaver CC 界面下方的【属性】面板中，单击并拖动【指向文件】按钮到站点窗口中准备链接的目标文件上，释放鼠标左键，即可完成使用指向文件图标创建超链接的操作，如图 6-12 所示。

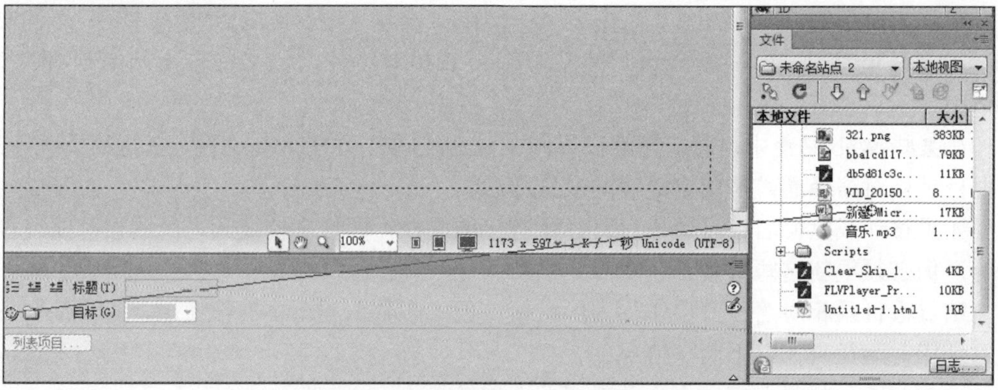

图 6-12

6.3.2 使用【属性】面板创建链接

【属性】面板中的【浏览文件】按钮和【链接】下拉列表框可用于创建图像、对象或文本到其他文档或文件的链接。下面详细介绍使用【属性】面板创建超链接的操作方法。

在【属性】面板中，选择 HTML 选项，在【链接】下拉列表框中输入准备链接的路径，按 Enter 键即可完成使用【属性】面板创建链接的操作，如图 6-13 所示。

图 6-13

Section 6.4 创建不同种类的超链接

手机扫描下方二维码，观看本节视频课程

常见的超链接一般包括文本超链接、图像超链接、E-mail 链接、锚记链接、空链接、脚本链接等。在网页中使用超链接除了可以实现文件之间的跳转之外，还具有文件下载、转到 E-mail、图像映射等功能。

6.4.1 文本超链接

网页中最容易制作并最常用的即是文本超链接，文本超链接具有文件小、制作简单、便于维护等特点。文本超链接指的是单击文本时，出现与它相链接的其他页面或主页的形式。下面详细介绍创建文本超链接的操作方法。

素材文件 第 6 章\素材文件\文本超链接.html

效果文件 第 6 章\效果文件\文本超链接.html

step 1 选中准备设置链接的文本，在【属性】面板中单击【链接】下拉列表框右侧的【浏览文件】按钮，如图 6-14 所示。

step 2 打开【选择文件】对话框，① 选中准备链接的文件，② 单击【确定】按钮，如图 6-15 所示。

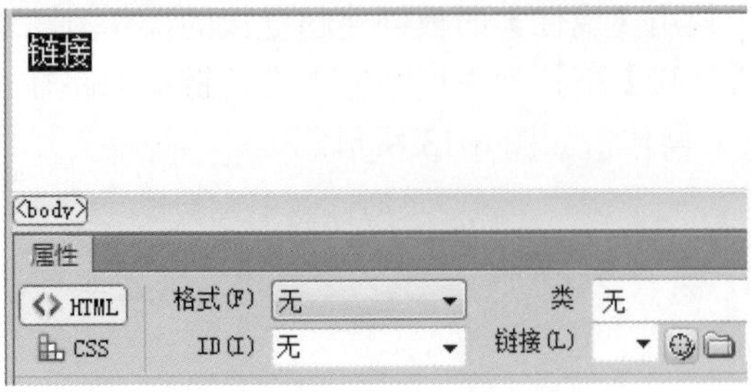

图 6-14

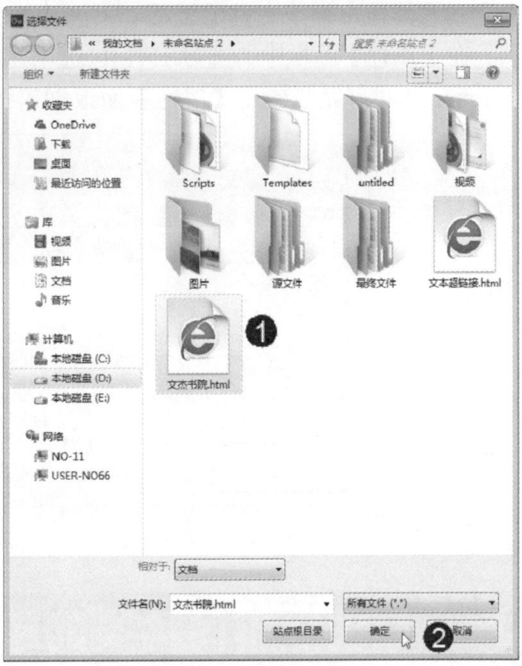

图 6-15

step 3 可以看到文本颜色已经改变并添加了下划线，通过以上步骤完成设置文本超链接的操作，如图 6-16 所示。

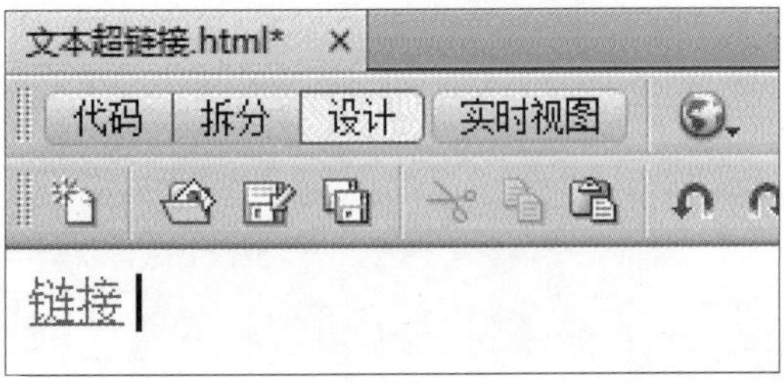

图 6-16

在为文字设置超链接后，【属性】面板上的【标题】文本框和【目标】下拉列表框被激活，用户可以对其进行设置，如图 6-17 所示。

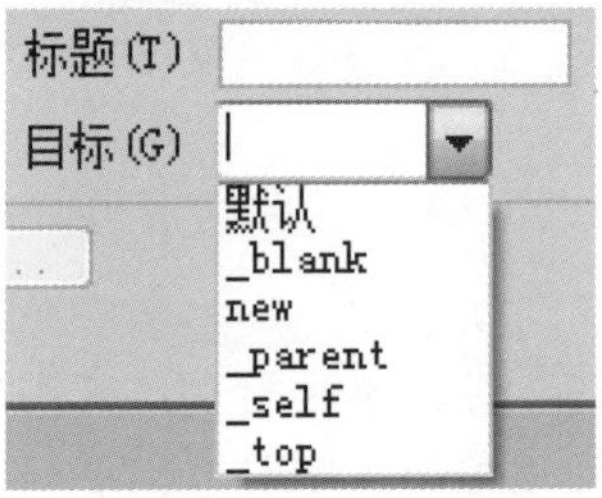

图 6-17

- 【标题】文本框：在该文本框中可以输入链接的标题。
- 【目标】下拉列表框：该下拉列表框用来设置链接的打开方式，共有 6 种链接打开方式，包括默认、_blank、new、_parent、_self、_top。

6.4.2 空链接

空链接是未指派的链接。空链接用于向页面上的对象或文本附加行为。访问者单击网页中的空链接，将不会打开任何文件。下面详细介绍创建空链接的操作方法。

素材文件 第 6 章\素材文件\空链接.html

效果文件 第 6 章\效果文件\空链接.html

step 1 选中准备设置链接的文本，在【属性】面板中的【链接】下拉列表框中输入半角状态下的“#”，如图 6-18 所示。

图 6-18

step 2 按下 Enter 键即可完成输入空链接的操作，如图 6-19 所示。

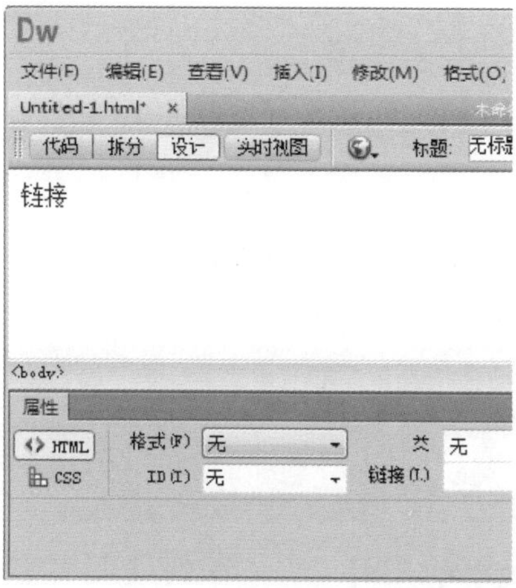

图 6-19

知识精讲

所谓空链接，就是没有目标端点的链接。利用空链接可以激活文件中链接对应的对象和文本，当文本或对象被激活后，可以为之添加行为，例如当光标经过时变换图片或者使某一 Div 显示。

6.4.3 电子邮件链接

无论是个人网站还是商业网站，经常在网页的最下方留下站长或公司的电子邮件地址，这样当网友对网站有意见或建议时就可以直接单击电子邮件超链接给网站的相关人员发送邮件。下面详细介绍创建电子邮件链接的操作方法。

素材文件 无

效果文件 第 6 章\效果文件\电子邮件链接.html

step 1 将光标定位于网页文档中，① 在【插入】面板中选择【常用】选项，② 选择【电子邮件链接】选项，如图 6-20 所示。

图 6-20

step 2 弹出【电子邮件链接】对话框，① 在【文本】文本框中输入内容，② 在【电子邮件】文本框中输入电子邮件地址，③ 单击【确定】按钮，如图 6-21 所示。

图 6-21

step 3 可以看到网页中已经添加了带下划线的文本链接，如图 6-22 所示。

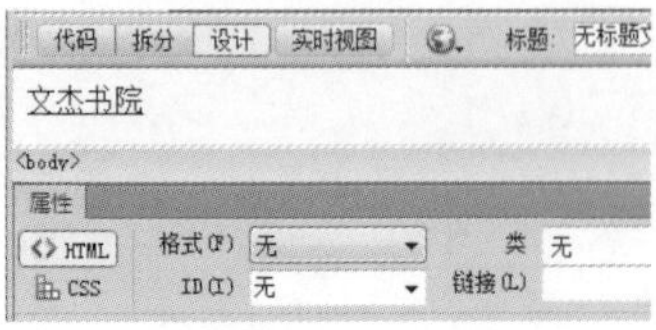

图 6-22

智慧锦囊

电子邮件链接是指当用户在浏览器中单击该链接后，不是打开一个网页文件，而是启动用户系统客户端的 E-mail 软件，并打开一个空白的新邮件，供用户撰写内容与网站联系。

Section 6.5 管理与设置超链接

手机扫描下方二维码，观看本节视频课程

在创建超链接之后，用户可以对超链接进行管理和设置。在 Dreamweaver CC 中，可以对超链接进行管理、检查或自动更新链接。通过管理网页中的超链接，也可以对网页进行相应的管理。

6.5.1 自动更新链接

为了加快更新过程，Dreamweaver 可创建一个缓存文件，用于存储有关本地文件夹中所有链接的信息，在添加、更改或删除本地站点上的链接时，该缓存文件以不可见的方式进行更新。下面详细介绍设置自动更新链接的操作方法。

素材文件 无

效果文件 无

step 1 启动 Dreamweaver CC 程序，①单击【编辑】菜单，② 在弹出的下拉菜单中选择【首选项】命令，如图 6-23 所示。

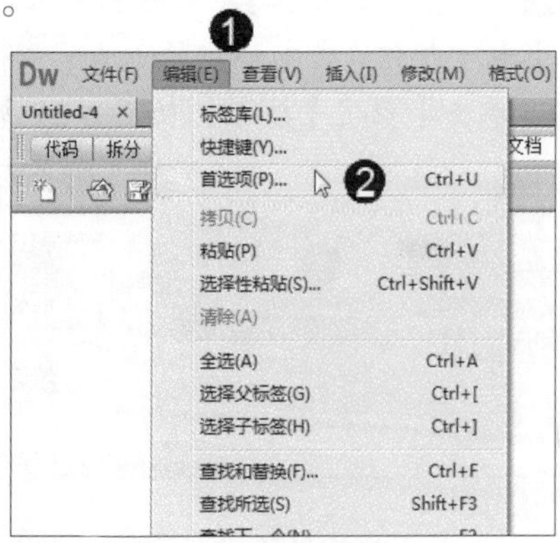

图 6-23

step 2 弹出【首选项】对话框，① 在【分类】列表框中选择【常规】选项，② 在【文档选项】区域中单击【移动文件时更新链接】下拉按钮，选择【总是】选项，③ 单击【确定】按钮即可完成自动更新链接的操作，如图 6-24 所示。

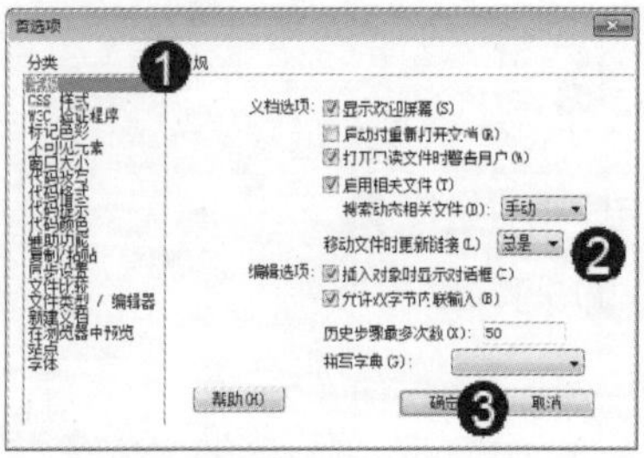

图 6-24

6.5.2 在站点范围内更改链接

除每次移动或重命名文件时让 Dreamweaver 自动更新链接外，还可以手动更改所有链接(包括电子邮件、FTP 链接、空链接和脚本链接)，使其指向其他位置。下面详细介绍在站点范围内更改链接的操作方法。

素材文件 无

效果文件 无

step 1 启动 Dreamweaver CC 程序，在【文件】面板的【本地文件】区域中选择一个文件，如图 6-25 所示。

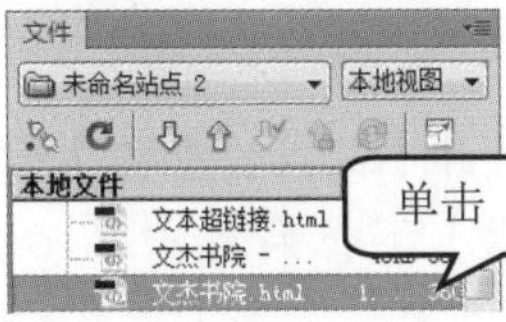

图 6-25

step 2 ① 单击【站点】主菜单，② 在弹出的下拉菜单中选择【改变站点范围的链接】命令，如图 6-26 所示。

图 6-26

step 3 弹出【更改整个站点链接】对话框，① 在【变成新链接】文本框中输入准备链接的文件，② 单击【确定】按钮，如图 6-27 所示。

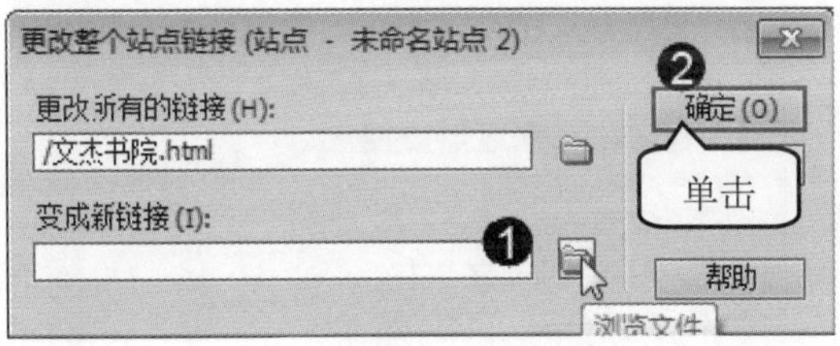

图 6-27

step 4 弹出【选择新链接】对话框，① 选择一个网页，② 单击【确定】按钮，如图 6-28 所示。

图 6-28

step 5 弹出【更改整个站点链接】对话框，① 在【变成新链接】文本框中输入准备链接的文件，② 单击【确定】按钮，如图 6-29 所示。

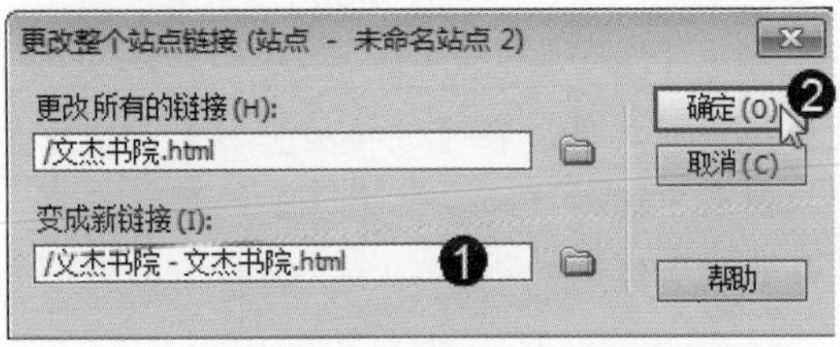

图 6-29

step 6 弹出【更改文件】对话框，单击【更新】按钮即可完成操作，如图 6-30 所示。

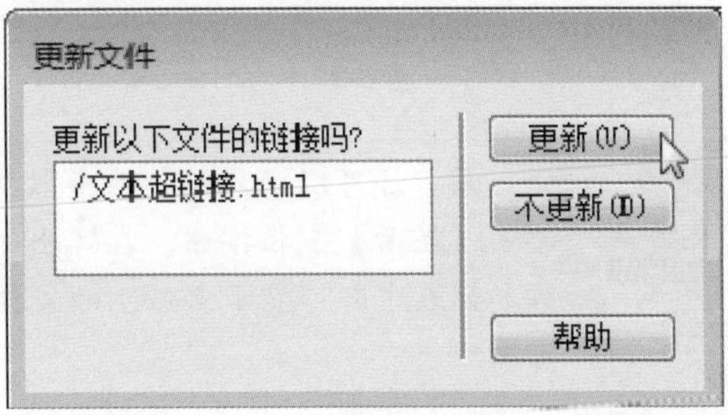

图 6-30

知识精讲

Dreamweaver 更新链接到选定文件的所有文档，使这些文档指向新文件，并沿用文档已经使用的路径格式。不论链接类型是文档相对链接还是根目录相对链接，Dreamweaver 都会自动更新该链接。在整个站点范围内更改某个链接后，所选文件就成为独立文件(即本地硬盘上没有任何文件指向该文件)。这时可安全地删除此文件，而不会破坏本地 Dreamweaver 站点中的任何链接。

6.5.3 检查站点中的链接错误

在 Dreamweaver CC 中制作网页时，还可以检查站点中的链接错误。下面详细介绍检查站点中的链接错误的操作方法。

素材文件 无

效果文件 无

step 1 启动 Dreamweaver CC 程序，① 单击【站点】菜单，② 在弹出的下拉菜单中选择【检查站点范围的链接】命令，如图 6-31 所示。

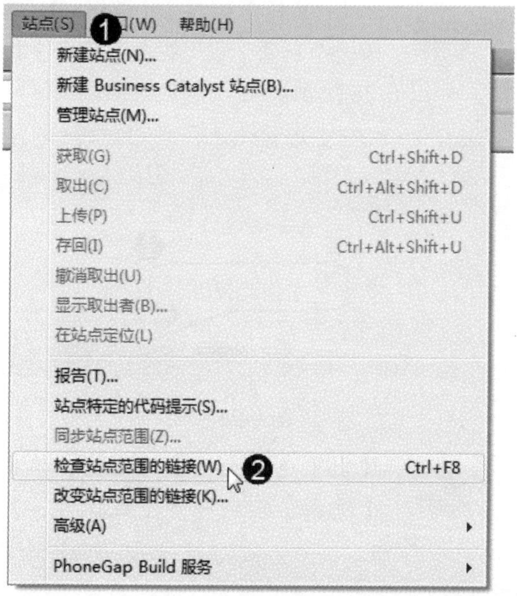

图 6-31

step 2 打开【链接检查器】面板，在【显示】下拉列表中包括【断掉的链接】、【外部链接】和【孤立的文件】3 个选项，单击任何一项即可检查相应的信息，如图 6-32 所示。

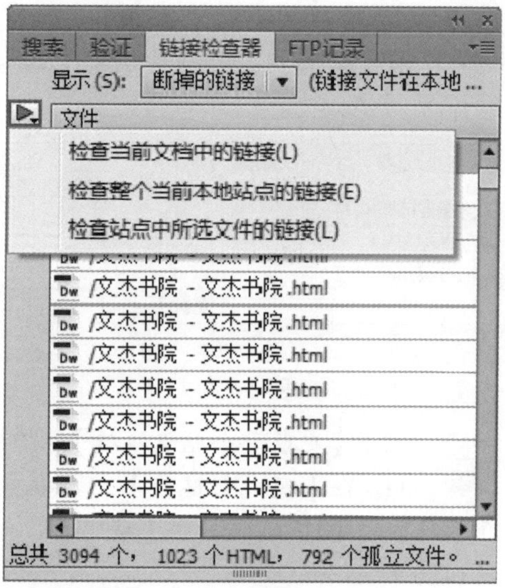

图 6-32

知识精讲

用户还可以使用链接检查器筛选出孤立的文件。在【链接检查器】面板中单击【显示】下拉按钮，在弹出的下拉列表中选择【孤立的文件】选项，在下方的列表中即可显示出孤立的文件，选中检查出来的孤立文件，按 Delete 键即可删除。

Section 6.6 超链接的属性控制

手机扫描下方二维码，观看本节视频课程

CSS 对于链接的样式控制是通过伪类实现的。在 CSS 中共提供了 4 个伪类，用于对链接样式进行控制，每个伪类用于控制链接在一种状态下的样式。本节将详细介绍有关伪类控制链接的相关知识。

6.6.1 a:link

这种伪类应用于链接未被访问过的样式，在很多链接应用中都会直接使用 a{}这种样式。那么，这种方法与 a:link 在功能上有什么区别呢？

a:link{}只对代码中有 href=的对象产生影响，即拥有实际链接地址的对象，而对直接用 a 对象嵌套的内容不会发生实际效果。

6.6.2 a:active

这种伪类链接应用于链接对象被用户激活时的样式。在实际应用中，这种伪类链接很少使用，并且对于无 href 属性的 a 对象，此伪类不发生作用。:active 状态可以和:link 及:visited 状态同时发生。

当前激活状态 a:active 被显示的情况非常少，所以很少使用。因为当用户单击一个超链接后就会从这个链接上转移到其他地方，例如打开一个新窗口，此时该超链接就不再是“当前激活”状态了。

6.6.3 a:hover

这种伪类链接用来设置对象在光标经过图像或停留时的样式。该状态是非常实用的状态之一，当光标指向链接时会改变其颜色或改变下划线的状态，这些效果都可以通过 a:hover 状态控制，并且对于无 href 属性的 a 对象，此伪类不发生作用。

6.6.4 a:visited

这种伪类链接能够帮助我们设置链接被访问后的样式。对于浏览器而言，每一个链接被访问之后在浏览器内部都会做一个特定标记，这个标记能够被 CSS 识别，a:visited 对浏览器中已经访问过的链接样式进行设置。通过 a:visited 的样式设置，能够使访问过的链接呈现为较淡的颜色或删除下划线的形式，能够起到提示用户该链接已经被单击过的作用。

在默认的浏览器显示下，超链接文本显示为蓝色并且有下划线，被单击过的超链接则为紫色，并且也有下划线，通过 CSS 样式的 text-decoration 属性可以轻松地控制超链接下划线的样式以及清除下划线。

Section 6.7 范例应用与上机操作

手机扫描下方二维码，观看本节视频课程

本节主要介绍如何创建脚本链接、如何创建下载文件链接、如何创建锚记链接、如何创建音视频链接，以及使用 Hyperlink 对话框创建超链接的知识，以达到举一反三的目的。

6.7.1 创建脚本链接

脚本是使用一种特定的描述性语言，依据一定的格式编写的可执行文件，又称作宏或批处理文件。脚本超链接执行 JavaScript 代码或调用 JavaScript 函数。脚本超链接非常有用，能够在不离开当前网页文档的情况下为访问者提供有关某项的附加信息。脚本超链接还可以用于在访问者单击特定项时，执行计算，表单验证和其他处理。下面详细介绍创建脚本链接的操作方法。

素材文件 第 6 章\素材文件\脚本链接.html
效果文件 第 6 章\效果文件\脚本链接.html

step 1 选中要设置链接的图像，在【属性】面板的【链接】文本框中输入“javascript: window.close”，按 Enter 键，如图 6-33 所示。

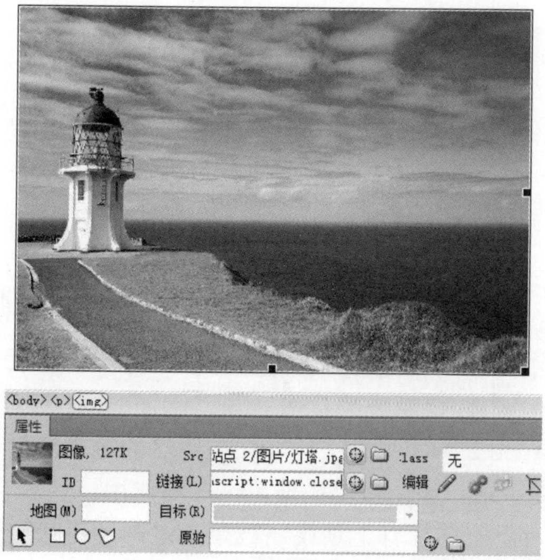

图 6-33

step 2 切换到代码视图，可以看到加入脚本的代码。通过以上步骤即可完成创建脚本超链接的操作，如图 6-34 所示。

```
<body>
<p> </p>
<p> </p>
<p> </p>
<p> </p>
<p> </p>
<p> </p>
<p> </p>
<p> </p>
<p> </p>
<p><a href="javascript:window.close"><img src=
命名站点 2/图片/灯塔.jpg" width="458" height="31
</body>
</html>
```

图 6-34

6.7.2 创建下载文件链接

在软件和源代码下载网站中，下载链接是必不可少的，该链接可以帮助访问者下载相关的资料。下面介绍在 Dreamweaver CC 中创建下载链接的方法。

素材文件 第 6 章\素材文件\下载链接.html

效果文件 第 6 章\效果文件\下载链接.html

step 1 选中网页中需要设置下载链接的元素，在【属性】面板中单击【链接】下拉列表框后的【浏览文件】按钮，如图 6-35 所示。

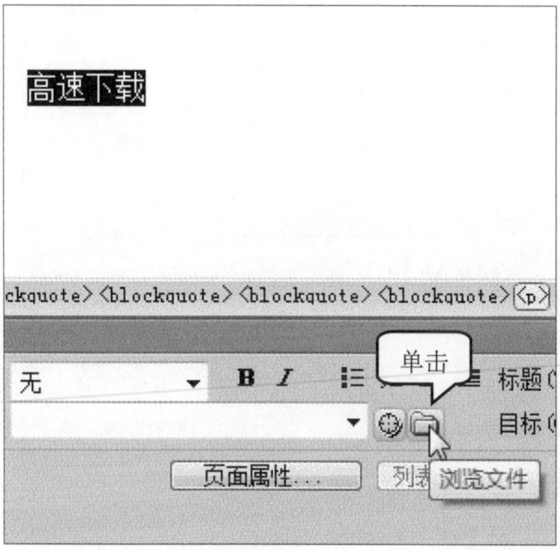

图 6-35

step 2 弹出【选择文件】对话框，① 选中一个文件，② 单击【确定】按钮，如图 6-36 所示。

图 6-36

step 3 在【属性】面板中的【目标】下拉列表中选择 new 选项，如图 6-37 所示。

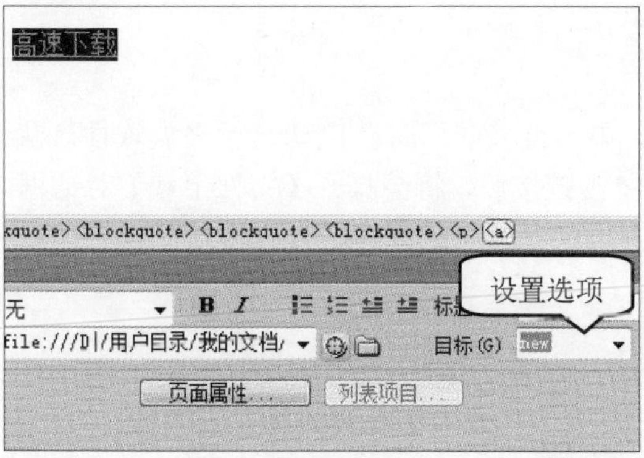

图 6-37

step 4 保存网页，按 F12 键在浏览器中打开网页，单击文字链接，可以看到页面跳转至下载链接网页，通过以上步骤即可完成创建下载文件链接的操作，如图 6-38 所示。

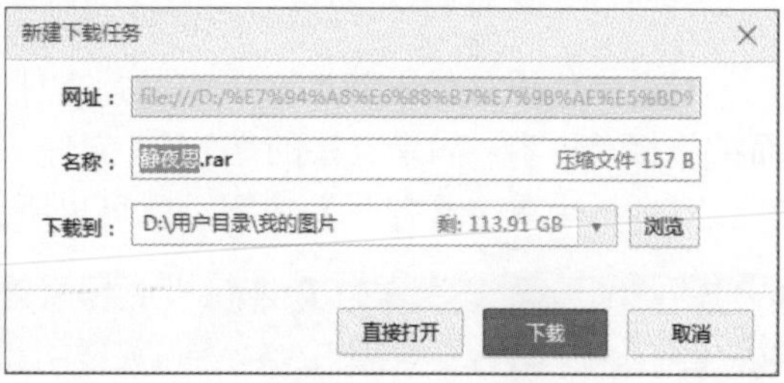

图 6-38

6.7.3 创建锚记链接

所谓锚记链接，是指同一个页面中不同位置处的链接。在页面的某个分项内容的标题上设置锚点，然后在页面上设置锚点的链接，那么用户就可以通过链接快速地直接跳转到感兴趣的内容。下面详细介绍创建锚记链接的操作方法。

素材文件 第6章\素材文件\锚记链接.html
效果文件 第6章\效果文件\锚记链接.html

step 1 ① 在【文档】工具栏中单击【代码】按钮，显示【代码】视图，② 在代码视图中"链接"后面输入代码"</a><a name="al" id="al"></a>"，如图 6-39 所示。

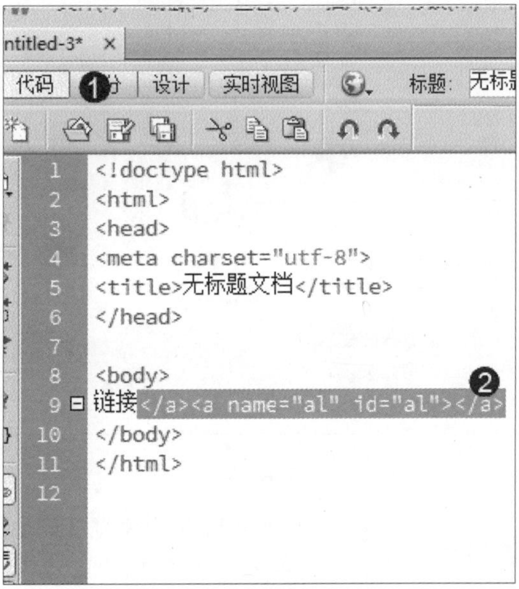
ntitled-3*
代码
设计
实时视图
标题: 无标题
<!doctype html>
<html>
<head>
<meta charset="utf-8">
<title>无标题文档</title>
</head>
<body>
链接</a><a name="al" id="al"></a>
</body>
</html>

图 6-39

step 2 单击【文档】工具栏中的【设计】按钮，切换回设计视图，即可在网页中看到刚刚插入的锚记，如图 6-40 所示。

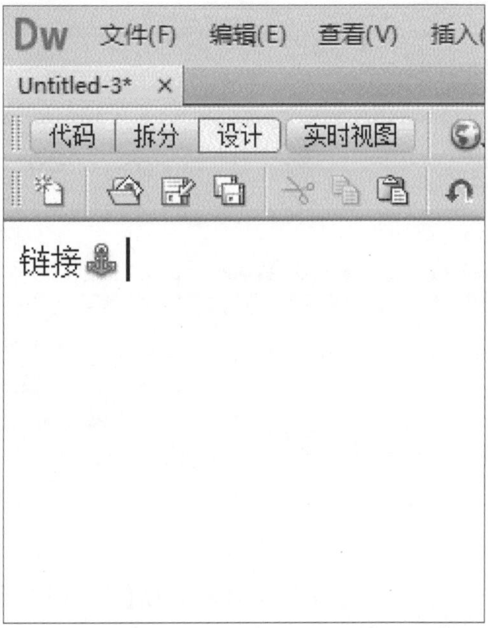
Dw 文件(F) 编辑(E) 查看(V) 插入
Untitled-3*
代码 拆分 设计 实时视图
链接

图 6-40

6.7.4 创建音视频链接

网页中使用源代码链接音乐或视频文件时，单击链接的同时会自动运行播放软件，从而播放相关内容。如果链接的是 MP3 文件，则单击链接后，将会打开【文件下载】对话框，在该对话框中单击【打开】按钮，就可以听到音乐。下面介绍创建音视频链接的操作。

素材文件 第6章\素材文件\音视频链接.html
效果文件 第6章\效果文件\音视频链接.html

step 1 选中文本，在【属性】面板中单击【链接】下拉列表框后的【浏览文件】按钮，如图 6-41 所示。

step 2 弹出【选择文件】对话框，① 选中一个文件，② 单击【确定】按钮，如图 6-42 所示。

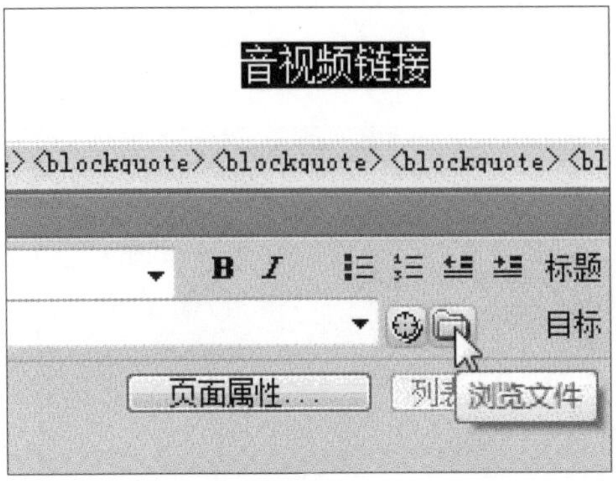

图 6-41

图 6-42

step 3 ① 单击【文件】菜单，② 在弹出的下拉菜单中选择【另存为】命令，如图 6-43 所示。

图 6-43

step 4 在键盘上按下 F12 键，打开浏览器查看网页，单击“音视频链接”文本，弹出链接的视频文件。通过以上步骤即可完成创建音视频链接的操作，如图 6-44 所示。

图 6-44

6.7.5 使用 Hyperlink 对话框

除了可以在【属性】面板上设置链接外，还可以单击【插入】面板中的【常用】选项卡中的 Hyperlink 按钮，在弹出的 Hyperlink 对话框中设置链接，如图 6-45 和图 6-46 所示。

- 【文本】文本框：如果选中文本，然后打开 Hyperlink 对话框，则在该文本框中显示选中的文本。还可以在该文本框中输入文字内容，前提是将插入点放在文档中希望出现链接的位置，这样添加的文本内容就会显示在插入点的位置，并且添加链接。
- 【链接】下拉列表框：与【属性】面板上的【链接】选项相同，用户可以在【链接】下拉列表框中输入指定的链接地址，或单击【浏览】按钮，在弹出的【选择文件】对话框中指定链接地址。
- 【目标】下拉列表框：与【属性】面板上的【目标】选项相同。

图 6-45

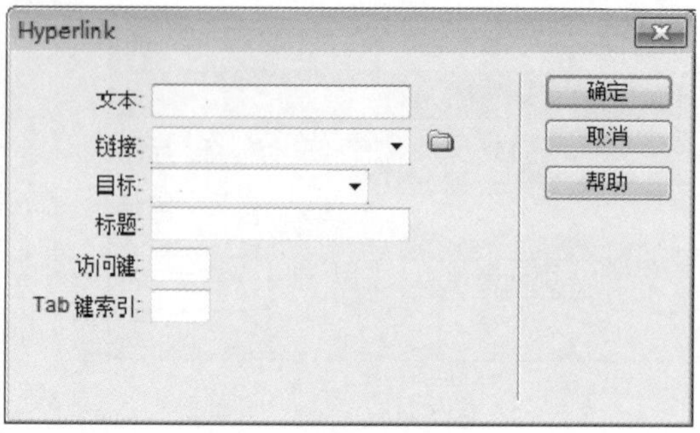

图 6-46

- 【标题】文本框：与【属性】面板上的【标题】选项相同。
- 【访问键】文本框：在该文本框中输入 Tab 顺序的编号。
- 【Tab 键索引】文本框：在该文本框中可以设置用于在浏览器中选择该链接的等效键盘键(一个字母)。

Section 6.8 本章小结与课后练习

本节内容无视频课程，习题参考答案在本书附录。

本章主要介绍了超链接的基本概念、链接路径、创建超链接的方法、创建不同种类的超链接、管理与设置超链接、超链接的属性控制等内容。通过本章的学习，用户还可以进行将文本设置为 E-mail 链接、检查站点中的错误链接等操作。

6.8.1 思考与练习

1. 填空题

(1) 超链接由______和______两部分组成，其中设置了链接的一端称为______，跳转到的页面或对象称为链接的______。

(2) URL(Uniform Resource Locator)中文翻译为______，是指 Internet 文件在网上的地址，是使用______和______按一定顺序排列来确定的 Internet 地址，由访问方法、服务器名、端口号以及文档位置组成。

(3) 常规超链接包括______、外部超链接和______3 种。超链接的类型按照使用对象的不同，又可以分为______、图像超链接、______、锚记链接、______和空链接这 6 种。

2. 判断题

(1) 超级链接的作用是在 Internet 上建立从一个位置到另一个位置的链接。 (　　)

(2) 外部超链接是指目标端点位于本地网站中，通过其可跳转到其他网站的超链接。 (　　)

(3) 绝对路径也会出现在尚未保存的网页上，在没有保存的网页上插入图像或添加链接，Dreamweaver 会暂时使用绝对路径。 (　　)

3. 思考题

(1) 如何创建空链接？

(2) 如何创建音视频链接？

6.8.2 上机操作

(1) 通过对本章内容的学习，读者基本可以掌握创建 E-mail 链接方面的知识，下面通过练习将“联系”创建为 E-mail 链接，达到巩固与提高的目的。

(2) 通过对本章内容的学习，读者基本可以掌握管理与设置超级链接方面的知识，下面通过练习检查站点中的链接错误，达到巩固与提高的目的。

第 7 章

使用表格布局页面

本章主要介绍表格的创建与应用、设置表格属性、调整表格结构、处理表格数据的知识与技巧，同时还讲解数据表格样式的知识，通过本章的学习，读者可以掌握使用表格布局页面的知识，为深入学习 Dreamweaver CC 知识奠定基础。

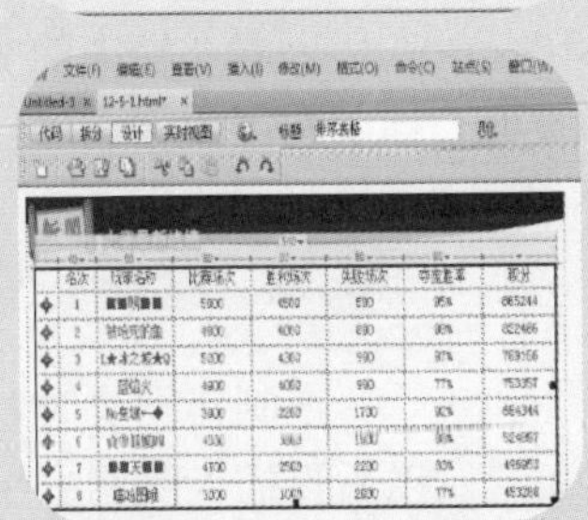

范例导航

1. 表格的创建与应用
2. 设置表格及单元格属性
3. 调整表格结构
4. 处理表格数据
5. 数据表格样式

Section 7.1 表格的创建与应用

手机扫描下方二维码，观看本节视频课程

在网页中插入的文本和图像会随着浏览器窗口的放大与缩小发生变化，这使得网页处于不稳定的显示状态，要解决这种问题，最简单的方法就是使用表格。表格是网页设计中最有用、最常用的工具，除了排列数据和图像外，在网页布局中，表格更多地用于网页对象定位。

7.1.1 表格的定义与用途

表格是由一些粗细不同的横线和竖线构成的，由横线和竖线相交形成的一个个方格称为单元格。单元格是表格的基本单位，每一个单元格都是一个独立的文本输入区域，可以输入文字和图形，并可单独进行排版和编辑，如图 7-1 所示。

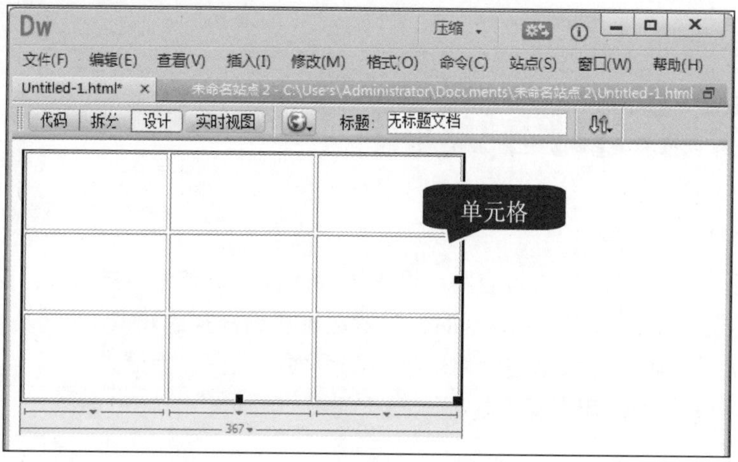

图 7-1

表格的用途包括以下几个方面。

1. 有序地整理页面内容

一般文档中的复杂内容可以利用表格有序地进行整理，在网页中也不例外。在网页文档中利用表格，可以将复杂的页面元素整理得更加有序。

2. 合并页面中的多个图像

在制作网页时，有时需要使用较大的图像，在这种情况下最好将图像分割成几个部分以后再插入到网页中，分割后的图像可以利用表格合并起来。

3. 构建网页文档的布局

在构建网页文档的布局时，可以选择是否显示表格。大部分网页的布局都是用表格形成，但由于可以不显示表格边框，因此访问者觉察不到主页的布局由表格形成这一特点。利用表格，可以根据需要拆分或合并文档的空间，随意地布置各种元素。

7.1.2 创建表格

表格是制作网页时不可缺少的元素，其以简洁明了和高效快捷的方式将图片、文本、数据和表单的元素有序地显示在页面上。下面详细介绍创建基本表格的方法。

素材文件 无

效果文件 第 7 章\效果文件\创建表格.html

step 1 启动 Dreamweaver CC 程序，① 单击【插入】菜单，② 在弹出的下拉菜单中选择【表格】命令，如图 7-2 所示。

图 7-2

step 3 通过以上步骤即可完成创建表格的操作，如图 7-4 所示。

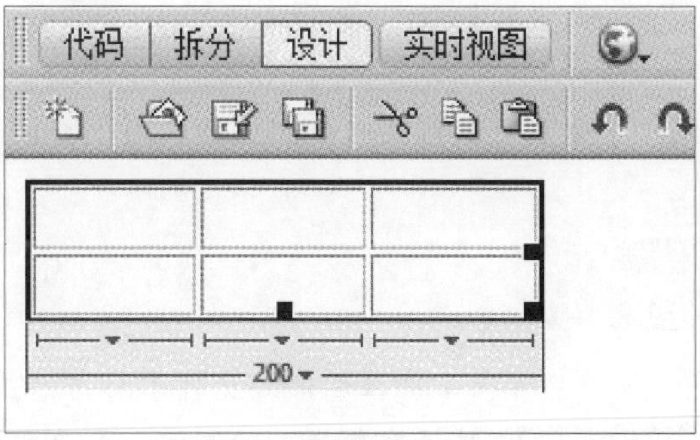

图 7-4

step 2 弹出【表格】对话框，① 在【行数】和【列】文本框中输入数值，② 在【表格宽度】和【边框粗细】文本框中输入数值，③ 单击【确定】按钮，如图 7-3 所示。

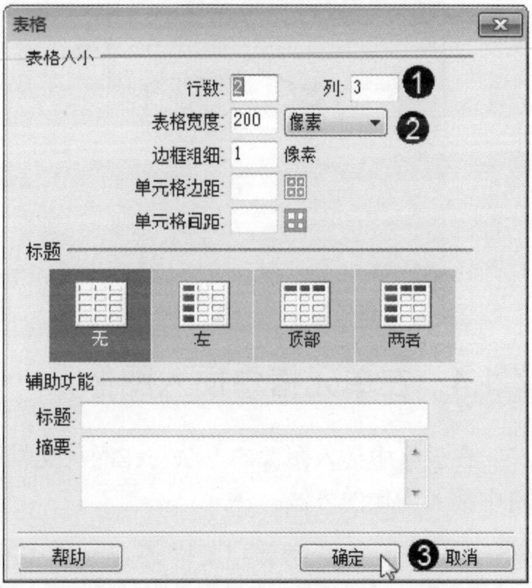

图 7-3

在【表格】对话框中可以进行以下设置。

- 【行数】和【列】文本框：用来设置表格的行数和列数。
- 【表格宽度】文本框：该文本框用来设置表格的宽度，可以填入数值。紧随其后的下拉列表框用来设置宽度的单位，有两个选项，【百分比】和【像素】。当表格宽度的单位选择【百分比】时，表格的宽度会随浏览器窗口的大小而改变。

- 【边框粗细】文本框：用来设置表格边框的粗细。
- 【单元格边距】文本框：该文本框用来设置单元格内部空白的大小。
- 【单元格间距】文本框：该文本框用来设置单元格与单元格之间的距离。
- 【标题】选项组：定义表格的标题。
- 【摘要】列表框：可以在这里对表格进行注释。

7.1.3 在表格中输入内容

在表格中输入文本与在文档中输入文本的方法相同。将光标定位在准备输入文本的单元格中，选择需要的输入法，输入相关文本文字，如果文本超出了单元格的大小，单元格会自动扩展，如图 7-5 所示。

图 7-5

7.1.4 在单元格中插入图像

在表格中插入图像的方法与在网页文档中插入图像的方法相同。下面详细介绍在单元格中插入图像的方法。

素材文件 第 7 章\素材文件\在单元格中插入图像.html

效果文件 第 7 章\效果文件\在单元格中插入图像.html

step 1 打开素材文件，将光标定位在单元格中，① 单击【插入】菜单，② 在弹出的下拉菜单中选择【图像】菜单项，③ 在弹出的子菜单中选择【图像】命令，如图 7-6 所示。

step 2 弹出【选择图像源文件】对话框，① 选择准备插入的图像，② 单击【确定】按钮，如图 7-7 所示。

图 7-6

step 3 通过以上步骤即可完成创建表格的操作，如图 7-8 所示。

图 7-8

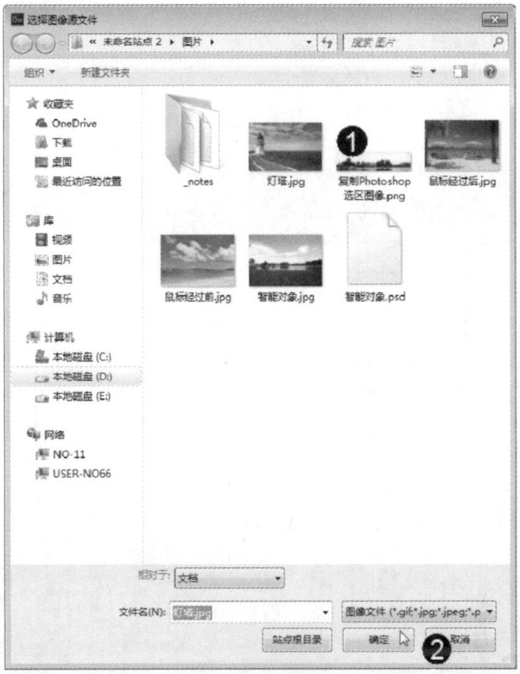

图 7-7

7.1.5 创建嵌套表格

创建嵌套表格的方法非常简单，下面详细介绍创建嵌套表格的操作方法。

素材文件 第 7 章\素材文件\嵌套表格.html

效果文件 第 7 章\效果文件\嵌套表格.html

step 1 打开素材文件，将光标定位在单元格中，① 单击【插入】菜单，② 在弹出的下拉菜单中选择【表格】命令，如图 7-9 所示。

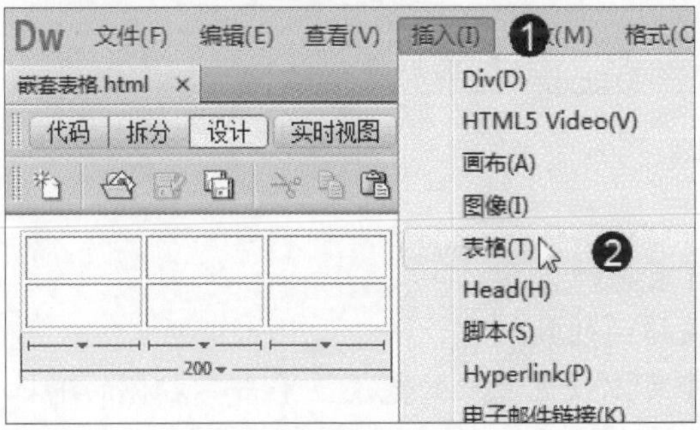

图 7-9

step 2 弹出【表格】对话框，① 在【行数】和【列】文本框中输入数值，② 在【表格宽度】和【边框粗细】文本框中输入数值，③ 单击【确定】按钮，如图 7-10 所示。

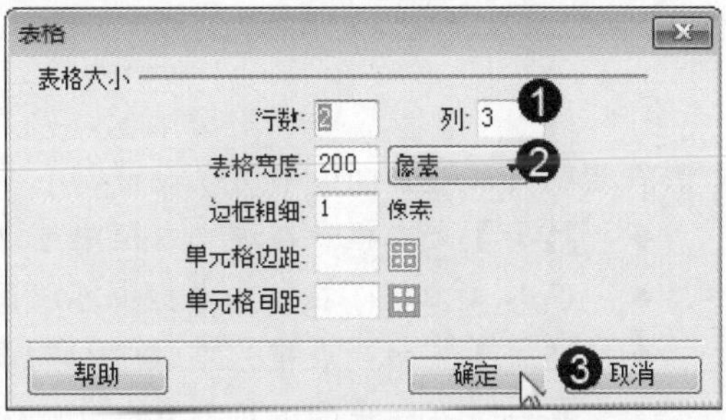

图 7-10

step 3 表格中已经再次插入表格，如图 7-11 所示。

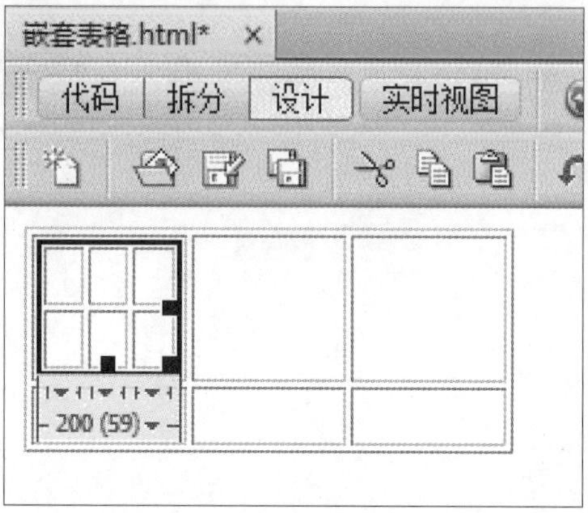

图 7-11

除了使用【插入】菜单完成表格的插入工作之外，还可以使用【插入】面板进行插入表格的操作。在【插入】面板中选择【常用】选项，单击【表格】按钮同样可以弹出【表格】对话框。

考考您

请您根据上述方法创建一个嵌套表格，测试一下您的学习效果。

Section 7.2 设置表格及单元格的属性

手机扫描下方二维码，观看本节视频课程

对于插入的表格，可以进行一定的设置，通过设置表格和单元格属性能够满足网页设置的需要。表格由单元格组成，而表格与单元格的属性完全不同，选择不同的对象，【属性】检查器将会显示相应的选项参数。

7.2.1 设置表格属性

在文档中插入表格之后选中当前表格，在【属性】面板中可以对表格进行相关设置，如图 7-12 所示。

图 7-12

在表格【属性】面板中可以设置以下参数。

- 【行】文本框：在该文本框中可以设置表格的行数。
- Cols 文本框：在该文本框中可以设置表格的列数。
- 【宽】下拉列表框：在该下拉列表框中可以设置表格的宽度。单击其右侧的下拉按钮，在弹出的下拉列表中可以选择表格宽度的单位。
- Align 下拉列表框：单击其中的下拉按钮，在弹出的下拉列表中可以设置表格相对于同一段落中其他元素的显示位置，共有【默认】、【左对齐】、【右对齐】和【居中对齐】4 个选项。

- Class 下拉列表框：在该下拉列表框中可以将 CSS 规则应用于对象。
- Border 文本框：在该文本框中可以设置表格边框宽度的数值。
- 表格设置区域：其中包括【清除列宽】按钮，用于清除表格中设置的列宽；【将表格宽度设置成像素】按钮，用于将当前表格的宽度单位转换为像素；【将表格当前宽度转换成百分比】按钮，用于将当前表格的宽度单位转换为文档窗口的百分比单位；【清除行高】按钮，用于清除表格中设置的行高。

7.2.2 设置单元格属性

在 Dreamweaver CC 中，不但可以设置整个表格的属性，还可以设置每个单元格的属性。将光标定位在任意单元格内，即可切换至单元格【属性】面板，如图 7-13 所示。

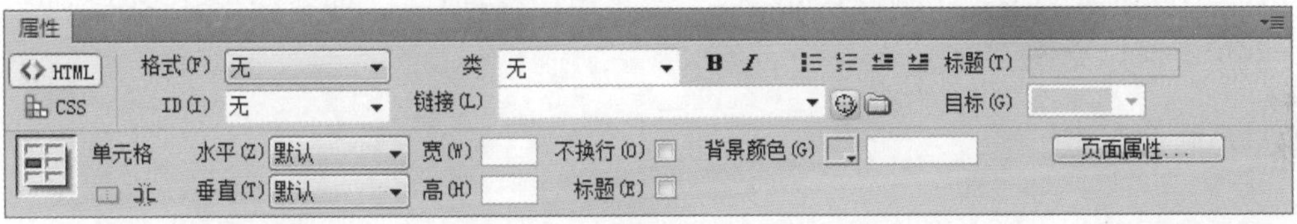

图 7-13

在单元格【属性】面板中可以设置以下参数。

- 【不换行】复选框：选中该复选框，可以将单元格中所输入的文本显示在同一行，防止文本换行。
- 【标题】复选框：选中该复选框，可以将单元格中的文本设置为表格的标题。默认情况下，表格标题显示为粗体。
- 【水平】下拉列表框：单击其中的下拉按钮，在弹出的下拉列表中选择任意选项用于设置单元格内容的水平对齐方式。
- 【垂直】下拉列表框：单击其中的下拉按钮，在弹出的下拉列表中选择任意选项用于设置单元格内容的垂直对齐方式。
- 【宽】和【高】文本框：在【宽】和【高】文本框中输入表格宽度和高度的数值。
- 【背景颜色】按钮：单击该按钮，在弹出的颜色调板中，可以选择相应的色块来设置单元格的背景颜色。

在单元格的【属性】面板中， CSS 选项卡与 HTML 选项卡的主要区别在于，在 CSS 选项卡中设置的属性会生成相应的 CSS 样式表应用于单元格，而在 HTML 选项卡中设置的属性会直接在单元格标记中写入相关的属性设置，如图 7-14 所示。

图 7-14

Section 7.3 调整表格结构

手机扫描下方二维码，观看本节视频课程

在创建表格之后，可以根据实际需要对表格的结构进行调整，包括选择表格和单元格，调整单元格和表格大小，添加与删除行与列，拆分单元格，合并单元格，复制、剪切、粘贴表格等，本节将详细介绍调整表格结构的相关知识。

7.3.1 选择单元格和表格

在 Dreamweaver CC 中编辑表格之前，需要先将其选中。下面详细介绍几种选择表格及单元格的操作方法。

1. 选择表格

可以使用菜单选择表格，下面详细介绍使用菜单选择表格的操作方法。

素材文件 无

效果文件 无

step 1 绘制表格后，① 单击【修改】菜单，② 在弹出的下拉菜单中选择【表格】菜单项，③ 在弹出的子菜单中选择【选择表格】命令，如图 7-15 所示。

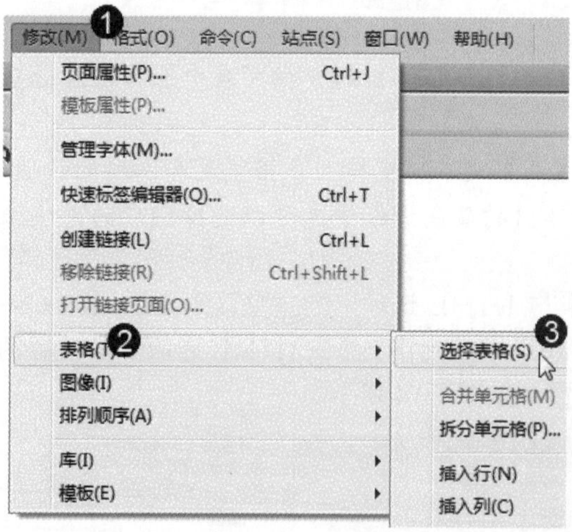

图 7-15

step 2 网页中的表格已经被选中。通过以上步骤即可完成选择表格的操作，如图 7-16 所示。

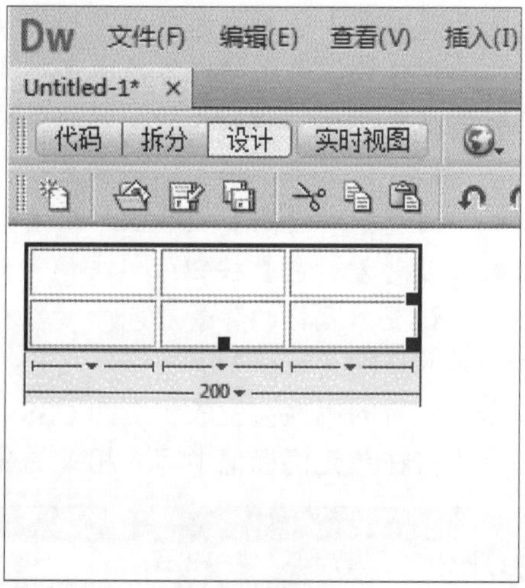

图 7-16

2. 选择单元格

在 Dreamweaver CC 中，还可以选择一个或几个单元格。下面详细介绍几种选择单元格的方法。

选择单个单元格：将鼠标指针移动到表格区域中，当指针变成形状时单击，即可选中所需要的单元格，如图 7-17 所示。

选择不连续的单元格：将鼠标指针移动到表格区域，按住 Ctrl 键，当鼠标指针变成形状时单击，即可选择多个不连续的单元格，如图 7-18 所示。

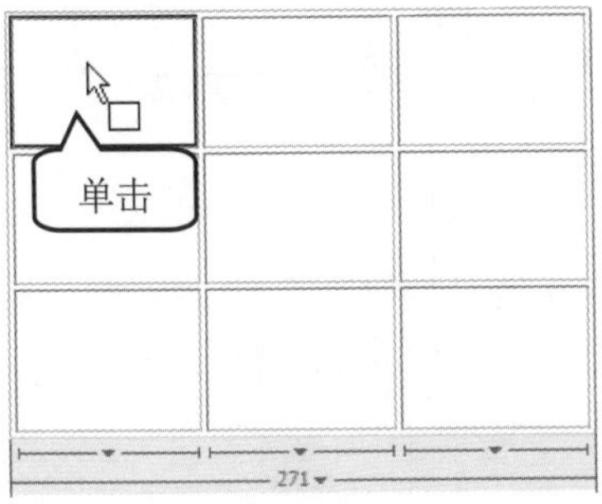

图 7-17

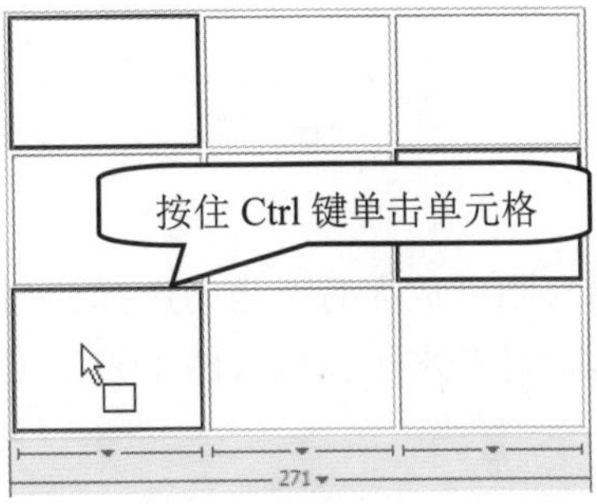

图 7-18

选择连续单元格：将光标定位于单元格内，单击并拖动鼠标，即可选择连续的单元格，如图 7-19 所示。

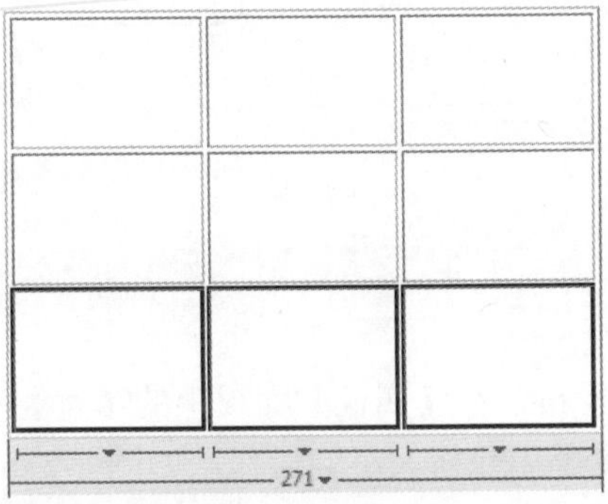

图 7-19

7.3.2 调整单元格和表格的大小

所谓调整表格大小，指的是更改表格的整体高度和宽度。当调整整个表格的大小时，表格中的所有单元格按比例更改大小。下面详细介绍调整表格和单元格大小的操作方法。

1. 调整表格大小

当选中网页中的表格后，在表格右下角区域将显示 3 个控制点，通过拖动这 3 个控制点可以将表格横向、纵向或者整体放大。具体操作方法有以下几种。

将鼠标指针放在右侧的选择控制点上，鼠标指针显示为水平调整指针⇔，拖动鼠标可以在水平方向上调整表格的大小；将鼠标指针放在底部的选择控制点上，鼠标指针显示为垂直调整指针⇕，拖动鼠标可以在垂直方向上调整表格的大小，如图 7-20 和图 7-21 所示。

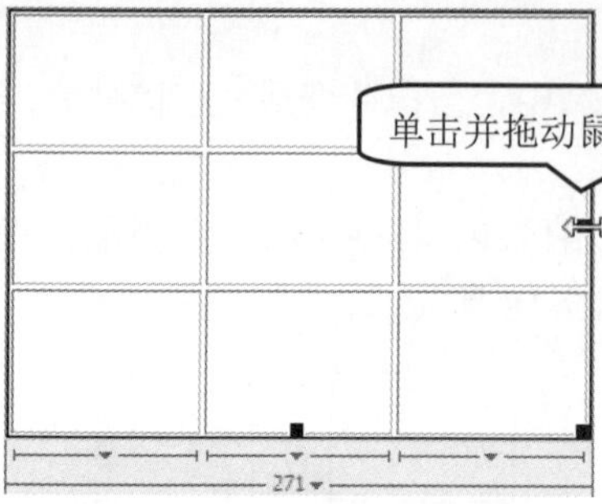

图 7-20

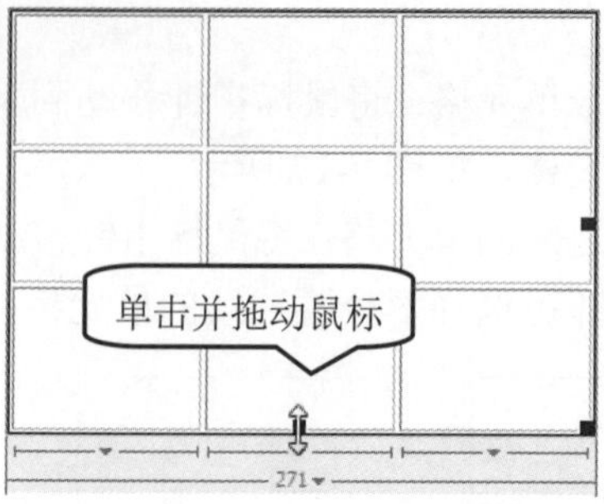

图 7-21

将鼠标指针放在右下角的选择控制点上，鼠标指针显示为沿对角线调整指针，拖动鼠标可以同时在水平和垂直两个方向上调整表格的大小，如图 7-22 所示。

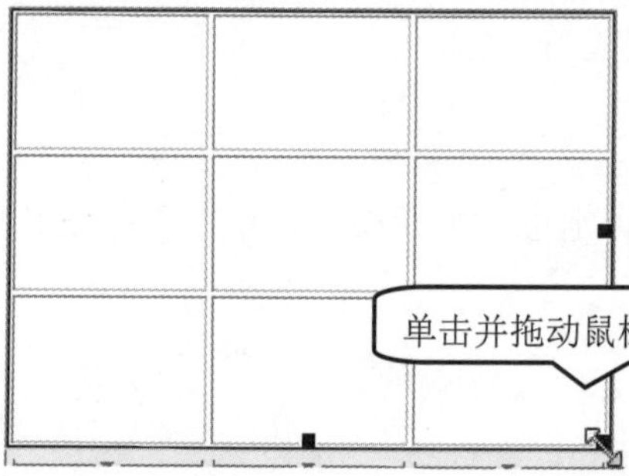

图 7-22

2. 调整单元格大小

选中准备调整大小的单元格，在【属性】面板中的【宽】和【高】文本框中输入新的数值，按 Enter 键即可完成调整单元格大小的操作，如图 7-23 所示。

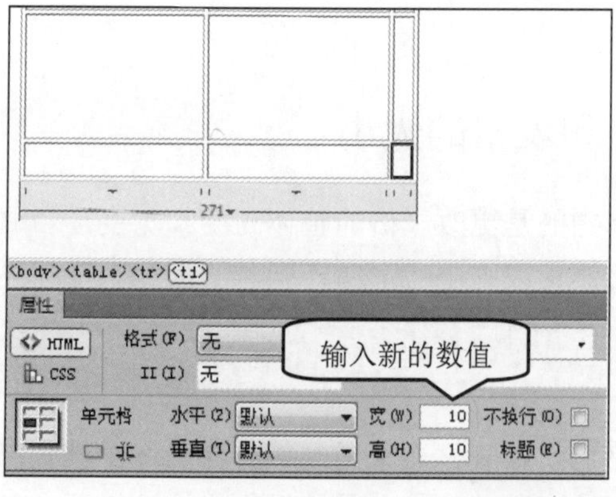

图 7-23

7.3.3 插入与删除表格的行和列

如果表格对象的单元格区域不足或多余，可以对表格对象进行增加或删除行和列的操作。下面详细介绍增加或删除行和列的操作方法。

1. 插入行与列

插入行与列的操作可以在【修改】菜单中进行，下面详细介绍插入行与列的操作方法。

素材文件 无

效果文件 无

step 1 绘制一个3行3列的表格，将光标放置在单元格中，① 单击【修改】菜单，② 在弹出的下拉菜单中选择【表格】菜单项，③ 在弹出的子菜单中选择【插入行】命令，如图7-24所示。

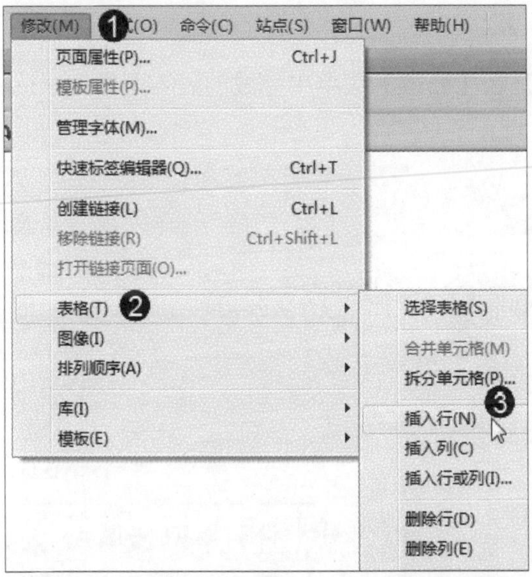

图 7-24

step 2 可以看到表格变为4行3列。通过以上步骤即可完成插入行的操作，如图7-25所示。

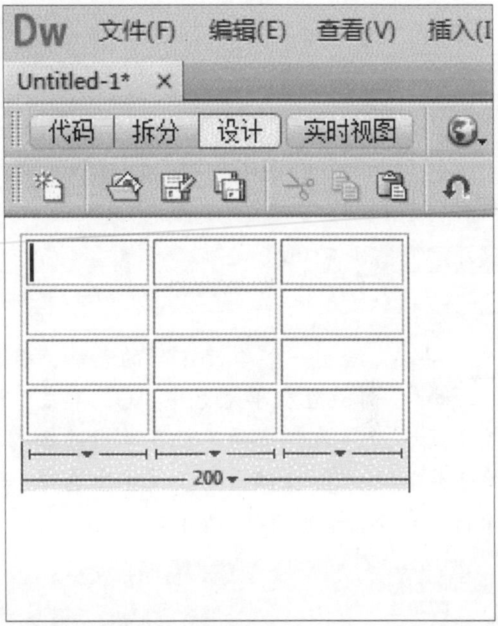

图 7-25

step 3 将光标放置在第二列的单元格中，① 单击【修改】菜单，② 在弹出的下拉菜单中选择【表格】菜单项，③ 在弹出的子菜单中选择【插入列】命令，如图7-26所示。

step 4 可以看到表格已经变为4行4列。通过以上步骤即可完成在表格中插入列的操作，如图7-27所示。

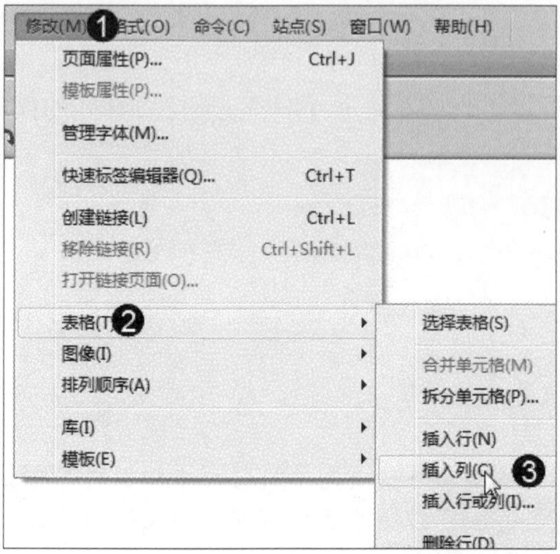

图 7-26

图 7-27

2. 删除行与列

删除行与列的操作与插入行与列类似，都是在【修改】菜单中完成的。下面详细介绍删除行与列的操作方法。

素材文件 无

效果文件 无

step 1 绘制一个 4 行 4 列的表格，将光标放置在单元格中，① 单击【修改】菜单，② 在弹出的下拉菜单中选择【表格】菜单项，③ 在弹出的子菜单中选择【删除行】命令，如图 7-28 所示。

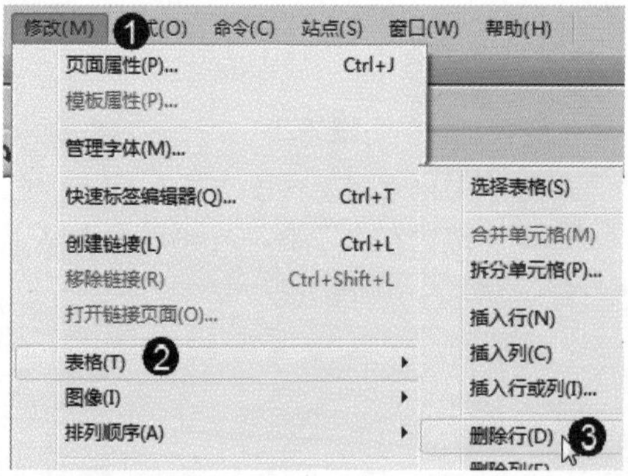

图 7-28

step 2 可以看到表格变为 3 行 4 列。通过以上步骤即可完成删除行的操作，如图 7-29 所示。

图 7-29

step 3 将光标放置在第二列的单元格中，①单击【修改】主菜单，②在弹出的下拉菜单中选择【表格】菜单项，③在弹出的子菜单中选择【删除列】命令，如图7-30所示。

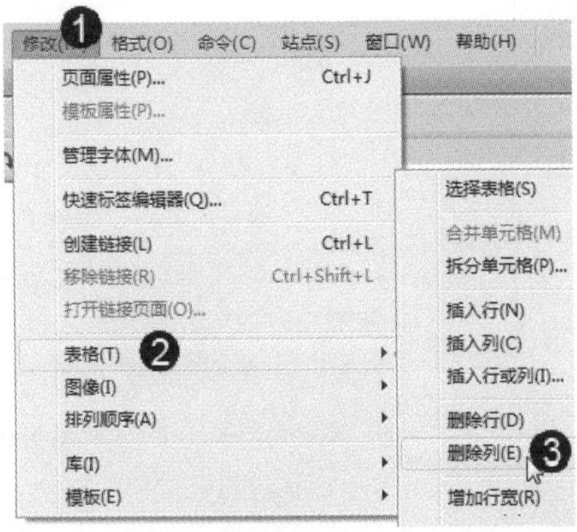

图 7-30

step 4 可以看到表格已经变为3行3列。通过以上步骤即可完成在表格中删除列的操作，如图7-31所示。

图 7-31

Section 7.4 处理表格数据

手机扫描下方二维码，观看本节视频课程

针对表格，Dreamweaver CC 还提供了其他一些特殊的处理功能，例如表格排序和导入、导出表格数据等。用户不仅可以将在另一个应用程序，如在 Excel 中创建并以分隔文本格式保存的表格式数据导入到网页文档中并设置为表格的格式，还可以将 Dreamweaver CC 中的表格导出。

7.4.1 导入 Excel 文档

Dreamweaver CC 支持将在另一个应用程序(如 Microsoft Excel)中创建并以分隔文本的格式(其中的项以制表符、逗号、冒号、分号隔开)保存的表格式数据导入 Dreamweaver 中，并设置为表格格式。下面详细介绍导入表格数据的操作方法。

素材文件 第7章\素材文件\导入 Excel 文档.xlsx

效果文件 第7章\效果文件\导入 Excel 文档.html

step 1 启动 Dreamweaver CC，①单击【文件】菜单，②在弹出的下拉菜单中选择【导入】命令，③在弹出的子菜单中选择【Excel 文档】命令，如图7-32所示。

step 2 弹出【导入 Excel 文档】对话框，①选择准备导入的表格文件，②单击【打开】按钮，如图7-33所示。

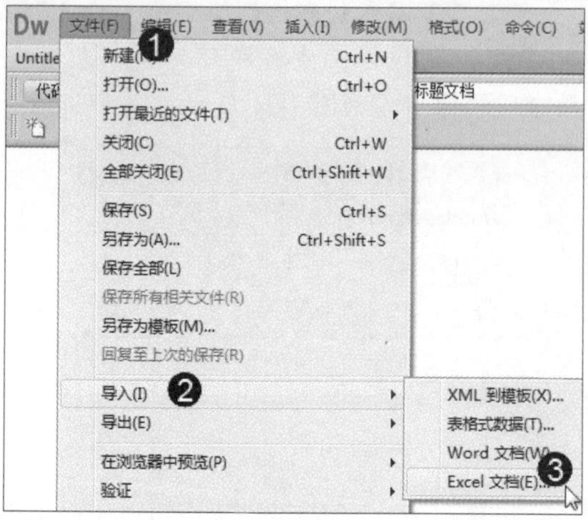

图 7-32

图 7-33

step 3 Excel 表格数据已经导入到网页中，如图 7-34 所示。

姓名	张三	李四	王五	赵六	周七
1月	2695	5591	8679	6292	4640
2月	9018	3676	8192	5388	9107
3月	2194	3676	4844	7303	1828
4月	2903	3704	9001	4087	4348
5月	7784	5704	3652	8865	8673
6月	3704	4844	3676	2195	2695

图 7-34

智慧锦囊

在 Dreamweaver CC 中，除了可以导入 Excel 文档外，还可以导入 Word 文档、导入表格式数据以及导入 XML 到模板。

考考您

请您根据上述方法在网页中导入一个 Excel 文档，测试一下您的学习效果。

7.4.2 排序表格

排序表格一般是针对具有格式数据的表格而言，Dreamweaver CC 可以方便地将表格内的数据排序。下面详细讲解其操作方法。

素材文件 第 7 章\素材文件\排序表格.html

效果文件 第 7 章\效果文件\排序表格.html

step 1 选中表格，① 单击【命令】菜单，② 在弹出的下拉菜单中选择【排序表格】命令，如图 7-35 所示。

step 2 弹出【排序表格】对话框，① 在【排序按】下拉列表框中选择【列 2】，② 在【顺序】下拉列表框中选择【按数字顺序】选项，③ 在后面的下拉列表框中选择【升序】选项，④ 单击【确定】按钮，如图 7-36 所示。

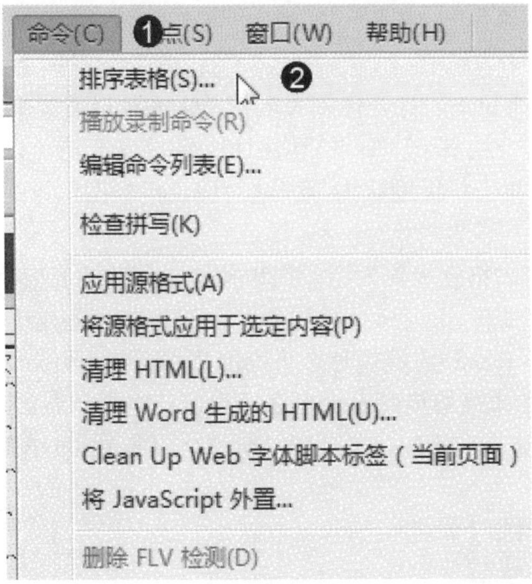

图 7-35

step 3 表格数据已经按照列 2 进行升序排序，如图 7-37 所示。

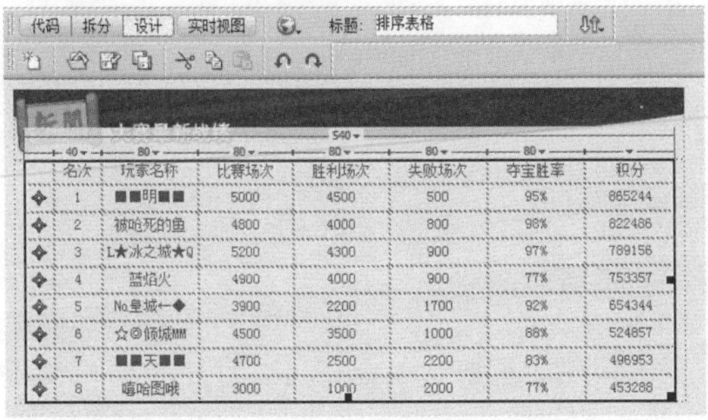

图 7-37

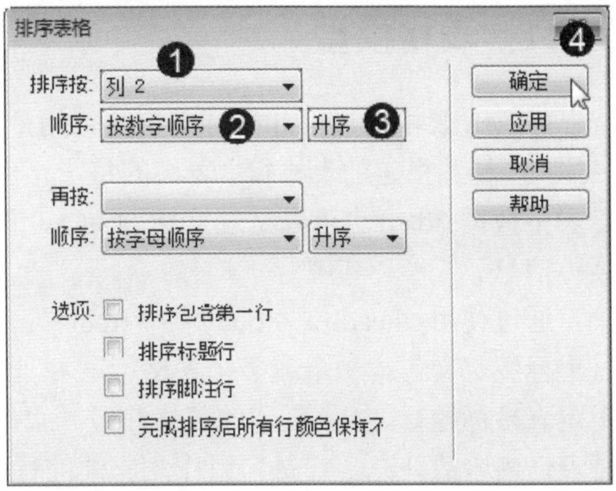

图 7-36

智慧锦囊

如果数据按一个条件排序有并列的现象，在【排序表格】对话框中可以在【再按】下拉列表框中设置一个排序条件，这样就能保证不出现并列的数据。

考考您

请您根据上述方法在网页中排序一个表格，测试一下您的学习效果。

Section 7.5 数据表格样式

手机扫描下方二维码，观看本节视频课程

数据表格样式包括表格模型、表格标题以及表格样式控制三部分内容。HTML 表格通过<table>标签定义，通过<caption>标签可以直接为表格添加标题，而且可以控制标题文字的排列属性。

7.5.1 表格模型

HTML 表格通过<table>标签定义，用户在<table>的打开标签关闭标签之间可以发现许多由<tr>标签指定的表格行。表格的每一行由一个或多个表格单元格组成。表格单元格可以是表格数据<td>，也可以是表格标题<th>，通常将表格标题认为是表达对应表格数据单元的某种信息。

通过使用<thead>、<tbody>和<tfoot>元素将表格行聚集为组，得以构建更复杂的表格。每个标签定义包含一个或多个表格行，并且将它们标识为一个组的盒子。<thead>标签用于指定表格标题行，如果打印的表格超过一页纸，<thead>应该在每个页面的顶端重复。<tfoot>是表格内容的补充，它是一组作为脚注的行，如果表格横跨多个页面，也应该重复。通常用<tbody>标签标记表格的正文部分，将相关行集合在一起，表格可以有一个或多个<tbody>部分。

下面是一个包含表格行组的数据表格，代码如下：

```
<table width="570" height="217" border="1">
 <tr>
  <tr>
    <td colspan="5" scope="col">本周安排</th>
  </tr>
  <tr>
    <td>星期一</td>
    <td>星期二</td>
    <td>星期三</td>
    <td>星期四</td>
    <td>星期五</td>
  </tr>
  <tr>
    <td>学习</td>
    <td>美术</td>
    <td>休息</td>
    <td>音乐</td>
    <td>美术</td>
  </tr>
  <tr>
    <td>上课</td>
    <td>书法</td>
    <td>上课</td>
    <td>休息</td>
    <td>学习</td>
  </tr>
</table>
</body>
```

按 F12 键即可在浏览器中浏览表格，如图 7-38 所示。

图 7-38

7.5.2 表格标题

通过<caption>标签可以直接为表格添加标题，而且可以控制标题文字的排列属性。<caption>标签必须紧随<table>标签之后，只能对每个表格定义一个标题，通常这个标题在表格上方居中显示。

下面是一段表格标题的代码，如图 7-39 所示，在浏览器中预览页面的效果如图 7-40 所示。

```
<table border="3"bordercolor="#336699"width=
"400"height="100"align="center">
    <caption>在HTML代码中插入表格</caption>
    <tr>
        <td>网页制作软件</td>
        <td>Dreamweaver</td>
    </tr>
    <tr>
        <td>网页图像软件</td>
        <td>Photoshop</td>
    </tr>
    <tr>
        <td>网页动画软件</td>
        <td>Flash</td>
    </tr>
</table>
```

图 7-39

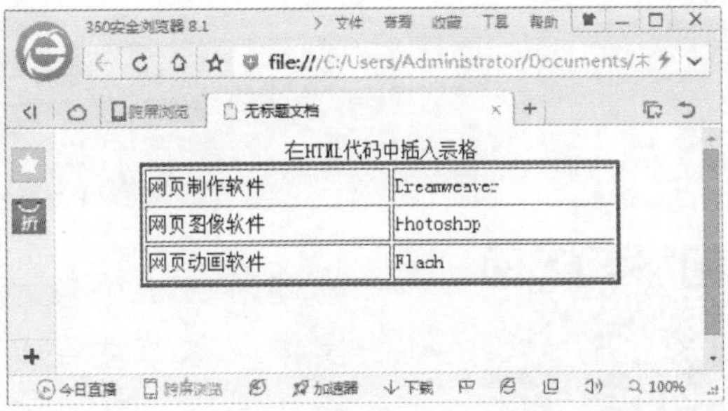

图 7-40

知识精讲

在最新发布的 HTML5 中将不再支持<table>、<td>、<tr>以外的表格标签，用户在学习表格时要抱着了解的态度学习，要对表格的每个标签熟练掌握、清晰记忆。

7.5.3 表格样式控制

在 Dreamweaver CC 中，通过表格样式控制，可以对表格进行相应的设置。下面详细介绍表格样式控制方面的知识。

1. <table-layout>标签

<table-layout>标签是指设置或检索表格的布局算法。其中包括：<auto>和<fixed>。

auto：默认值，默认的自动算法，布局将基于各单元格的内容，表格在每个单元格内的所有内容都读取计算之后才会显示出来。

fixed：固定布局的算法，在这种算法中，表格和列的宽度取决于 col 对象的宽度总和。假如没有指定，则取决于第一行每个单元格的宽度；假如表格没有指定宽度(width)属性，则表格被显示的默认宽度为 100%。

2. <col>标签

指定基于列的表格默认属性。使用 span 属性可以指定 COLGROUP 定义的表格列数，该属性的默认值为 1。

3. <COLGPOUP>标签

指定表格中一列或一组列的默认属性。使用 span 属性可以指定 COLGROUP 定义的表格列数，该属性的默认值为 1。

4. <border-collapse>标签

设置或检索表格的行和单元格的边是合并在一起还是按照标准的 HTML 样式分开，语法包括<seperate>和<collapse>，其中前者是默认值。

Section 7.6 范例应用与上机操作

手机扫描下方二维码，观看本节视频课程

通过前面小节的学习，读者可以基本掌握在网页中插入表格的操作。本节主要介绍拆分单元格，合并单元格，复制、剪切和粘贴表格，导入表格式数据以及导入 Word 文档等内容，以达到举一反三的目的。

7.6.1 拆分单元格

在制作表格的过程中，可以对单元格进行拆分，从而达到理想的效果。下面详细介绍拆分单元格的操作。

素材文件：第 7 章\素材文件\拆分单元格.html

效果文件：第 7 章\效果文件\拆分单元格.html

step 1　将光标放置在准备拆分的单元格中，① 单击【修改】菜单，② 在弹出的下拉菜单中选择【表格】菜单项，③ 在弹出的子菜单中选择【拆分单元格】命令，如图 7-41 所示。

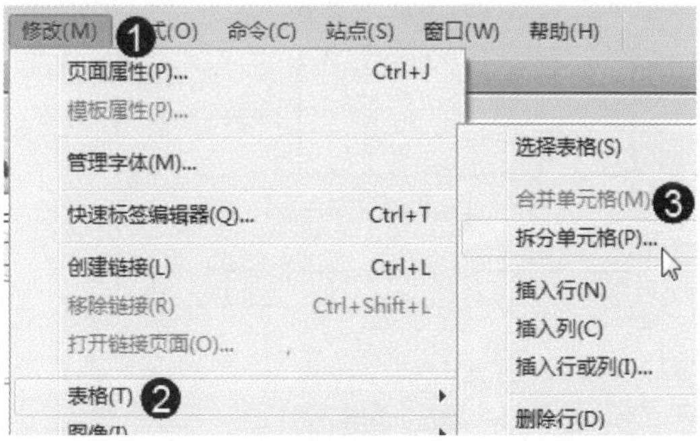

图 7-41

step 3　这时单元格已经被拆分完毕，如图 7-43 所示。

图 7-43

step 2　弹出【拆分单元格】对话框，① 在【把单元格拆分】区域选择【行】单选按钮，② 在【行数】微调框中输入数值，③ 单击【确定】按钮，如图 7-42 所示。

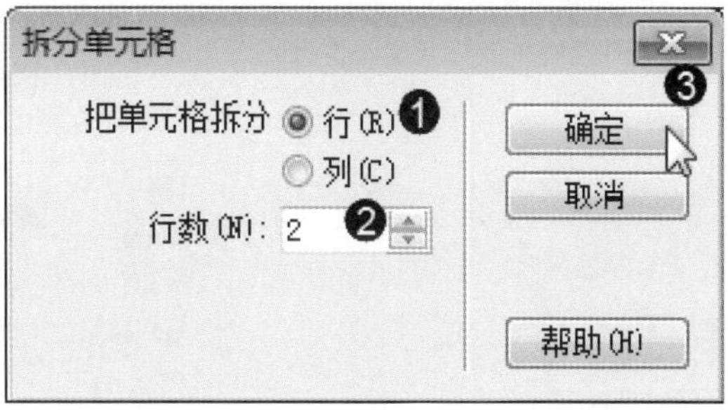

图 7-42

智慧锦囊

在【拆分单元格】对话框中，选择【列】单选按钮，即可纵向拆分光标所在的单元格；选择【行】单选按钮，则可以横向拆分光标所在的单元格。【行/列数】微调框用来设置将单元格拆分为几个新的单元格。

考考您

请您根据上述方法对表格进行拆分，测试一下您的学习效果。

7.6.2　合并单元格

合并单元格就是将多个单元格合并成一个单元格，下面介绍合并单元格的操作方法。

素材文件　第 7 章\素材文件\合并单元格.html

效果文件　第 7 章\效果文件\合并单元格.html

step 1　选中准备合并的单元格，① 单击【修改】菜单，② 在弹出的下拉菜单中选择【表格】菜单项，③ 在弹出的子菜单中选择【合并单元格】命令，如图 7-44 所示。

step 2　可以看到被选中的 4 个单元格已经合并成一个单元格。通过以上步骤即可完成合并单元格的操作，如图 7-45 所示。

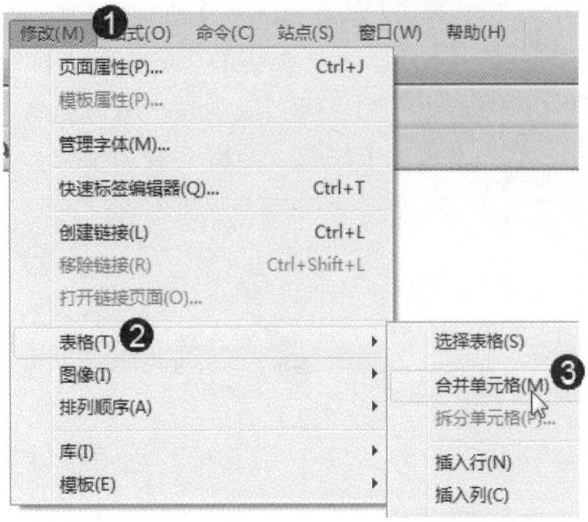

图 7-44

图 7-45

7.6.3 复制、剪切和粘贴表格

用户还可以对网页中的表格进行剪切、复制和粘贴的操作，下面详细介绍复制、剪切和粘贴表格的操作方法。

素材文件 无

效果文件 无

1. 复制、粘贴表格

复制表格的方法与复制文本对象的方法相同，下面详细介绍复制、粘贴表格的方法。

step 1 选中表格，① 单击【编辑】菜单，② 在弹出的下拉菜单中选择【拷贝】命令，如图 7-46 所示。

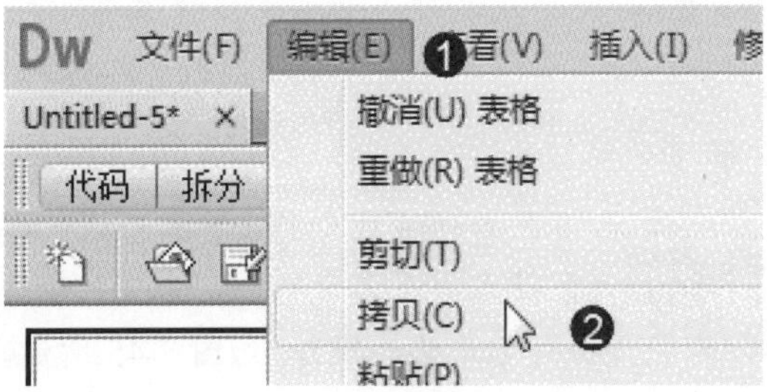

图 7-46

step 2 将光标定位在准备复制表格的位置，① 单击【编辑】菜单，② 在弹出的下拉菜单中选择【粘贴】命令，如图 7-47 所示。

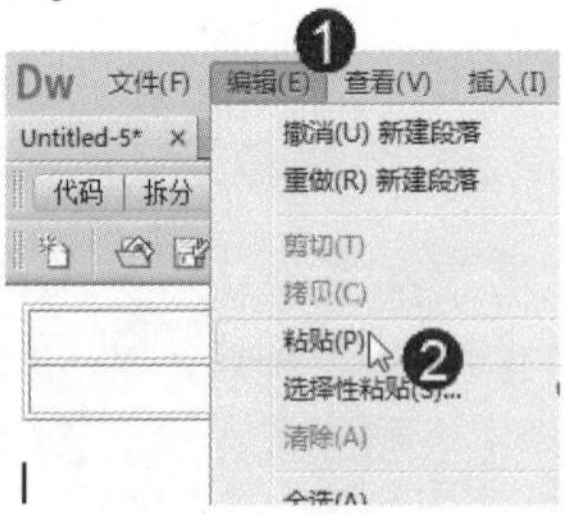

图 7-47

step 3 表格已经复制到光标所在位置，如图 7-48 所示。

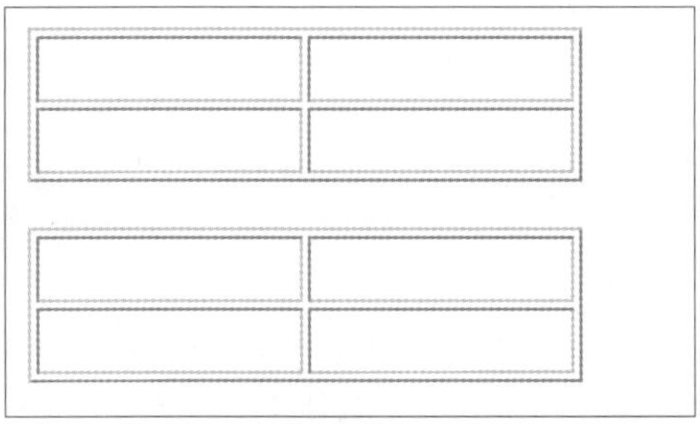

图 7-48

智慧锦囊

除了使用菜单进行复制、粘贴操作外，还可以选中表格后使用组合键 Ctrl+C 进行复制，然后将光标定位在准备复制的位置，按组合键 Ctrl+V 进行粘贴。

2. 剪切、粘贴表格

剪切表格的方法与剪切文本对象的方法相同，下面详细介绍剪切、粘贴表格的方法。

step 1 选中表格，① 单击【编辑】主菜单，② 在弹出的下拉菜单中选择【剪切】命令，如图 7-49 所示。

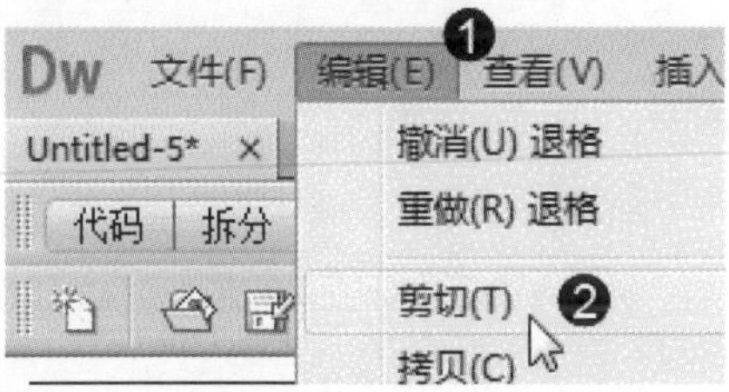

图 7-49

step 2 将光标定位在准备剪切表格的位置，① 单击【编辑】菜单，② 在弹出的下拉菜单中选择【粘贴】命令，如图 7-50 所示。

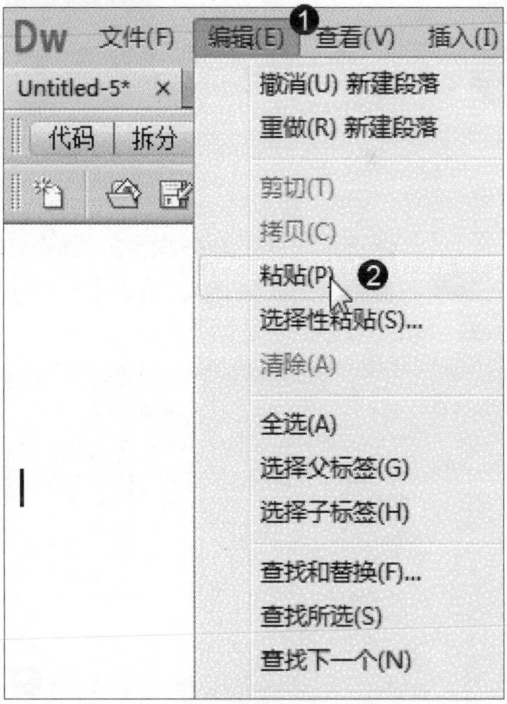

图 7-50

step 3 表格已经移动到光标所在位置，如图 7-51 所示。

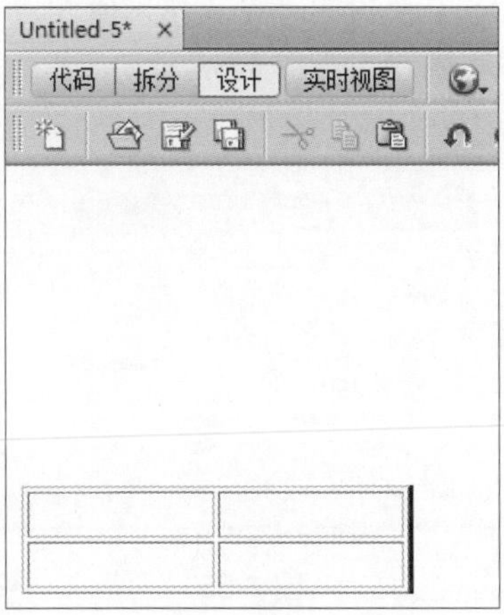

图 7-51

7.6.4 导入表格式数据

除了可以导入 Excel 表格之外，还可以导入表格式数据。导入表格式数据的方法非常简单，下面详细介绍导入表格式数据的方法。

素材文件 第 7 章\素材文件\表格式数据.txt 表格式数据.html

效果文件 第 7 章\效果文件\表格式数据.html

step 1 打开素材文件，选中表格区域，① 单击【文件】菜单，② 在弹出的下拉菜单中选择【导入】菜单项，③ 在弹出的子菜单中选择【表格式数据】命令，如图 7-52 所示。

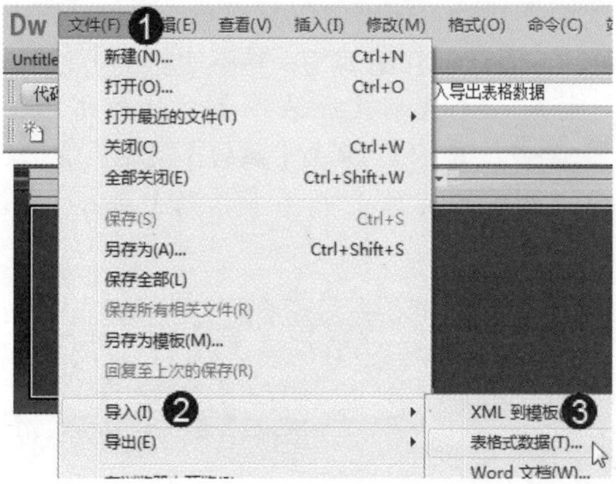

图 7-52

step 2 弹出【导入表格式数据】对话框，单击【数据文件】文本框右侧的【浏览】按钮，如图 7-53 所示。

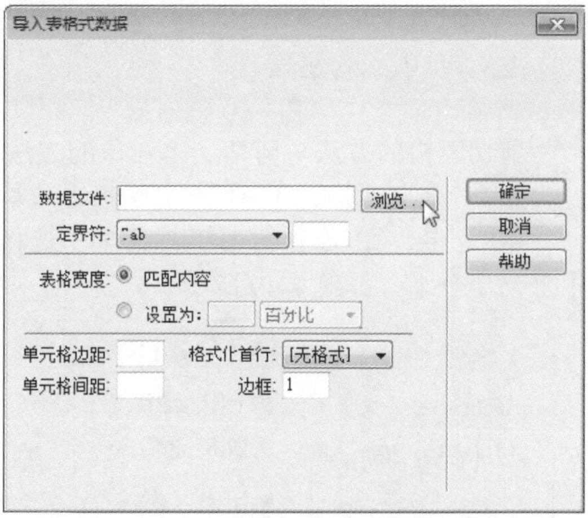

图 7-53

step 3 弹出【打开】对话框，① 选中准备导入的文件，② 单击【打开】按钮，如图 7-54 所示。

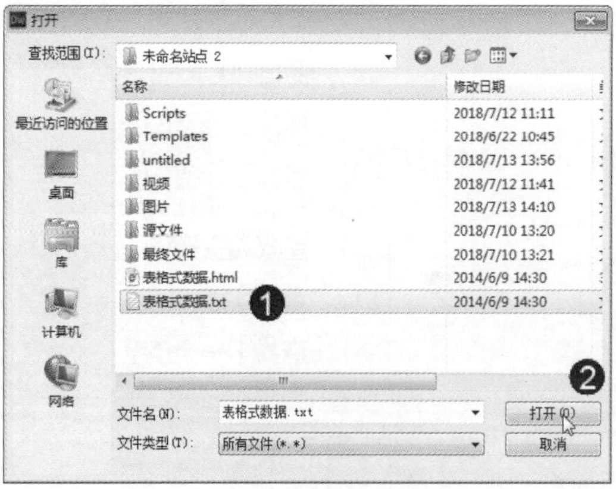

图 7-54

step 4 返回到【导入表格式数据】对话框，① 选择【设置为】单选按钮，② 在【边框】文本框中输入数值“0”，③ 单击【确定】按钮即可完成在网页中导入表格式数据的操作，如图 7-55 所示。

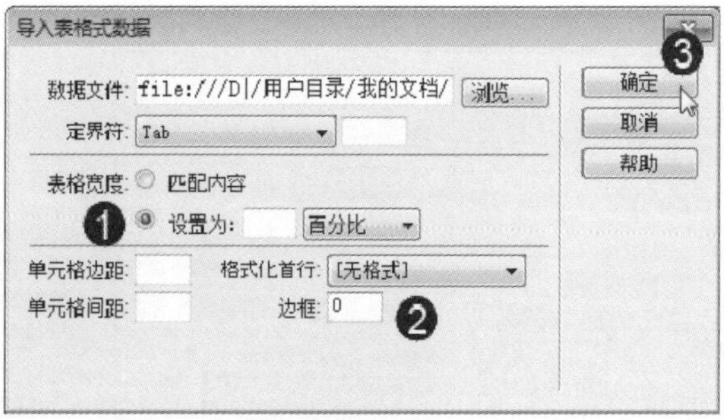

图 7-55

7.6.5 导入 Word 文档

用户除了可以导入 Excel 表格之外，还可以导入 Word 文档。导入 Word 文档的方法非常简单，下面详细介绍导入 Word 文档的方法。

素材文件 第 7 章\素材文件\导入 Word 文档.doc

效果文件 第 7 章\效果文件\导入 Word 文档.html

step 1 新建网页文件，① 单击【文件】菜单，② 在弹出的下拉菜单中选择【导入】菜单项，③ 在弹出的子菜单中选择【Word 文档】命令，如图 7-56 所示。

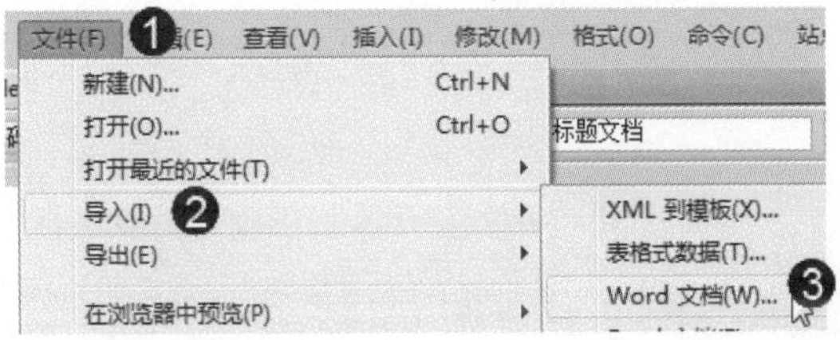

图 7-56

step 3 可以看到文档内容已经导入到网页中，如图 7-58 所示。

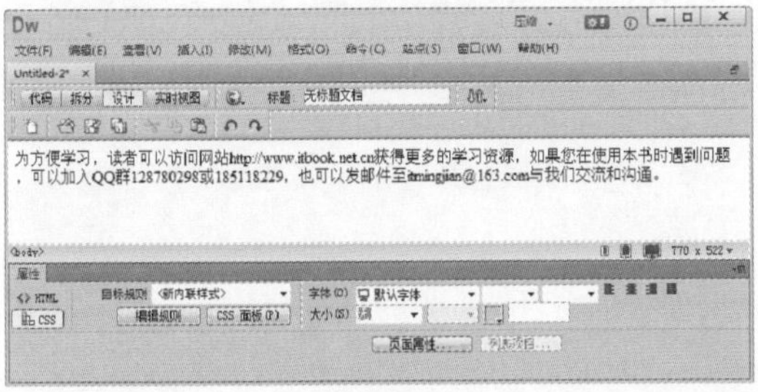

图 7-58

step 2 弹出【导入 Word 文档】对话框，① 选中准备导入的文档，② 单击【打开】按钮，如图 7-57 所示。

图 7-57

Section 7.7 本章小结与课后练习

本节内容无视频课程，习题参考答案在本书附录。

本章主要介绍了表格的创建与应用、设置表格的属性、调整表格的结构、处理表格数据、了解数据表格样式、导入表格式数据、导入 Word 文档等内容。通过对本章内容的学习，读者还可以进行导出表格、导出作为 XML 的数据模板的操作。

7.7.1 思考与练习

1. 填空题

(1) ______是表格的基本单位，每一个单元格都是一个独立的文本输入区域，可以输入______和图形，并可单独进行排版和编辑。

(2) 表格的用途包括______、合并页面中的多个图像和______。

2. 判断题

(1) 表格在创建之后，不能调整大小以及单元格数量。 ( )

(2) 拆分单元格是将一个单元格分为两个或者多个单元格的行为。 ( )

3. 思考题

(1) 如何排序表格？

(2) 如何拆分单元格？

7.7.2 上机操作

(1) 通过对本章内容的学习，读者基本可以掌握在表格中创建表格方面的知识，下面通过练习导出表格，达到巩固与提高的目的。

(2) 通过对本章内容的学习，读者基本可以掌握导入Excel表格数据方面的知识，下面通过练习导出作为XML的数据模板，达到巩固与提高的目的。

第 8 章

应用 CSS 样式美化网页

本章主要介绍什么是 CSS 样式表、使用 CSS 设计器面板、CSS 选择器的类型、创建 CSS 样式、编辑 CSS 样式、在 Dreamweaver 中使用 CSS 样式的知识与技巧，同时还讲解了如何应用 CSS3 过渡效果。通过本章的学习，读者可以掌握应用 CSS 样式美化网页的知识，为深入学习 Dreamweaver CC 知识奠定基础。

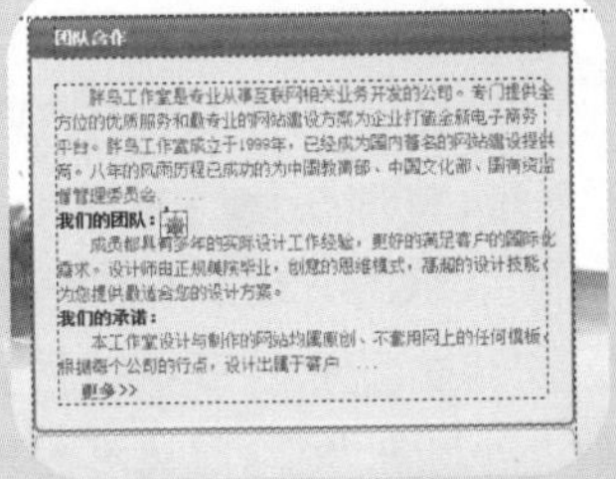

范 例 导 航

1. 什么是 CSS 样式表
2. 使用 CSS 设计器面板
3. CSS 选择器的类型
4. 创建 CSS 样式
5. 编辑 CSS 样式
6. 在 Dreamweaver 中使用 CSS 样式
7. 应用 CSS3 过渡效果

Section 8.1 什么是 CSS 样式表

手机扫描下方二维码，观看本节视频课程

在制作网页的时候利用 CSS 样式，可以有效地对页面中的文本、布局、背景以及其他效果进行精准的控制，可以大大减少定义页面的工作量。CSS 是一种网页制作的新技术，运用 CSS 样式可以对若干个网页所有的样式进行控制。

8.1.1 认识 CSS

CSS(Cascading Style Sheet)中文译为“层叠样式表”或“级联样式表”，是一种对 Web 文档添加样式的简单机制，也是一种表现 HTML 或 XML 等文件样式的计算机语言，其定义是由 W3C(the World Wide Web Consortium)来维护的。

网页设计最初使用 HTML 标签来定义页面文档及格式，但这些标签不能满足更多的文档样式需求，为了解决这个问题，在 1997 年 W3C 颁布 HTML4 标准的同时发布了有关 CSS 样式的第一个标准——CSS1。在 CSS1 版本之后，又在 1998 年 5 月发布了 CSS2 版本，CSS 样式得到了更多的充实。

随着互联网的发展，网页的表现方式更加多样化，需要新的 CSS 规则来适应网页的发展，所以在最近几年 W3C 已经开始着手 CSS3.0 标准的制定。

CSS 是网页排版和风格设计的重要工具。在新式网页中，CSS 是相当重要的一环，CSS 用来弥补 HTML 规格中的不足，也让网页设计更加灵活。可以说，CSS 是为了帮助简化和整理在使用 HTML 标签制作页面的过程中那些烦琐的方式以及杂乱无章的代码而被开发出来的。CSS 样式表有以下特点：

- 可以将网页的显示控制与显示内容分离。
- 能更有效地控制页面的布局。
- 可以制作出体积更小、下载更快的网页。
- 可以更快、更方便地维护及更新大量的网页。

8.1.2 CSS 样式的类型

CSS 样式的类型包括自定义 CSS(类样式)、重定义标签的 CSS 和 CSS 选择器样式(高级样式)，下面详细介绍 CSS 样式的各种类型。

1. 自定义 CSS(类样式)

自定义样式最大的特点就是具有可选择性，可以自由决定该将样式应用于哪些元素。就文本操作而言，可以选择一个字，一行、一段乃至整个页面中的文本添加自定义样式。

2. 重定义标签的CSS

重定义标签的CSS实际上重新定义了现有HTML标签的默认属性，具有全局性。一旦对某个标签重新定义样式，页面中所有该标签都会按CSS的定义显示。但是值得注意的是，只有成对出现的HTML标签(<td></td>)才能进行重定义，单个标签(如<hr>)不能进行重定义。

3. CSS选择器样式(高级样式)

CSS选择器样式可以用来控制标签属性，通常用来设置链接文字的样式。对链接文字的控制，有以下4种类型。

- "a:link"(链接的初始状态)：用于定义链接的常规状态。
- "a:hover"(鼠标指针指向的状态)：如果定义了这种状态，当鼠标指针移到链接上时，即按该定义显示，用于增强链接的视觉效果。
- "a:visited"(访问过的链接)：为了能正确区分已经访问过的链接，对已经访问过的链接按此定义显示。"a:visited"的显示方式要不同于普通文本及链接的其他状态。
- "a:active"(在链接上按下鼠标按键时的状态)：用于表现鼠标按键按下时的链接状态。实际中应用较少。如果没有特别的需要，可以定义成与"a:link"或"a:hover"状态相同。

8.1.3 CSS样式基本语法

CSS样式规则由两部分组成：选择器和声明(大多数情况写为包含多个声明的代码块)。选择器是标识已设置格式元素的术语，如p、hl、类名称或ID，而声明块则用于定义样式属性。每个声明都由属性和值两部分组成。因此，CSS的基本语法包括选择器(Selector)、属性(Property)和属性值(Value)。

基本的CSS样式写法如下：

```
CSS选择器{属性1：属性值1；属性2：属性值2；属性3：属性值3；……}
```

在大括号中，使用属性名和属性值这对参数定义选择器的样式。

样式存放在与要设置格式的实际文本分离的位置，通常在外部样式表或HTML文档的文件头部分中。因此，可以将hl标签的某个规则依次应用于许多标签。

CSS样式的基本语法由选择器、属性以及属性值构成，基本写法如下：

```
选择符{属性1：属性值1；属性2：属性值2；……}
```

例如，对一段文本内容需要添加属性居中和蓝色字体，其写法为：

```
p {text-align:center;color:blue}
```

代码看起来非常繁复，为了提高可读性，可以将代码改写为：

```
p{
text-align: center;
```

```
color: blue;
font-family: arial
}
```

知识精讲

HTML 中所有的标签都可以作为选择器。如果需要添加多个属性，在两个属性之间要使用分号隔开；如果需要将相同的属性和属性值赋予多个选择器，选择器之间需要使用逗号隔开。

Section 8.2 使用【CSS 设计器】面板

手机扫描下方二维码，观看本节视频课程

Dreamweaver CC 对 CSS 样式的创建进行了较大的改变，在 Dreamweaver CC 中，用户可以利用【CSS 设计器】面板在页面中创建或附加 CSS 样式表，并设定其媒体查询、选择器以及具体的属性。

8.2.1 认识【CSS 设计器】面板

在 Dreamweaver CC 中，对 CSS 样式的创建进行了较大的改变，改变了以前版本中通过对话框进行设置的方式，将 CSS 样式的创建与管理集成在一个全新的【CSS 设计器】面板中。

【CSS 设计器】面板是一个 CSS 样式集成化面板，也是 Dreamweaver CC 中非常重要的一个面板。该面板支持可视化的创建和管理网页中的 CSS 样式，下面详细介绍打开该面板的操作方法。

step 1 启动 Dreamweaver CC 程序，① 单击【窗口】菜单，② 在弹出的下拉菜单中选择【CSS 设计器】命令，如图 8-1 所示。

图 8-1

step 2 面板已经打开，如图 8-2 所示。

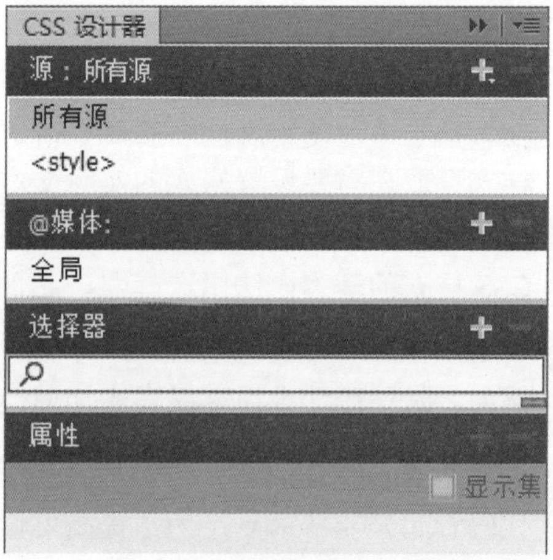

图 8-2

【CSS 设计器】面板中包含【源】、【@媒体】、【选择器】和【属性】4 个窗格，每个窗格针对 CSS 样式的不同管理与设置操作。

1.【源】窗格

【源】窗格用于确定网页使用 CSS 样式的方式。单击【源】窗格右上角的【添加 CSS 源】按钮，可以看到在弹出的菜单中提供了 3 种定义 CSS 样式的方式，如图 8-3 所示。

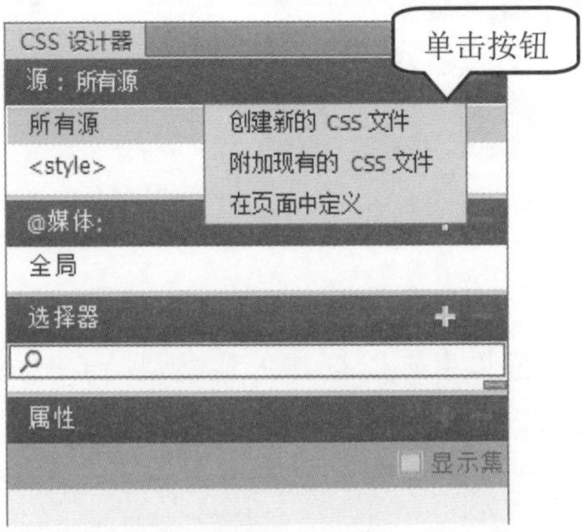

图 8-3

2. 【@媒体】窗格

在【@ 媒体】窗格中可以为不同的媒体类型设置不同的 CSS 样式。单击【@ 媒体】窗格右上角的【添加媒体查询】按钮，将弹出【定义媒体查询】对话框，在该对话框中可以定义媒体查询的条件，如图 8-4 和图 8-5 所示。

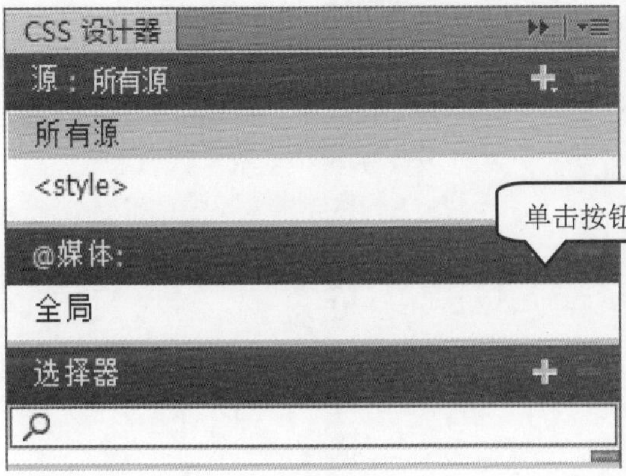

图 8-4

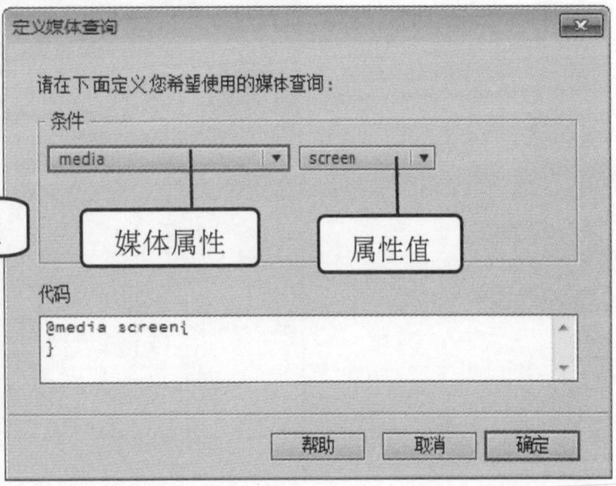

图 8-5

3. 【选择器】窗格

【选择器】窗格用于在网页中创建 CSS 样式，网页中所创建的所有类型的 CSS 样式都会显示在该窗格的列表中。单击该窗格右上角的【添加选择器】按钮，即可在下方空白区出现一个文本框，用于输入所要创建的 CSS 样式的名称，如图 8-6 和图 8-7 所示。

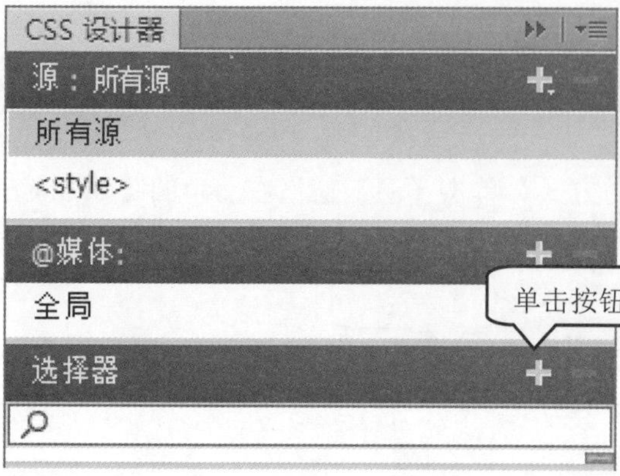

图 8-6

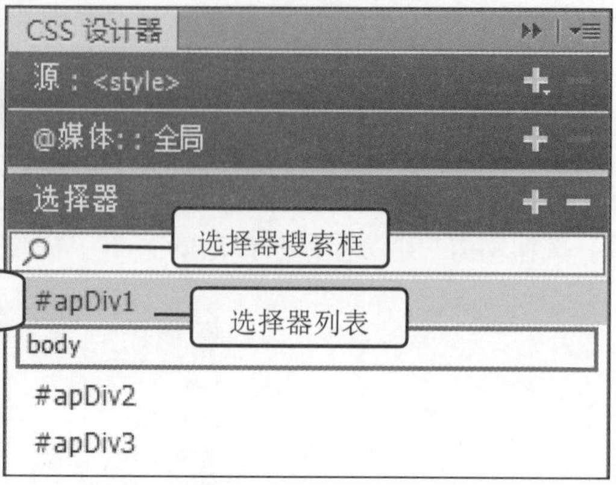

图 8-7

知识精讲

在【选择器】窗格中可以创建任意类型的 CSS 选择器，包括通配符选择器、标签选择器、ID 选择器、类选择器、伪类选择器和复合选择器等，这就要求用户了解 CSS 样式中各种类型 CSS 选择器的要求与规定。

4. 【属性】窗格

【属性】窗格主要用于对 CSS 样式的属性进行设置和编辑。在该窗格中，CSS 样式属性被分为 5 种类型，分别是布局、文本、边框、背景和其他，如图 8-8 所示。

图 8-8

8.2.2 创建与附加 CSS 样式表

在 Dreamweaver CC 中，用户可以在【CSS 设计器】面板中实现对 CSS 样式表的创建操作。下面详细介绍创建 CSS 样式表的方法。

step 1 在【CSS 设计器】面板中，① 单击【源】窗格中的【添加 CSS 源】按钮 ，② 在弹出的列表中选择【创建新的 CSS 文件】选项，如图 8-9 所示。

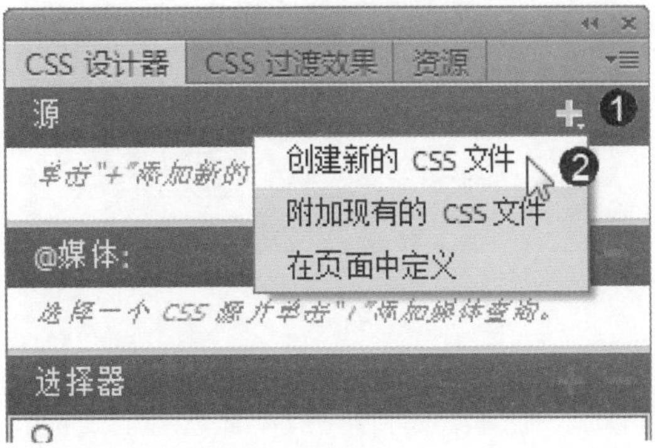

图 8-9

step 3 弹出【将样式表文件另存为】对话框，① 在【文件名】文本框中输入名称 CSS1，② 单击【保存】按钮，如图 8-11 所示。

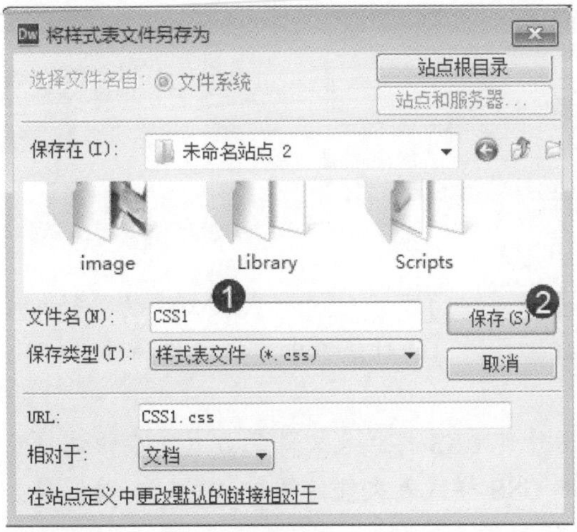

图 8-11

step 5 在【CSS 设计器】面板中，① 单击【源】窗格中的【添加 CSS 源】按钮 ，② 在弹出的列表中选择【附加现有的 CSS 文件】选项，如图 8-13 所示。

step 2 弹出【创建新的 CSS 文件】对话框，单击【文件/URL】文本框后的【浏览】按钮，如图 8-10 所示。

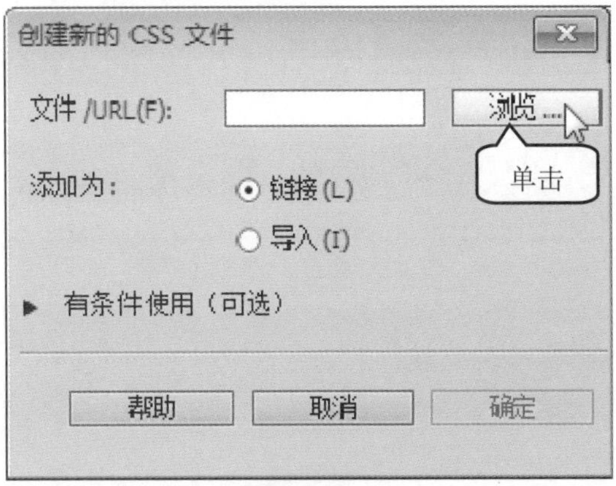

图 8-10

step 4 返回【创建新的 CSS 文件】对话框，① 选中【链接】单选按钮，② 单击【确定】按钮即可完成创建 CSS 样式的操作，如图 8-12 所示。

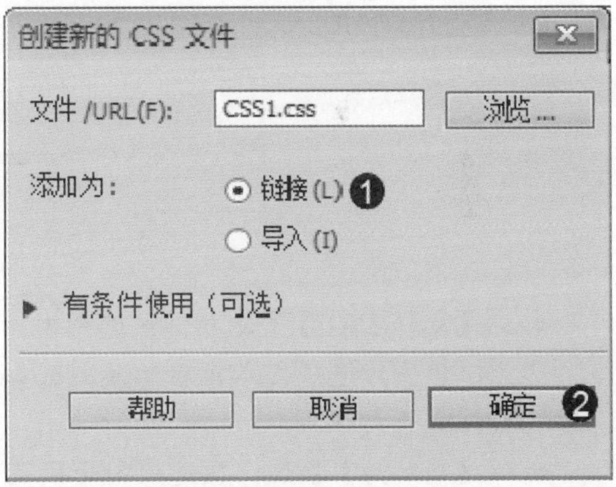

图 8-12

step 6 弹出【使用现有的 CSS 文件】对话框，单击【有条件使用(可选)】前的三角形按钮，如图 8-14 所示。

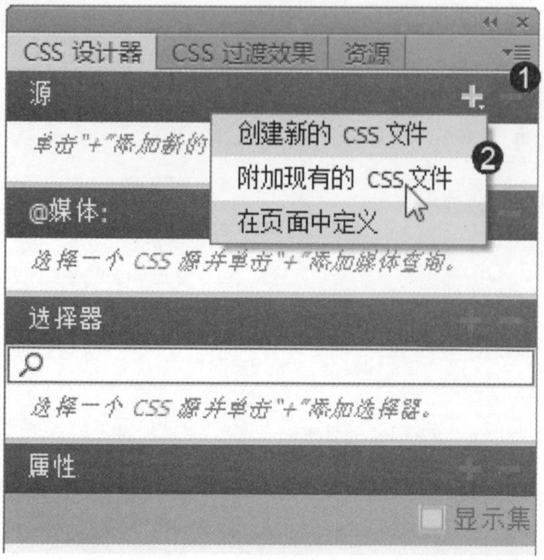

图 8-13

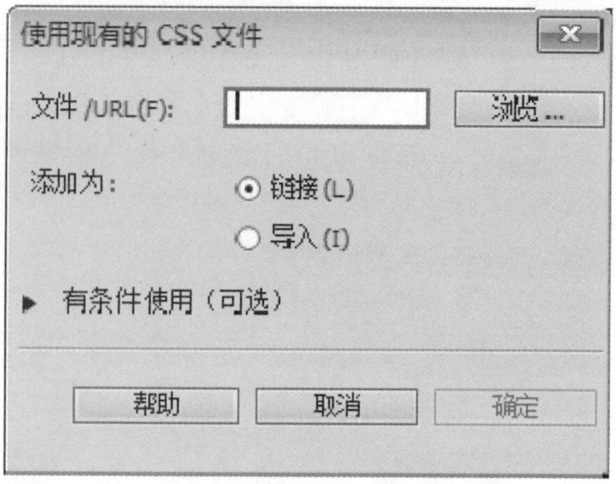

图 8-14

step 7 可以在展开的【有条件使用(可选)】选项区中对样式进行设置，设置完成后单击【确定】按钮即可完成附加现有 CSS 样式的操作，如图 8-15 所示。

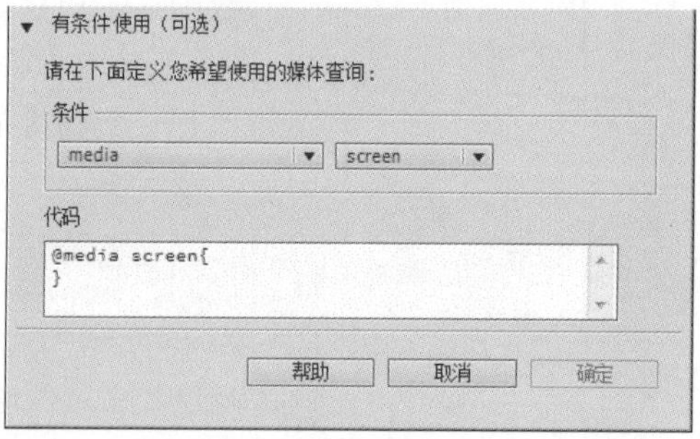

图 8-15

- 【文件/URL】文本框：该选项用于设置所连接的外部 CSS 样式表文件的路径，可以单击该选项文本框后的【浏览】按钮，在弹出的对话框中选择连接的外部 CSS 样式表文件。
- 【添加为】区域：该选项用于设置使用外部 CSS 样式表文件的方式，在该选项后面有两个单选按钮，分别对应使用外部 CSS 样式表文件的两种方式——【链接】和【导入】。在默认情况下，选中【链接】单选按钮。
- 【条件】选项组：在该选项组中可以设置使用所连接的外部 CSS 样式表文件的条件，该部分的设置与【CSS 设计器】面板上的【@媒体】窗格的设置基本相同。
- 【代码】列表框：在该列表框中显示的是所设置的条件代码，可以直接在列表框中进行设置。

8.2.3 设定媒体查询

在 Dreamweaver CC 中，用户可以在【CSS 设计器】面板中的【@媒体】窗格中，通过设定媒体查询为不同大小和尺寸的媒体设定不同的 CSS，以适合相应的设备显示。

step 1 在【CSS 设计器】面板中的【源】窗格中单击选中 CSS 样式后，单击【@媒体】窗格中的【添加媒体查询】按钮，如图 8-16 所示。

图 8-16

step 2 弹出【定义媒体查询】对话框，① 单击【条件】下拉按钮，在弹出的下拉列表中选择一个选项，② 单击后面的下拉按钮，在弹出的选项中选择一个选项，将鼠标指针移至条件后方，③ 单击显示的【添加条件】按钮，如图 8-17 所示。

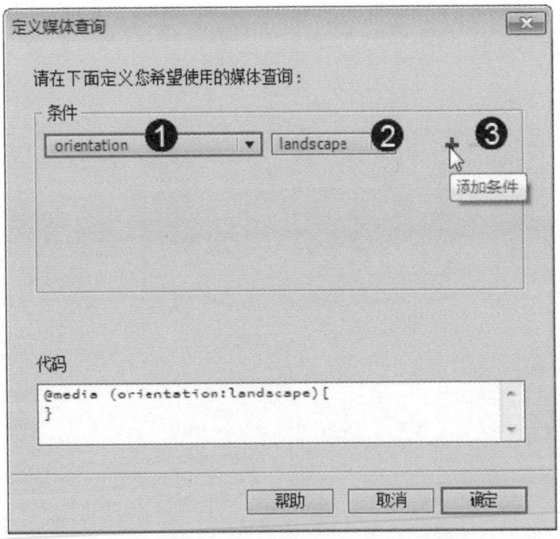

图 8-17

step 3 添加新的条件并设置条件选项，单击【确定】按钮，如图 8-18 所示。

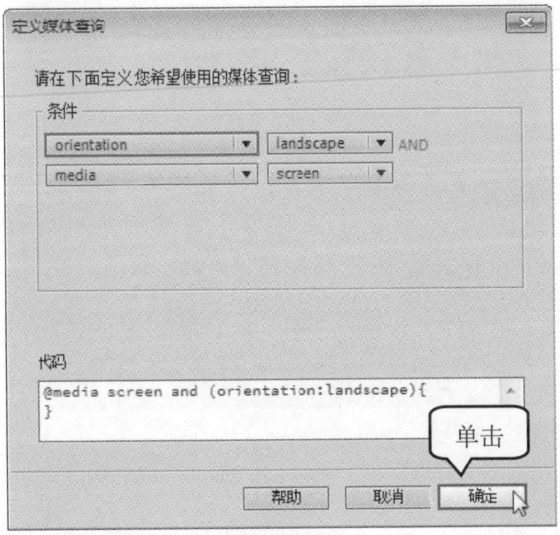

图 8-18

step 4 在网页窗口中即可看到刚刚设置的媒体查询，如图 8-19 所示。

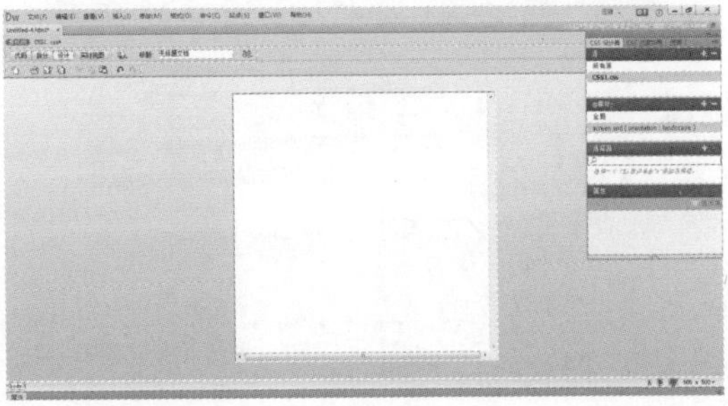

图 8-19

8.2.4 定义选择器

在 Dreamweaver CC 中，用户选择网页中的某个页面元素后，【CSS 设计器】面板将智能选定并提示使用相关的选择器。在默认设置中，由 Dreamweaver 选择的选择器更具体，用户也可以编辑选择器，使其并不非常具体。

step 1 在【CSS设计器】面板中的【源】窗格中单击选中CSS样式后，单击【选择器】窗格中的【添加选择器】按钮➕，如图8-20所示。

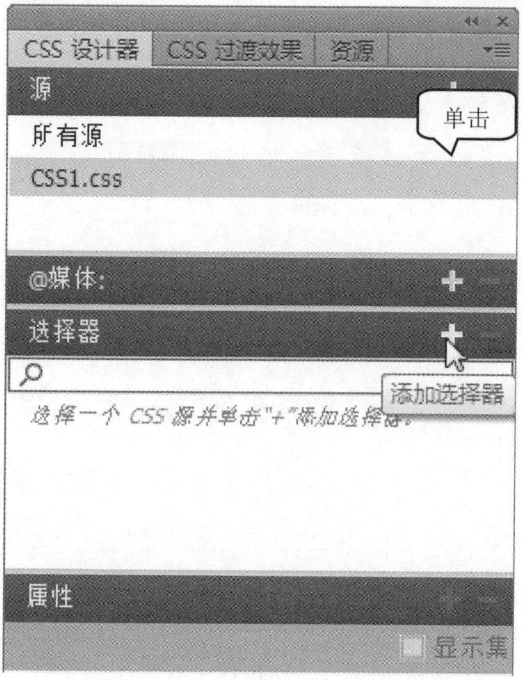

图 8-20

step 2 在【源】窗格中选中style.css源，在【选择器】窗格中鼠标右键单击#button选择器，在弹出的快捷菜单中选择【直接复制】命令，如图8-21所示。

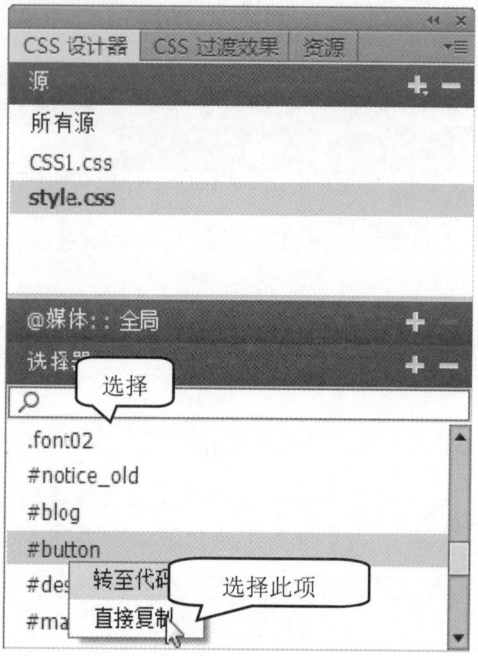

图 8-21

step 3 将复制出来的#button选择器拖拽至CSS1源中，如图8-22所示。

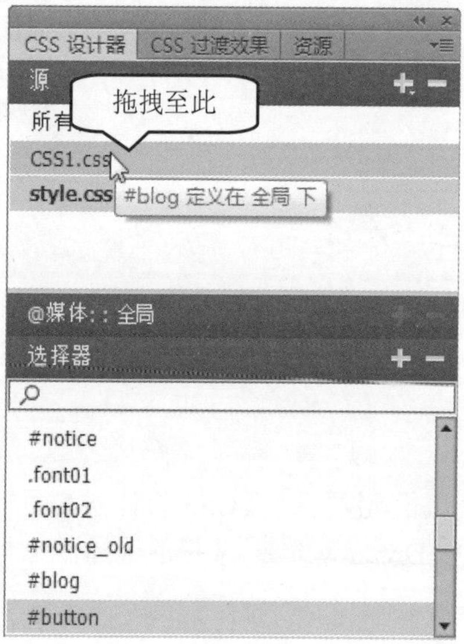

图 8-22

step 4 在【源】窗格中选中CSS1源，即可在【选择器】窗格中看到复制的#button选择器，如图8-23所示。

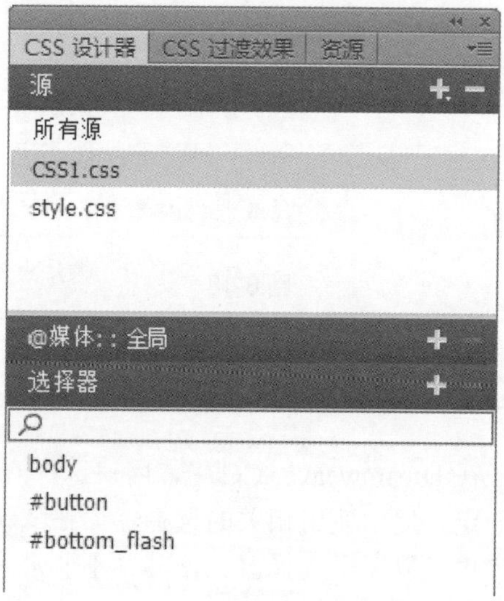

图 8-23

8.2.5 设置 CSS 规则属性

在 Dreamweaver CC 中，CSS 样式的属性分为布局、文本、边框、背景和其他等几个类别，如图 8-24 所示。

在【CSS 选择器】面板中的【选择器】窗格中选中一个选择器，选中【属性】窗格中的【显示集】复选框，可以查看集合属性，如图 8-25 所示。

图 8-24

图 8-25

如果需要设置宽度、边框等属性，可以在【属性】面板中选中 CSS 选项，然后在显示的选项区域中进行设置，如图 8-26 所示。

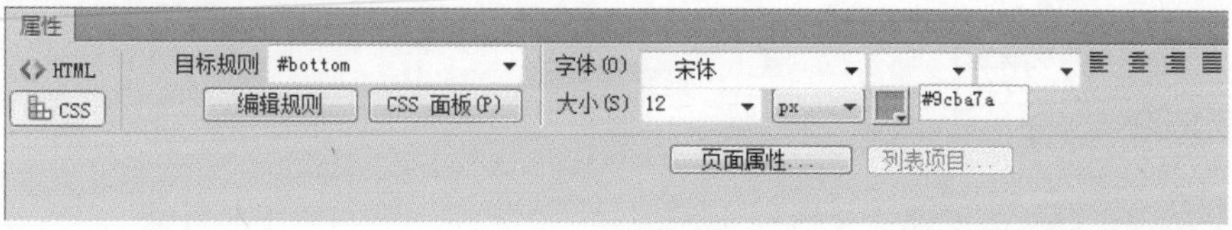

图 8-26

知识精讲

media 属性大多应用于为不同媒体类型规定不同样式的 CSS 样式表，在 Dreamweaver CC 中新增了许多 media 属性，这些属性都是为了更好地将网页应用于不同类型的媒体。对于大多数网页设计者来说，只需要针对 media 属性有所了解接口，因为大多数情况下所开发的网页都是在显示器或移动设备中进行浏览。

Section 8.3 CSS 选择器的类型

手机扫描下方二维码，观看本节视频课程

CSS 样式提供了多种类型的 CSS 选择器，包括通配符选择器、标签选择器、类选择器、ID 选择器等，还有一些特殊的选择器，如伪类及伪对象选择器、派生选择器等，在创建 CSS 样式时首先需要了解各种选择器类型的作用。

8.3.1 通配符选择器

通配是指使用字符代替不确定的字。因此，通配符选择器是指对对象可以使用模糊指定的方式进行选择。CSS 的通配符选择器可以使用“*”作为关键字，使用方法如下：

```
*{
  margin:0px;
}
```

*号表示所有对象，包含所有不同 id、不同 class 的 HTML 的所有标签。使用以上选择器进行样式定义，页面中的所有对象都会使用“margin:0px”的边界设置。

8.3.2 标签选择器

HTML 文档是由多个不同标签组成的，CSS 标签选择器可以用来控制标签的应用样式。例如，p 选择器用来控制页面中的所有<p>标签的样式风格。

标签选择器的语法格式如下：

```
标签名{属性:属性值;…}
```

如果在整个网站中经常出现一些基本样式，可以采用具体的标签来命名，从而达到对文档中标签出现的地方应用标签样式的目的。其使用方法如下：

```
body{
font-family:宋体;
font-size:12px;
color:#999999;
}
```

8.3.3 类选择器

类选择器(Type Selectors)以文档语言对象类型作为选择器，即以 HTML 标签作为选择器。class 选择符与 HTML 选择器实现了让同类标签共享同一样式，如果有两个不同的类别标签，例如一个是<p>标签，另一个是<hl>标签，它们都采用了相同的样式，在这种情况下就可以采用 class 类选择器。注意类名称前有“. ”号，类名可以随意命名，最好根据元素的用途来定义一个有意义的名称。如果某个标签希望采用该类的样式，其语法格式如下：

```
<p class="类名">…</p>
<hl class="类名">…</hl>
```

<hl>和段落<p>都采用了 class 类选择器，如果在这两个标签中应用的类名是相同的，则这两个标签的内容都将应用相同的 CSS 样式。如果这两个标签中应用的类名是不同的，则可以分别为这两个标签应用不同的 CSS 样式。

认清 CSS 的类选择器和 ID 选择器，可以用类选择器 class 和 ID 选择器来定义自己的选择器。这样做的好处是，依赖于 class 或者 id，用户可以用不同的格式来表现相同的 HTML

元素。在 CSS 样式中，类选择器以一个半角英文句点(.)在前，而 ID 选择器以半角英文井号(#)在前。例如下面的 CSS 样式代码：

```
#top{
    background-color:#ccc;
    padding:1px;
}
.intro{
    color:red;
    font-weight:bold;
}
```

在 HTML 文档中使用 id 和 class 属性引用 ID CSS 样式和类 CSS 样式，其引用方法如下：

```
<div id="top">
    <h1>Chocolate curry</h1>
    <p class="intro">文字内容</p>
    <p class="intro">链接内容</p>
</div>
```

id 和 class 的不同之处在于，id 用在唯一的元素上，而 class 用在不止一个元素上，用类选择器能够把相同的元素分类定义为不同的样式。在定义类选择器时，在自定义类的名称前面加一个点号。如果用户想要两个不同的段落，一个段落向右对齐，一个段落居中，可以先定义两个类 CSS 样式，例如：

```
.right {
    text-align:right;
}
.center {
    text-align:center;
}
```

然后将它们用在不同的段落里，只要在 HTML 标签中加入定义的 class 参数，这个段落就会向右对齐，例如：

```
<p class="right">
</p>
```

这个段落是右对齐。

```
</p>
```

知识精讲

在新建类 CSS 样式时，默认在类 CSS 样式名称前有一个“.”。这个“.”说明了此 CSS 样式是一个类 CSS 样式(class)。根据 CSS 规则，类 CSS 样式(class)可以在一个 HTML 元素中被多次调用。

8.3.4 ID 选择器

ID 选择器是根据 DOM 文档对象模型的原理出现的选择器类型。对于一个网页而言，其中的每一个标签(或其他对象)均可以使用 id=""的形式对 id 属性进行一个名称的指定。id 可以理解为一个标识，在网页中每个 id 名称只能使用一次，例如：

```
<div id="top"></div>
```

在 CSS 样式中，ID 选择器使用#进行标识，如果需要对 id 名为通配的标签设置样式，应该使用以下格式：

```
#top{
   font-size:14px;
   line-height:130%;
}
```

id 的基本作用是对每一个页面中唯一出现的元素进行定义，例如可以将导航条命名为 nav，将网页头部和底部命名为 header 和 footer。类似的元素在页面中均出现一次，使用 id 进行命名具有唯一性的指定，有助于代码的阅读及使用。

ID 样式的命名必须以井号(#)开头，并且可以包含任何字母和数字组合。

8.3.5 伪类及伪对象选择器

伪类及伪对象是一种特殊的类和对象，由 CSS 自动支持，属于 CSS 的一种扩展类型和对象，其名称不能被用户自定义，在使用时只能按标准格式进行使用。其使用形式如下：

```
a:hover{
   background-color:#ffffff;
}
```

伪类和伪对象由以下两种形式组成：

```
选择器:伪类
选择器:伪对象
```

上面的 hover 便是一个伪类，用于指定链接标签 a 的鼠标经过状态。CSS 样式中内置了几个标准的伪类用于用户的样式定义，如表 8-1 所示。

表 8-1　CSS 样式中内置的伪类

伪　类	用　途
:link	a 链接标签的未被访问前的样式
:hover	对象在鼠标指针移上时的样式
:active	对象被用户单击和被单击释放之间的样式
:visited	a 链接对象被访问后的样式
:focus	对象成为输入焦点时的样式
:first-child	对象的第一个子对象的样式
:first	对于页面的第一页使用的样式

同样，CSS 样式中内置了几个标准伪对象用于用户的样式定义，如表 8-2 所示。

表 8-2　CSS 样式中内置的伪对象

伪　类	用　途
:after	设置某一个对象之后的内容
:first-letter	对象内的第一个字符的样式设置
:first-line	对象内第一行的样式设置
:before	设置某一个对象之前的内容

实际上，除了对于链接样式控制的:hover、:active 几个伪类之外，大多数伪类及伪对象在使用上并不常见。在设计者所接触到的 CSS 布局中，大部分是关于排版的样式，对于伪类及伪对象所支持的多类属性基本上很少用到，但是不排除使用的可能，由此用户也可以看到 CSS 对于样式及样式中对象的逻辑关系、对象组织提供了很多便利的接口。

8.3.6　群选择器

用户可以对单个 HTML 对象进行 CSS 样式设置，同样可以对一组对象进行相同的 CSS 样式设置。例如：

```
h1,h2,h3p.span {
    font-size: 12px;
    font-family: "宋体";
}
```

使用逗号对选择器进行分隔，使得页面中所有的 h1、h2、h3、p 及 span 都具有相同的样式定义，这样做的好处是对于页面中需要使用相同样式的地方只要书写一次 CSS 样式即可实现，从而可减少代码量，改善 CSS 代码的结构。

8.3.7　派生选择器

例如以下 CSS 样式代码：

```
h1 span {
    font-weight:bold;
}
```

当仅仅想对某一个对象中的“子”对象进行样式设置时，派生选择器就派上了用场。派生选择器指选择器组合的前一个对象包含后一个对象，对象之间使用空格作为分隔符。如本例所示，对 h1 下的 span 进行样式设置，最后应用到 HTML 中时用以下格式：

```
<h1>这是一段文本<span>这是 span 内的文本</span></h1>
<h1>单独的 h1</h1>
<span>单独的 span</span>
<h2>被 h2 标签套用的文本<span>这是 h2 下的 span</span></h2>
```

h1 标签之中的 span 标签将被应用 font-weight:bold 的样式设置。注意，仅仅对有此结构的标签有效，对于单独存在的 h1 或者单独存在的 span 及其他非 h1 标签下的 span 均不会应用此样式。

这样做有助于避免过多的 id 及 class 设置，直接对需要设置的元素进行设置。派生选择器除了可以两者包含以外，还可以多级包含，例如下面的选择器样式同样能够使用：

```
body h1 span strong {
   font-weight:bold;
}
```

Section 8.4 创建 CSS 样式

手机扫描下方二维码，观看本节视频课程

在了解了 CSS 的基本语法之后，即可创建 CSS 样式。可以创建的 CSS 样式包括标签样式、类样式、复合内容样式、外部样式表以及 ID 样式。本节将详细介绍创建 CSS 样式的相关知识。

8.4.1 创建标签 CSS 样式

标签样式是比较常见的一种样式，通常在设计网页的时候，会建立一个 body 标签样式，以控制页面的整体效果。下面详细介绍建立标签样式的操作方法。

素材文件 第 8 章\素材文件\标签 CSS 样式.html
效果文件 第 8 章\效果文件\标签 CSS 样式.html

step 1 打开素材文件，① 在【CSS 设计器】面板中单击【选择器】窗格中的【添加选择器】按钮，② 在文本框中输入“body”，创建 body 标签的 CSS 样式，如图 8-27 所示。

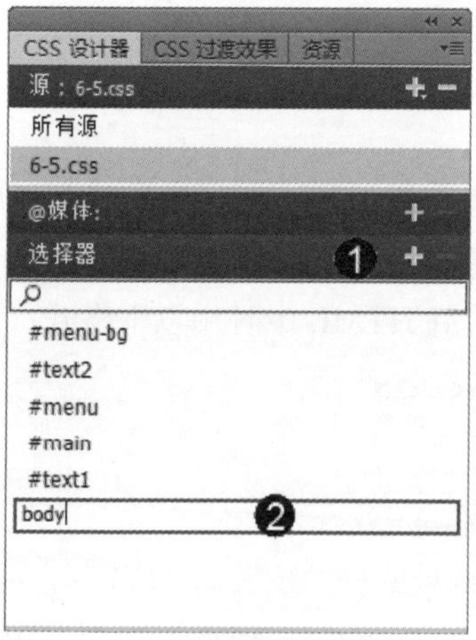

图 8-27

step 2 在【属性】窗格中单击【文本】按钮，对 color、font-size、line-height 选项进行参数设置，如图 8-28 所示。

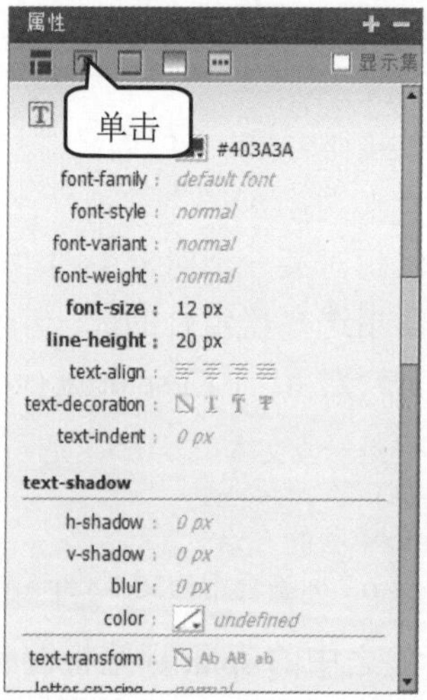

图 8-28

step 3 在【属性】窗格中单击【背景】按钮，对 background-color、url、background-position、background-repeat 选项进行参数设置，如图 8-29 所示。

图 8-29

step 4 在页面的设计视图中，可以看到刚刚设置的页面效果。通过以上步骤即可完成创建标签 CSS 样式的操作，如图 8-30 所示。

图 8-30

考考您

请您根据上述方法创建一个标签 CSS 样式，测试一下您的学习效果。

8.4.2 创建类 CSS 样式

通过类 CSS 样式可以对网页中的元素进行更精确的控制，使不同网页在外观上得到统一的效果。下面介绍创建类 CSS 样式的方法。

素材文件 第 8 章\素材文件\类 CSS 样式.html

效果文件 第 8 章\效果文件\类 CSS 样式.html

step 1 打开素材文件，① 在【CSS 设计器】面板中单击【选择器】窗格中的【添加选择器】按钮，② 在文本框中输入“font01”，如图 8-31 所示。

图 8-31

step 2 在【属性】窗格中单击【文本】按钮，对 color、font-family、line-height 选项进行参数设置，如图 8-32 所示。

图 8-32

step 3 返回到页面中，① 选择需要应用该类 CSS 样式的文字，② 在【属性】面板中的【类】下拉列表中选择刚刚定义的 font01 类 CSS 样式，如图 8-33 所示。

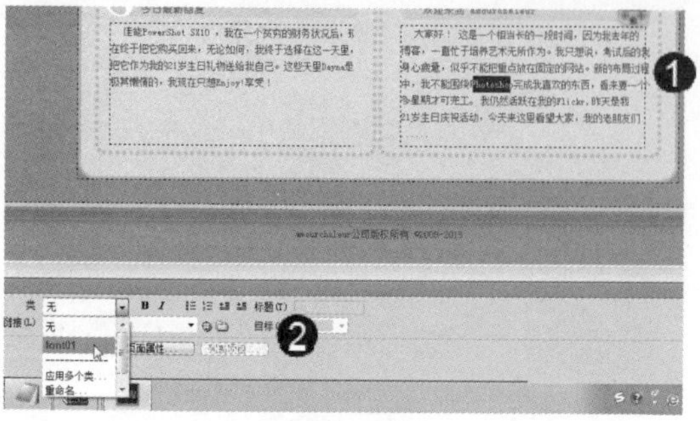

图 8-33

step 4 在页面的设计视图中，可以看到刚刚设置的页面效果，通过以上步骤即可完成创建类 CSS 样式的操作，如图 8-34 所示。

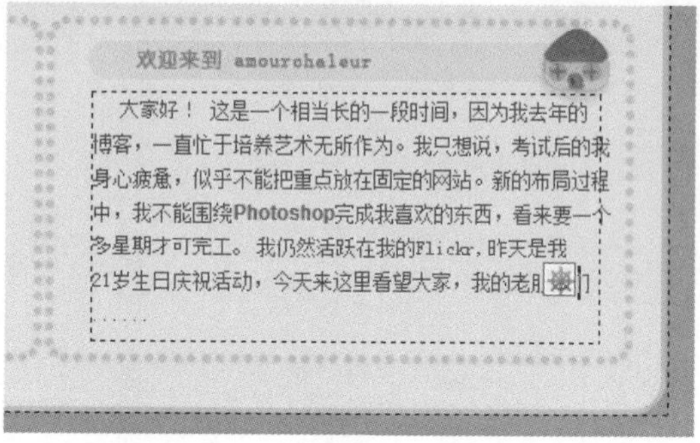

图 8-34

8.4.3 创建 ID CSS 样式

ID CSS 样式主要用于定义设置了特定 ID 名称的元素，通常，在一个页面中 ID 名称是不能重复的，所以，定义的 ID CSS 样式也是特定指向页面中唯一的元素。

素材文件 第 8 章\素材文件\ID CSS 样式.html

效果文件 第 8 章\效果文件\ID CSS 样式.html

step 1 打开素材文件，① 单击【插入】菜单，② 在弹出的下拉菜单中选择【结构】菜单项，③ 在弹出的子菜单中选择 Div 命令，如图 8-35 所示。

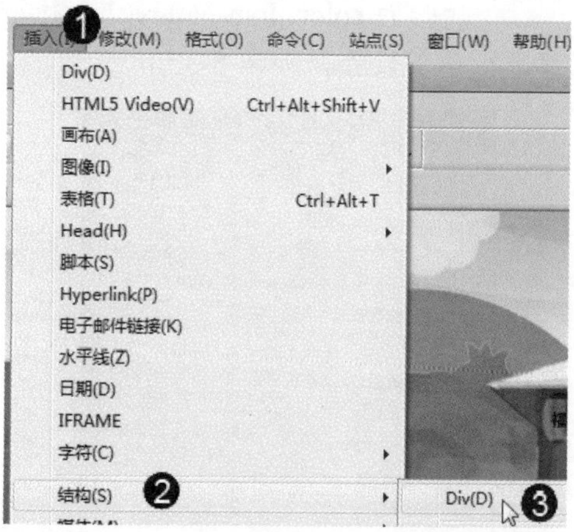

图 8-35

step 3 返回到页面中，可以看到刚刚插入的 Div 所在的位置，如图 8-37 所示。

step 2 弹出【插入 Div】对话框，① 在【插入】两个下拉列表框中分别选择【在标签后】和【<div id="main">】选项，② 在 ID 下拉列表框中输入“bottom”，③ 单击【确定】按钮，如图 8-36 所示。

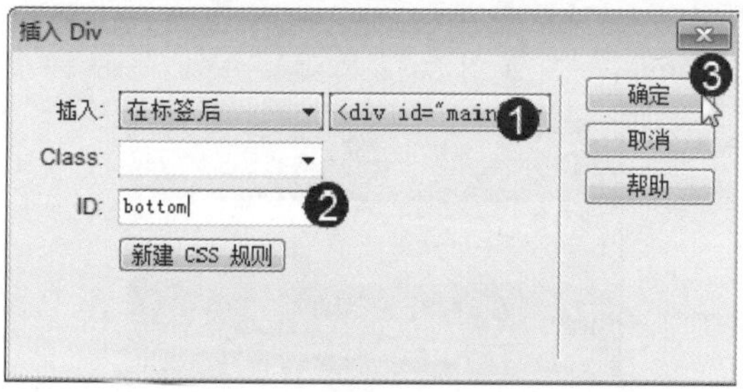

图 8-36

step 4 ① 在【CSS 设计器】面板中的【选择器】窗格中单击【添加选择器】按钮，② 在文本框中输入“#bottom”，如图 8-38 所示。

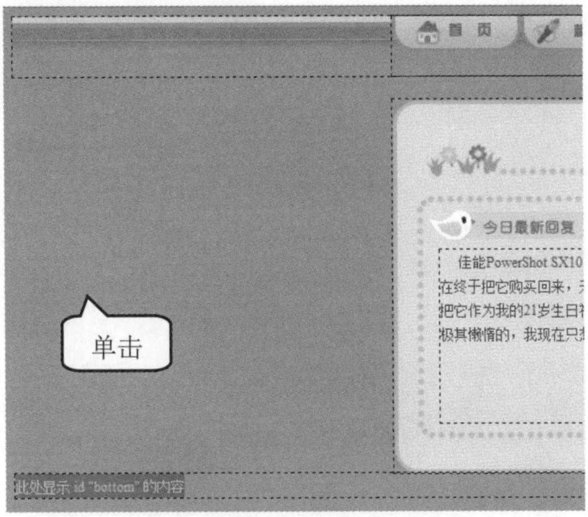

图 8-37

step 5 在【属性】窗格中单击【布局】按钮，对 height、margin、padding 选项进行参数设置，如图 8-39 所示。

图 8-39

step 7 在【属性】窗格中单击【背景】按钮，对 background-image url、background-repeat 选项进行参数设置，如图 8-41 所示。

图 8-38

step 6 在【属性】窗格中单击【文本】按钮，对 line-height、text-align 选项进行参数设置，如图 8-40 所示。

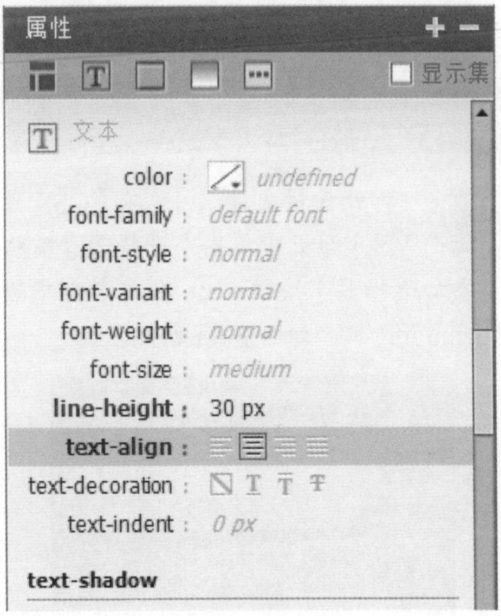

图 8-40

step 8 返回到设计视图中，将光标移至该 Div 中将多余的文字删除，并输入需要的文字。通过以上步骤即可完成创建 ID CSS 样式的操作，如图 8-42 所示。

图 8-41

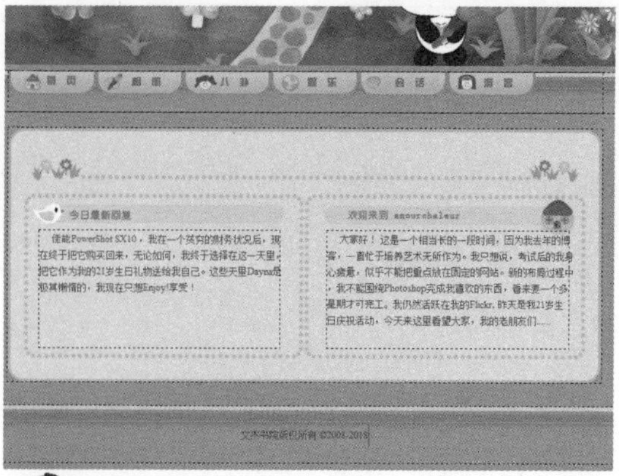

图 8-42

考考您

请您根据上述方法创建一个 ID CSS 样式，测试一下您的学习效果。

8.4.4　创建复合 CSS 样式

使用复合 CSS 样式可以定义同时影响两个或多个标签、类(或 ID)的复合规则。例如，如果输入了 div p，则 div 标签内的所有 p 元素都将受该规则影响。

素材文件 第 8 章\素材文件\复合 CSS 样式.html

效果文件 第 8 章\效果文件\复合 CSS 样式.html

step 1 打开素材文件，① 在【CSS 设计器】面板中单击【选择器】窗格中的【添加选择器】按钮，② 在文本框中输入“#menu img”，如图 8-43 所示。

图 8-43

step 2 在【属性】窗格中单击【布局】按钮，对 margin 选项进行参数设置，如图 8-44 所示。

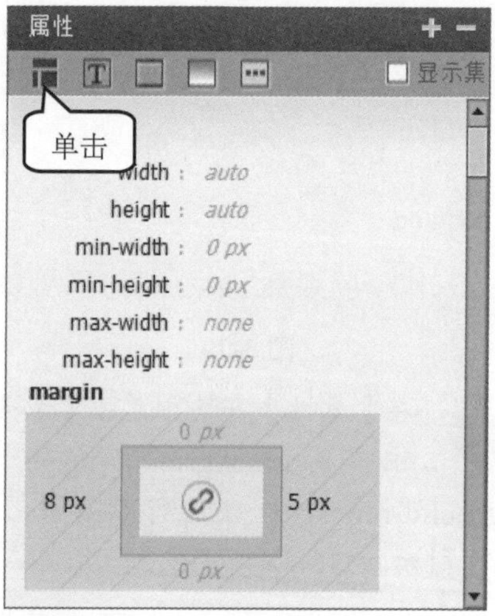

图 8-44

![step 3] 返回到页面中，可以看到刚刚设置的页面效果。通过以上步骤即可完成创建复合CSS样式的操作，如图8-45所示。

图 8-45

> **知识精讲** 此处创建的复合 CSS 样式#menu img 只对 ID 名为 menu 的 Div 中的 img 标签起作用，不会对页面中其他未知的 img 标签起作用。

Section 8.5 编辑 CSS 样式

手机扫描下方二维码，观看本节视频课程

控制网页元素外观的 CSS 样式用来定义字体、颜色、边距和字间距等属性。在 Dreamweaver CC 中，可以对 CSS 样式格式进行精确定制。CSS 规则定义的内容包括类型、背景、方框、区块、边框、列表、定位、扩展和过渡。本节将详细介绍设置 CSS 样式方面的知识。

8.5.1 设定类型属性

在 Dreamweaver CC 中选中【CSS 规则定义】对话框中【分类】列表框中的【类型】选项，将显示【类型】选项区域，如图 8-46 所示。在该选项区域中，可以定义 CSS 样式的基本字体和类型设置。

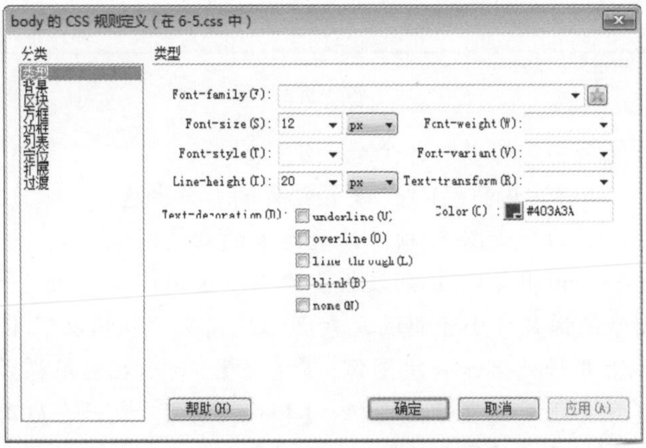

图 8-46

在【类型】选项区域中，比较重要的选项功能如下。

- Font-family 下拉列表框：用于为样式设置字体。
- Font-size 下拉列表框：用于定义文本大小，可以通过选择数字和度量单位选择特定的大小，也可以选择相对大小。
- Font-style 下拉列表框：用于设置字体样式。
- Line-height 下拉列表框：用于设置文本所在行的高度。
- Text-decoration 选项区域：向文本中添加下划线、上划线或删除线，或使文本闪烁。
- Font-weight 下拉列表框：用于对字体应用特定或相对的粗体量。
- Font-variant 下拉列表框：用于设置文本的小写大写字母变体。
- Text-transform 下拉列表框：将所选内容中的每个单词的首字母大写，或将文本设置为全部大写或小写。
- Color 文本框：用于设置文本颜色。

8.5.2 设定背景属性

在不使用 CSS 样式的情况下，利用页面属性只能够使用单一颜色或用图像水平垂直平铺来设置背景。使用【CSS 规则定义】对话框中的【背景】选项能够更加灵活地设置背景，可以对页面中的任何元素应用背景属性，如图 8-47 所示。

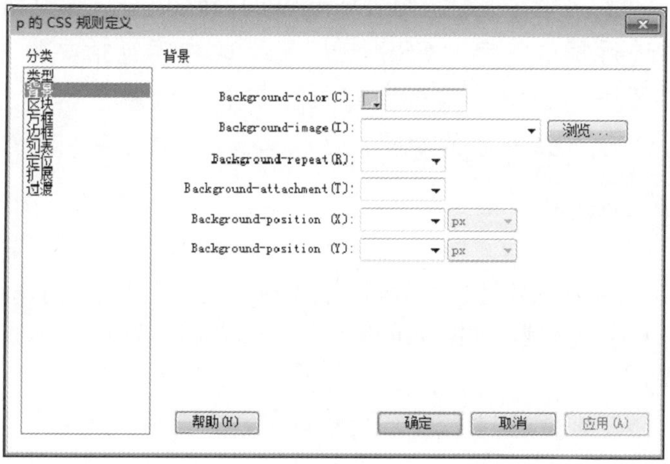

图 8-47

在【背景】选项区域中，可以对各个选项进行设置。

- Background-color(背景颜色)项：设置元素的背景颜色。
- Background-image(背景图像)项：设置元素的背景图像。
- Background-repeat(重复)下拉列表框：设置当使用图像作为背景时是否需要重复显示，一般用于图像尺寸小于页面元素面积的情况。包括以下 4 个选项。【不重复】：表示只在元素开始处显示一次图像；【重复】：表示在应用样式的元素背景的水平方向和垂直方向上重复显示该图像；【横向重复】：表示在应用样式的元素背景的水平方向上重复显示该图像；【纵向重复】：表示在应用样式的元素背景的垂直方向上重复显示该图像。

- Background-attachment(附件)下拉列表框：有两个选项，即【固定】和【滚动】，分别决定背景图像是固定在原始位置还是可以随内容一起滚动。
- Background-position(水平位置)和 Background-position(Y)(垂直位置)下拉列表框：指定背景图像相对于元素的对齐方式，可以用于将背景图像与页面中心水平和垂直对齐。

8.5.3 设定方框属性

在图像的【属性】面板上，可以设置图像的大小、图像水平和垂直向上的空白区域等。方框样式完善并丰富了这些属性设置，定义特定元素的大小及其与周围元素的间距等属性，如图 8-48 所示。

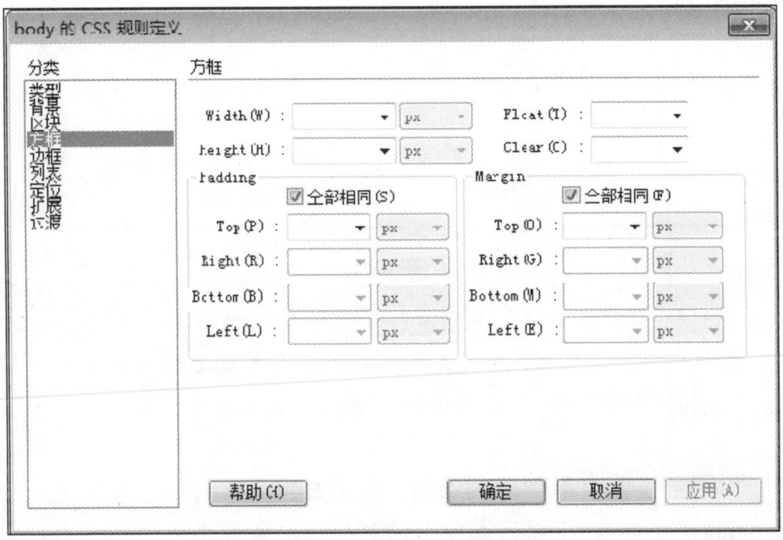

图 8-48

在【方框】选项区域中可以对各个选项进行设置。

- Width(宽)和 Height(高)下拉列表框：设定宽度和高度，使盒子的宽度不受其所包含内容的影响。只有在样式应用于图像或层时，才起作用。
- Float(浮动)下拉列表框：设置文本、层、表格等元素在哪个边围绕元素浮动，元素按设置的方式环绕在浮动元素的周围。
- Clear(清除)下拉列表框：设置元素的哪一边不允许有层，如果层出现在被清除的那一边，则元素将被移动到层的下面。
- Padding(填充)选项区域：指定元素内容与元素边框之间的间距(如果没有边框，则为边距)。【全部相同】复选框为应用此属性元素的“上”、“下”、“左”和“右”侧设置相同的填充属性。取消选中【全部相同】复选框可分别设置元素各个边的填充。
- Margin(边界)选项区域：指定一个元素的边框与其他元素之间的间距，只有当样式应用于文本块一类的元素(如段落、标题、列表等)时，才起作用。【全部相同】复选框为应用此属性元素的“上”、“下”、“左”和“右”侧设置相同的边距属性。取消选中【全部相同】复选框可分别设置元素各个边的边距。

8.5.4 设定区块属性

使用【区块】类别可以定义段落文本中文字的字距、对齐方式等格式。在【CSS 规则定义】对话框左侧选择【区块】选项，即可进行相应的设置，如图 8-49 所示。

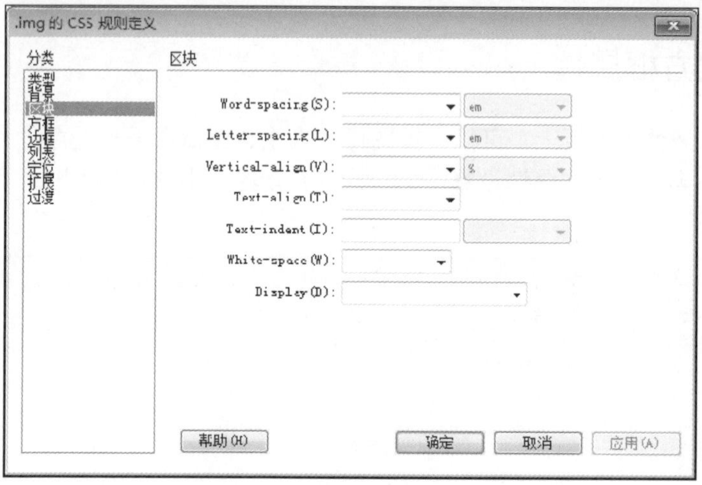

图 8-49

在【区块】选项区域中可以对各选项进行设置。

- Word-spacing(单词间距)下拉列表框：设置英文单词之间的距离。
- Letter-spacing(字母间距)下拉列表框：增加或减小文字之间的距离。若要减小字符间距，可以指定一个负值。
- Vertical-align(垂直对齐)下拉列表框：设置应用元素的垂直对齐方式。
- Text-align(水平对齐)下拉列表框：设置应用元素的水平对齐方式，包括【居左】、【居右】、【居中】和【两端对齐】四个选项。
- Text-indent(文字缩进)文本框：指定每段中的第一行文本缩进的距离。可以使用负值创建文本凸出，但显示方式取决于浏览器。
- White-space(空格)下拉列表框：确定如何处理元素中的空格，包括 3 个选项。【正常】：按正常的方法处理其中的空格，即将多个空格处理为一个；【保留】：将所有的空格都作为文本用<pre>标记进行标识，保留应用样式元素原始状态；【不换行】：文本只有在遇到
标记时才换行。
- Display(显示)下拉列表框：设置是否以及如何显示元素，如果选择【无】则会关闭应用此属性的元素的显示。

8.5.5 设定边框属性

在 Dreamweaver CC 中，使用【边框】选项可以定义元素周围边框的宽度、颜色和样式等，如图 8-50 所示。

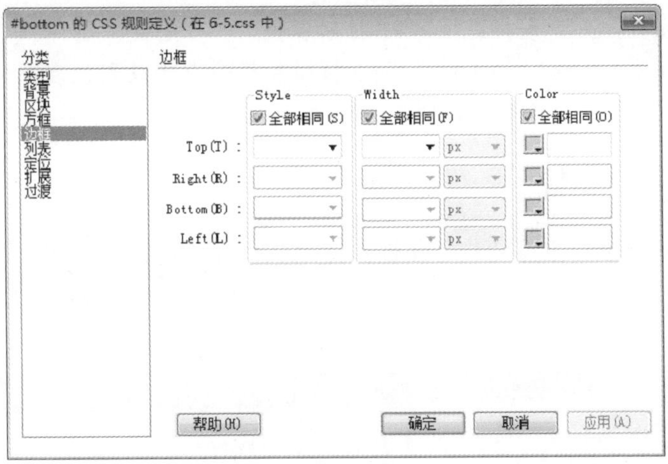

图 8-50

在【边框】选项区域中可以对各个选项进行设置。

- Style(样式)选项组：设置边框的外观样式。边框样式包括【无】、【点划线】、【虚线】、【实线】、【双线】、【槽状】、【脊状】、【凹陷】和【凸出】选项等。所定义的样式只有在浏览器中才呈现出效果，且实际显示方式还与浏览器有关。
- Width(宽度)选项组：设置元素边框的粗细，包括【细】、【中】、【粗】3 个选项，也可设定具体数值。
- Color(颜色)选项组：设置边框的颜色。

8.5.6 设定列表属性

在【CSS 规则定义】对话框中选中【列表】选项后，将显示【列表】选项区域。在该选项区域中，可以设置列表标签属性，如项目符号大小和类型等，如图 8-51 所示。

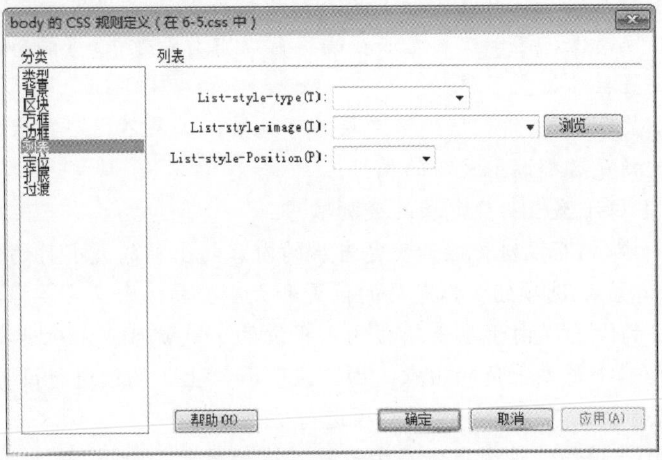

图 8-51

【列表】选项区域中比较重要的选项的功能如下。

- List-style-type(列表目录类型)下拉列表框：设置项目符号或编号的外观。

- List-style-image(列表样式图像)下拉列表框：可以自定义图像项目符号。
- List-style-Position(列表样式段落)下拉列表框：用于设置列表项文本是否换行并缩进(外部)或者文本是否换行到左边距(内部)。

8.5.7 设定定位属性

【定位】选项用于设置层的相关属性。使用定位样式可以自动新建一个层并把页面中使用该样式的对象放到层中，并且用在对话框中设置的相关参数控制新建层的属性，如图 8-52 所示。

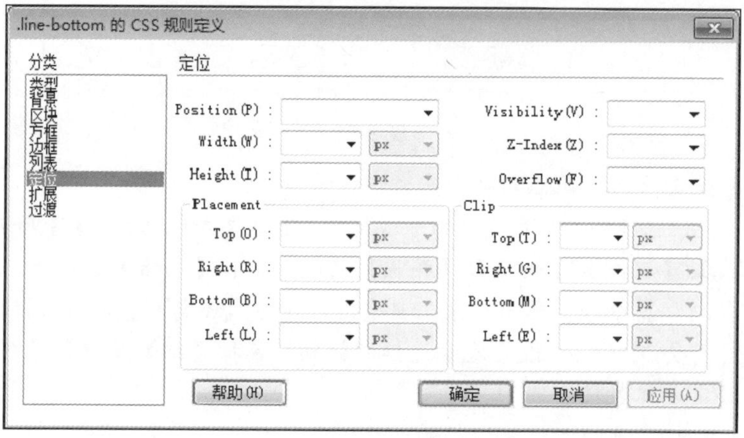

图 8-52

在【定位】选项区域中可以对各个选项进行设置。

- Position(类型)下拉列表框：该下拉列表框包括三个选项，【绝对】选项使用绝对坐标定位层，在【定位】文本框中输入相对于页面左上角的坐标值；【相对】选项使用相对坐标定位层，在【定位】文本框中输入相对于应用样式的元素在网页中原始位置的偏离值，这一设置无法在编辑窗口中看到效果；【静态】选项，使用固定位置，设置层的位置不移动。
- Visibility(显示)下拉列表框：确定层的可见性，如果不指定显示属性，则默认情况下大多数浏览器都继承父级的属性。
- Z-Index 下拉列表框：确定层的叠加顺序。
- Overflow(溢位)下拉列表框：确定当层的内容超出层的大小时的处理方式。
- Placement(置入)选项组：指定层的位置和大小，具体含义主要根据在【类型】下拉列表框中的设置，由于层是矩形的，根据两个点就可以准确地描绘出层的位置和形状。第 1 个是左上角的顶点，由“左”和“上”两项进行设置；第 2 个是右下角的顶点，用“下”和“右”两项进行协调。
- Clip(裁切)选项组：设置限定层中可见区域的位置和大小。

8.5.8 设定扩展属性

在【CSS 规则定义】对话框中，在左侧的【分类】列表框中选择【扩展】选项，在右侧将显示【扩展】选项区域，该区域包括滤镜、分页和指针等内容，如图 8-53 所示。

图 8-53

- Page-break-before(分页符位置)下拉列表框：打印期间在样式所控制的对象之前强行分页。此选项不受任何 4.0 版本浏览器的支持，但可能受未来的浏览器的支持。
- Cursor(光标)下拉列表框：当指针位于样式所控制的对象上时改变指针图像。
- Filter(过滤器)下拉列表框：对样式所控制的对象应用特殊效果。

知识精讲

Page-break-after 选项与 Page-break-before 选项类似，用来设置打印期间在样式所控制的对象之后强行分页。此选项不受任何 4.0 版本的浏览器支持，但可能受未来浏览器的支持。

8.5.9 设定过渡属性

在【CSS 规则定义】对话框中选择【过渡】选项后，将显示【过渡】选项区域。在该选项区域中，可以设定各种 CSS 过渡效果，如图 8-54 所示。

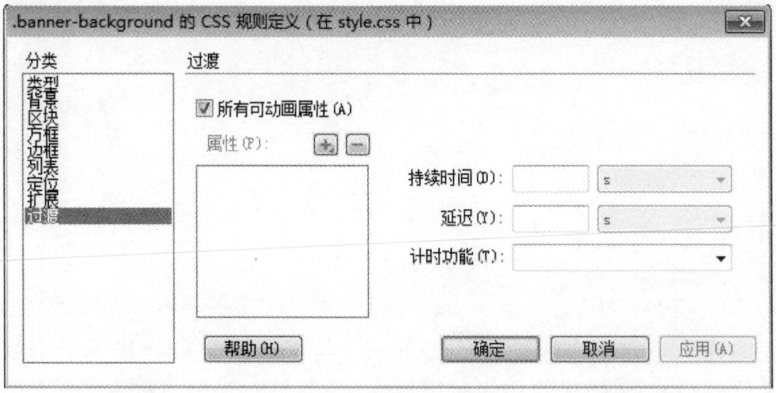

图 8-54

Section 8.6

在 Dreamweaver 中使用 CSS 样式

手机扫描下方二维码，观看本节视频课程

CSS 样式能够很好地控制页面的显示，以分离网页内容和样式代码。在网页中应用 CSS 样式表有 4 种方式，即内联样式、嵌入 CSS 样式、外部 CSS 样式和导入 CSS 样式。在实际操作中，用户需要根据设计的不同要求来进行选择。

8.6.1 内联 CSS 样式

内联 CSS 样式是指将 CSS 样式写在 HTML 标签中，其格式如下：

```
<p style= " font-family:宋体;font-size:14pxl color:#999999; " >内联 CSS 样式</p>
```

内联 CSS 样式由 HTML 文件中元素的 style 属性所支持，只需要将 CSS 代码用“；”，隔开输入在 style=" "中即可完成对当前标签的样式定义。这是 CSS 样式定义的一种基本形式。

内联样式不仅仅是 HTML 标签对 style 属性的支持所产生的一种 CSS 样式表编写方式，还可以表现与内容分离的设计模式。使用内联 CSS 样式与表格布局在代码结构上来说完全相同，仅仅利用了 CSS 对于元素的精确控制优势，并没有很好地实现表现与内容的分离，所以这种书写方式应当尽量少用。

8.6.2 内部 CSS 样式

内部 CSS 样式是将 CSS 样式统一放置在页面中的一个固定位置，其实例代码如下：

```
<html>
   <head>
   <title>内部样式表</title>
   <style type="text/css">
body{
      font-family: "宋体";
      font-size:12px;
     color:#333333;
}
</style>
</head>
<body>
内部 CSS 样式
</body>
</html>
```

样式表由<style>与</style>标签标记在<head >与</head>之间，作为一个单独的部分。

内部 CSS 样式是 CSS 样式的初级应用形式，它只针对当前页面有效，不能跨页面执行，因此达不到 CSS 代码复用的目的，在实际的大型网站开发中很少用到此样式。

8.6.3 链接外部 CSS 样式表文件

外部 CSS 样式表文件是 CSS 样式中比较理想的一种形式。将 CSS 样式代码编写在一个独立的文件之中，由网页进行调用，多个网页可以调用同一个外部 CSS 样式表文件，因此能够实现代码的最大化重用及网站文件的最优化配置。

链接外部 CSS 样式是指在外部定义 CSS 样式并形成以.css 为扩展名的文件，在网页中通过<link>标签将外部的 CSS 样式文件链接到网页中，而且该语句必须放在页面的<head>与</head>标签之间。其语法结构如下：

```
<link rel="stylesheet"type="text/css"href="style/***.css">
```

rel 属性用于指定链接到 CSS 样式，其值为 stylesheet；type 属性用于指定链接的文件类型为 CSS 样式表；href 属性用于指定所定义链接的外部 CSS 样式文件的路径。

在这里使用的是相对路径，如果 HTML 文档与 CSS 样式文件没有在统一路径下，则需要指定 CSS 样式的相对位置或者绝对位置。

8.6.4 导入外部 CSS 样式表文件

导入外部 CSS 样式表文件与链接外部 CSS 样式表文件基本相同，都是创建一个单独的 CSS 样式文件，然后移入 HTML 文件中，只不过在语法和运作方式上有所区别。若采用导入的 CSS 样式，在 HTML 文件初始化时会被导入 HTML 文件内，成为文件的一部分，类似于内部 CSS 样式。链接 CSS 样式表是在 HTML 标签需要 CSS 样式风格时才以链接方式引入。

导入的外部CSS样式表文件是指在嵌入样式的<style>与</style >标签中使用@important 导入一个外部 CSS 样式。

Section 8.7 应用 CSS3 过渡效果

手机扫描下方二维码，观看本节视频课程

在 Dreamweaver CC 中，用户可以使用【CSS 过渡效果】面板创建 CSS 过渡效果、修改 CSS 过渡效果和删除 CSS 过渡效果。本节将详细介绍使用【CSS 过渡效果】面板创建 CSS 过渡效果的具体方法。

8.7.1 创建 CSS3 过渡效果

使用【CSS 过渡效果】面板创建 CSS3 过渡效果的方法非常简单，下面详细介绍使用【CSS 过渡效果】面板创建 CSS3 过渡效果的方法。

素材文件 第 8 章\素材文件\应用 CSS3 过渡效果\创建过渡效果.html

效果文件 第 8 章\效果文件\应用 CSS3 过渡效果\创建过渡效果.html

step 1 打开素材文件，选中文本，在【属性】面板中的【目标规则】下拉列表框中查看被选中文本的选择器(本例为.linews h3)，如图 8-55 所示。

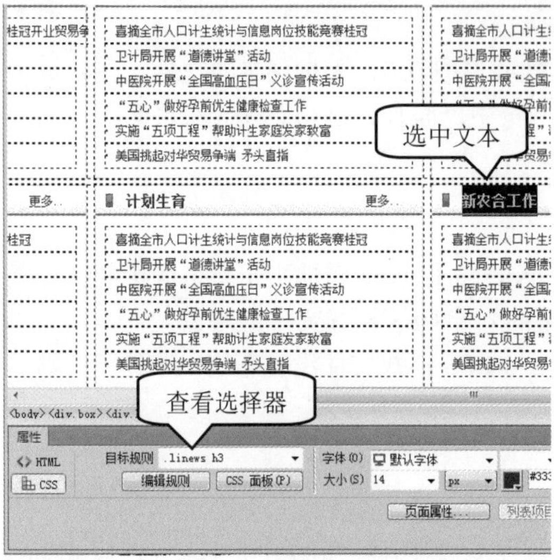

图 8-55

step 2 在【CSS 过渡效果】面板中，单击【新建过渡效果】按钮+，如图 8-56 所示。

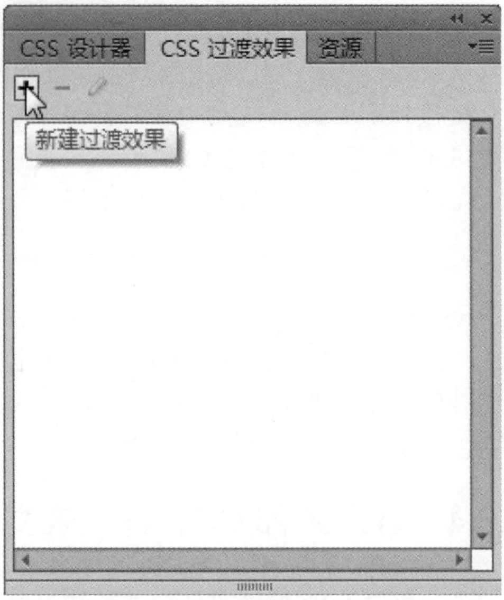

图 8-56

step 3 弹出【新建过渡效果】对话框，① 在【目标规则】下拉列表框中选择.linews h3 选项，在【过渡效果开启】下拉列表框中选择 hover 选项，② 单击【属性】列表框下的【添加】按钮，在弹出的下拉列表中选择 color 选项，在【结束值】文本框中输入参数，③ 单击【创建过渡效果】按钮，如图 8-57 所示。

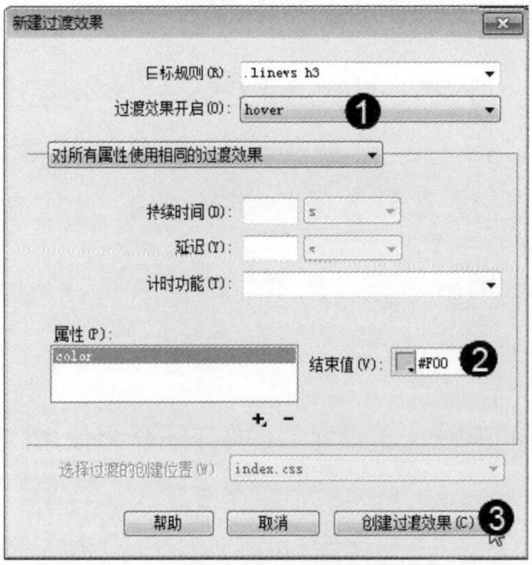

图 8-57

step 4 在【CSS 过渡效果】面板中可以看到已经创建的过渡效果，并显示效果所应用的实例个数，如图 8-58 所示。

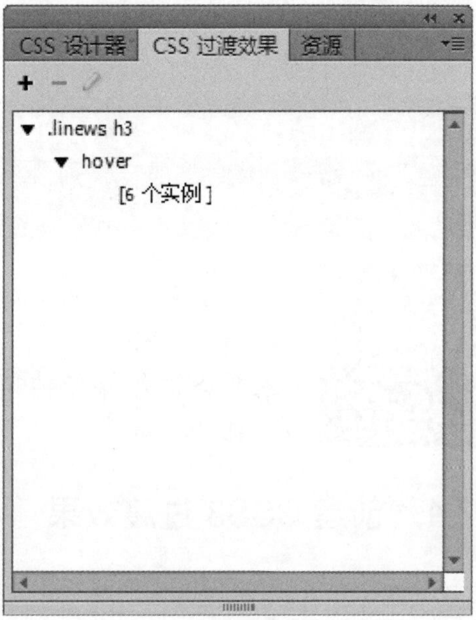

图 8-58

知识精讲

过渡属性包括 5 种：transition，简写属性，用于在一个属性中设置四个过渡属性；transition-property，规定应用过渡的 CSS 属性名称；transition-duration，定义过渡效果花费的时间，默认是 0；transition-timing-fuction，规定过渡效果的时间曲线，默认是 ease；transition-delay，规定过渡效果何时开始，默认是 0。

8.7.2 编辑 CSS3 过渡效果

创建完 CSS3 过渡效果后，如果有不满意的地方，还可以对效果进行修改。下面介绍编辑 CSS3 过渡效果的操作方法。

素材文件 第 8 章\素材文件\应用 CSS3 过渡效果\编辑过渡效果.html

效果文件 第 8 章\效果文件\应用 CSS3 过渡效果\编辑过渡效果.html

step 1 打开素材文件，在【CSS 过渡效果】面板中选中创建的 CSS3 过渡效果，如图 8-59 所示。

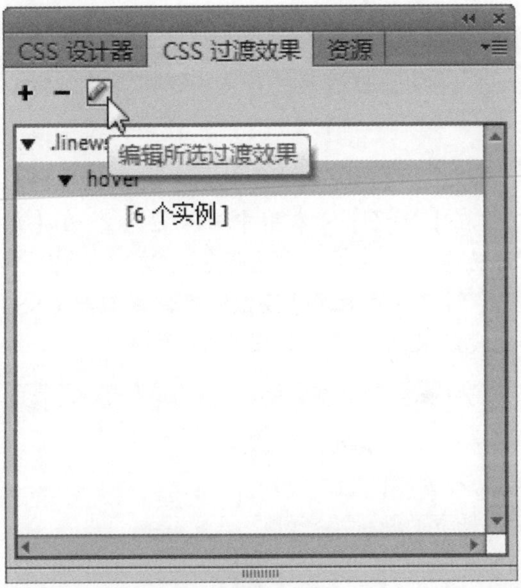

图 8-59

step 2 弹出【新建过渡效果】对话框，① 在【持续时间】文本框中输入 5，在【延迟】文本框中输入 2，② 在【计时功能】下拉列表中选择 ease 选项，③ 单击【创建过渡效果】按钮即可完成编辑 CSS3 过渡效果的操作，如图 8-60 所示。

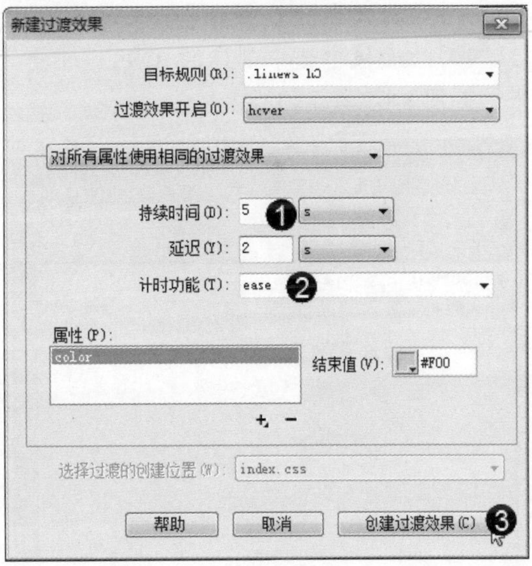

图 8-60

8.7.3 删除 CSS3 过渡效果

如果不想再使用 CSS3 过渡效果，可以将过渡效果删除。删除过渡效果的方法非常简单，下面介绍删除过渡效果的操作方法。

在【CSS 过渡效果】面板中选中创建的 CSS3 过渡效果，单击【删除】按钮(见图 8-61)，弹出【删除过渡效果】对话框，在该对话框中可以选择删除目标规则的【过渡属性】或【完整规则】，如图 8-62 所示。如果选择【完整规则】单选按钮，则会把 CSS3 过渡属性连同目标规则一起删除。

图 8-61

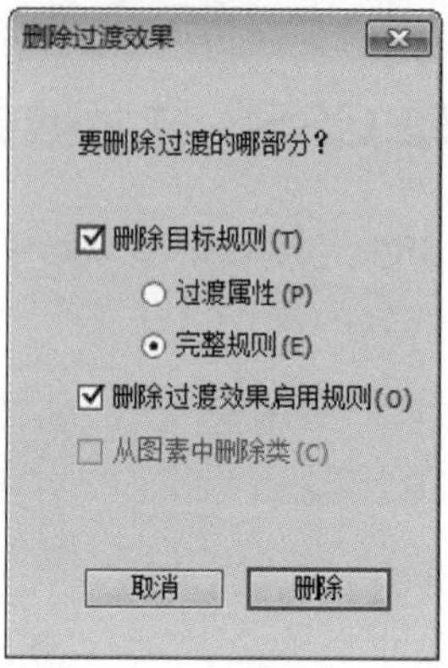

图 8-62

素材文件 第 8 章\素材文件\应用 CSS3 过渡效果\删除过渡效果.html

效果文件 第 8 章\效果文件\应用 CSS3 过渡效果\删除过渡效果.html

step 1 打开素材文件，在【CSS 过渡效果】面板中选中创建的 CSS3 过渡效果，如图 8-63 所示。

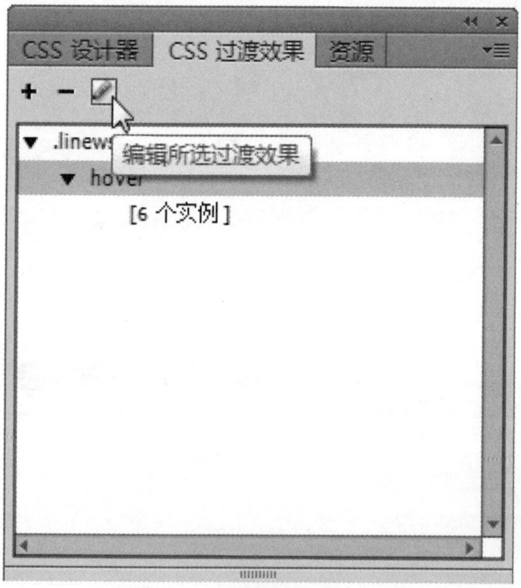

图 8-63

step 2 弹出【新建过渡效果】对话框，① 在【持续时间】文本框中输入 5，在【延迟】文本框中输入 2，② 在【计时功能】下拉列表中选择 ease 选项，③ 单击【创建过渡效果】按钮即可完成编辑 CSS3 过渡效果的操作，如图 8-64 所示。

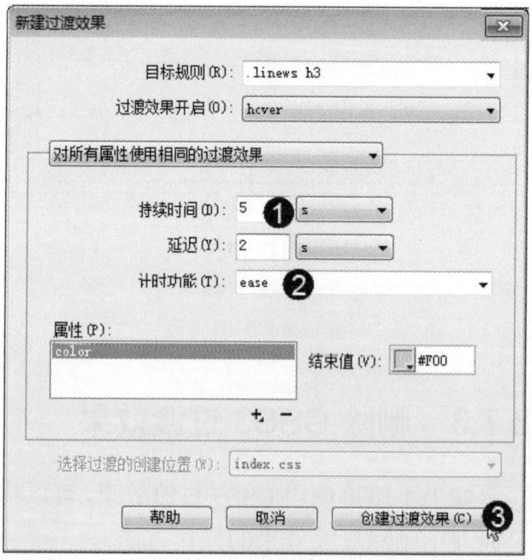

图 8-64

Section 8.8 范例应用与上机操作

手机扫描下方二维码，观看本节视频课程

本节主要介绍应用 CSS 设置固定字体、字号以及字体颜色，给网页添加边框效果，为网页添加 CSS 类选区，设置内边距属性，给文本添加列表项目符号，给网页添加背景等内容，以达到举一反三的目的。

8.8.1 应用 CSS 设置固定字体、字号以及字体颜色

本例介绍应用 CSS 设置固定字体、字号以及字体颜色，通过本案例的操作掌握使用 CSS 设置字体的知识。

素材文件 第 8 章\素材文件\8-8-1\8-8-1.html
效果文件 第 8 章\效果文件\8-8-1\8-8-1.html

step 1 打开素材文件，① 在【CSS 设计器】面板中的【源】窗格中选中 CSS 文件，② 在【选择器】窗格中选中准备修改的选择器，如图 8-65 所示。

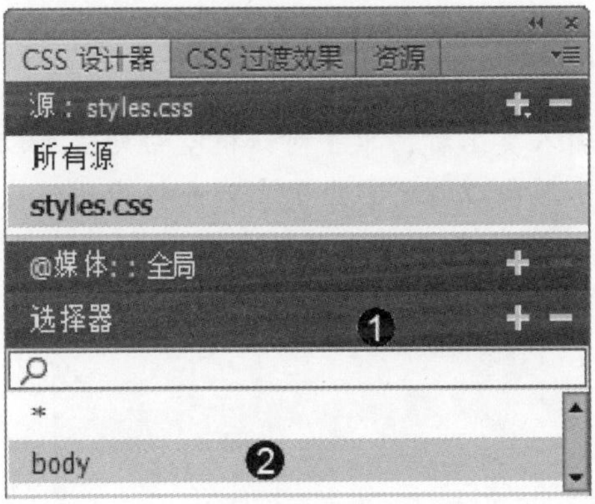

图 8-65

step 2 在【属性】窗格中单击【文本】按钮，设置 color、font-family、font-size 选项的参数，即可完成应用 CSS 设置固定字体、字号以及字体颜色的操作，如图 8-66 所示。

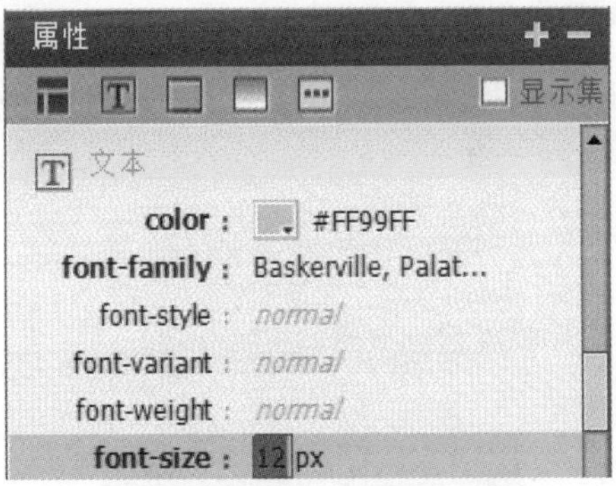

图 8-66

8.8.2 给网页添加边框效果

利用 CSS 样式还可以给网页添加边框，下面详细介绍给网页添加边框的操作方法。

素材文件 第 8 章\素材文件\8-8-2\8-8-2.html
效果文件 第 8 章\效果文件\8-8-2\8-8-2.html

step 1 打开素材文件，① 在【CSS 设计器】面板中的【源】窗格中选中 CSS 文件，② 在【选择器】窗格中选中准备修改的选择器，如图 8-67 所示。

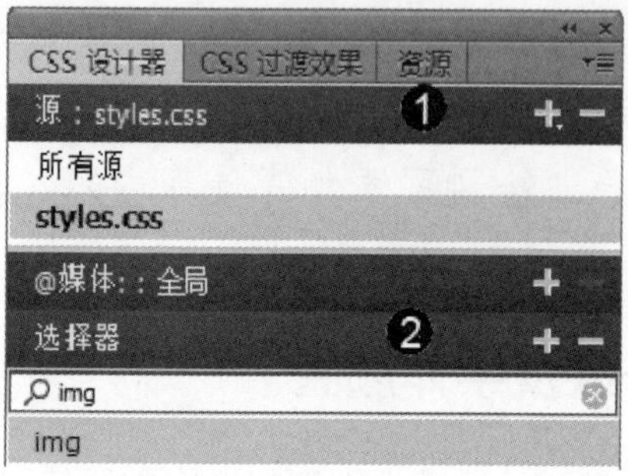

图 8-67

step 2 在【属性】窗格中单击【布局】按钮，设置 margin 选项的参数，即可完成给网页添加边框的操作，如图 8-68 所示。

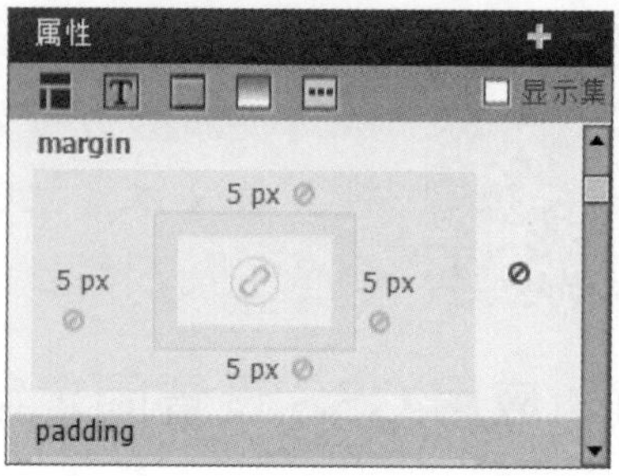

图 8-68

8.8.3 为网页添加 CSS 类选区

本案例介绍为网页添加 CSS 类选区。为网页添加 CSS 类选区的方法很简单，下面详细介绍为网页添加 CSS 类选区的操作方法。

素材文件 第 8 章\素材文件\8-8-3.html

效果文件 第 8 章\效果文件\8-8-3.html

step 1 打开素材文件，选中文字，在【属性】面板中的【目标规则】下拉列表框中选择【应用多个类】选项，如图 8-69 所示。

图 8-69

step 2 弹出【多类选区】对话框，① 在【键入以指定未定义的类】文本框中输入类名称，单击对话框空白处，可以看到【单击以指定多个类】列表框中已经出现刚输入的类，② 单击【确定】按钮，如图 8-70 所示。

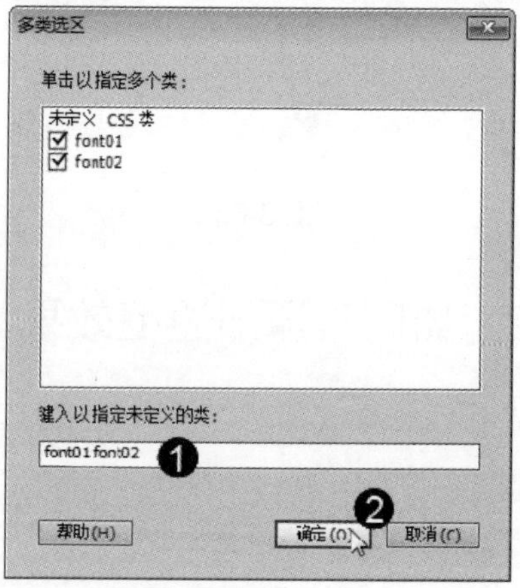

图 8-70

step 3 页面中的统一元素已经应用了多个类 CSS 样式，如图 8-71 所示。

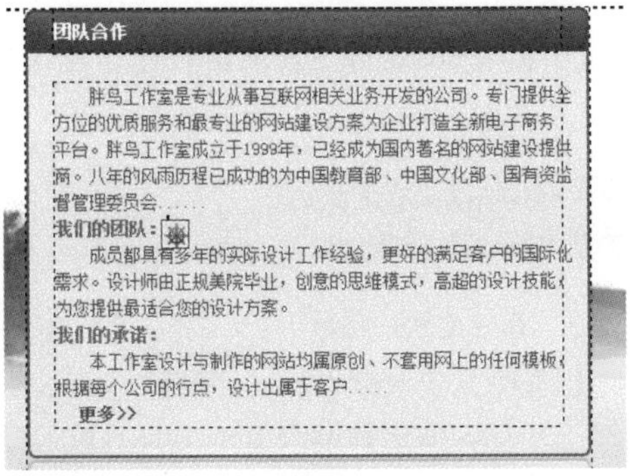

图 8-71

8.8.4 设置内边距属性

本案例介绍如何设置网页的内边距属性。设置内边距属性的方法很简单，下面详细介绍为网页设置内边距属性的操作方法。

素材文件 第 8 章\素材文件\8-8-4.html

效果文件 第 8 章\素材文件\8-8-4.html

step 1 打开素材文件，① 在【CSS 设计器】面板中的【源】窗格中选中 CSS 文件，② 在【选择器】窗格中选中准备修改的选择器，如图 8-72 所示。

图 8-72

step 2 在【属性】窗格中单击【布局】按钮，设置 padding 选项的参数，即可完成给网页设置内边距的操作，如图 8-73 所示。

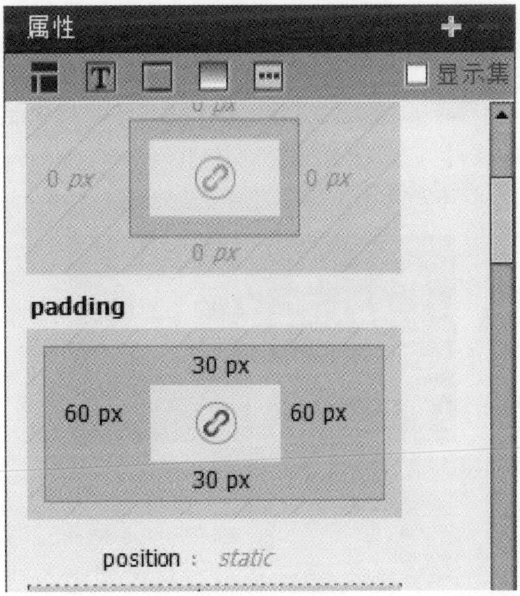

图 8-73

8.8.5 给文本添加列表项目符号

本案例介绍如何给网页中的文本添加列表项目符号。给文本添加列表项目符号的方法很简单，下面详细介绍给文本添加列表项目符号的操作方法。

素材文件 第 8 章\素材文件\8-8-5.html

效果文件 第 8 章\效果文件\8-8-5.html

step 1 打开素材文件，① 在【CSS 设计器】面板中单击【选择器】窗格中的【添加选择器】按钮，② 在文本框中输入“.list01”，如图 8-74 所示。

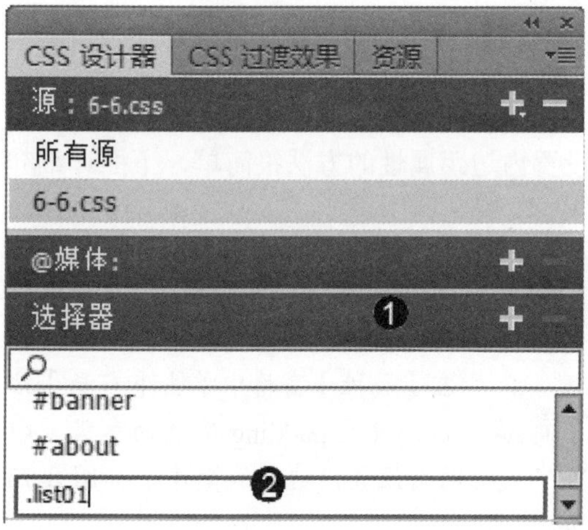

图 8-74

step 2 在【属性】窗格中单击【其他】按钮，设置 list-style-position、list-style-type 选项的参数，如图 8-75 所示。

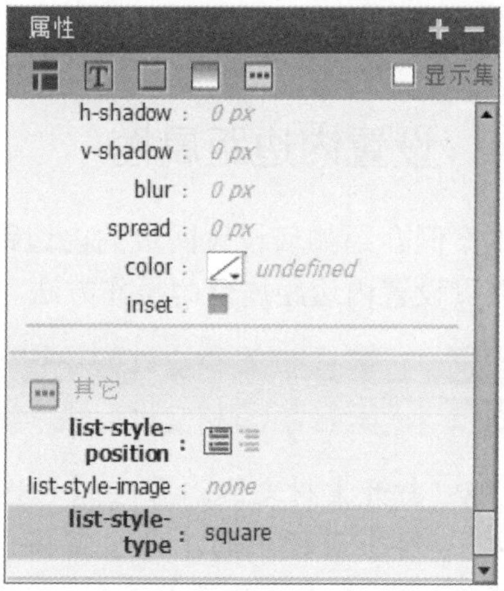

图 8-75

step 3 在页面中选择需要应用列表样式的列表文字，在【属性】面板中的【类】下拉列表框中选择 list01 选项，如图 8-76 所示。

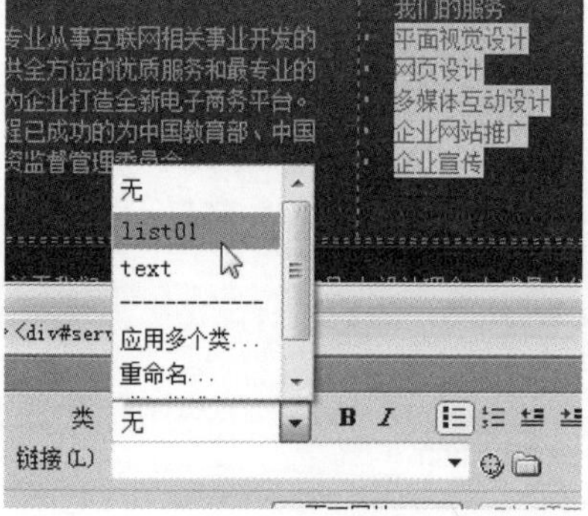

图 8-76

step 4 可以看到被选中的文字已经添加了列表项目符号。通过以上步骤即可完成给文本添加列表项目符号的操作，如图 8-77 所示。

图 8-77

8.8.6 给网页添加背景

本案例介绍如何给网页添加背景。给网页添加背景的方法很简单，下面详细介绍给网页添加背景的操作方法。

素材文件 第8章\素材文件\8-8-6.html
效果文件 第8章\效果文件\8-8-5.html

step 1 打开素材文件，① 在【CSS设计器】面板中单击【选择器】窗格中的【添加选择器】按钮，② 在文本框中输入“.bg01”，如图 8-78 所示。

图 8-78

step 2 在【属性】窗格中单击【背景】按钮，设置 background-image 下的 url、background-repeat 选项的参数，如图 8-79 所示。

图 8-79

step 3 将光标移动到名为 menu 的 Div 中，在【属性】面板中的 Class 下拉列表框中选择刚刚定义的 CSS 样式 bg01，如图 8-80 所示。

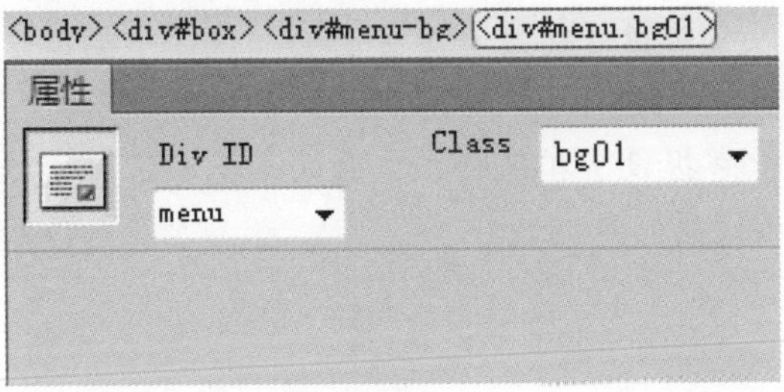

图 8-80

step 4 可以看到导航菜单部分的背景效果，如图 8-81 所示。

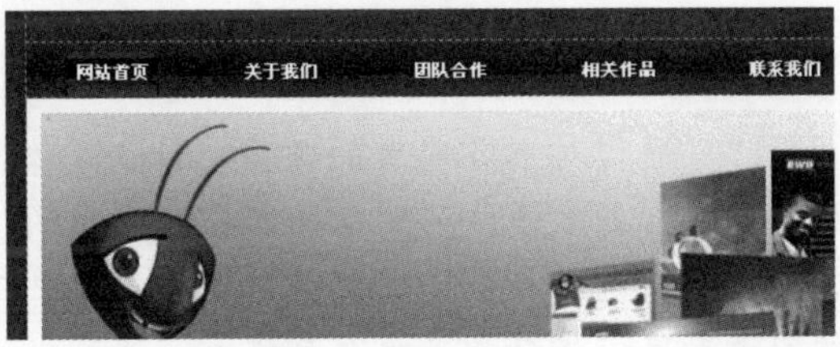

图 8-81

Section 8.9 本章小结与课后练习

本节内容无视频课程，习题参考答案在本书附录。

本章主要介绍了什么是CSS样式表、使用CSS设计器面板、CSS选择器的类型、创建与编辑CSS样式、编辑CSS样式、在Dreamweaver CC中使用CSS样式、应用CSS3过渡效果等内容，下面通过练习几道习题，达到巩固与提高的目的。

8.9.1 思考与练习

1. 填空题

(1) CSS(Cascading Style Sheet)中文译为______或“级联样式表”，是一种对Web文档添加样式的简单机制，也是一种表现______或XML等文件样式的计算机语言，其定义是由W3C(the World Wide Web Consortium)来维护的。

(2) CSS样式的类型包括______、重定义标签的CSS和______。

2. 判断题

(1) 【CSS设计器】面板中包含【源】、【@媒体】、【选择器】和【属性】4个部分，每个部分针对CSS样式的不同管理与设置操作。 (　　)

(2) Font-family下拉列表框用于定义文本大小，可以通过选择数字和度量单位选择特定的大小，也可以选择相对大小。 (　　)

3. 思考题

(1) 如何创建CSS3过渡效果？

(2) 如何附加CSS样式表？

8.9.2 上机操作

(1) 通过对本章内容的学习，读者基本可以掌握设置文本类型方面的知识，下面通过练习设置标题字体，达到巩固与提高的目的。

(2) 通过对本章内容的学习，读者基本可以掌握设置扩展样式方面的知识，下面通过练习设置鼠标指针效果为准星样式，达到巩固与提高的目的。

第 9 章

应用 Div+CSS 布局网页

本章主要介绍 Div 概述、应用 Div 布局网页、可视化盒模型的知识与技巧，同时还讲解了 CSS 的布局定位。通过本章的学习，读者可以掌握应用 Div+CSS 布局网页的知识，为深入学习 Dreamweaver CC 知识奠定基础。

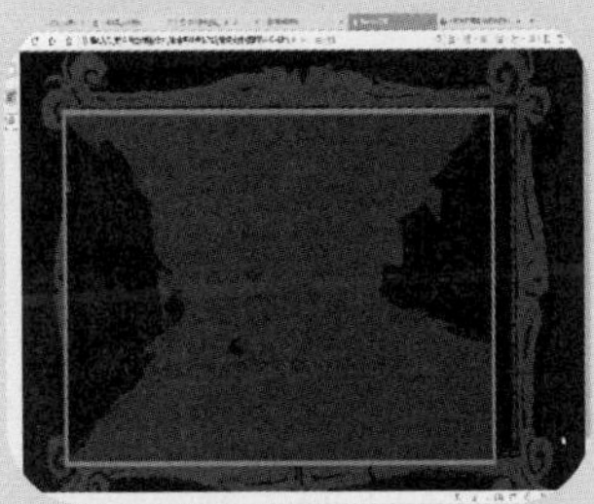

范例导航

1. Div 概述
2. 应用 Div 布局网页
3. 可视化盒模型
4. CSS 的布局定位

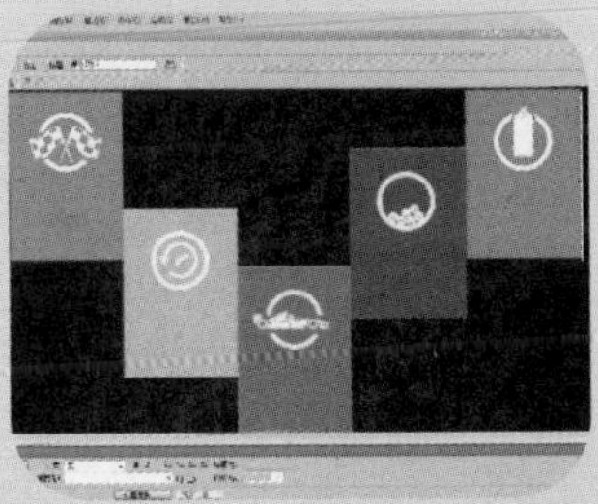

Section 9.1 Div 概述

手机扫描下方二维码，观看本节视频课程：1 分 29 秒

Div 标签在 Web 标准网页中使用得非常频繁，Div 与其他 HTML 标签一样，是一个 HTML 所支持的标签，可以很方便地实现网页的布局。CSS+Div 是网站标准中常用的术语之一，在出现 CSS+Div 结构之后，很多设计者都放弃了表格而使用 CSS 来布局页面。

9.1.1 什么是 Div

Div 全称 Division，中文翻译为“区分”，也称为区隔标记。Div 是一个区块容器标记，即<div>与</div>之间相当于一个容器，可以容纳段落、标题、表格、图片，乃至章节、摘要和备注等各种 HTML 元素。因此，可以把<div>与</div >中的内容视为一个独立的对象用于 CSS 的控制，声明时只需要对<div>进行相应的控制，其中的各标记元素都会因此而改变。

在 HTML 页面中，几乎每一个标签对象(也称标记)都可以称得上一个容器。Div 是 HTML 中指定的专门用于布局设计的容器对象。在传统的表格布局当中之所以能够进行页面的排版布局设计，完全依赖于表格对象 table。在页面当中绘制一个由多个单元格组成的表格，在相应的表格中放置内容，通过表格单元格的位置控制达到实现布局的目的，这是表格式布局的核心对象。

现在，我们所要接触的是一个全新的布局方式——CSS 布局。Div 是这种布局方式的核心对象，使用 CSS 布局的页面排版不需要依赖表格，仅从 Div 的使用上来说，做一个简单的布局只需要依赖 Div 与 CSS，因此可以称之为 Div+CSS 布局。

9.1.2 Div CSS 布局的优势

复杂的表格使得设计极为困难，修改也更加烦琐，最后生成的网页代码除了表格本身的代码以外还有许多没有意义的图像占位符和其他元素，文件量较大，最终导致浏览器下载、解析的速度变慢。

使用 CSS 布局可以从根本上改变这种情况。CSS 布局的重点不再放在表格元素的设计上，取而代之的是 HTML 中的另一个元素——Div。Div 可以理解为“图层”或是一个“块”。Div 是一种比表格简单的元素，语法上从<div>开始到</div>结束，Div 的功能是将一段信息标记出来用于后期的样式定义。

Div 在使用时不需要像表格那样通过其内部的单元格来组织版式，使用 CSS 强大的样式定义功能可以比表格更简单、更自由地控制页面版式和样式。

由于 Div 与样式分离，最终样式由 CSS 来完成，这种与样式无关的特性使得 Div 在设计中拥有较大的可伸缩性，用户可以根据自己的想法改变 Div 的样式，不再拘泥于单元格固定模式的束缚。

9.1.3 Div 标记和 Span 标记的区别

Div 标记是出现于 HTML 3.0 时期，不过当时因为局限性，使用的并不多见，一直到 CSS 的出现，Div 才逐渐发挥其优势；而 Span 标记是一直到 HTML 4.0 时期才出现的，是专门针对样式表而设计的标记。

Div 简单地说是一个区块的容器，容纳段落、标题、表格、图片甚至章节、摘要以及备注等，而 Span 是行元素，Span 没有结构意义。

Div 标记是一个块级元素，包围的元素会自动换行；而 Span 标记仅仅是一个行内元素，在前后不会换行，Span 标记没有结构上的意义，纯粹是应用样式。

此外，Span 标记可以包含于 Div 标记之中，成为子元素，而反过来则不成立，即 Span 标记不能包含 Div 标记。相关的示例代码如下：

```
<html>
<head>
<title>div 与 span 的区别</title>
</head>
<body>
<p>div 标记不同行：</p>
<div><img src="building.jpg" border="0"></div>
<div><img src="building.jpg" border="0"></div>
<div><img src="building.jpg" border="0"></div>
<p>span 标记同一行：</p>
<span><img src="building.jpg" border="0"></span>
<span><img src="building.jpg" border="0"></span>
<span><img src="building.jpg" border="0"></span>
</body>
</html>
```

Section 9.2 应用 Div 布局网页

手机扫描下方二维码，观看本节视频课程

Div 是 HTML 中的标签，也称作层，用 Div 布局也说成用层布局，由于 Div 与样式分离，最终样式由 CSS 来完成。用 Div 标签来布局，结合层叠样式层可以设计出完美的网页。本节将详细介绍 Div 布局方面的知识。

9.2.1 页面布局分析

使用 Div 可以将页面首先在整体上进行<div>标记的分块，然后对各个块进行 CSS 定位，最后再在各个块中添加相应的内容。页面大致由 banner、content、links 和 footer 几个部分组成，如图 9-1 所示。

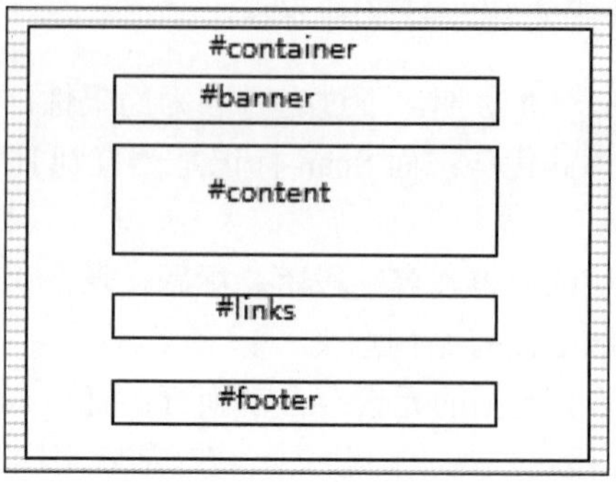

图 9-1

页面中的 HTML 框架代码如下：

```
<div id="container"></div>
<div id="banner"></div>
<div id="content"></div>
<div id="links"></div>
<div id="footer"></div>
</div>
```

9.2.2 插入和编辑 Div 标签

与其他 HTML 对象一样，用户只需要在代码中应用<div></div>这样的标签形式，将内容放置其中，就可以应用 div 标签。下面详细介绍插入和编辑 div 标签的方法。

step 1 启动 Dreamweaver CC，① 在【插入】面板上选择【常用】选项，② 单击 Div 按钮，如图 9-2 所示。

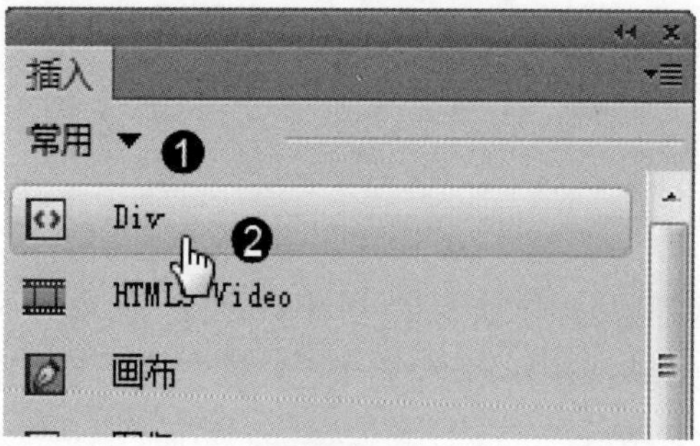

图 9-2

step 2 弹出【插入 Div】对话框，① 在【插入】下拉列表中选择【在插入点】选项，② 在 ID 下拉列表框中输入 apDiv1，③ 单击【确定】按钮，如图 9-3 所示。

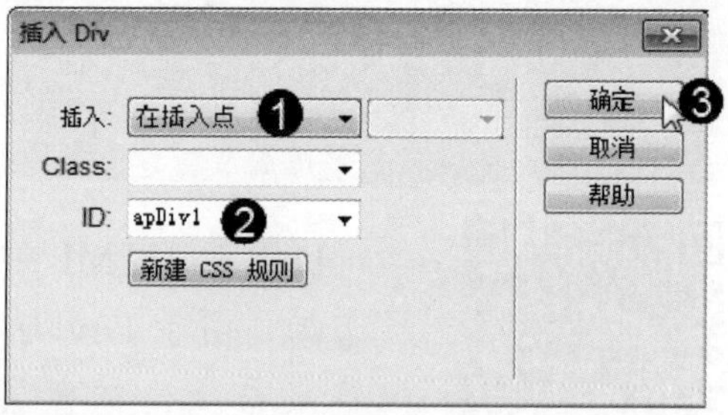

图 9-3

step 3 可以看到网页中已经插入了 Div，如图 9-4 所示。

智慧锦囊

同一名称的 ID 值在当前 HTML 页面中只允许使用一次，不管是应用到 Div 还是其他对象的 ID 中，而 Class 名称则可以重复使用。

图 9-4

考考您

请您根据上述方法创建一个 Word 文档，测试一下您的学习效果。

在【插入 Div】对话框中，各选项的功能如下。

- 【插入】下拉列表框：在该选项的下拉列表中可以选择要在网页中插入 Div 的位置，包含【在选定内容旁换行】、【在标签前】、【在标签开始之后】、【在标签结束之前】和【在标签后】5 个选项。
- Class 下拉列表框：在该选项的下拉列表中，可以为所插入的 Div 选择应用的 ID CSS 样式。
- 【新建 CSS 规则】按钮：单击该按钮，将弹出【新建 CSS 规则】对话框，可以新建应用于所插入的 Div 的 CSS 样式。

选中插入的 Div 标签，在【属性】面板中即可对 Div 的属性进行相关设置，如图 9-5 所示。

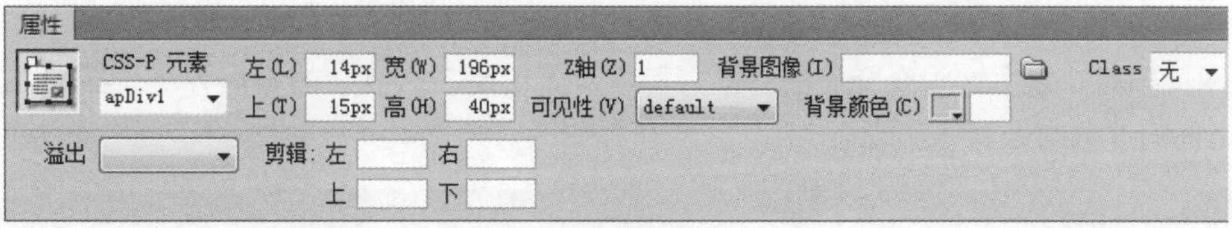

图 9-5

9.2.3 Div 的嵌套和固定格式

Div 可以有多层嵌套使用，嵌套的目的是实现更加复杂的页面排版。在设计一个网页时首先需要有整体布局，需要考虑其头部、中部和底部，这也许会产生一个复杂的 Div 结构。例如：

```
<div id="top">顶部 </div>
<div id="main">
  <div id="left">左</div>
      <div id="right">右</div>
</div>
<div id="bottom">底部</div>
```

在该段代码中，每个 Div 定义了 id 名称以供识别。可以看到，id 为 top、main 和 bottom 的 3 个对象，它们之间属于并列关系，一个接着一个。在网页的布局结构中如果以垂直方向布局为例，代表的是如图 9-6 所示的一种布局关系，而在 main 中，为了内容需要，有可能在 main 中使用左、右栏的布局，因此在 main 中增加了两个 id 为 left 和 right 的 Div，这两个 Div 本身是并列关系，但它们都处于 main 中。这样，它们与 main 形成了一种嵌套关系，如果 left 和 right 被样式控制为左右显示，那么它们最终的布局关系应该如图 9-7 所示。

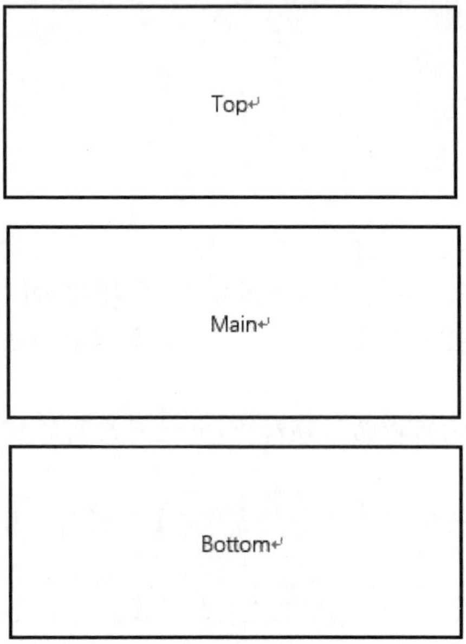

图 9-6

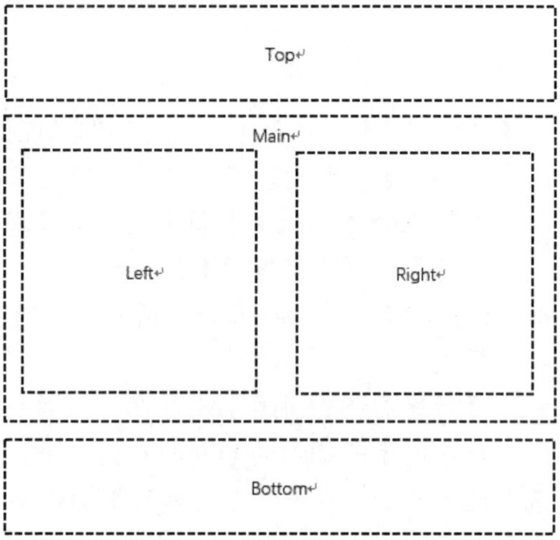

图 9-7

网页布局，则由这些嵌套着的 Div 来构成，无论是多么复杂的布局方法，都可以使用 Div 之间的并列与嵌套来实现。

Section 9.3 可视化盒模型

手机扫描下方二维码，观看本节视频课程：3 分 43 秒

CSS 盒子模型就是在网页设计中经常用到的 CSS 技术所使用的一种思维模型。盒模型是 CSS 控制页面时的一个重要概念，用户只有很好地掌握了盒模型以及其中每个元素的用法，才能真正地控制页面中各个元素的位置。

9.3.1 盒模型的概念

在 CSS 中，所有的页面元素都包含在一个矩形框内，这个矩形框称为盒模型。盒模型描述了元素及其属性在页面布局中所占的空间大小，因此盒模型可以影响其他元素的位置和大小。一般来说，这些被占据的空间往往比单纯内容占据的空间要大。换句话说，可以通过整个盒子的边框和距离等参数来调节盒子的位置。

盒模型由 margin(边界)、border(边框)、padding(填充)和 content(内容)几个部分组成，另外，在盒模型中还有高度和宽度两个辅助属性，如图 9-8 所示。

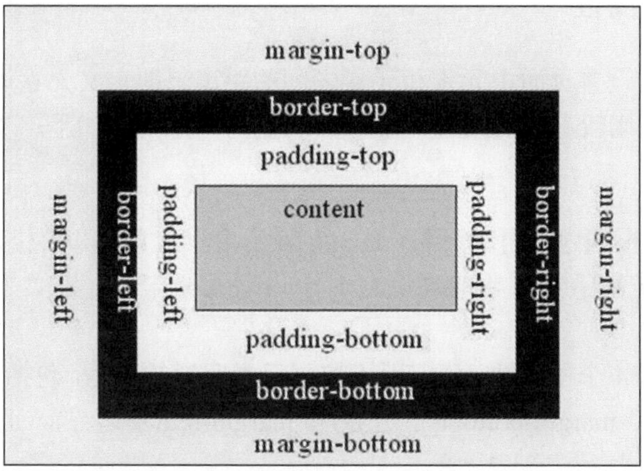

图 9-8

从该图中可以看出，盒模型包含 4 个部分的内容。

- margin 属性：该属性被称为边界或外边距，用来设置内容与内容之间的距离。
- border 属性：该属性被称为边框或内容边框线，可以设置边框的粗细、颜色和样式等。
- padding 属性：该属性被称为填充或内边距，用来设置内容与边框之间的距离。
- content 属性：该属性被称为内容，它是盒模型中必要的一个部分，可以放置文字、图像等内容。

知识精讲

一个盒子的实际高度或宽度是由 content+padding+border+margin 决定的。在 CSS 中，用户可以通过设置 width 或 height 属性来控制 content 部分的大小，并且对于任何一个盒子，都可以分别设置 4 个边的 border、margin 和 padding。

9.3.2 CSS 盒模型的要点

对于 CSS 盒模型，在使用过程中有以下几个要点需要注意：

- 边框默认的样式(border-style)可设置为不显示(none)。
- 填充值(padding)不可以为负。
- 边界值(margin)可以为负，其显示效果在各浏览器中可能不同。
- 内联元素，例如<a>，定义上、下边界不会影响到行高。
- 对于块级元素，未浮动的垂直相邻元素的上边界和下边界会被压缩。例如有上、下两个元素，上面元素的下边界为 10px，下面元素的上边界为 5px，则两个元素的间距实际为 10px(两个边界值中较大的值)，这就是盒模型的垂直空白边叠加的问题。
- 浮动元素(无论是没有浮动还是有浮动)边界不压缩，并且如果浮动元素不声明宽度，其宽度趋向于 0，即压缩到内容能够承受的最小宽度。
- 如果盒中没有内容，即使定义宽度和高度都为 100%，实际上只占 0%，因此不会被显示，对于这一点，大家在使用 Div+CSS 布局的时候需要特别注意。

9.3.3 margin 属性

margin 属性用于设置页面中元素和元素之间的距离，即定义元素周围的空间范围，它是页面排版中的一个比较重要的概念。margin 属性的语法格式如下：

```
margin: auto | length;
```

其中，auto 表示根据内容自动调整，length 表示由浮点数字和单位标识符组成的长度值或百分数，百分数是基于父对象的高度。对于内联元素来说，左、右外延边距都可以是负数。

margin 属性包含 4 个子属性，分别用于控制元素四周的边距，包括 margin-top(上边界)、margin-right(右边界)、margin-bottom(下边界)和 margin-left(左边界)。下面介绍设置 margin 属性的方法。

素材文件 第 9 章\素材文件\margin 属性.html
效果文件 第 9 章\效果文件\margin 属性.html

step 1 打开素材文件，将光标移至名为 box 的 Div 中，将多余的文字删除，① 单击【插入】菜单，② 在弹出的下拉菜单中选择【图像】菜单项，③ 在弹出的子菜单中选择【图像】命令，如图 9-9 所示。

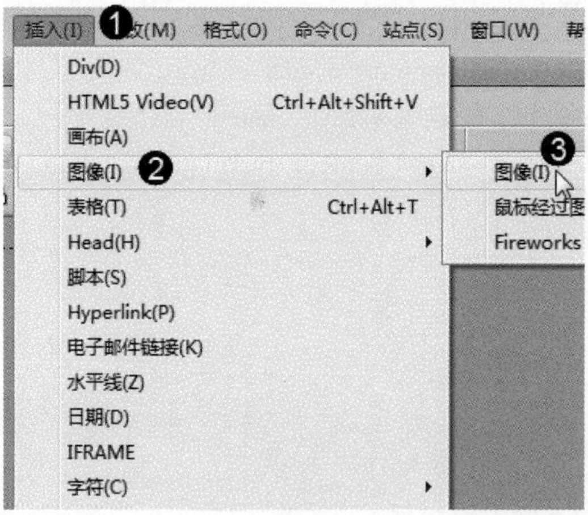

图 9-9

step 2 弹出【选择图像源文件】对话框，① 选中准备插入的图像，② 单击【确定】按钮，如图 9-10 所示。

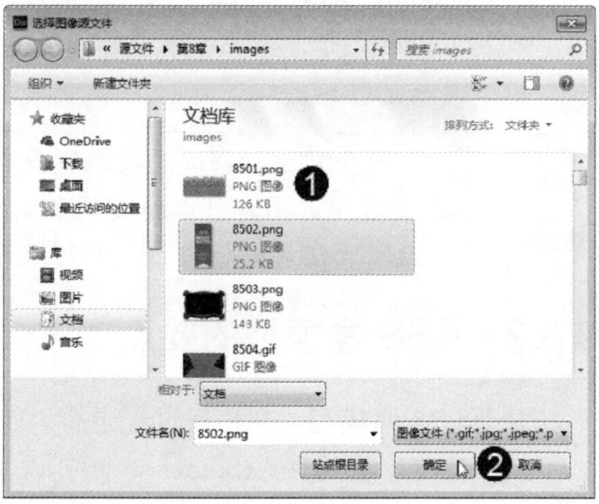

图 9-10

step 3 图片已经插入到网页中，如图 9-11 所示。

step 4 切换到外部的 CSS 样式文件中，创建名为#box 的 CSS 样式，如图 9-12 所示。

图 9-11

step 5 再返回到网页的设计视图，可以看到设置的效果，如图 9-13 所示。

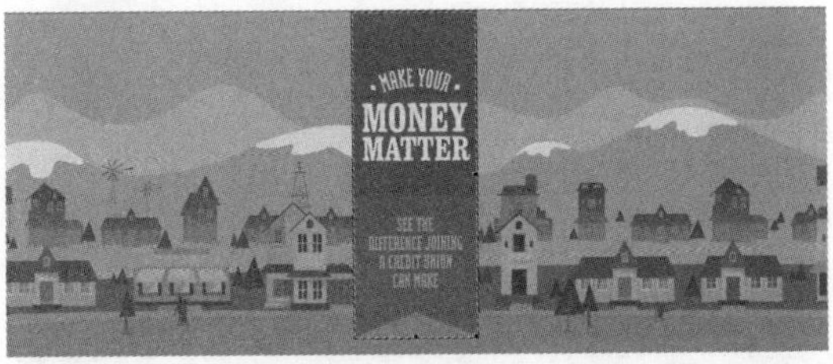

图 9-13

```
@charset "utf-8";
/* CSS Document */
*{
    margin:0px;
    padding:0px;
    }
#box{
    margin:0px auto;
    width:220px;
    height:500px;
    }
body{
    background-color:#8abfc8;
    background-image:url(../images/8501.png);
    background-repeat:no-repeat;
    background-position:top center;
    }
```

图 9-12

9.3.4 border 属性

border 属性是内边距和外边距的分界线，可以分离不同的 HTML 元素，border 的外边是元素的最外围。在网页设计中，如果计算元素的宽和高，则需要把 border 属性值计算在内。border 属性的语法格式如下：

```
border: border-style | border-color | border-width;
```

border 属性有 3 个子属性，分别是 border-style(边框样式)、border-width(边框宽度)和 border-color(边框颜色)。下面介绍设置 border 属性的方法。

素材文件 第 9 章\素材文件\border 属性.html

效果文件 第 9 章\效果文件\border 属性.html

step 1 打开素材文件，将光标移至名为 box 的 Div 中，将多余的文字删除，① 单击【插入】菜单，② 在弹出的下拉菜单中选择【图像】菜单项，③ 在弹出的子菜单中选择【图像】命令，如图 9-14 所示。

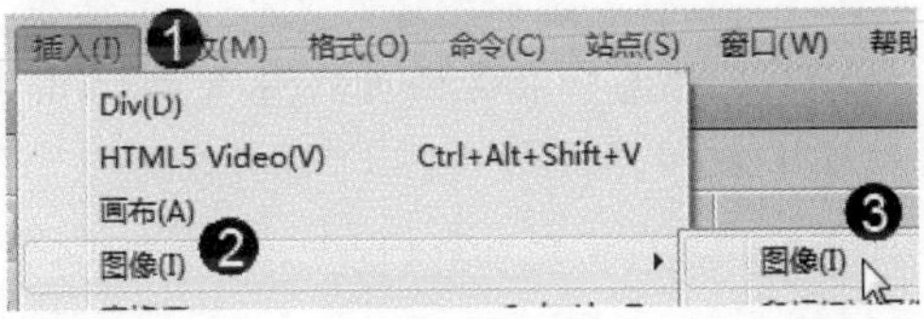

图 9-14

step 2 弹出【选择图像源文件】对话框，① 选中准备插入的图像，② 单击【确定】按钮，如图 9-15 所示。

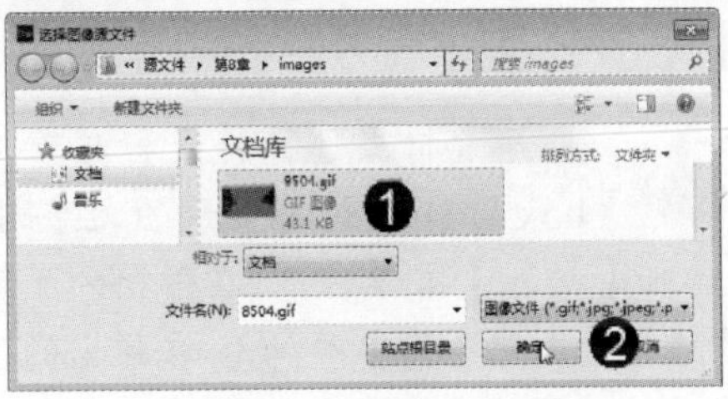

图 9-15

step 3 图片已经插入到网页中，如图 9-16 所示。

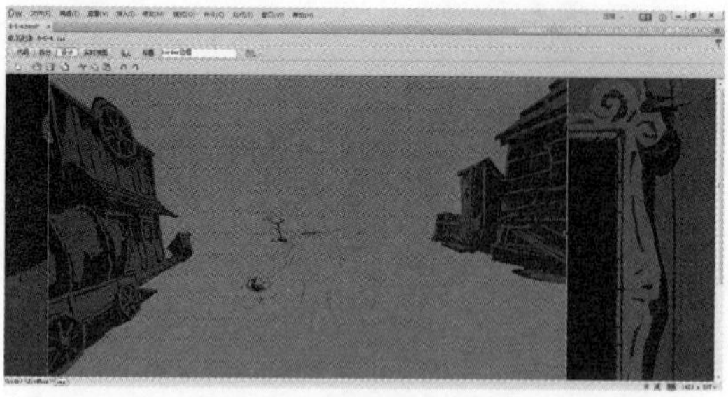

图 9-16

step 5 执行【文件】|【保存】命令，保存页面和外部 CSS 文件，按 F12 键，打开网页浏览器，在浏览器中查看效果，如图 9-18 所示。

step 4 切换到外部的 CSS 样式文件中，创建名为#box 的 CSS 样式，如图 9-17 所示。

```
.pic01{
    position: absolute;
    left: 103px;
    top: 103px;
    border: solid 10px #999;
    }
```

图 9-17

图 9-18

9.3.5 padding 属性

在 CSS 中可以通过设置 padding 属性定义内容和边框之间的距离，即内边距。padding 属性的语法格式如下：

```
Padding: length;
```

padding 属性值可以是一个具体的长度，也可以是一个相对于上级元素的百分比，但不可以使用负值。

padding 属性包括 4 个子属性，即 padding-top(上边界)、padding-right(右边界)、padding-bottom(下边界)、padding-left(左边界)，可以分别为盒子定义上、右、下、左各边填充的值。

下面介绍设置 padding 属性的方法。

素材文件 第 9 章\素材文件\border 属性.html
效果文件 第 9 章\效果文件\border 属性.html

step 1 打开素材文件，将光标移至名为 box 的 Div 中，将多余的文字删除，① 单击【插入】菜单，② 在弹出的下拉菜单中选择【图像】菜单项，③ 在弹出的子菜单中选择【图像】命令，如图 9-19 所示。

step 2 弹出【选择图像源文件】对话框，① 选中准备插入的图像，② 单击【确定】按钮，如图 9-20 所示。

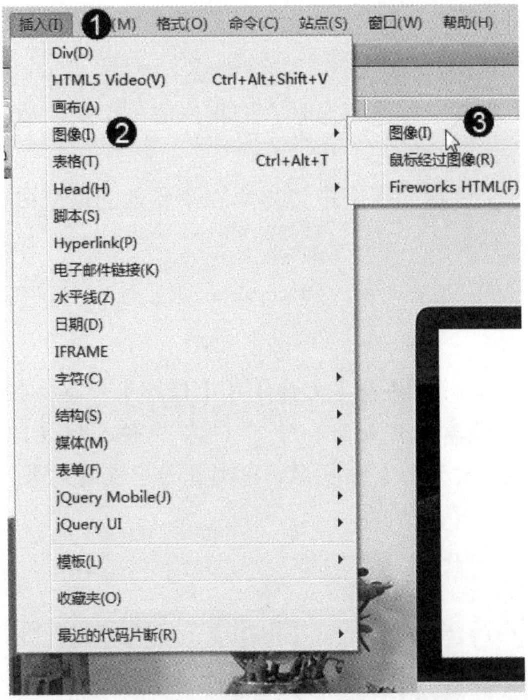

图 9-19

step 3 图片已经插入到网页中，如图 9-21 所示。

图 9-21

step 5 在网页设计视图中查看设置完成的效果，如图 9-23 所示。

图 9-20

step 4 切换到外部的 CSS 样式文件中，创建名为#box 的 CSS 样式，如图 9-22 所示。

```
#box{
    width:741px;
    height:456px;
    background-image: url(../images/8506.jpg);
    background-repeat: no-repeat;
    background-position: top center;
    margin:100px auto 0px auto;
    padding-left:449px;
    padding-top:124px;
    }
```

图 9-22

图 9-23

9.3.6 空白边的叠加

空白边叠加是一个比较简单的概念，当两个垂直空白边相遇时它们将形成一个空白边，这个空白边的高度是两个发生叠加的空白边中高度较大的那一个。

当一个元素出现在另一个元素上面时，第一个元素的底空白边与第二个元素的顶空白边发生叠加。

素材文件 第 9 章\素材文件\空白边叠加.html

效果文件 第 9 章\效果文件\空白边叠加.html

step 1 打开素材文件，切换到外部 CSS 样式文件中，在名为#pic1 的 CSS 样式代码中添加下边界的设置，然后在名为#pic2 的 CSS 样式代码中添加上边界的设置，如图 9-24 所示。

```
#pic1 {
    width: 600px;
    height: 170px;
    padding: 10px;
    background-color: #FFF;
    background-bottom:40px;
}
#pic2 {
    width: 600px;
    height: 170px;
    padding: 10px;
    background-color: #FFF;
    margin-top:10px;
}
```

图 9-24

step 2 执行【文件】|【保存】命令，保存页面和外部 CSS 文件，按 F12 键，打开网页浏览器，在浏览器中查看效果，如图 9-25 所示。

图 9-25

Section 9.4 CSS 的布局定位

手机扫描下方二维码，观看本节视频课程

CSS 的排版是一种较新的排版概念，完全有别于传统的排版方式。它将页面首先在整体上进行<div>标签的分块，然后对各个块进行 CSS 定位，最后在各个块中添加相应的内容。通过 CSS 排版的页面，更新十分容易，而且页面的拓扑结构都可以通过修改 CSS 属性来重新定位。

9.4.1 浮动定位

float 属性定位的元素位于 z-index:0 层。它是通过 float:left 和 float:right 来控制元素在 0 层左浮或右浮。float 会改变正常的文档流排列，影响到周围元素。float 元素在文档流中一个挨一个排列。但注意，只是 float 元素之间一个挨一个排列，对于非 float 的元素，float 元素是视而不见的，会越过它们。

如在 Dreamweaver 中输入如下代码：

```
<html>
<head>
<style type="text/css">
   .fl{float:left;background:green;border:solid 1px #00f;}
   .nfl{background:#f0f;border:solid 1px #000;}
</style>
</head>
<body>
   <span class="fl">float 元素 A</span>
   <span class="nfl">非 float 元素</span>
   <span class="fl">float 元素 B</span>
   <span class="fl">float 元素 C</span>
</body>
</html>
```

保存文件后，则在浏览器中的效果如图 9-26 所示。

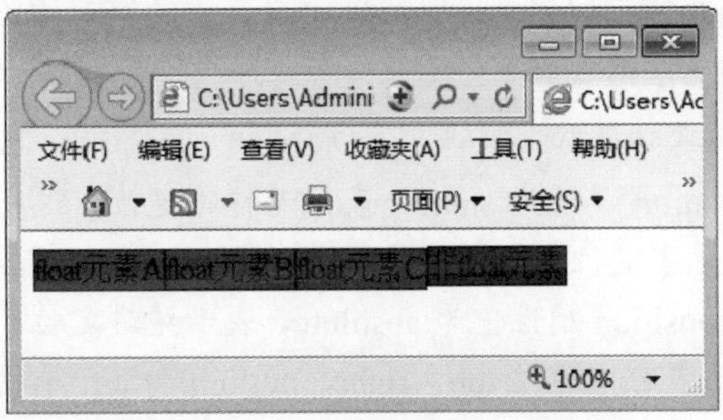

图 9-26

9.4.2 通过 position 属性定位

1. position 属性的四个值

在 CSS 布局中，position 发挥着非常重要的作用，很多容器的定位是用 position 来完成的。另外，CSS 中 position 属性有四个值，分别是 static、absolute、fixed、relative，下面分别予以详细介绍。

1) static(无定位)

该属性值是所有元素定位的默认情况，在一般情况下，不需要特别地声明，但有时候遇到继承的情况，可以用 position:static 取消继承，即还原元素定位的默认值。

2) absolute(绝对定位)

使用 position:absolute，能够很准确地将元素移动到想要的位置，比如将 nav 移动到页面的右上角。

即：nav{position:absolute;top:0;right:0;width:200px;}

使用绝对定位的nav层前面的或者后面的层会认为这个层并不存在，也就是在z方向上，是相对独立出来的，丝毫不影响其他 z 方向的层。所以 position:absolute 用于将一个元素放到固定的位置上，但是如果需要层相对于附近的层来确定位置便不可行。

3) fixed(相对于窗口的固定定位)

元素的定位方式同 absolute 类似，但包含块是视区本身，在屏幕媒体，如 Web 浏览器中，元素在文档滚动时不会在浏览器中移动。

4) relative(相对定位)

相对定位是相对于元素默认的位置的定位，既然是相对的，就要设置不同的值来声明定位在哪里，top、bottom、left、right 四个数值配合，来明确元素的位置。

2. position 属性的语法格式及设置

在使用 Div+CSS 布局制作页面的过程中，都是通过 CSS 的定位属性对元素进行位置和大小的控制的。定位就是精确地定义 HTML 元素在页面中的位置，可以是页面中的绝对位置，也可以是相对于父级元素或另一个元素的相对位置。

position 属性是最主要的定位属性，既可以定义元素的绝对位置，又可以定义元素的相对位置。position 属性的语法格式如下：

```
position: static | absolute | fixed | relative
```

- static: 设置 position 属性为 static，表示无特殊定位。这是元素定位的默认值，对象遵循 HTML 元素定位规则，不能通过 z-index 属性进行层次分级。
- absolute: 设置 position 属性值为 absolute，表示绝对定位，即相对于父级元素进行定位，元素的位置可以通过 top、right、bottom 和 left 等属性进行设置。
- fixed: 设置 position 属性为 fixed，表示固定，使元素固定在屏幕的某个位置，其包含块是可视区域本身，因此它不随滚动条的滚动而滚动。IE 5.5+及以下版本的浏览器不支持该属性。
- relative: 设置 position 属性为 relative，表示相对定位，对象不可以重叠，但可以通过 top、right、bottom 和 left 等属性在页面中偏移位置，还可以通过 z-index 属性进行层次分级。

在 CSS 样式中设置了 position 属性后，还可以对其他的定位属性进行设置，包括 width、height、z-index、top、right、bottom、left、overflow 和 clip，其中，top、right、bottom 和 left 只有在 position 属性中使用才会起作用。

- top、right、bottom 和 left: top 属性用于设置元素垂直距顶部的距离；right 属性用于设置元素水平距右部的距离；bottom 属性用于设置元素垂直距底部的距离；left 属性用于设置元素水平距左部的距离。

- z-index：z-index 属性用于设置元素的层叠顺序。
- width 和 height：width 属性用于设置元素的宽度；height 属性用于设置元素的高度。
- overflow：overflow 属性用于设置元素内容溢出的处理方法。
- clip：clip 属性用于设置元素的剪切方式。

9.4.3 相对定位

设置 position 属性为 relative，即可将元素的定位方式设置为相对定位。对一个元素进行相对定位，元素首先出现在它所在的位置上。然后通过设置垂直或水平位置，让这个元素相对于它的原始起点进行移动。另外，在相对定位时，无论是否进行移动，元素仍然占据原来的空间，因此移动元素会导致它覆盖其他元素。下面介绍相对定位的设置方法。

素材文件 第 9 章\素材文件\相对定位.html

效果文件 第 9 章\效果文件\相对定位.html

step 1 打开素材文件，切换到外部的 CSS 样式文件中，创建名为#pic01 的 CSS 样式的相对定位代码，如图 9-27 所示。

```
#pic01{
    position:relative;
    top:150px;
    left:0px;
}
```

图 9-27

step 2 返回到设计视图中，可以看到名为 pic1 的 Div 相对于原来的位置向下移动了 150 像素，如图 9-28 所示。

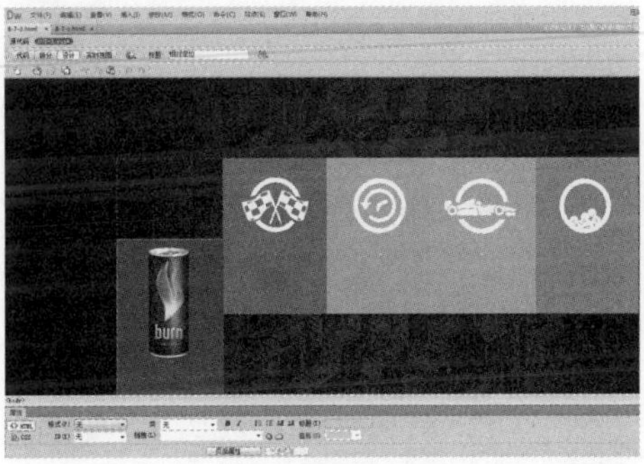

图 9-28

step 3 切换到外部的 CSS 样式文件，分别创建名为#pic3、#pic4、#pic5 的 CSS 样式，并设置相对定位方式，如图 9-29 所示。

```
#pic3{
    position:relative;
    top:200px;
    left:0px;
}
#pic4{
    position:relative;
    top:300px;
    left:0px;
}
#pic5{
    position:relative;
    top:100px;
    left:0px;
}
```

图 9-29

step 4 返回到网页设计视图中，可以看到网页的效果，如图 9-30 所示。

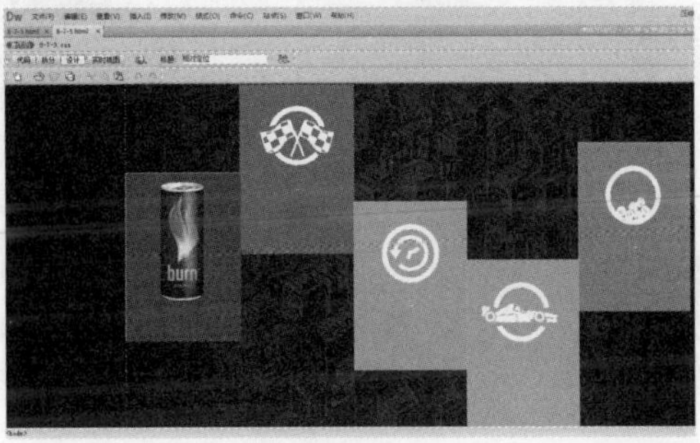

图 9-30

9.4.4 绝对定位

设置 position 属性为 absolute，即可将元素的定位方式设置为绝对定位。绝对定位是参照浏览器的左上角配合 top、right、bottom 和 left 进行定位的，如果没有设置上述 4 个值，则默认以父级元素的坐标原点为原始点。

当父级元素的 position 属性为默认值时，top、right、bottom 和 left 的坐标原点以 body 的坐标原点为起始位置。下面介绍绝对定位的设置方法。

素材文件 第 9 章\素材文件\绝对定位.html
效果文件 第 9 章\效果文件\绝对定位.html

step 1 打开素材文件，切换到代码视图中，在名为 box 的 Div 中插入名为 pic6 的 Div 标签，并在该 Div 中插入图片 8516，如图 9-31 所示。

```
<!doctype html>
<html>
<head>
<meta charset="utf-8">
<title>绝对定位</title>
<link href="style/8-7-4.css" rel="stylesheet" type="text/css">
</head>

<body>

<div id="box">
  <div id="pic1"><img src="images/8517.jpg" width="200" height="287"  alt=""/>
</div>
  <div id="pic2"><img src="images/8514.jpg" width="200" height="288"  alt=""/>
</div>
  <div id="pic3"><img src="images/8513.jpg" width="200" height="288"  alt=""/>
</div>
  <div id="pic4"><img src="images/8512.jpg" width="200" height="288"  alt=""/>
</div>
  <div id="pic5"><img src="images/8515.jpg" width="200" height="288"  alt=""/>
</div>
  <div id="pic6"><img src="images/8516.jpg" width="200" height="288"  alt=""/>
</div>
</body>
</html>
```

图 9-31

step 2 切换到外部的 CSS 样式文件，为名为#box 的 CSS 样式添加相对定位设置，并创建名为#pic6 的 CSS 样式，如图 9-32 所示。

```
#box{
    position:relative;
    width:1000px;
    height: auto;
    overflow: hidden;
    margin:0px auto;
    padding-top: 200px;
    }
#pic6{
    width:200px;
    height:288px;
    position:absolute;
    top:111px;
    left:600px;
    }
```

图 9-32

step 3 返回到网页设计视图中，可以看到网页的效果，如图 9-33 所示。

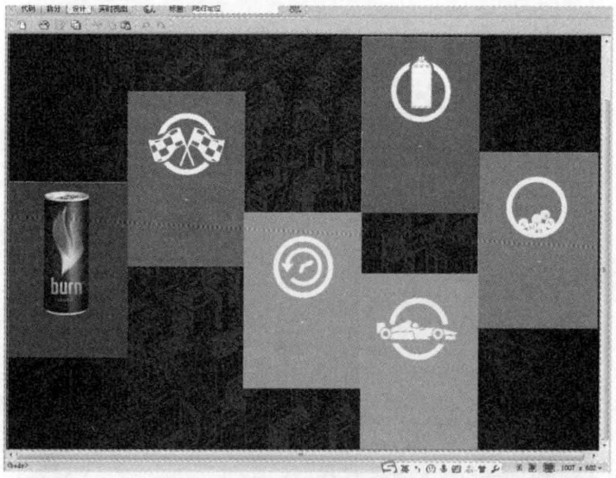

图 9-33

智慧锦囊

要记住每种定位的意义，相对定位是相对于元素在文档流中的初始位置，绝对定位是相对于最近的已定位的父元素，如果不存在已定位的父元素，那么则是相对于最初的包含块。

考考您

请您根据上述方法为网页设置绝对位置，测试一下您的学习效果。

9.4.5 固定定位

设置 position 属性为 fixed，即可将元素的定位方式设置为固定定位。固定定位和绝对定位比较相似，它是绝对定位的一种特殊形式，固定定位的容器不会随着滚动条的滚动而变化位置。在访问者的视线中，固定定位的容器的位置是不会改变的。固定定位可以把一些特殊效果固定在浏览器的某一位置。下面介绍固定定位的设置方法。

素材文件 第9章\素材文件\固定定位.html

效果文件 第9章\效果文件\固定定位.html

step 1 打开素材文件，切换到外部的 CSS 样式文件，在名为#menu 的 CSS 样式代码中添加固定定位代码，如图 9-34 所示。

```
#menu{
    position:fixed;
    height:65px;
    width:100%;
    background-image:url(../images/8518.jpg);
    background-repeat:no-repeat;
    background-position:top center;
    }
#menu li{
    float:left;
    font-family:"微软雅黑";
```

图 9-34

step 2 返回到网页设计视图中，可以看到网页的效果，如图 9-35 所示。

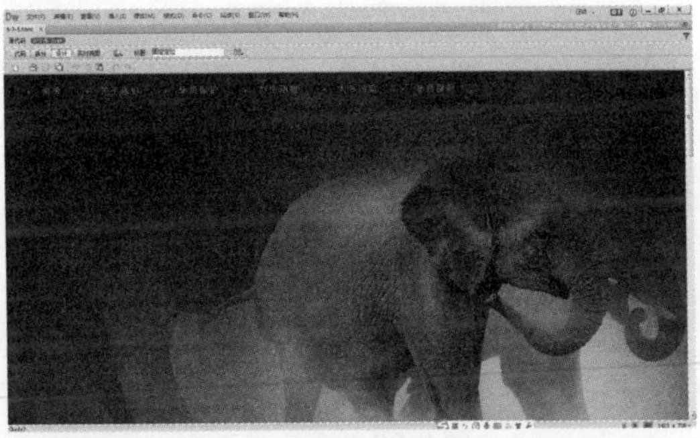

图 9-35

Section 9.5 范例应用与上机操作

手机扫描下方二维码，观看本节视频课程：1 分 47 秒

使用 Div+CSS 来排版布局，可以使网页的浏览速度更快，页面看起来更整齐，最主要的是 Div+CSS 的可控性更强。本节主要介绍一列固定宽度布局、一列自适应布局、两列固定宽度布局、两列宽度自适应布局和两列右列宽度自适应布局的布局方法。

9.5.1 一列固定宽度布局

一列固定宽度是指，在页面中使用一列式布局，并设置固定的宽度。这也是最简单的布局形式之一。在设计一列固定宽度的时候，首先要输入如下代码：

```
<body>
<div id="Row">一列式固定宽度</div>
```

```
</body>
```

然后在 head 标签中，输入如下代码：

```
#Row{
    width:300px;
    background-color: #f0f0ff;
    margin: 0 auto;
}
```

由于是固定的宽度，因此在浏览器中，无论怎样改变浏览器的大小，Div 的宽度都不会改变。浏览器窗口变小后的效果图，以及浏览器窗口变大后的效果图，分别如图 9-36、图 9-37 所示。

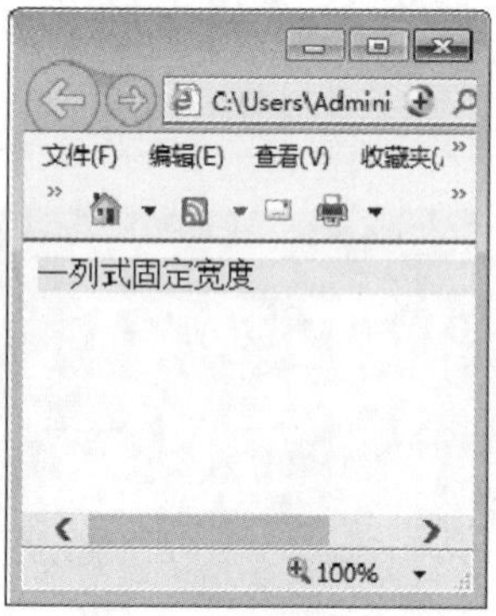

图 9-36

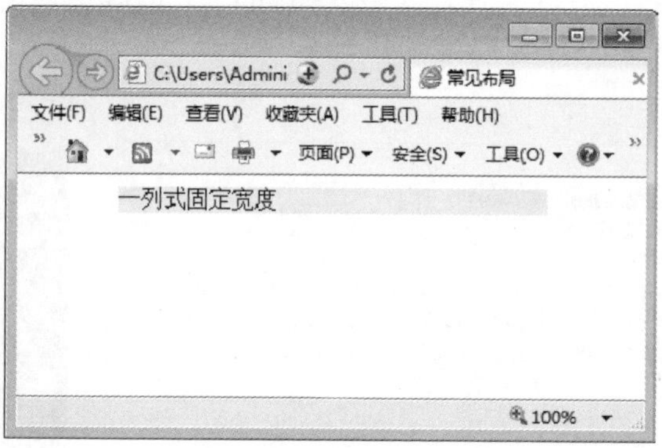

图 9-37

9.5.2 一列自适应布局

一列自适应是一种常见的布局类型。自适应布局是指根据浏览器窗口的大小，自动改变其宽度和高度，使用起来非常灵活。在设计一列自适应的时候，首先要输入如下代码：

```
<body>
<div id="Row1">一列自适应</div>
</body>
```

然后在 head 标签中，输入如下代码：

```
#Row1{
    width:70%;
    background-color: #f0f0ff;
    border:3px solid #ff33ff;
}
```

从浏览器效果中可以看出，Div 的宽度已经设置为浏览器窗口的 70%，当扩大或者缩小浏览器窗口的时候，其宽度将一直维持在窗口高宽比的 70%，如图 9-38 所示。

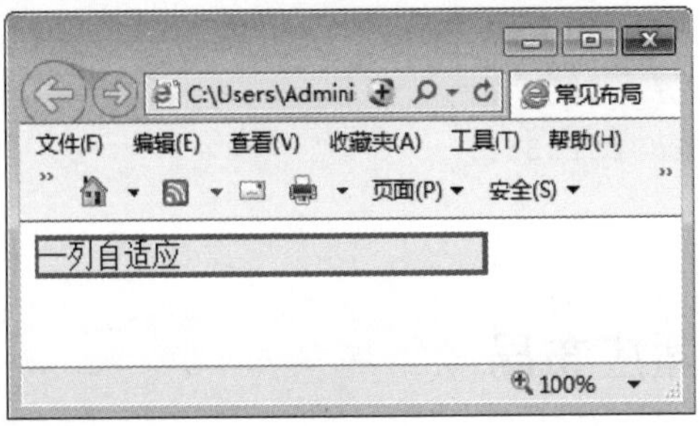

图 9-38

9.5.3 两列固定宽度布局

两列固定宽度与一列固定宽度的设置方法大致相同，只是在布局的时候，需要用到两个 Div。两列固定宽度的效果如图 9-39 所示。

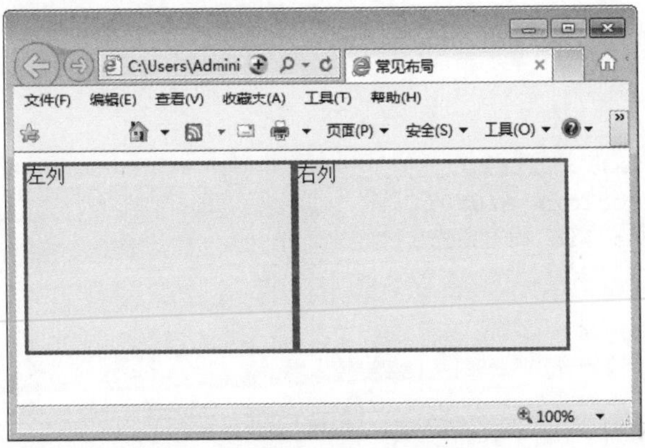

图 9-39

在设计两列固定宽度的时候，首先要输入如下代码：

```
<body>
<div id="left">左列</div>
<div id="right">右列</div>
</body>
```

然后在 head 标签中，输入如下代码：

```
#left{
    width:220px;
    height:150px;
    background-color: #f0f0ff;
    border:3px solid #ff33ff;
    float:left;
}
#right{
    width:220px;
```

```
    height:150px;
    background-color: #f0f0ff;
    border:3px solid #ff33ff;
    float:left;
}
```

9.5.4 两列宽度自适应布局

两列宽度自适应与一列自适应的设置方法相同，都是通过设置宽度的百分比值来完成。在设计两列宽度自适应的时候，首先要输入如下代码：

```
<body>
<div id="left">左列 40%</div>
<div id="right">右列 30%</div>
</body>
```

然后在 head 标签中，输入如下代码：

```
#left{
    width:40%;
    height:150px;
    background-color: #f0f0ff;
    border:3px solid #ff33ff;
    float:left;
}
#right{
    width:30%;
    height:150px;
    background-color: #f0f0ff;
    border:3px solid #ff33ff;
    float:left;
}
```

两列宽度自适应也会随着浏览器窗口的大小而改变宽度。浏览器窗口变小后的效果图，以及浏览器窗口变大后的效果图，分别如图 9-40、图 9-41 所示。

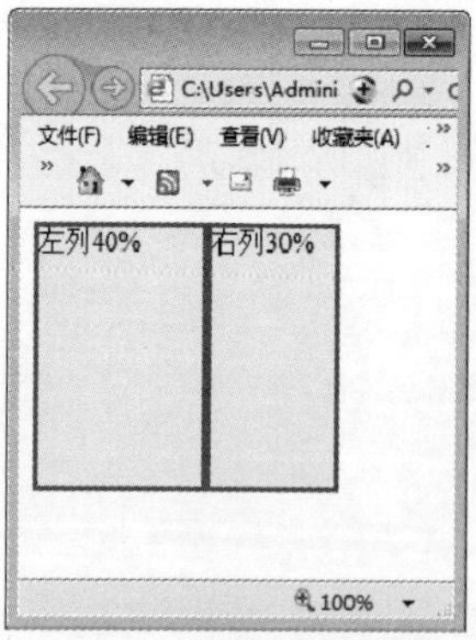

图 9-40

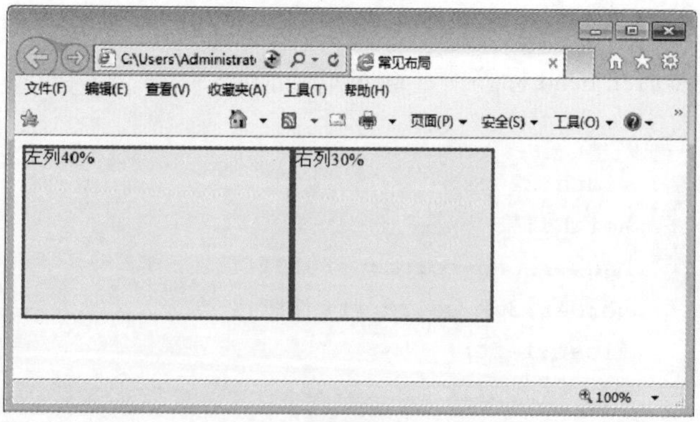

图 9-41

9.5.5 两列右列宽度自适应布局

在实际应用中，通常会遇到需要固定左列的宽度，然后右列会根据浏览器窗口大小自动适应，这种情况只需将左列的宽度固定，然后右列采用百分比设置宽度即可。首先需要输入如下代码：

```
<body>
<div id="left">左列</div>
<div id="right">右列 50%</div>
</body>
```

然后在 head 标签中，输入如下代码：

```
#left{
    width:80px;
    height:150px;
    background-color: #f0f0ff;
    border:3px solid #ff33ff;
    float:left;
}
#right{
    width:50%;
    height:150px;
    background-color: #f0f0ff;
    border:3px solid #ff33ff;
    float:left;
}
```

在浏览器中查看时，无论怎么调整窗口的大小，左列的宽度是不变的，而右列会随着窗口的扩大或缩小而改变。浏览器窗口变小后的效果图，以及浏览器窗口变大后的效果图，分别如图 9-42、图 9-43 所示。

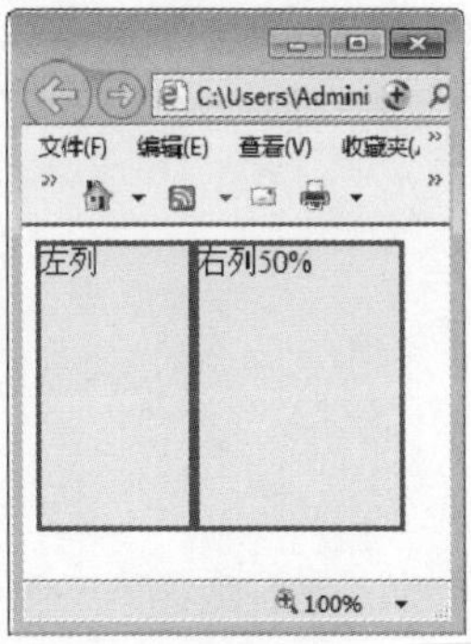

图 9-42

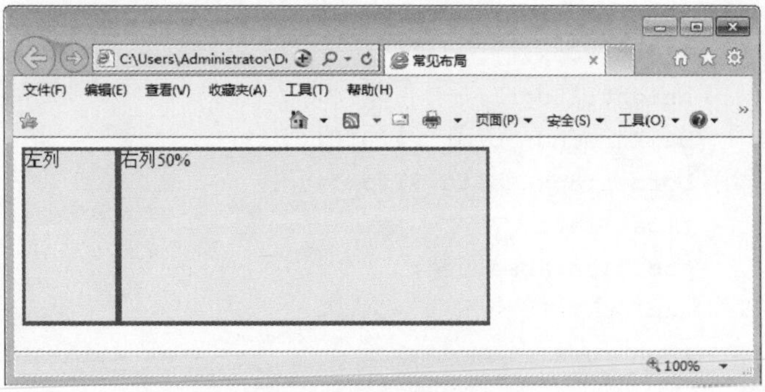

图 9-43

9.5.6 三列浮动中间列宽度自适应布局

三列浮动中间列宽度自适应是将左右两列的宽度固定，然后采用百分比设置中间列的宽度。首先需要输入如下代码：

```
<body>
<div id="left">左列固定</div>
<div id="center">中间列</div>
<div id="right">右列固定</div>
</body>
```

然后在 head 标签中，输入如下代码：

```
body{
     margin:0px;
 }
#left{
    width:80px;
    height:150px;
    background-color: #f0f0ff;
    border:3px solid #ff33ff;
    float:left;
    position:absolute;
    top:0px;
    left:0px;
}
#center{
    height:150px;
    background-color: #f0f0ff;
    border:3px solid #ff33ff;
    margin-left:85px;
    margin-right:85px;
}
#right{
    width:80px;
    height:150px;
    background-color: #f0f0ff;
    border:3px solid #ff33ff;
    float:left;
    position:absolute;
    top:0px;
    right:0px;
}
```

在浏览器中查看时，无论怎么调整窗口的大小，左列和右列的宽度是不变的，而中间列会随着窗口的扩大或缩小而改变。浏览器窗口变小后的效果图，以及浏览器窗口变大后的效果图，分别如图 9-44、图 9-45 所示。

图 9-44

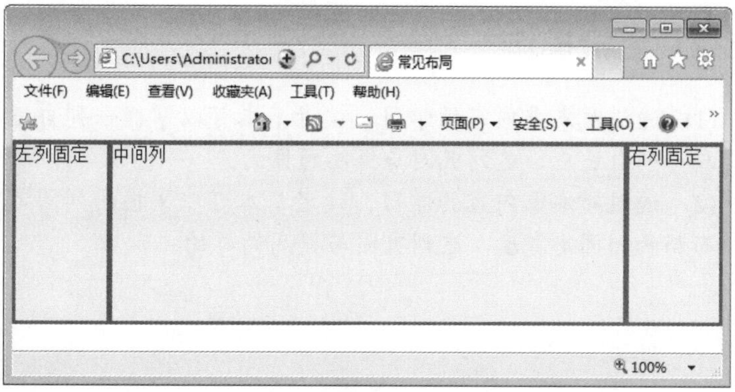

图 9-45

Section 9.6 本章小结与课后练习

本节内容无视频课程，习题参考答案在本书附录。

本章主要介绍了 Div 概述、应用 Div 布局网页、可视化盒模型、CSS 的布局定位以及一列固定宽度布局、一列自适应布局、两列固定宽度布局、两列宽度自适应布局、两列右列宽度自适应布局以及三列浮动中间列宽度自适应布局等内容。

9.6.1 思考与练习

1. 填空题

(1) Div 全称 Division，中文翻译为______，也称为区隔标记。Div 是一个区块容器标记，即<div>与______之间相当于一个容器，可以容纳段落、标题、表格、图片，乃至章节、摘要和备注等各种 HTML 元素。

(2) 盒模型由 margin(边界)、______、padding(填充)和______几个部分组成。

2. 判断题

(1) Span 标记可以包含 Div 标记。 ( )

(2) Div 在使用时不需要像表格那样通过其内部的单元格来组织版式，使用 CSS 强大的样式定义功能可以比表格更简单、更自由地控制页面版式和样式。 ( )

3. 思考题

(1) 如何插入 Div 标签？

(2) 什么是盒子模型？

9.6.2 上机操作

(1) 通过对本章内容的学习，读者基本可以掌握一列自适应方面的知识，下面通过练习布局一列自适应，达到巩固与提高的目的。

(2) 通过对本章内容的学习，读者基本可以掌握两列固定宽度方面的知识，下面通过练习布局两列固定宽度，达到巩固与提高的目的。

范例导航
系列丛书

第 10 章

使用模板和库创建网页

本章主要介绍使用模板、设置模板、应用模板的知识与技巧，同时还讲解了如何创建与应用库项目。通过本章的学习，读者可以掌握使用模板和库创建网页的知识，为深入学习 Dreamweaver CC 知识奠定基础。

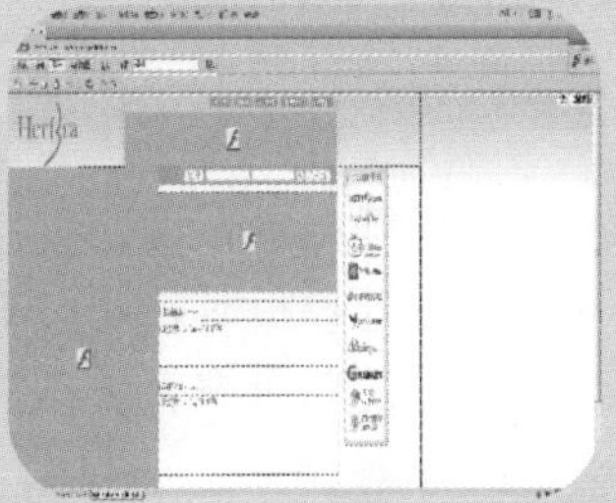

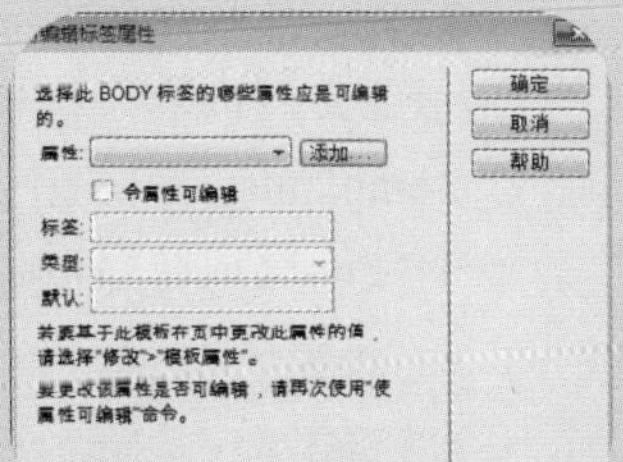

范例导航

1. 使用模板
2. 设置模板
3. 应用模板
4. 创建与应用库项目

Section 10.1 使用模板

手机扫描下方二维码，观看本节视频课程

在制作网站的过程中，为了统一风格，很多页面会用到相同的布局、图片和文字元素。为了避免重复创建，可以使用 Dreamweaver CC 提供的模板功能。本节将详细介绍创建模板方面的知识。

10.1.1 模板的特点

使用模板能够大大地提高设计者的工作效率。模板的原理是当用户对一个模板进行修改后，所有使用了这个模板的网页内容都将随之同步修改。简单地说就是一次可以更新多个页面，这也是模板最强大的功能之一。在实际工作中，尤其是对于一些大型的网站，其效果是非常明显的。所以说，模板与基于模板的网页文件之间保持了一种链接的状态，它们之间共同的内容也能够保持完全一致。

什么样的网站比较适合使用模板技术呢？如果一个网站布局比较统一，拥有相同的导航，并且显示不同栏目内容的位置基本不变，那么这种布局的网站就可以考虑使用模板来创建。

模板能够确定页面的基本结构，并且其中可以包含文本、图像、页面布局、样式和可编辑区域等对象。

作为一个模板，Dreamweaver 会自动锁定文档中的大部分区域。模板设计者可以定义基于模板的页面中哪些区域是可编辑的，方法是在模板中插入可编辑区域或可编辑参数。在创建模板时，可编辑区域和锁定区域都可以更改。但是，在基于模板的文档中，模板用户只能在可编辑区域中进行修改，至于锁定区域则无法进行任何操作。

知识精讲

适当地使用模板可以节约大量的时间，而且模板将确保站点拥有统一的外观和风格，更容易为访问者导航。模板不属于 HTML 的基本元素，是 Dreamweaver 特有的内容，它可以避免重复地在每个网页中输入或修改相同的部分。

10.1.2 创建模板

在 Dreamweaver CC 中，可以采用两种方法创建模板。一种是将现有的网页文件另存为模板，然后根据需要进行修改；另一种是直接新建一个空白模板，然后在其中插入需要显示的文档内容。模板实际上也是一种文档，其扩展名为.dwt，存放在站点根目录下的 Templants 文件夹中，如果该 Templants 文件夹在站点中尚不存在，Dreamweaver 将在保存新建的模板时自动创建。下面详细介绍创建模板的操作方法。

素材文件 第 10 章\素材文件\创建模板.html

效果文件 第 10 章\效果文件\创建模板.dwt

step 1 在 Dreamweaver CC 中打开文件，① 单击【文件】菜单，② 在弹出的下拉菜单中选择【另存为模板】命令，如图 10-1 所示。

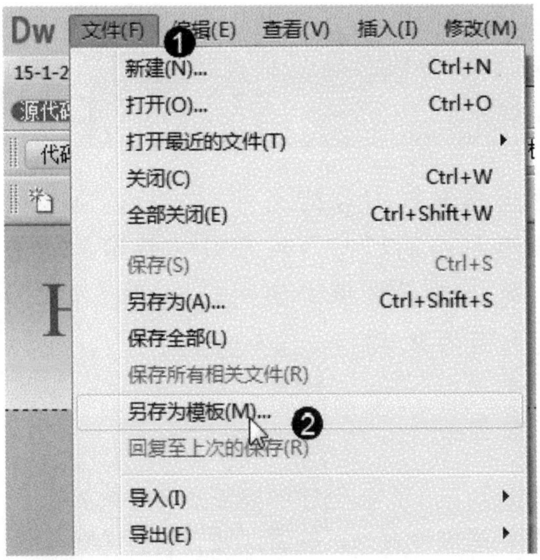

图 10-1

step 3 弹出提示对话框，提示是否更新页面中的链接，单击【否】按钮，如图 10-3 所示。

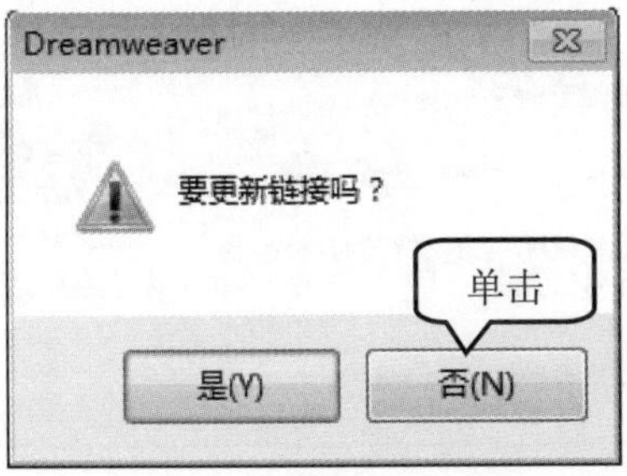

图 10-3

step 2 弹出【另存模板】对话框，① 在【另存为】文本框中输入名称，②单击【保存】按钮，如图 10-2 所示。

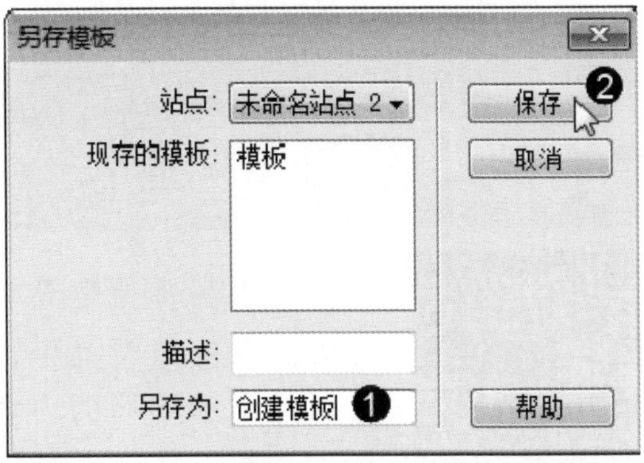

图 10-2

step 4 模板会自动保存到名为 Templates 的文件夹中。打开此文件夹，可以看到刚刚保存的模板文件，如图 10-4 所示。

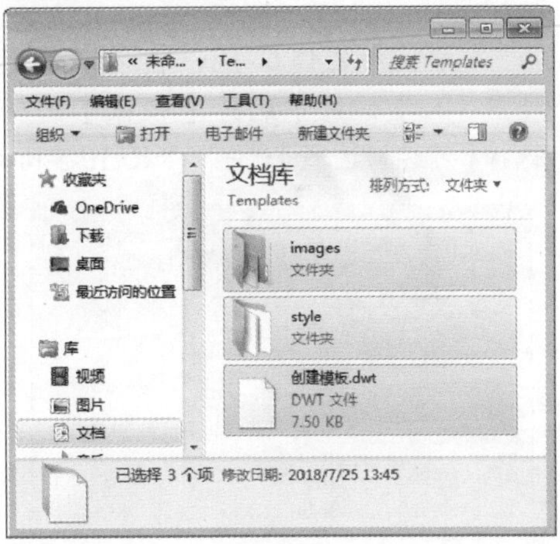

图 10-4

知识精讲

在 Dreamweaver 中，不要将模板文件移动到 Templates 文件夹外，不要将其他非模板文件存放到 Templates 文件夹中，也不要将 Templates 文件夹移动到本地根目录外，因为这些操作都会引起模板的路径错误。

10.1.3 嵌套模板

嵌套模板其实就是基于另一个模板创建的模板。如果要创建嵌套模板，首先要保存一个基础模板，然后使用基础模板创建新的文档，再把该文档保存为嵌套模板。在这个新的嵌套模板中，可以对基础模板中定义的可编辑区域作进一步的定义。

在一个整体站点中，利用嵌套模板可以让多个栏目的风格保持一致，并在细节上有所不同。嵌套模板还有利于页面内容的控制、更新和维护。修改基础模板将自动更新基于该基础模板创建的嵌套模板和基于该基础模板及其嵌套模板的所有网页文档。

Section 10.2 设置模板

手机扫描下方二维码，观看本节视频课程

模板实际上是具有固定格式和内容的文件，模板的功能很强大。在一般情况下，模板页中的所有区域都是被锁定的，为了以后添加不同的内容，可以设置模板中的编辑区域。本节将详细介绍定义与应用模板方面的知识。

10.2.1 定义可编辑区域

在模板中，可编辑区域是页面的一部分。默认情况下，新创建的模板所有区域都处于锁定状态，在编辑区域之前，需要将模板中的某些区域设置为可编辑区域。下面详细介绍定义可编辑区域的操作方法。

step 1 将光标定位在 Div 中，① 在【插入】面板中选择【模板】选项，② 选择【可编辑区域】选项，如图 10-5 所示。

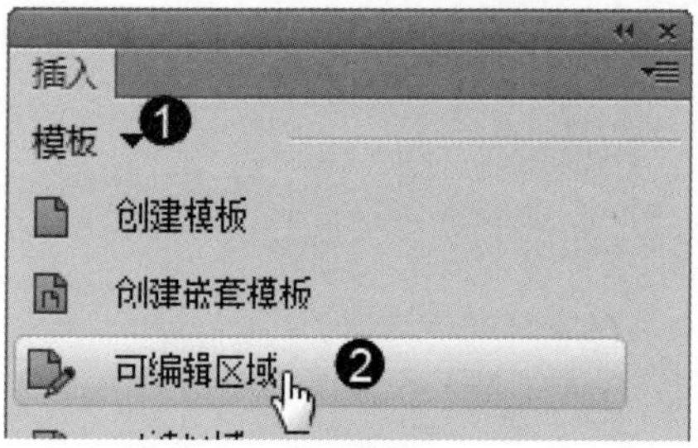

图 10-5

step 2 弹出【新建可编辑区域】对话框，① 在【名称】文本框中输入该区域的名称，② 单击【确定】按钮，如图 10-6 所示。

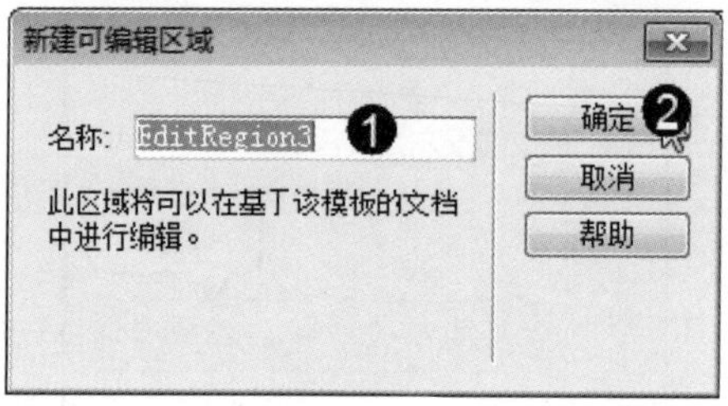

图 10-6

step 3 网页中已经插入了可编辑区域，如图 10-7 所示。

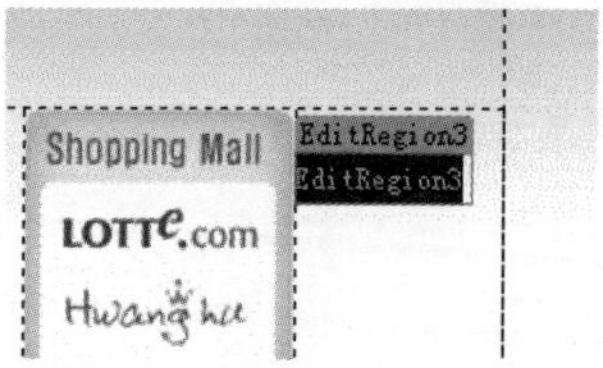

图 10-7

智慧锦囊

可编辑区域在模板页面中由高亮显示的矩形边框围绕，区域左上角的选项卡会显示该区域的名称。在为可编辑区域命名时，不能使用某些特殊字符，例如双引号等。

10.2.2 定义可选区域

用户可以显示或隐藏可选区域，在这些区域中用户无法编辑其内容，但可以设置该区域在所创建的页面中是否显示。下面详细介绍定义可选区域的操作方法。

step 1 打开之前创建的模板，选中名为 right 的 Div，① 在【插入】面板中选择【模板】选项，② 选择【可选区域】选项，如图 10-8 所示。

图 10-8

step 2 弹出【新建可选区域】对话框，① 选择【高级】选项卡，② 选中【输入表达式】单选按钮，③ 单击【确定】按钮，如图 10-9 所示。

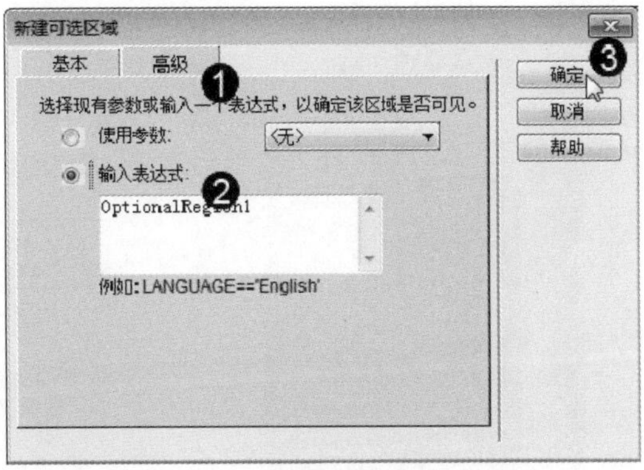

图 10-9

step 3 页面中已经添加了可选区域，如图 10-10 所示。

图 10-10

智慧锦囊

【新建可选区域】对话框中各选项的功能如下：在【基本】选项卡中，在【名称】文本框中可以输入可选区域的名称；选中【默认显示】复选框可以在默认情况下将可选区域在基于模板的页面中显示。选择【高级】选项卡下的【使用参数】单选按钮，可以链接所选区域参数；选择【高级】选项卡下的【输入表达式】单选按钮，可以输入表达式。

10.2.3 定义重复区域

重复区域通常用于表格，也可以为其他页面元素定义重复区域。下面详细介绍定义重复区域的操作方法。

step 1 将光标定位在准备插入重复区域的位置，① 在【插入】面板中选择【模板】选项，② 选择【重复区域】选项，如图 10-11 所示。

step 2 弹出【新建重复区域】对话框，单击【确定】按钮，如图 10-12 所示。

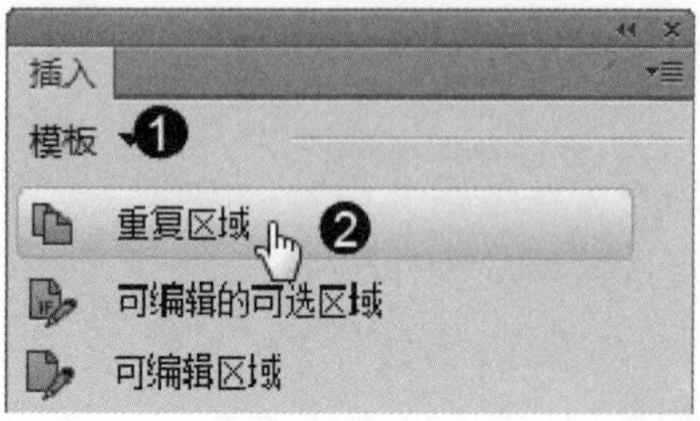

图 10-11

step 3 页面中已经添加了可选区域，如图 10-13 所示。

图 10-13

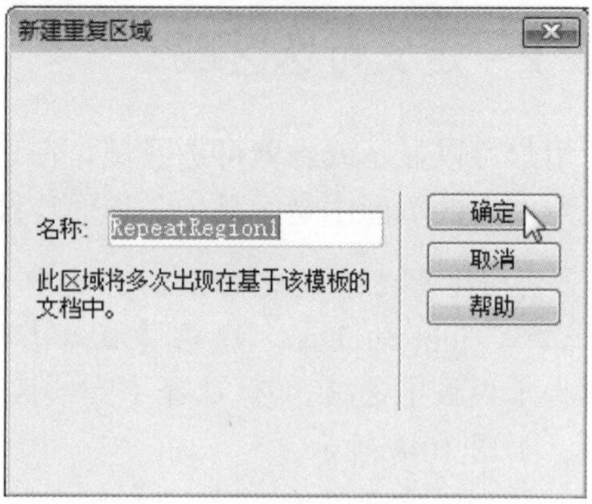

图 10-12

智慧锦囊

使用重复区域，用户可以通过重复特定项目来控制页面布局，例如目录项、说明布局或者重复数据行(项目列表)。重复区域可以使用重复区域和重复表格两种重复区域模板对象。重复区域不是可编辑区域，如果需要使重复区域中的内容可编辑，必须在重复区域内插入可编辑区域。

10.2.4 定义可编辑的可选区域

将模板页面中的某一部分内容定义为可编辑的可选区域，则该部分内容可以在基于模板的页面中设置显示或隐藏该区域，并可以编辑该区域中的内容。

step 1 打开之前创建的模板，选中名为 pic 的 Div，① 在【插入】面板中选择【模板】选项，② 选择【可编辑的可选区域】选项，如图 10-14 所示。

图 10-14

step 2 弹出【新建可选区域】对话框，单击【确定】按钮，如图 10-15 所示。

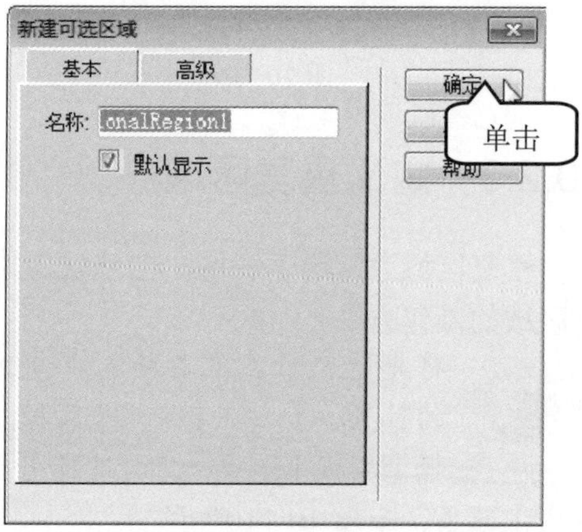

图 10-15

step 3 页面中已经添加了可编辑的可选区域，如图 10-16 所示。

图 10-16

智慧锦囊

在页面中不论是定义可编辑区域还是定义可编辑的可选区域，所弹出的对话框都是【新建可选区域】对话框，其中选项也是完全相同的。

考考您

请您根据上述方法创建一个可编辑的可选区域，测试一下您的学习效果。

10.2.5 定义重复表格

重复区域是可以根据需要在基于模板的页面中任意复制的模板部分。重复区域通常用于表格，也可以为其他页面元素定义重复区域。

使用重复区域，用户可以通过重复特定项目来控制页面布局，例如目录项、说明布局或者重复数据行(如项目列表)。重复区域可以使用重复区域和重复表格两种区域模板对象。

重复区域通常用于表格中，包括表格中可编辑区域的重复区域，可以定义表格的属性，设置表格中的哪些单元格为可编辑的。下面详细介绍定义重复表格的操作方法。

step 1 将光标定位在准备插入重复表格的位置，① 在【插入】面板中选择【模板】选项，② 选择【重复表格】选项，如图 10-17 所示。

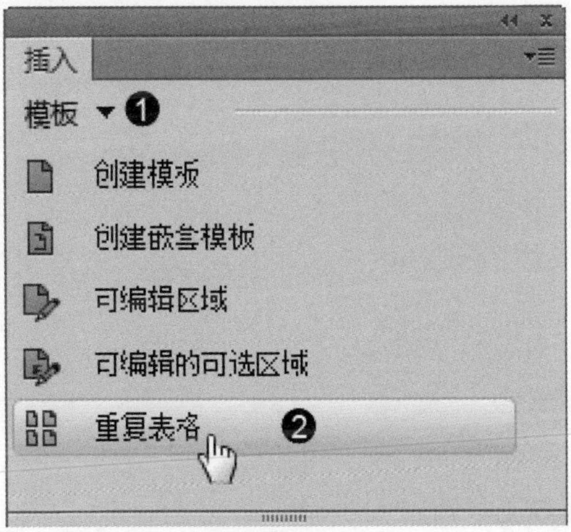

图 10-17

step 2 弹出【插入重复表格】对话框，① 在【行数】文本框中输入 3，② 在【列】文本框中输入 3，③ 在【宽度】下拉列表框中输入 25，④ 单击【确定】按钮，如图 10-18 所示。

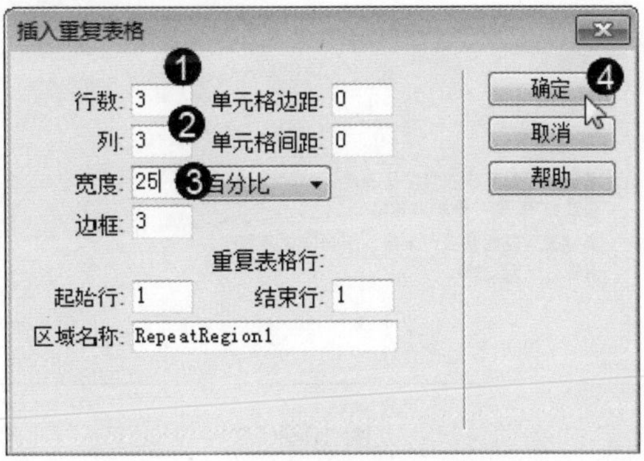

图 10-18

step 3 页面中已经添加了可编辑的可选区域，如图 10-19 所示。

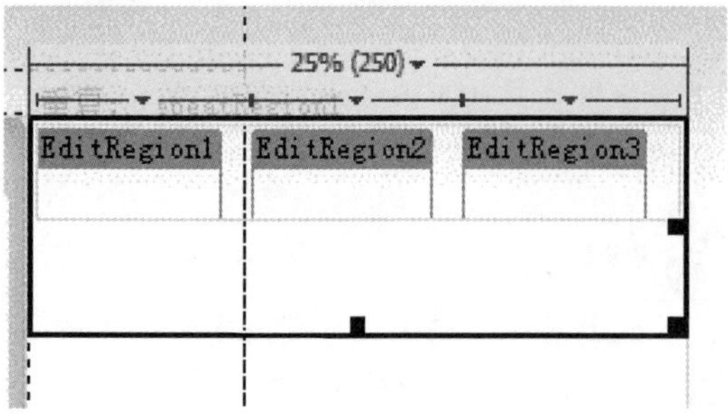

图 10-19

智慧锦囊

在使用重复区域时，用户可以通过重复特定项目来控制页面布局，例如目录项、说明布局或者重复数据行(项目列表)。重复区域可以使用重复区域和重复表格两种重复区域模板对象。重复区域不是可编辑区域，如果需要使重复区域中的内容可编辑，必须在重复区域内插入可编辑区域。

考考您

请您根据上述方法创建一个可重复表格，测试一下您的学习效果。

10.2.6 设置可编辑标签属性

用户可以在模板中根据创建的文档，修改指定的标签属性。下面详细介绍可编辑标签属性的操作方法。

启动 Dreamweaver CC，在页面中选择一个页面元素，在菜单栏中选择【修改】|【模板】|【令属性可编辑】命令，弹出【可编辑标签属性】对话框(见图 10-20)，单击【添加】按钮，弹出 Dreamweaver 对话框(见图 10-21)，输入新名称，单击【确定】按钮。这样即可完成设置可编辑标签的操作。

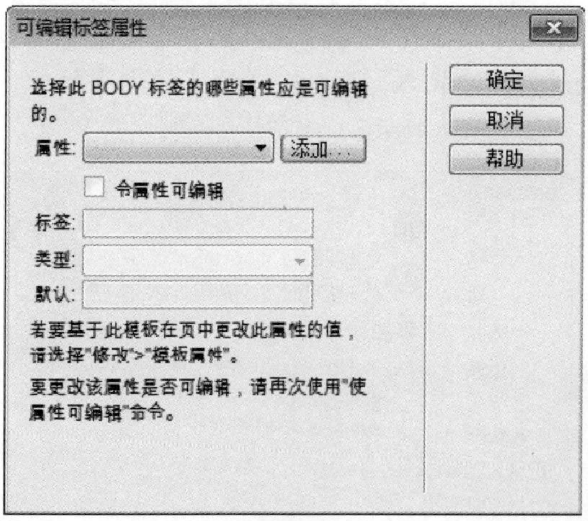

图 10-20

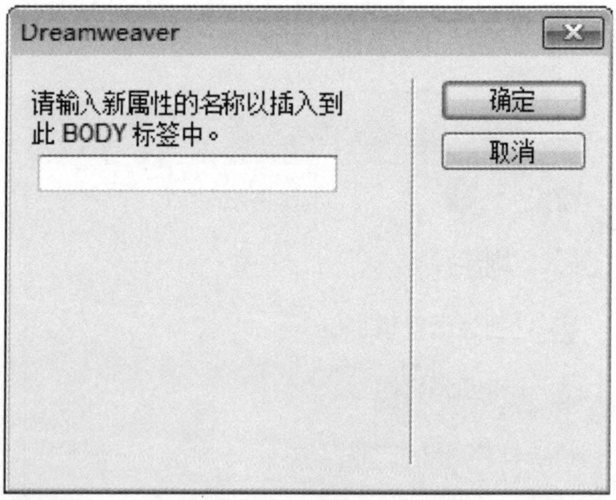

图 10-21

在【可编辑标签属性】对话框中，可以设置以下参数。

- 【属性】：如果准备设置【可编辑的属性】，先单击【添加】按钮，然后在打开的对话框中输入要添加的属性的名称，最后单击【确定】按钮即可。
- 【令属性可编辑】：选中该选项后，被选中的属性才可以被编辑。

- 【类型】：可编辑属性的类型。包括以下几种：若要让为属性输入文本值，选择【文本】选项；若要插入元素的链接(如图像的文件路径)，选择 URL 选项；若要使颜色选择器可用于选择值，选择【颜色】选项；若要能够在页面上选择 true 或 false 值，选择【真/假】选项；若要更改图像的高度或宽度值，选择【数字】选项。
- 【默认】：在该文本框中可以设置该属性的默认值。

Section 10.3 应用模板

手机扫描下方二维码，观看本节视频课程

创建模板后，就可以应用模板并进行相应的管理，可以执行基于模板创建网页、在现有文档中应用模板和更新模板中的页面等操作，使用这样的方法创建网页，可以保持整个网站页面布局风格的统一性，并大大提高网页的制作效率。本节将详细介绍应用与管理模板方面的知识。

10.3.1 创建基于模板的网页

创建基于模板的网页有很多种方法，可以使用【资源】面板或者通过【新建文档】对话框。在这里主要介绍如何通过【新建文档】对话框来创建基于模板的网页。

素材文件 第 10 章\效果文件\创建模板.dwt
效果文件 第 10 章\效果文件\10-3-1.html

step 1 在 Dreamweaver CC 中，① 单击【文件】菜单，② 在弹出的下拉菜单中选择【新建】命令，如图 10-22 所示。

图 10-22

step 2 弹出【新建文档】对话框，① 选择【空白页】选项，② 在【页面类型】列表中选择 HTML 选项，③ 单击【创建】按钮，如图 10-23 所示。

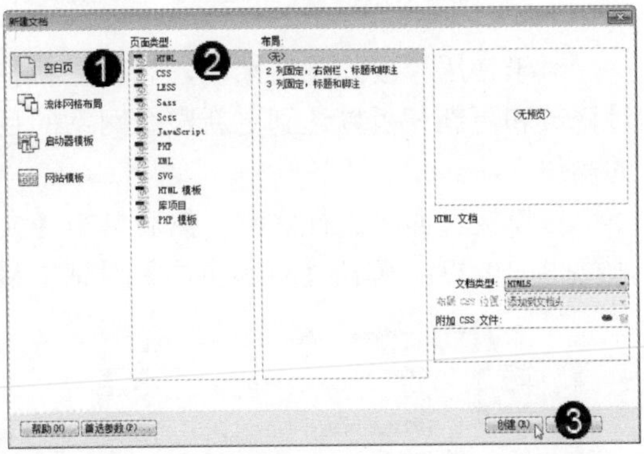

图 10-23

step 3 在新建的 HTML 文档中，① 单击【修改】菜单，② 在弹出的下拉菜单中选择【模板】菜单项，③ 在弹出的子菜单中选择【应用模板到页】命令，如图 10-24 所示。

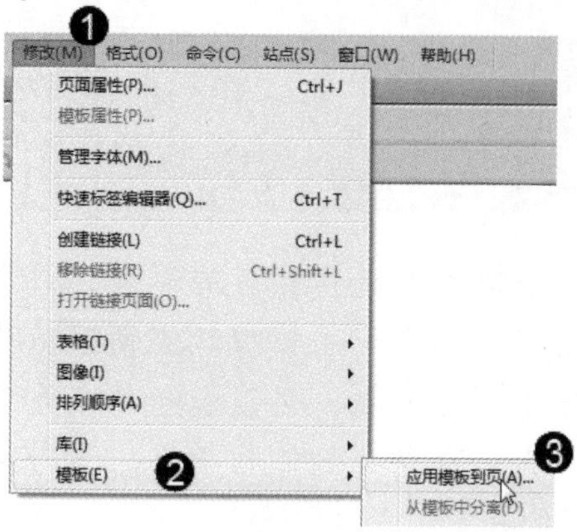

图 10-24

step 4 在 Dreamweaver CC 中，① 在【模板】列表框中选择【创建模板】选项，② 单击【选定】按钮，如图 10-25 所示。

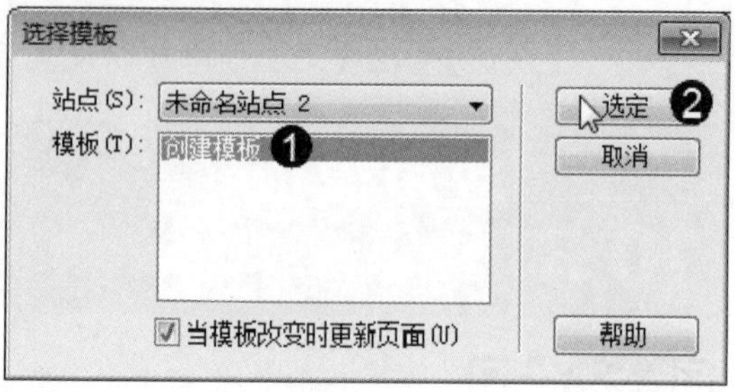

图 10-25

step 5 可以看到新建的空白网页中已经应用了模板。通过以上步骤即可完成创建基于模板的网页的操作，如图 10-26 所示。

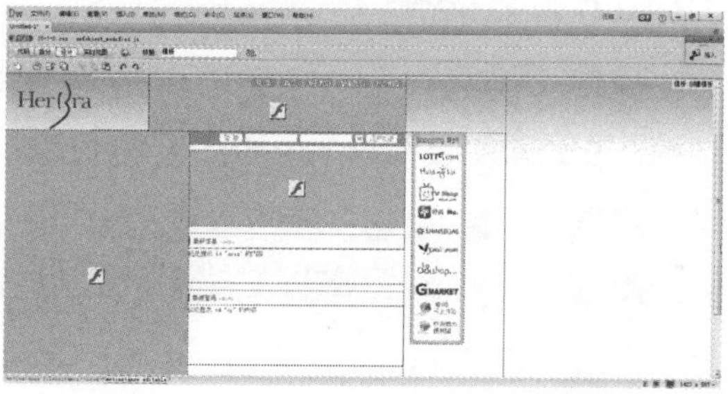

图 10-26

10.3.2 更新模板和基于模板的网页

对于使用模板的网站来说，想要更新整个网站或是一个网站里面的几个页面，可以通过修改和更新模板以达到更新整个网站的目的，下面详细介绍更新模板和基于模板的网页的操作方法。

在模板页面中进行修改，然后单击【文件】菜单，在弹出的菜单中选择【保存】菜单项(见图 10-27)；弹出【更新页面】对话框显示更新的结果，如图 10-28 所示。

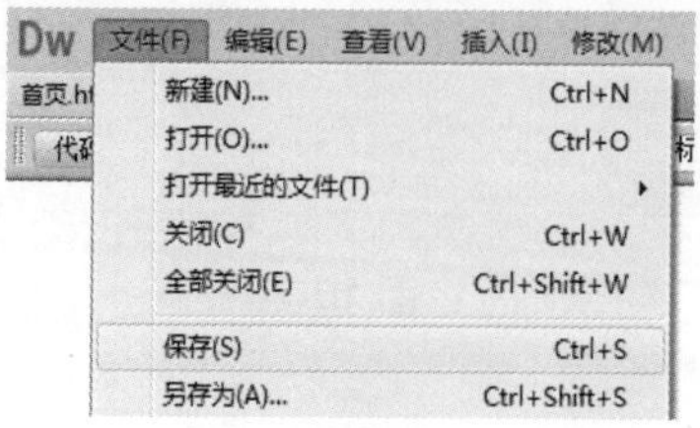

图 10-27

图 10-28

10.3.3 从模板中脱离

用模板设计网页时，模板有很多的锁定区域(即不可编辑区域)，为了能够修改基于模板的页面中的锁定区域和可编辑区域内容，必须将页面从模板中分离出来。当页面被分离后，它将成为一个普通的文档，不再具有可编辑区域或锁定区域，也不再与任何模板相关联。因此，当文档模板被更新，文档页面也不会随之更新。下面介绍从模板中分离的操作方法。

step 1 使用模板创建网页，① 单击【修改】菜单，② 在弹出的下拉菜单中选择【模板】菜单项，③ 在弹出的子菜单中选择【从模板中分离】命令，如图 10-29 所示。

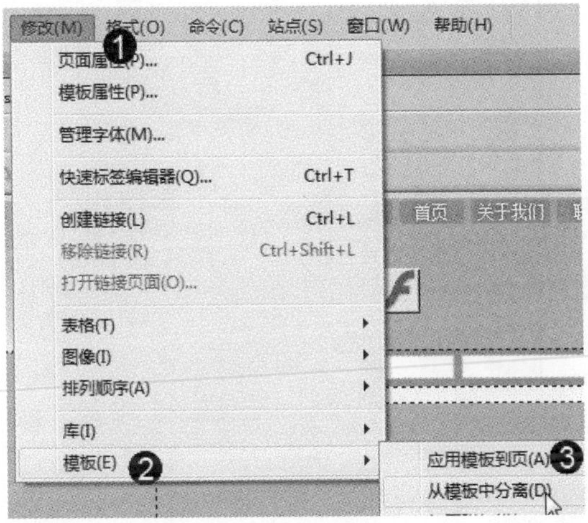

图 10-29

step 2 模板中的锁定区域将被全部删除，可以对网页中由模板创建的内容进行编辑，如图 10-30 所示。

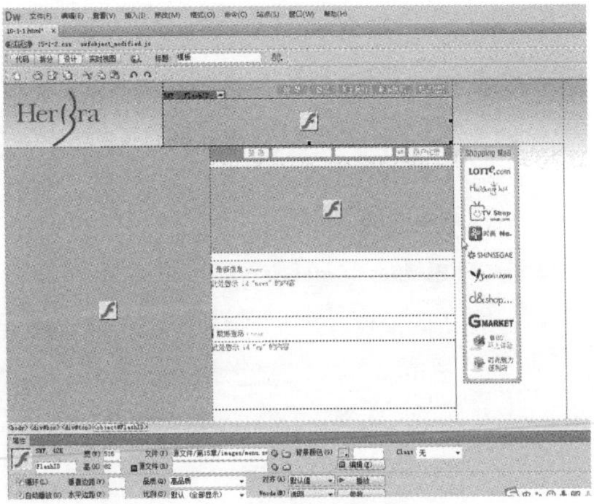

图 10-30

知识精讲

在【更新页面】对话框中，在【查看】下拉列表框中可以选择【整个站点】、【文件使用】或【已选文件】选项。如果选择【整个站点】选项，则要确认更新了哪个站点的模板生成网页；如果选择【文件使用】选项，则要选择更新使用了哪个模板生成的网页。选中【显示记录】复选框，会显示正在更新的记录。

Section 10.4 创建与应用库项目

手机扫描下方二维码，观看本节视频课程

Dreamweaver 中的【库】面板提供了一种特殊的功能，可以显示已创建的便于放在网页上的单独“资源”或“资源”副本的集合，这些资源又被称为库项目。库项目是可以在多个页面中重复使用的存储页面的对象元素。

10.4.1 认识库项目

库是一种特殊的 Dreamweaver 文件，其中包含可放置到网页中的一组单个资源或资源副本，库中的这些资源称为库项目。可在库中存储的项目包括图像、表格、声音和使用 Adobe Flash 创建的文件。每当编辑某个库项目时，可以自动更新所有使用该项目的页面。如果库项目中包含链接，链接可能无法在新站点中工作。此外，库项目中的图像不会被复制到新站点中。 每个站点都有自己的库，使用库比使用模板具有更大的灵活性。

默认情况下，【库】面板显示在【资源】面板中，在菜单栏中单击【窗口】菜单，在弹出的下拉菜单中选择【资源】命令即可打开【资源】面板，如图 10-31 所示；在【资源】面板中单击【库】按钮，即可显示【库】面板，如图 10-32 所示。

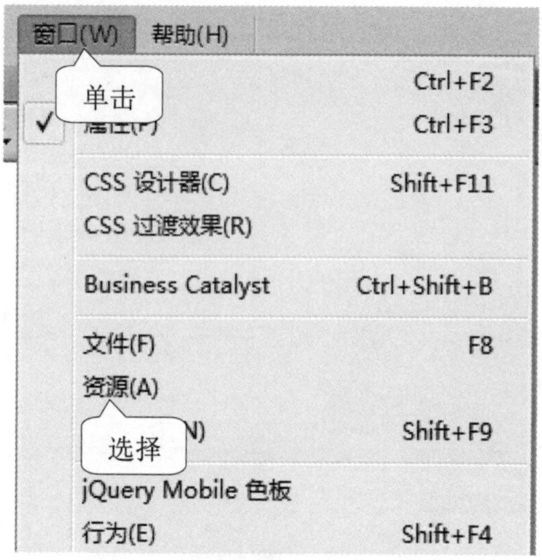

图 10-31

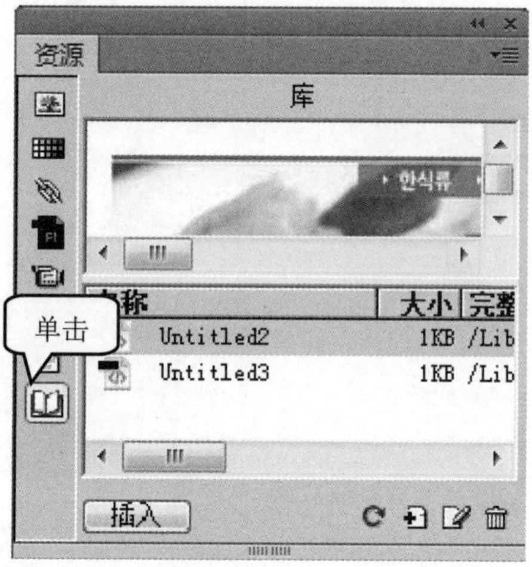

图 10-32

在【库】面板中，各个按钮可以进行以下设置。

- 【插入】按钮：选中库中的某个项目，单击该按钮即可将库项目插入到当前文档中。
- 【编辑】区域：在【编辑按钮】区域包括【刷新站点列表】、【新建库项目】、【编辑】和【删除】等按钮，选中库项目单击对应的按钮，将执行相应的操作。
- 【库项目】列表：在该列表区域中列出了当前库中的所有项目，显示库项目的名称、大小和完成路径。

10.4.2 创建库项目

创建库项目是将网页中经常用到的对象转化为库项目，然后作为一个对象插入到其他网页之中。下面详细介绍创建库项目的操作方法。

step 1 启动 Dreamweaver CC 程序，① 单击【文件】菜单，② 在弹出的下拉菜单中选择【新建】命令，如图 10-33 所示。

step 2 弹出【新建文档】对话框，① 在左侧选择【空白页】选项，② 在【页面类型】列表中选择【库项目】选项，③ 单击【创建】按钮即可完成创建基于模板的网页的操作，如图 10-34 所示。

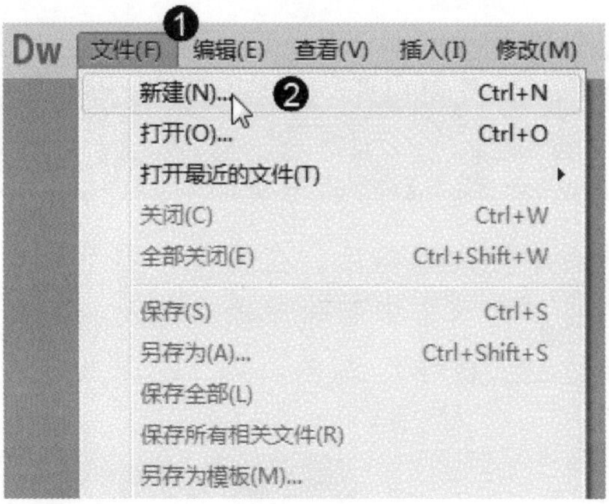

图 10-33

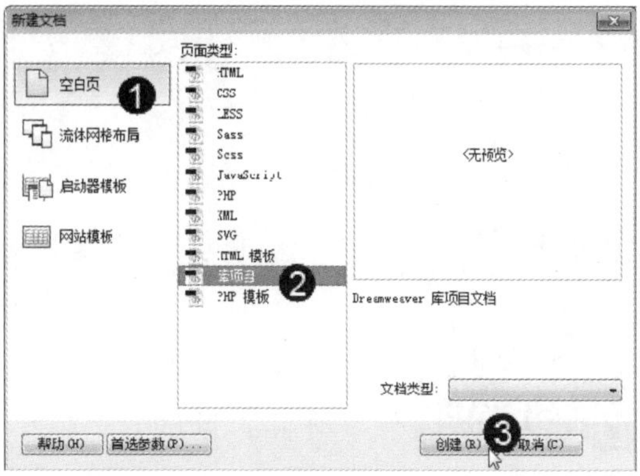

图 10-34

创建库项目和创建模板相似，在创建库项目之后，Dreamweaver 会自动在当前站点的根目录下创建一个名为 Library 的文件夹，将库项目文件放置到该文件夹中。

10.4.3 插入库项目

在完成了库项目的创建后，接下来就可以将库项目插入到相应的网页中了，这样在整个网页的制作过程中可以节省很多时间。下面详细介绍插入库项目的操作方法。

素材文件 第10章\素材文件\插入库项目.html

效果文件 第10章\效果文件\插入库项目.html

step 1 打开素材文件，将光标移动到页面底部的名为 bot 的 Div 中，将多余的文字删除，① 在【资源】面板中单击【库】按钮，② 选中准备插入的库项目，③ 单击【插入】按钮，如图 10-35 所示。

图 10-35

step 2 在页面光标所在位置插入所选择的库项目，执行【文件】|【保存】命令，保存页面。按 F12 键在浏览器中查看网页效果，通过以上步骤即可完成插入库项目的操作，如图 10-36 所示。

图 10-36

Section 10.5 范例应用与上机操作

手机扫描下方二维码，观看本节视频课程

本小节主要介绍在网页中修改库项目、在网页中更新库项目、在网页中重命名库项目、在网页中删除库项目以及在网页中恢复库项目的方法，通过这些操作达到举一反三、深入了解库项目的目的。

10.5.1 修改库项目

如果需要修改库项目，可以在【资源】面板的【库】选项中选择需要修改的库项目，然后单击【编辑】按钮，在 Dreamweaver 中打开该库项目进行编辑，如图 10-37 所示。

图 10-37

10.5.2 更新库项目

完成库项目的修改后，可以将修改后的库项目进行保存并更新，下面详细介绍更新库项目的操作方法。

step 1 右击库项目列表的空白区域，在弹出的快捷菜单中选择【更新站点】命令，如图 10-38 所示。

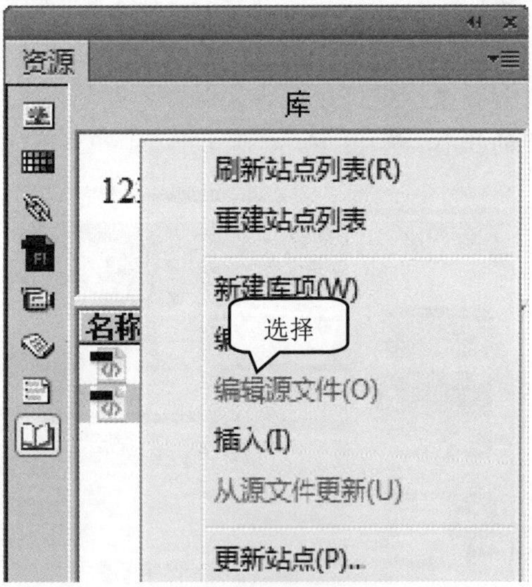

图 10-38

step 2 弹出【更新页面】对话框，显示更新站内使用了该库项目的页面文件，单击【开始】按钮进行更新，更新完成后单击【关闭】按钮即可完成更新库项目的操作，如图 10-39 所示。

图 10-39

考考您

请您根据上述方法创建一个 Word 文档，测试一下您的学习效果。

如果需要将页面中的库项目与源文件分离，可以将该库项目选中，然后单击【属性】面板中的【从源文件中分离】按钮，如图 10-40 所示。

图 10-40

- 【源文件】选项：显示库项目源文件在站点中的相对路径。
- 【打开】按钮：单击该按钮，可以在 Dreamweaver 中打开该库项目文件进行编辑。
- 【从源文件中分离】按钮：单击该按钮，可以断开该项目与源文件之间的链接，分离后的库项目会变成普通的页面对象。
- 【重新创建】按钮：单击该按钮，可以将应用的库项目内容改写为原始的库项目，并可以在丢失或意外删除原始库项目时重新创建库项目。

10.5.3 重命名库项目

在 Dreamweaver CC 中，可以重命名库项目。下面详细介绍重命名库项目的操作方法。

step 1 在【库项目】列表中，右击准备重命名的库项目，在弹出的快捷菜单中选择【重命名】命令，如图 10-41 所示。

step 2 在文本框中输入新的名称，按 Enter 键即可完成重命名库项目的操作，如图 10-42 所示。

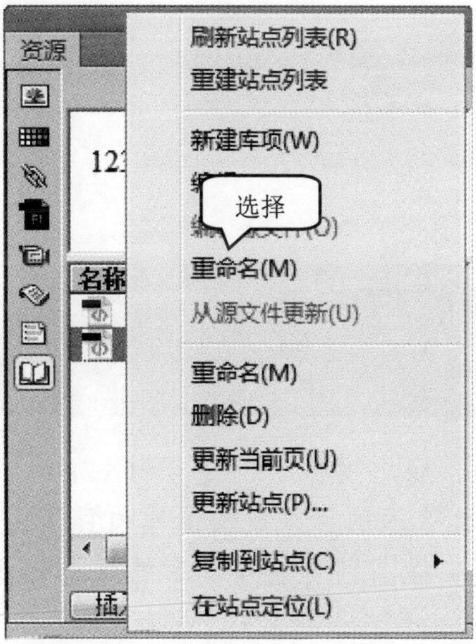

图 10-41

图 10-42

10.5.4 删除库项目

在 Dreamweaver CC 中，如果不再准备使用某个库项目时，可以将其删除，下面介绍删除库项目的操作方法。

step 1 在【库项目】列表中，右击准备删除的库项目，在弹出的快捷菜单中选择【删除】命令，如图 10-43 所示。

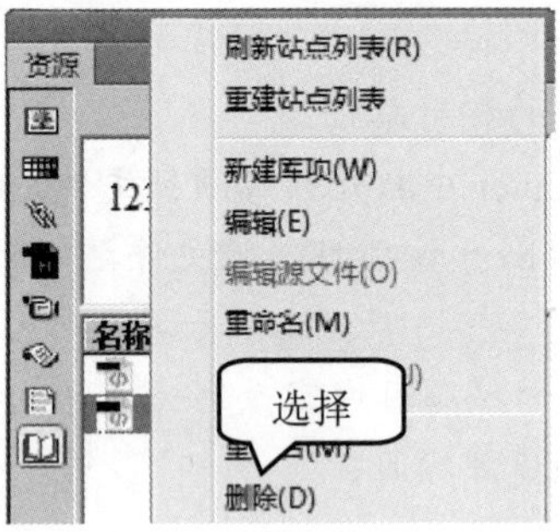

图 10-43

step 2 弹出 Dreamweaver 提示对话框，单击【是】按钮，如图 10-44 所示。

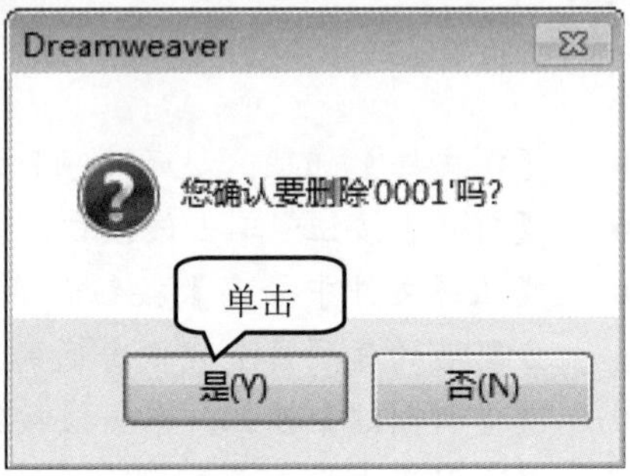

图 10-44

10.5.5 恢复库项目

删除一个库项目后，将无法使用撤销命令来找回它，只能重新创建。从库中删除项目后，不会更改任何使用该项目的文档的内容。在【属性】面板中单击【重新创建】按钮即可重新创建删除的库项目，如图 10-45 所示。

图 10-45

Section 10.6 本章小结与课后练习

本节内容无视频课程，习题参考答案在本书附录。

本章主要介绍了模板的使用、设置模板、应用模板、创建与引用库项目、修改库项目、更新库项目、重命名库项目、删除库项目以及恢复库项目等内容，通过本章的学习，用户可以掌握使用模板和库提高网页制作效率的基础知识以及一些常见的操作方法。

10.6.1 思考与练习

1. 填空题

(1) 模板能够确定页面的基本结构，并且其中可以包含文本、______、页面布局、样式和______等对象。

(2) 可编辑区域在模板页面中由高亮显示的______围绕，区域左上角的选项卡会显示该区域的名称，在为可编辑区域命名时，不能使用某些特殊字符，例如______等。

2. 判断题

(1) 在 Dreamweaver 中，可以将模板文件移动到 Templates 文件夹外，也可以将其他非模板文件存放到 Templates 文件夹中。 (　　)

(2) 模板实际上也是一种文档，其扩展名为.dwt，存放在站点根目录下的 Templates 文件夹中，如果该 Templates 文件夹在站点中尚不存在，Dreamweaver 将在保存新建的模板时自动创建。 (　　)

3. 思考题

(1) 如何定义可编辑区域？

(2) 如何创建基于模板的网页？

10.6.2 上机操作

(1) 通过对本章内容的学习，读者基本可以掌握在网页中创建库项目方面的知识，下面通过练习创建库项目，达到巩固与提高的目的。

(2) 通过对本章内容的学习，读者基本可以掌握在网页中创建模板方面的知识，下面通过练习创建定义重复表格，达到巩固与提高的目的。

范例导航
系列丛书

第11章

创建表单网页

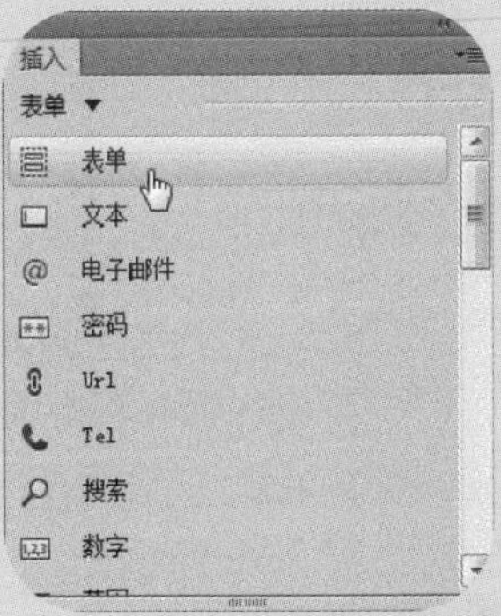

本章主要介绍表单概述、添加表单、网页元素、日期与时间元素和选择元素方面的知识与技巧，同时还讲解了插入按钮元素。通过本章的学习，读者可以掌握创建表单网页方面的知识，为深入学习 Dreamweaver CC 知识奠定基础。

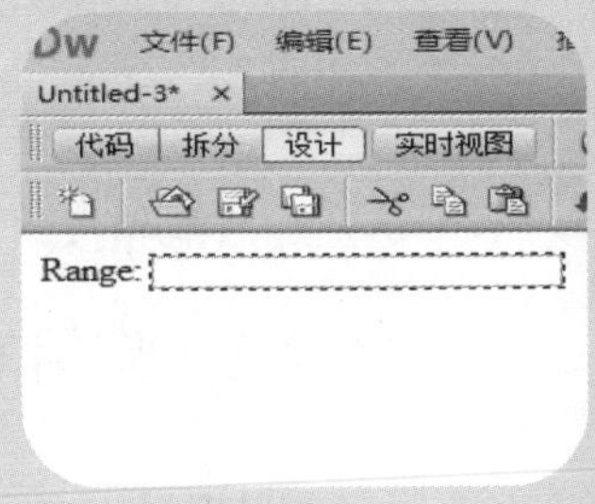

范例导航

1. 添加表单
2. 网页元素
3. 日期与时间元素
4. 选择元素
5. 按钮元素

Section 11.1 表单概述

手机扫描下方二维码，观看本节视频课程

表单提供了从用户那里收集信息的方法，表单具有调查、订购和搜索等功能。一般的表单由两部分组成，一是描述表单元素的 HTML 源代码；二是客户端脚本，或者是服务器端用来处理用户所填写信息的程序。本节将介绍有关表单的知识。

11.1.1 关于表单

表单是 Internet 用户和服务器进行信息交流的最重要的工具。通常，一个表单中会包含多个对象，有时它们被称为控件，例如用于输入文本的文本域、用于发送命令的按钮、用于选择项目的单选按钮和复选框，以及用于显示选项列表的列表框等。

当访问者将信息输入到表单并单击【提交】按钮时，这些信息将被发送到服务器，服务器端脚本或应用程序在该处对这些信息进行处理，服务器通过将请求信息发送回用户或基于该表单内容执行一些操作来进行响应。通常，通过通用网关接口(CGI)脚本、ColdFusion 页、JSP、PHP 或 ASP 来处理信息，如果不使用服务器端脚本或应用程序来处理表单数据就无法收集这些数据。

表单是网页中所包含的单元，如同 HTML 的 Div。所有的表单元素都包含在<form>与</form>标签中，表单与 Div 的不同之处是在页面中可以插入多个表单，但是不可以像 Div 那样嵌套表单。

一个完整的表单设计应该很明确地分为表单对象部分和应用程序部分，它们分别由网页设计师和程序师来设计完成。其过程是这样的：首先由网页设计师制作出一个可以让浏览者输入各项资料的表单页面，这部分属于在显示器上可以看得到的内容，此时的表单是一个外壳而已，不具有真正工作的能力，需要后台程序的支持；接着由程序设计师通过 ASP 或 CGI 程序，来编写处理各项表单资料和反馈信息等操作所需的程序，这部分浏览者虽然看不见，但却是表单处理的核心。

表单是由窗体和控件组成的，一个表单一般包含用户填写信息的输入框和提交按钮等，这些输入框和按钮叫做控件。

11.1.2 常用表单元素

在 Dreamweaver CC 的【插入】面板中有一个【表单】选项卡，在【表单】选项卡中，可以看到能够在网页中插入的所有表单元素的按钮，如图 11-1、图 11-2 和图 11-3 所示。

- 【表单】选项：选择该选项，可以在网页中插入一个表单域。所有表单元素要想实现作用，就必须存在于表单域中。
- 【文本】选项：选择该选项，将在表单域中插入一个可以输入一行文本的文本域。文本域可以接受任何类型的文本、字母与数字内容。

- 【密码】选项：选择该选项，可以在表单域中插入密码域。密码域可以接受任何类型的文本、字母与数字内容，在以密码域方式显示的时候，输入的文本会以星号或项目符号的方式显示，这样可以避免其他用户看到这些文本信息。

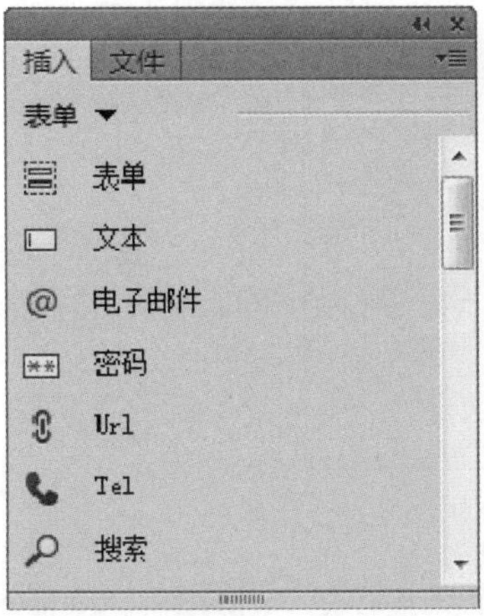

图 11-1

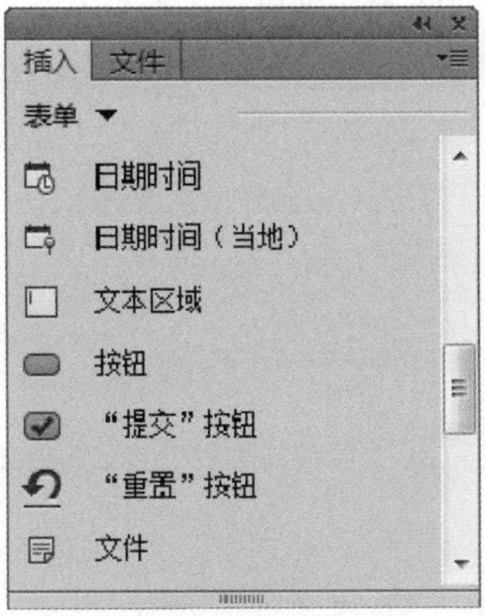

图 11-2

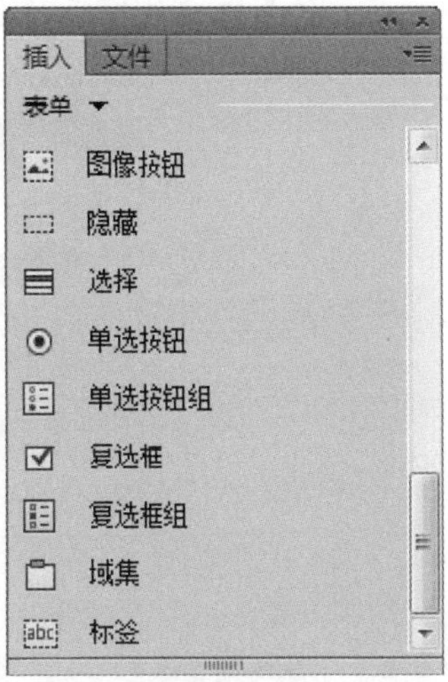

图 11-3

- 【文本区域】选项：选择该选项，将在表单域中插入一个可以输入多行文本的文本区域。
- 【按钮】选项：选择该选项，将在表单域中插入一个普通按钮。单击该按钮，可以执行某一脚本或程序，并且用户还可以自定义按钮的名称和标签。
- 【“提交”按钮】选项：选择该选项，将在表单域中插入一个提交按钮。该按钮用于向表单处理程序提交表单域中所填写的内容。
- 【“重置”按钮】选项：选择该选项，将在表单域中插入一个重置按钮，重置按钮会将所有的表单字段重置为初始值。
- 【文件】选项：选择该选项，将在表单域中插入一个文本字段和一个【浏览】按钮。浏览者可以使用文件域浏览本地计算机上的某个文件并将该文件作为表单数据上传。
- 【图像按钮】选项：选择该选项，将在表单域中插入一个可放置图像的区域。放置的图像用于生成图形化的按钮，例如【提交】或【重置】按钮。
- 【隐藏】选项：选择该选项，将在表单域中插入一个隐藏域。隐藏域可以存储用户输入的信息，例如姓名、电子邮件地址或常用的查看方式，在用户下次访问该网站的时候使用这些数据。
- 【选择】选项：选择该选项，将在表单域中插入选择列表或菜单。【列表】选项用于在一个列表框中显示选项值，浏览者可以从该列表框中选择多个选项。【菜单】选项则是一个菜单中显示选项值，浏览者只能从中选择单个选项。
- 【单选按钮】选项：选择该选项，将在表单域中插入一个单选按钮。单选按钮代表相互排斥的选择。在某一个单选按钮组(两个或多个共享统一名称的按钮组成)中选择一组单选按钮，也就是直接插入多个(两个或两个以上)单选按钮。

- 【复选框】选项：选择该选项，将在表单域中插入一个复选框。复选框允许在一组选项框中选择多个选项，即用户可以选择任意多个适用的选项。
- 【复选框组】选项：选择该选项，将在表单域中插入一组复选框。通过【复选框组】选项能够同时添加多个复选框。在【复选框组】对话框中可以添加或删除复选框，在【标签】和【值】列表框中可以输入需要更改的内容，如图 11-4 所示。

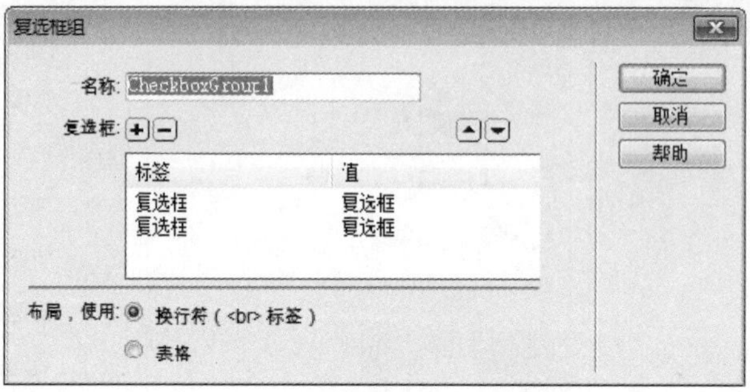

图 11-4

- 【域集】选项：选择该选项，将在表单域中插入一个域集标签<fieldset>。<fieldset>标签用于将表单中的相关元素分组。<fieldset>标签将表单内容一部分打包，生成一组相关表单的字段。<fieldset>标签没有必需的或唯一的属性。当把一组表单元素放到<fieldset>标签中时，浏览器会以特殊方式来显示它们。
- 【标签】选项：选择该选项，将在表单域中插入<label>标签。label 元素不会向用户呈现任何特殊的样式，不过，它为用户改善了鼠标可用性，因为如果用户单击 label 元素内的文本就会切换到控件本身。<label>标签的 for 属性应该等于相关元素的 id 元素，以便将它们捆绑起来。

11.1.3 HTML5 表单元素

Dreamweaver CC 提供了对 CSS 3.0 和 HTML5 的强大支持，在【插入】面板的【表单】选项卡中新增了多种 HTML5 表单元素的插入按钮，以便用户快速地在网页中插入并应用 HTML5 表单元素，如图 11-5 和图 11-6 所示。

- 【电子邮件】选项：该选项为 HTML5 新增的功能，选择该选项，可以在表单域中插入电子邮件类型元素。电子邮件类型用于应该包含 E-mail 地址的输入域，在提交表单时会自动验证 E-mail 域的值。
- Url 选项：该选项为 HTML5 新增的功能，选择该选项，可以在表单域中插入 Url 类型元素。Url 属性用于返回当前文档的 URL。
- Tel 选项：该选项为 HTML5 新增的功能，选择该选项，可以在表单域中插入 Tel 类型元素，其应用于电话号码的文本字段。
- 【搜索】选项：该选项为 HTML5 新增的功能，选择该选项，可以在表单域中插入搜索类型元素，其应用于搜索的文本字段。搜索属性是一个可读、可写的字符串，可设置或返回当前 URL 的查询部分(问号之后的部分)。
- 【数字】选项：该选项为 HTML5 新增的功能，选择该选项，可以在表单域中插入数字类型元素，其应用于带有 spinner 控件的数字字段。

图 11-5

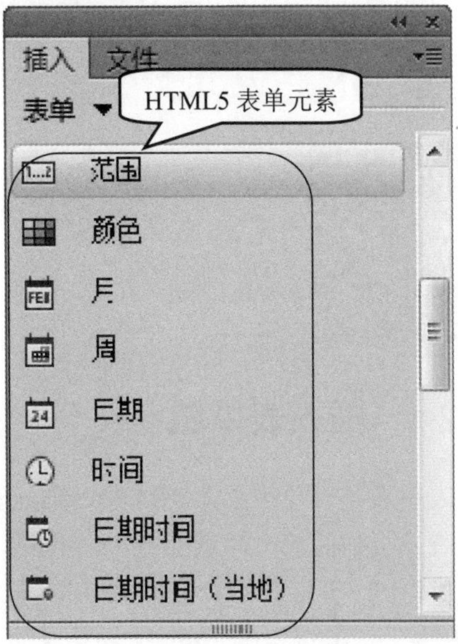

图 11-6

- 【范围】选项：该选项为 HTML5 新增的功能，选择该选项，可以在表单域中插入范围类型元素。Range(范围)对象表示文档的连续范围区域，例如用户在浏览器窗口中用鼠标拖动选中的区域。
- 【颜色】选项：该选项为 HTML5 新增的功能，选择该选项，可以在表单域中插入颜色类型元素，color(颜色)属性用于设置文本的颜色(元素的前景色)。
- 【月】选项：该选项为 HTML5 新增的功能，选择该选项，可以在表单域中插入月类型元素，其应用于日期字段的月(带有 calendar 控件)。
- 【周】选项：该选项为 HTML5 新增的功能，选择该选项，可以在表单域中插入周类型元素，其应用于日期字段的周(带有 calendar 控件)。
- 【日期】选项：该选项为 HTML5 新增的功能，选择该选项，可以在表单域中插入日期类型元素，其应用于日期字段(带有 calendar 控件)。
- 【时间】选项：该选项为 HTML5 新增的功能，选择该选项，可以在表单域中插入时间类型元素，其应用于时间字段的时、分、秒(带有 time 控件)。<time>标签用于定义公历的时间(24 小时制)或日期，时间和时区偏移是可选的。该元素能够以计算机刻度的方式对日期和时间进行编码。
- 【日期时间】选项：该选项为 HTML5 新增的功能，选择该选项，可以在表单域中插入日期时间类型元素，其应用于日期字段(带有 calendar 和 time 控件)，日期时间属性用于规定文本被删除的日期和时间。
- 【日期时间(当地)】选项：该选项为 HTML5 新增的功能，选择该选项，可以在表单域中插入日期时间(当地)类型元素，其应用于日期字段(带有 calendar 和 time 控件)。

Section 11.2 添加表单

手机扫描下方二维码，观看本节视频课程

每个表单都是由一个表单域和若干个表单元素组成的。使用表单必须具备的条件有两个：一个是含有表单元素的网页文档，另一个是具备服务器端的表单处理应用程序或客户端脚本程序。本节将详细介绍添加表单的知识。

11.2.1 插入表单域

表单域是表单中必不可少的一项元素，所有的表单元素都要放在表单域中才会有效，制作表单页面的第一步就是插入表单域。下面详细介绍插入表单域的操作方法。

step 1 在【插入】面板中，① 选择【表单】选项卡，② 选择【表单】选项卡，如图 11-7 所示。

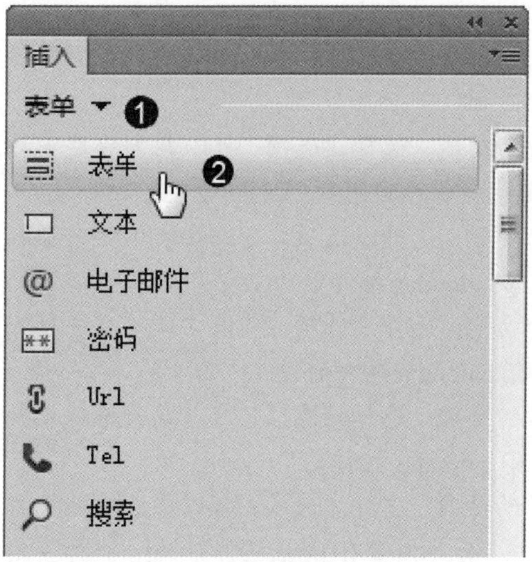

图 11-7

step 2 可以看到页面中已经插入了表单域。通过以上步骤即可完成插入表单域的操作，如图 11-8 所示。

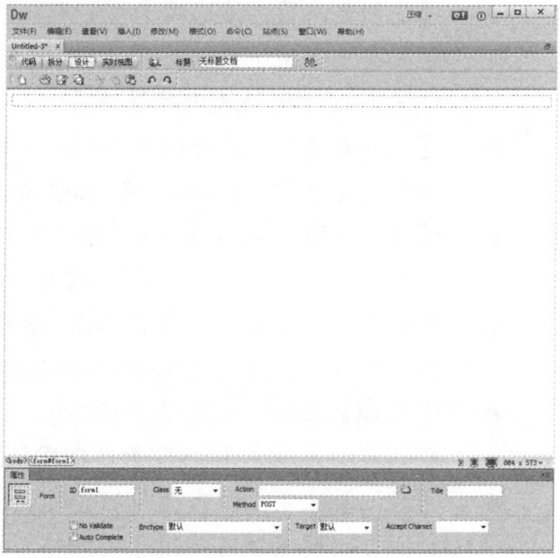

图 11-8

选中表单域，可以在【属性】面板中对表单域的属性进行设置，如图 11-9 所示。

- ID 文本框：用来设置表单的名称。为了正确地处理表单，一定要给表单设置一个名称。
- Class 下拉列表框：在 Class 下拉列表框中可以选择已经定义好的类 CSS 样式。
- Action 文本框：用来设置处理这个表单的服务器端脚本的路径。如果希望该表单通过 E-mail 方式发送，而不被服务器端脚本处理，需要在文本框中输入 mailto 以及要发送到的邮箱地址。

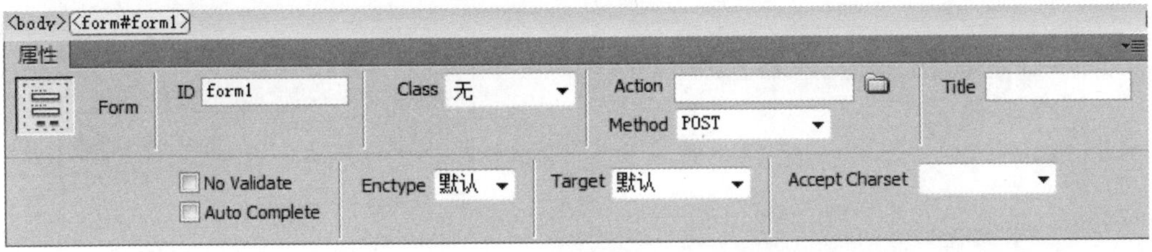

图 11-9

- Method 下拉列表框：用来设置将表单数据发送到服务器的方法。共有 3 个选项，分别是【默认】、POST 和 GET 选项。如果选择【默认】或 GET 选项，将以 GET 方法发送表单数据，即把表单数据附加到请求 URL 中发送；如果选择 POST 选项，将以 POST 方法发送表单数据，即把表单数据嵌入到 http 请求中发送。
- Title 文本框：用于设置表单域的标题名称。
- No Validate 复选框：Validate 属性为 HTML5 新增的表单属性。选中该复选框，表示当提交表单时不对表单中的内容进行验证。
- Auto Complete 复选框：Complete 属性为 HTML5 新增的表单属性，选中该复选框，表示启用表单的自动完成功能。
- Enctype 下拉列表框：用来设置发送数据的编码类型。共有两个选项，分别是 application/x-www-form-urlencoded 和 multipart/form-data，默认的编码类型是 application/x-www-form-urlencoded。application/x-www-form-urlencoded 通常和 POST 方法协同使用，如果表单中包含文件上传域，则应该选择 multipart/form-data。
- Target 下拉列表框：用于设置表单被处理后使网页打开的方式，共有 6 个选项，分别是【默认】、_blank、_new、_parent、_self 和 _top 选项。网站默认的打开方式是在原窗口中打开。
- Accept Charset 下拉列表框：该选项用于设置服务器处理表单数据所接受的字符集。在该下拉列表中共有 3 个选项，分别是【默认】、UTF-8 和 ISO-8859-1 选项。

在 Dreamweaver 设计视图中，插入表单域后如果没有显示红色的虚线框，执行【查看】|【可视化助理】|【不可见元素】命令，即可在 Dreamweaver 设计视图中看到插入的表单域的红色虚线框。红色虚线框在浏览器中是看不到的，在 Dreamweaver 中显示是为了制作网页时方便处理。

11.2.2 插入文本域

在文本域中可以输入任何类型的文本、数字或字母，文本域也是网页表单中最常用的一种表单元素。下面详细介绍插入文本域的操作方法。

step 1 在【插入】面板中，① 选择【表单】选项卡，② 选择【文本】选项，如图 11-10 所示。

step 2 可以看到页面中已经插入了文本域。通过以上步骤即可完成插入文本域的操作，如图 11-11 所示。

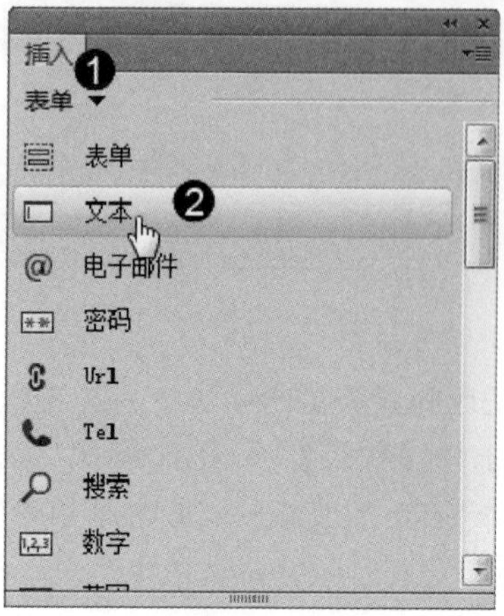

图 11-10

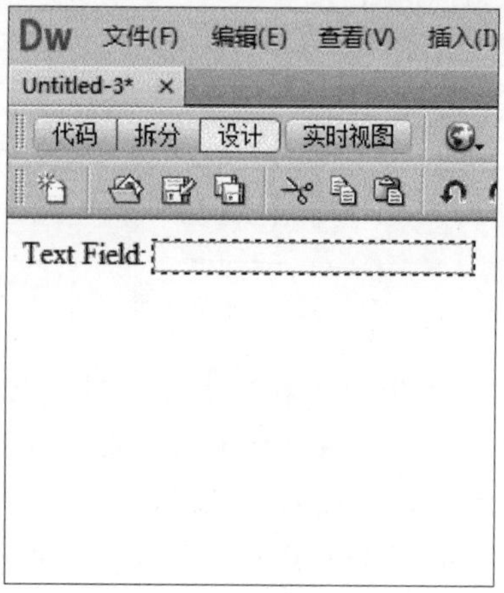

图 11-11

选中在页面中插入的文本域，在【属性】面板中可以对文本域的属性进行相应设置，如图 11-12 所示。

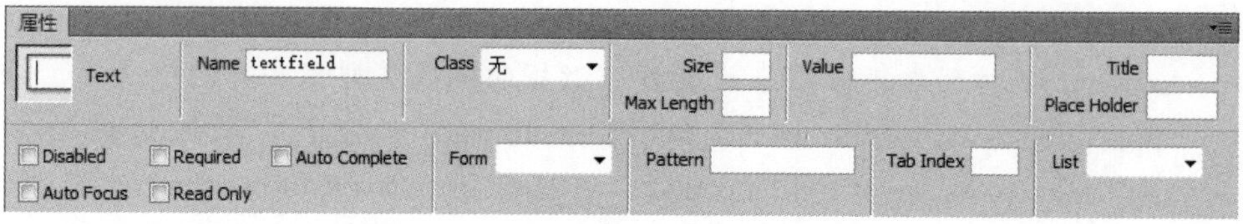

图 11-12

- Name 文本框：在该文本框中可以为文本域指定一个名称。每个文本域都必须有一个唯一的名称，所选名称必须在表单内唯一标识该文本域。表单元素的名称不能包含空格或特殊字符，可以使用字母、数字字符和下划线的任意组合。注意，为文本域指定的名称最好便于记忆。
- Size 文本框：该文本框用于设置文本域中最多可以显示的字符数。
- Max Length 文本框：该文本框用于设置文本域中最多可以输入的字符数。如果不对该选项进行设置，则浏览者可以输入任意数量的文本。
- Value 文本框：在该文本框中可以输入一些提示性的文本，以帮助浏览者顺利填写该文本域中的资料。在浏览者输入资料时，初始文本将被输入的内容代替。
- Title 文本框：用于设置文本域的提示标题文字。
- Place Holder 文本框：该属性为 HTML5 新增的表单属性，用于设置文本域预期值的提示信息，该提示信息会在文本域为空时显示，并在文本域获得焦点时消失。
- Disabled 复选框：选中该复选框，表示禁用该文本字段，被禁用的文本域既不可用，也不可单击。
- Auto Focus 复选框：该属性为 HTML5 新增的表单属性。选中该复选框，当网页被加载时，该文本域会自动获得焦点。
- Required 复选框：该属性为 HTML5 新增的表单属性，选中该复选框，则在提交表单之前必须填写所选文本域。

- Read Only 复选框：选中该复选框，表示所选文本域为只读属性，不能对该文本域中的内容进行修改。
- Auto Complete 复选框：Complete 属性为 HTML5 新增的表单属性，选中该复选框，表示启用表单的自动完成功能。
- Form 下拉列表框：该属性用于设置与表单元素相关的表单标签的 ID，可以在该选项后的下拉列表中选择网页中已经存在的表单域标签。
- Pattern 文本框：用于设置文本域值的模式或格式。
- Tab Index 文本框：该属性用于设置表单元素的 Tab 键控制次序。
- List 下拉列表框：该属性为 HTML5 新增的表单属性，用于设置引用数据列表，其中包含文本域的预定义选项。

Section 11.3 网页元素

手机扫描下方二维码，观看本节视频课程

每个表单都是由一个表单域和若干个表单元素组成的，表单中的网页元素包括表单密码、URL 对象、Tel 对象、搜索对象、数字对象、范围对象、颜色对象、电子邮件等。本节将详细介绍在表单中插入网页元素的操作方法。

11.3.1 表单密码

密码域和文本域的形式是一样的，只是在密码域中输入的内容会以星号或圆点的方式显示。下面详细介绍插入密码域的操作方法。

step 1 在【插入】面板中，① 选择【表单】选项卡，② 选择【密码】选项，如图 11-13 所示。

图 11-13

step 2 可以看到页面中已经插入了表单密码，如图 11-14 所示。

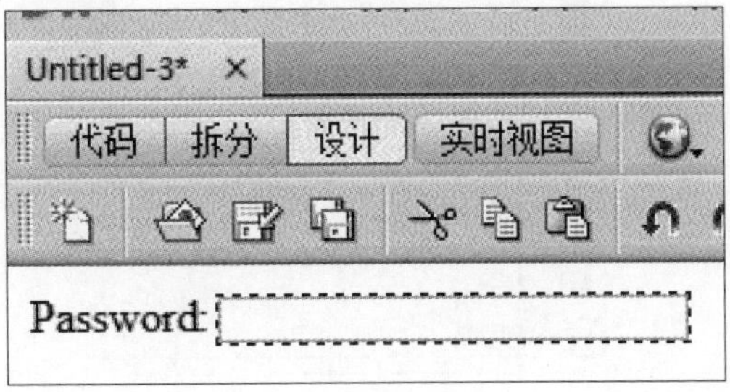

图 11-14

11.3.2 Url 对象

Url 表单元素是专门为输入 Url 地址而定义的文本框，在输入文本格式时，如果该文本框中的内容不符合 Url 地址的格式，则会提示验证错误。下面详细介绍插入 Url 的操作方法。

step 1 在【插入】面板中，① 选择【表单】选项卡，② 选择 Url 选项，如图 11-15 所示。

图 11-15

step 2 可以看到页面中已经插入了 Url 对象，通过以上步骤即可完成插入 Url 的操作，如图 11-16 所示。

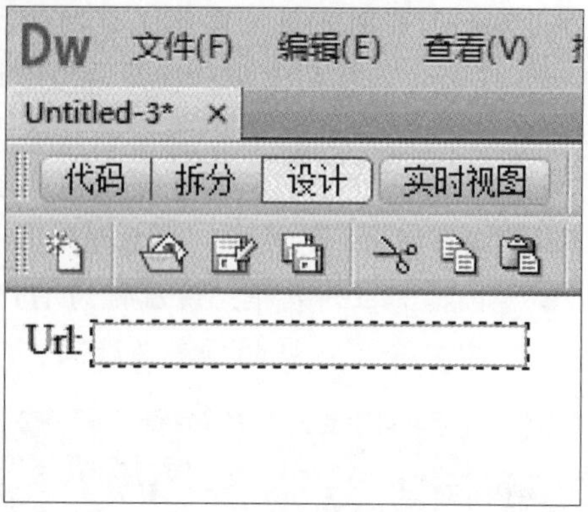

图 11-16

11.3.3 Tel 对象

Tel 类型的表单元素是专门为输入电话号码而定义的文本框，没有特殊的验证规则。下面详细介绍插入 Tel 的操作方法。

step 1 在【插入】面板中，① 选择【表单】选项卡，② 选择 Tel 选项，如图 11-17 所示。

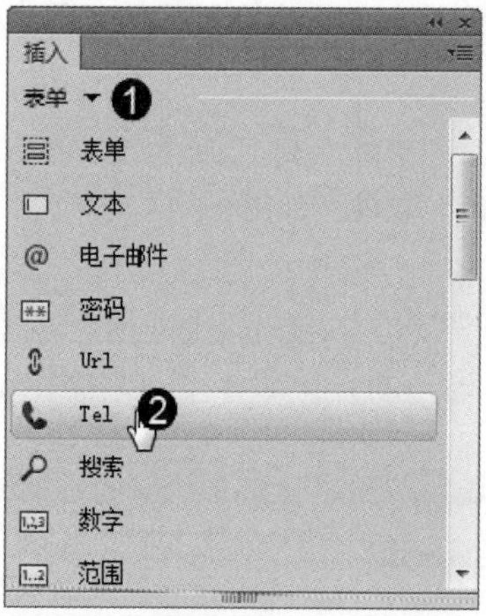

图 11-17

step 2 可以看到页面中已经插入了 Tel 对象。通过以上步骤即可完成插入 Tel 的操作，如图 11-18 所示。

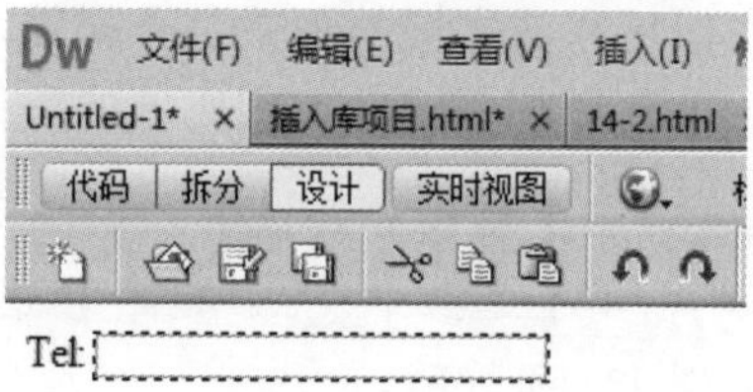

图 11-18

11.3.4 搜索对象

搜索表单元素是专门为输入搜索引擎关键词而定义的文本框，没有特殊的验证规则。下面详细介绍插入搜索表单元素的操作方法。

step 1 在【插入】面板中，① 选择【表单】选项卡，② 选择【搜索】选项，如图 11-19 所示。

图 11-19

step 2 可以看到页面中已经插入了搜索(Search)对象。通过以上步骤即可完成插入搜索对象的操作，如图 11-20 所示。

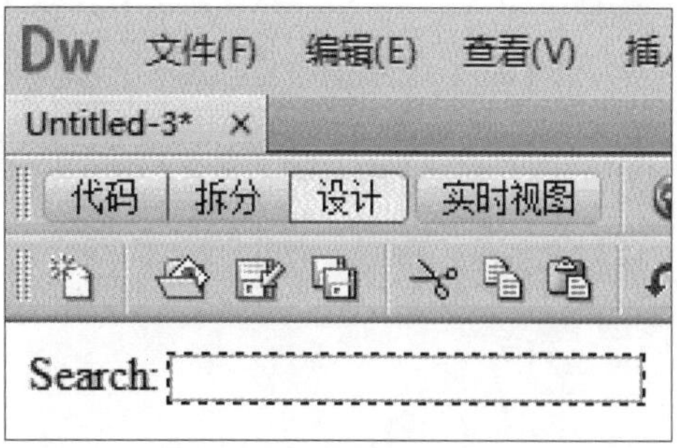

图 11-20

11.3.5 数字对象

数字表单元素是专门为输入特定的数字而定义的文本框，具有 min、max 和 step 特性，表示允许范围的最小值、最大值和调整步长。下面详细介绍插入数字表单元素的操作方法。

step 1 在【插入】面板中，① 选择【表单】选项卡，② 选择【数字】选项，如图 11-21 所示。

图 11-21

step 2 可以看到页面中已经插入了数字(Number)对象。通过以上步骤即可完成插入数字对象的操作，如图 11-22 所示。

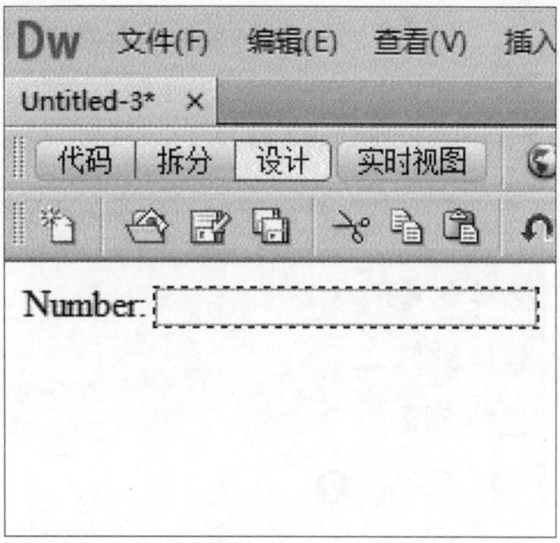

图 11-22

11.3.6 范围对象

范围表单元素是将输入框显示为滑动条，其作用是作为某一特定范围内的数值选择器。它和数字表单元素一样具有 min 和 max 特性，表示选择范围的最小值(默认值为 0)和最大值

(默认值为 100)；也具有 step 特性，表示拖动步长(默认值为 1)。下面详细介绍插入范围表单元素的操作方法。

step 1 在【插入】面板中，① 选择【表单】选项卡，② 选择【范围】选项，如图 11-23 所示。

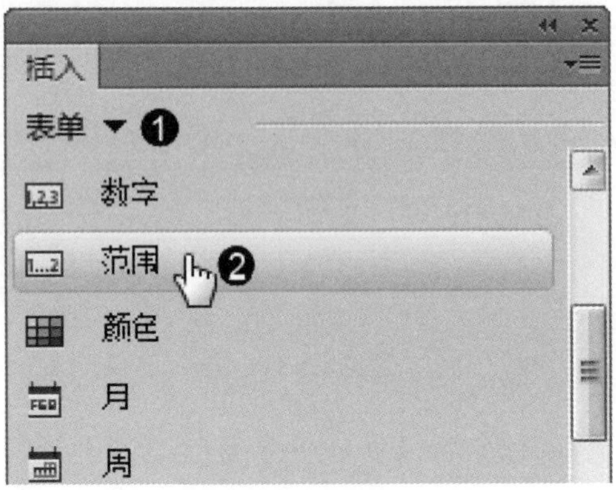

图 11-23

step 2 可以看到页面中已经插入了范围(Range)对象。通过以上步骤即可完成插入范围对象的操作，如图 11-24 所示。

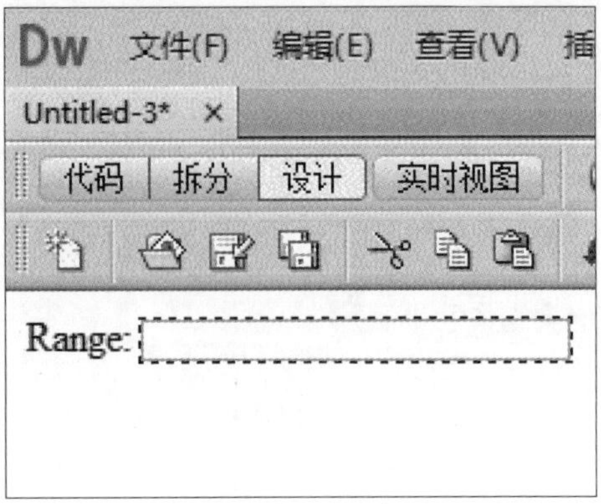

图 11-24

11.3.7 颜色对象

颜色表单元素应用于网页中时会默认提供一个颜色选择器，但在大部分浏览器中还不能实现效果，在浏览器中可以看到颜色元素的效果。下面详细介绍插入颜色表单元素的操作。

step 1 在【插入】面板中，① 选择【表单】选项卡，② 选择【颜色】选项，如图 11-25 所示。

图 11-25

step 2 可以看到页面中已经插入了颜色(Color)对象。通过以上步骤即可完成插入颜色对象的操作，如图 11-26 所示。

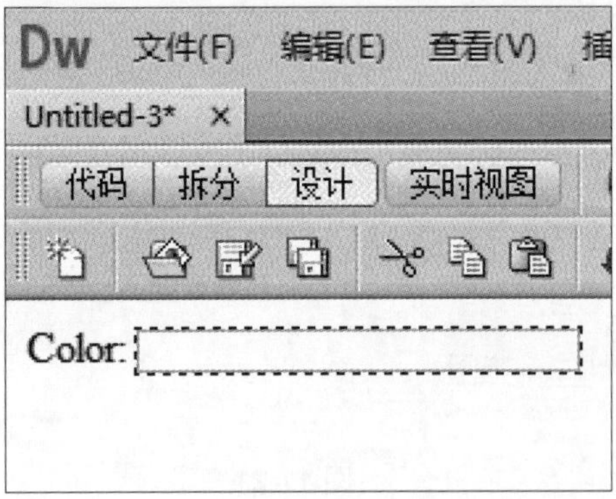

图 11-26

Section 11.4 日期与时间元素

手机扫描下方二维码，观看本节视频课程

日期与时间元素也是创建网页时经常需要用到的元素。表单中的日期与时间元素包括月对象、周对象、日期对象、时间对象、日期时间对象和本地日期时间对象等。本节将详细介绍在表单中插入日期与时间元素的操作方法。

11.4.1 月对象

在 Dreamweaver CC 中插入月表单元素，网页会提供一个月选择器。下面详细介绍插入月对象的操作方法。

step 1 在【插入】面板中，① 选择【表单】选项卡，② 选择【月】选项，如图 11-27 所示。

图 11-27

step 2 可以看到页面中已经插入了月(Month)对象，通过以上步骤即可完成插入月对象的操作，如图 11-28 所示。

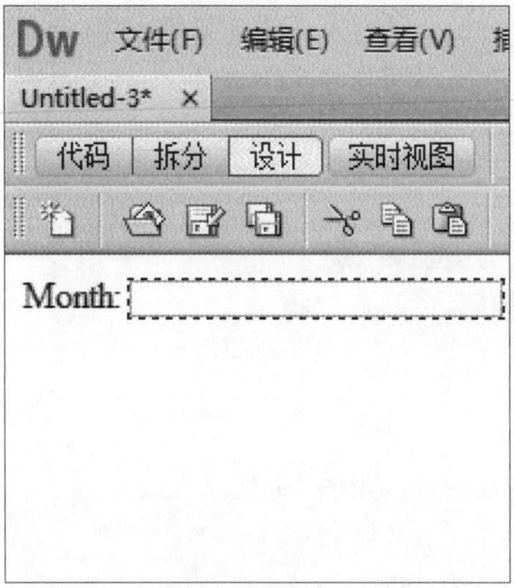

图 11-28

11.4.2 周对象

在 Dreamweaver CC 中插入周表单元素，网页会提供一个周选择器。下面详细介绍插入周对象的操作方法。

step 1 在【插入】面板中，① 选择【表单】选项卡，② 选择【周】选项，如图 11-29 所示。

step 2 可以看到页面中已经插入了周(Week)对象。通过以上步骤即可完成插入周对象的操作，如图 11-30 所示。

图 11-29

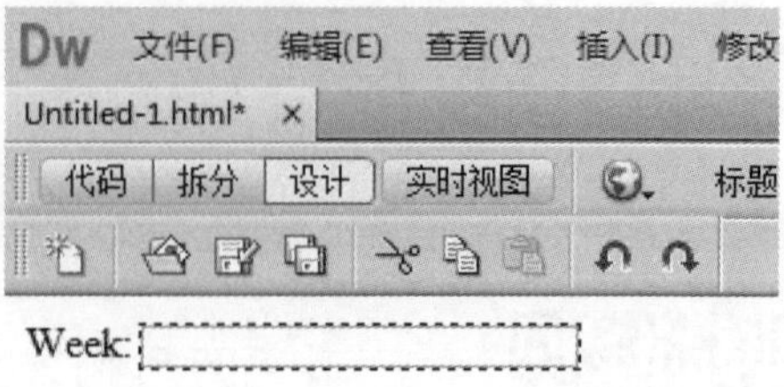

图 11-30

11.4.3 日期对象

在 Dreamweaver CC 中插入日期表单元素，网页会提供一个日期选择器。下面详细介绍插入日期对象的操作方法。

step 1 在【插入】面板中，① 选择【表单】选项卡，② 选择【日期】选项，如图 11-31 所示。

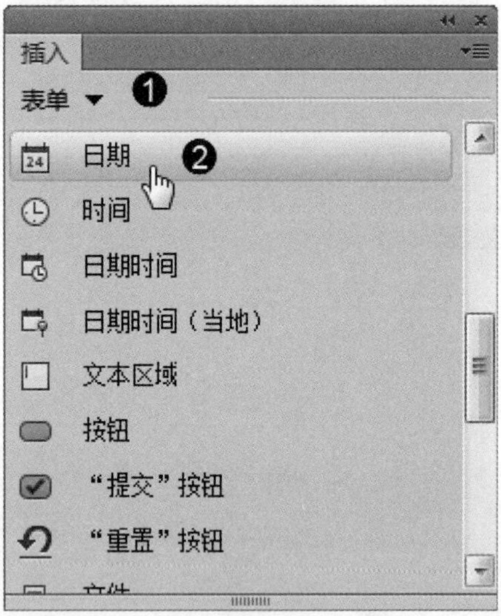

图 11-31

step 2 可以看到页面中已经插入了日期(Date)对象。通过以上步骤即可完成插入日期对象的操作，如图 11-32 所示。

图 11-32

11.4.4 时间对象

在 Dreamweaver CC 中插入时间表单元素，网页会提供一个时间选择器。下面详细介绍插入时间对象的操作方法。

step 1 在【插入】面板中，① 选择【表单】选项卡，② 选择【时间】选项，如图 11-33 所示。

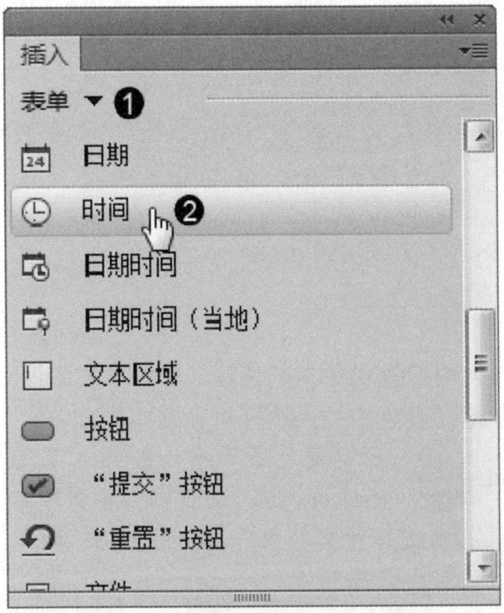

图 11-33

step 2 可以看到页面中已经插入了时间(Time)对象。通过以上步骤即可完成插入时间对象的操作，如图 11-34 所示。

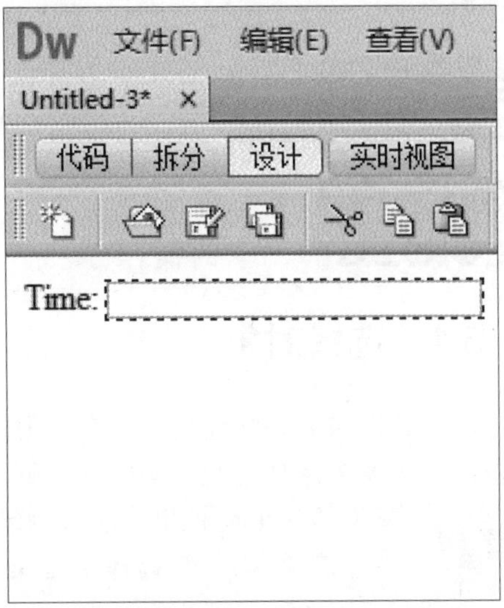

图 11-34

11.4.5 日期时间对象

在 Dreamweaver CC 中插入日期时间表单元素，网页会提供一个时间选择器。下面详细介绍插入日期时间对象的操作方法。

step 1 在【插入】面板中，① 选择【表单】选项卡，② 选择【日期时间】选项，如图 11-35 所示。

图 11-35

step 2 可以看到页面中已经插入了日期时间(DateTime)对象。通过以上步骤即可完成插入日期时间对象的操作，如图 11-36 所示。

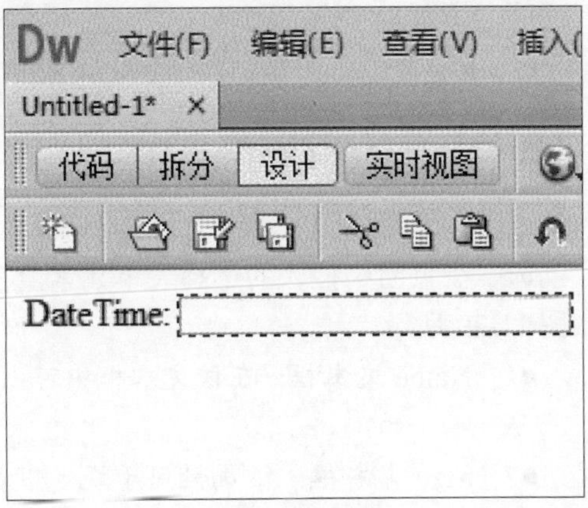

图 11-36

Section 11.5 选择元素

手机扫描下方二维码，观看本节视频课程

创建文档主要包括两种方式，一种是创建空白文档；一种是创建表单中的选择元素包括选项对象、单选按钮、单选按钮组、复选框、复选框组等。本节将详细介绍在表单中插入选择元素的操作方法。

11.5.1 选择对象

选择对象的最大好处是可以在有限的空间内为用户提供更多的选项，非常节省版面。在表单中插入选择对象的方法非常简单，下面介绍在表单中插入选择对象的操作方法。

step 1 在【插入】面板中，① 选择【表单】选项卡，② 选择【选择】选项，如图 11-37 所示。

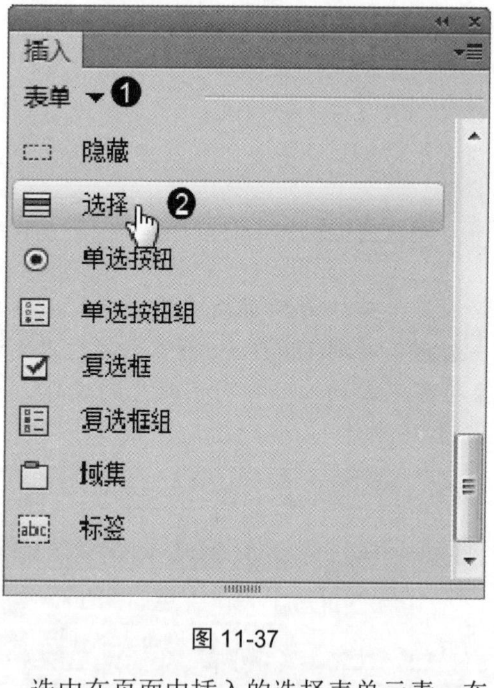

图 11-37

step 2 可以看到页面中已经插入了选择(Select)对象。通过以上步骤即可完成插入选择对象的操作，如图 11-38 所示。

图 11-38

选中在页面中插入的选择表单元素，在【属性】面板中可以对其属性进行相应的设置，如图 11-39 所示。

- Name 文本框：在该文本框中可以为列表或菜单指定一个名称，并且该名称必须是唯一的。
- Size 文本框：该属性用于规定下拉列表中可见选项的数目。如果 Size 属性的值大于 1，但是小于列表中选项的总数目，浏览器会显示滚动条，表示可以查看更多选项。

- 【列表值】按钮：单击该按钮，会弹出列表值对话框，在该对话框中可以进行列表或菜单中项目的操作。
- Selected 列表框：当设置了多个列表值时，可以在该列表框中选择某些列表作为列表或菜单初始状态下所选中的选项。

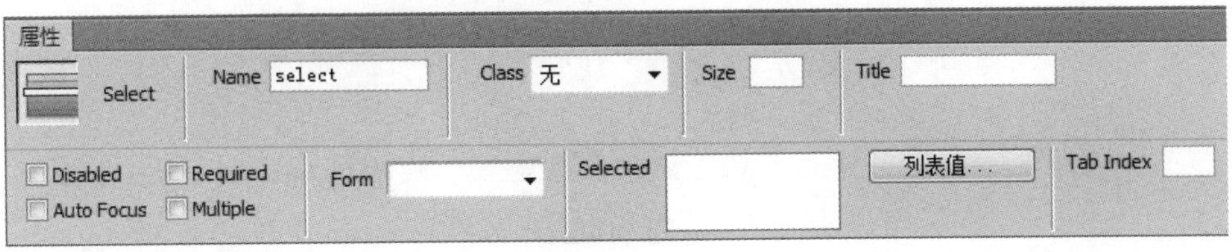

图 11-39

11.5.2 单选按钮

单选按钮指的是多个项目中只选择一项的按钮。在表单中插入单选按钮对象的方法非常简单，下面详细介绍在表单中插入单选按钮对象的操作方法。

step 1 在【插入】面板中，① 选择【表单】选项卡，② 选择【单选按钮】选项，如图 11-40 所示。

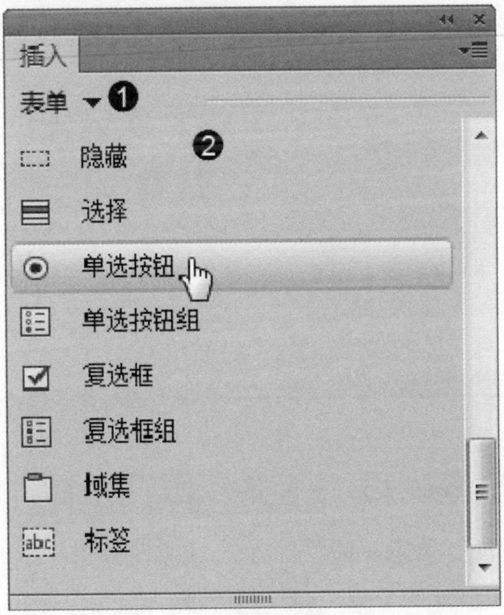

图 11-40

step 2 可以看到页面中已经插入了单选按钮(Radio Button)对象。通过以上步骤即可完成插入单选按钮对象的操作，如图 11-41 所示。

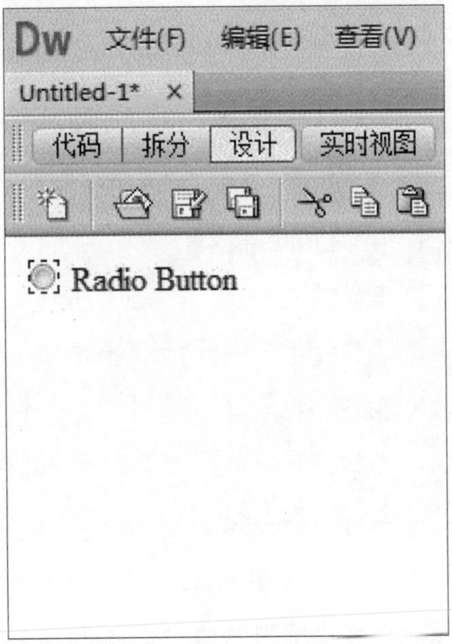

图 11-41

选中在页面中插入的单选按钮表单元素，在【属性】面板中可以对其属性进行相应的设置，如图 11-42 所示。

- Name 文本框：在该文本框中可以为单选按钮指定一个名称。

- Value 文本框：该文本框用来设置在单选按钮被选中时发送服务器的值。为了便于理解，一般将该值设置为与栏目内容的意思相近。
- Checked 复选框：该属性用于设置单选按钮默认为选中状态还是未选中状态。如果选中该复选框，则表示单选按钮默认为选中状态。

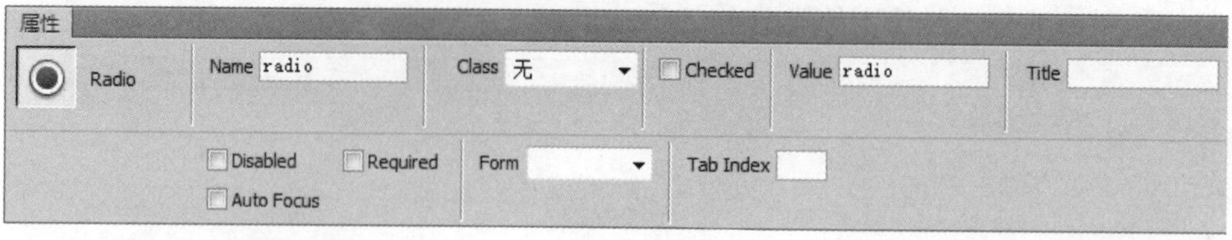

图 11-42

11.5.3 单选按钮组

单选按钮可以作为一个组使用，用于提供彼此排斥的选项值，在单选按钮组内只能选择一个选项。下面详细介绍插入单选按钮组的操作方法。

step 1 在【插入】面板中，① 选择【表单】选项卡，② 选择【单选按钮组】选项，如图 11-43 所示。

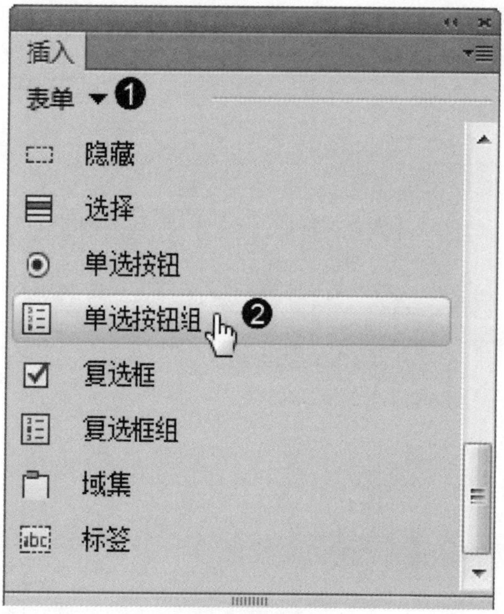

图 11-43

step 2 弹出【单选按钮组】对话框，① 可以在列表框中添加或减少单选按钮的个数，② 单击【确定】按钮，如图 11-44 所示。

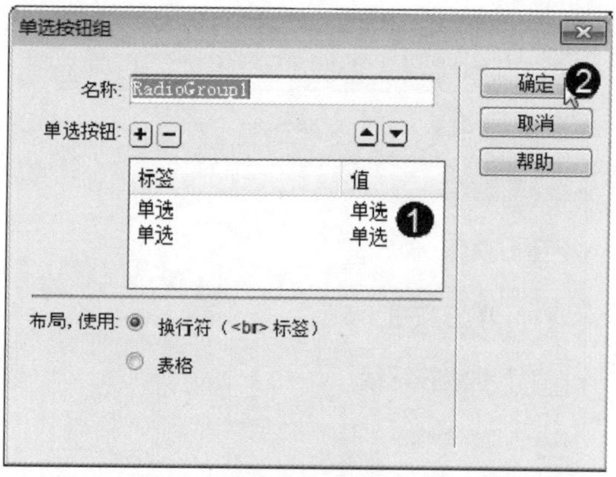

图 11-44

step 3 可以看到页面中已经插入了单选按钮组对象。通过以上步骤即可完成插入单选按钮组的操作，如图 11-45 所示。

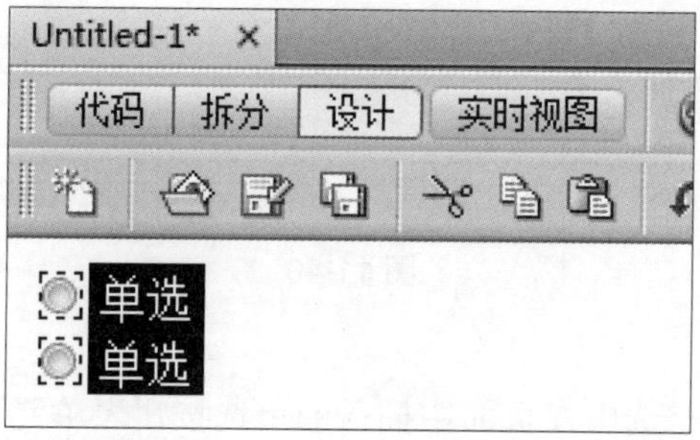

图 11-45

单选按钮组中的所有单选按钮必须具有相同的名称，并且名称中不能包含空格或特殊字符。

11.5.4 复选框

复选框用于对每个单独的响应进行关闭和打开状态的切换。在表单中插入复选框的方法非常简单，下面详细介绍在表单中插入复选框的操作方法。

step 1 在【插入】面板中，① 选择【表单】选项卡，② 选择【复选框】选项，如图 11-46 所示。

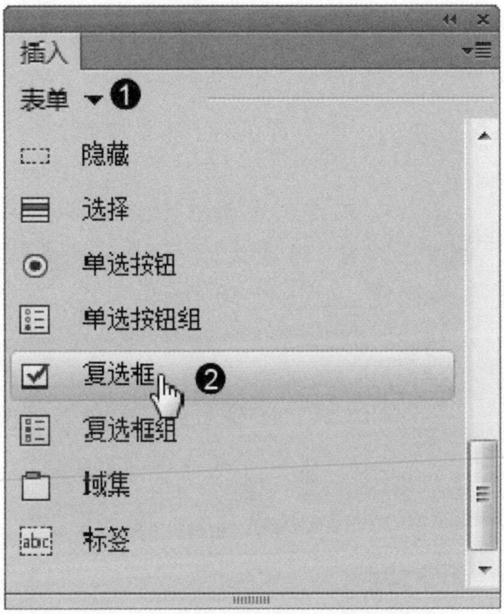

图 11-46

step 2 可以看到页面中已经插入了复选框(Checkbox)对象。通过以上步骤即可完成插入复选框的操作，如图 11-47 所示。

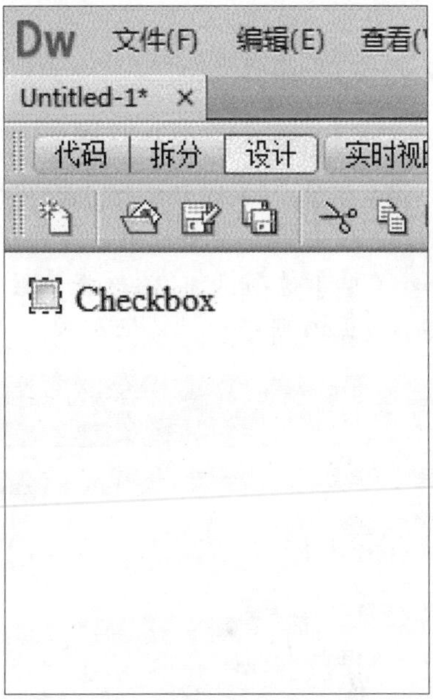

图 11-47

选中在页面中插入的复选框，在【属性】面板中可以对其属性进行相应的设置，如图 11-48 所示。

- Name 文本框：用来为复选框指定一个名称。在一个实际的栏目中可能会有多个复选框，每个复选框必须有一个唯一的名称，所选名称必须在该表单内唯一表示该复选框，并且名称中不能包含空格或特殊字符。
- Checked 复选框：用来设置在浏览器中载入表单时复选框是处于选中状态还是未选中状态。如果选中该复选框，则复选框默认为选中状态。
- Value 文本框：用来设置在该复选框被选中时发送给服务器的值。为了便于理解，一般将该值设置为与栏目内容的意思相近。

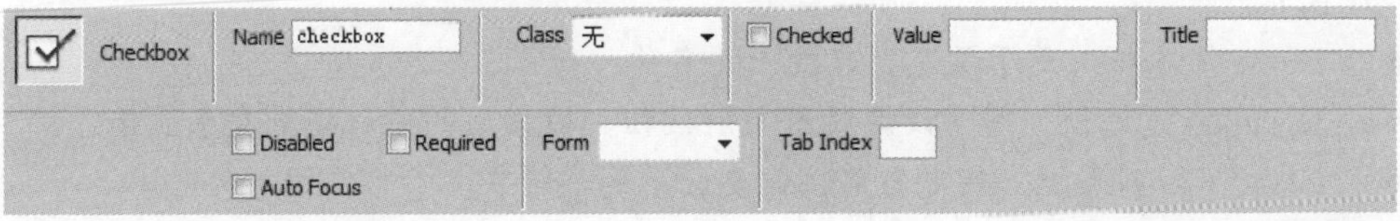

图 11-48

Section 11.6 按钮元素

手机扫描下方二维码，观看本节视频课程

表单中的按钮元素在 Dreamweaver CC 中被细分为普通按钮、【提交】按钮、【重置】按钮和图像按钮，在表单中起到非常重要的作用。本节将详细介绍在表单中插入按钮元素的操作方法。

11.6.1 普通按钮

在表单元素中，按钮的使用是较为重要且不可或缺的，浏览者在网上申请邮箱、注册会员时都会见到，下面介绍插入普通按钮的操作方法。

step 1 在【插入】面板中，① 选择【表单】选项卡，② 选择【按钮】选项，如图 11-49 所示。

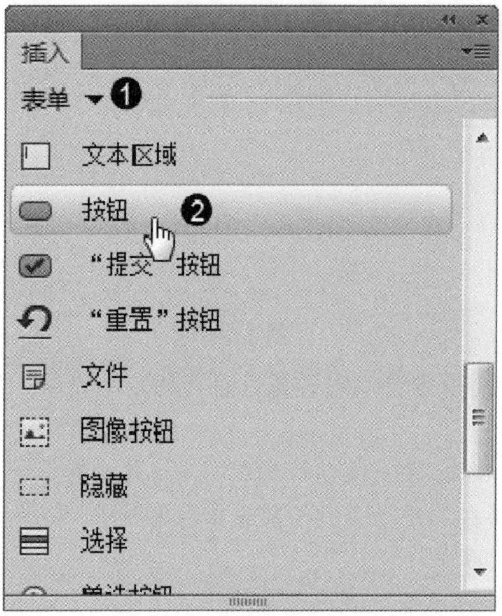

图 11-49

step 2 可以看到页面中已经插入了按钮对象。通过以上步骤即可完成插入按钮的操作，如图 11-50 所示。

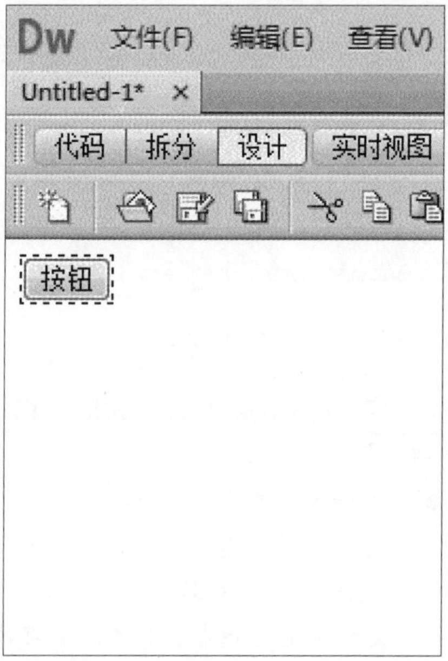

图 11-50

选中在页面中插入的普通按钮，在【属性】面板中可以对其属性进行相应的设置，如图 11-51 所示。

- Name 文本框：用于设定当前按钮的名称。
- Disabled 复选框：用于设定禁用当前按钮，被禁用的按钮将呈灰色显示。
- Class 下拉列表框：指定当前按钮要应用的类样式。
- Form 下拉列表框：用于设置当前按钮所在的表单。

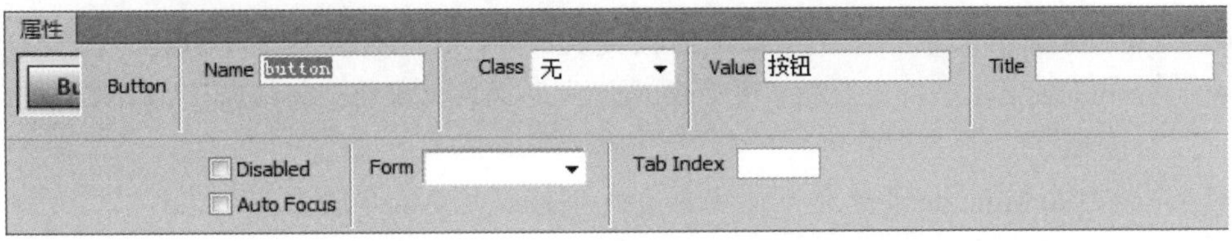

图 11-51

- Value 文本框：用于输入按钮上显示的文本内容。

11.6.2 【提交】按钮

【提交】按钮的功能是在用户单击该按钮时将表单数据内容提交至表单域的 Action 属性中指定的页面或脚本。下面详细介绍在表单中插入【提交】按钮的操作方法。

step 1 在【插入】面板中，① 选择【表单】选项卡，② 选择【“提交”按钮】选项，如图 11-52 所示。

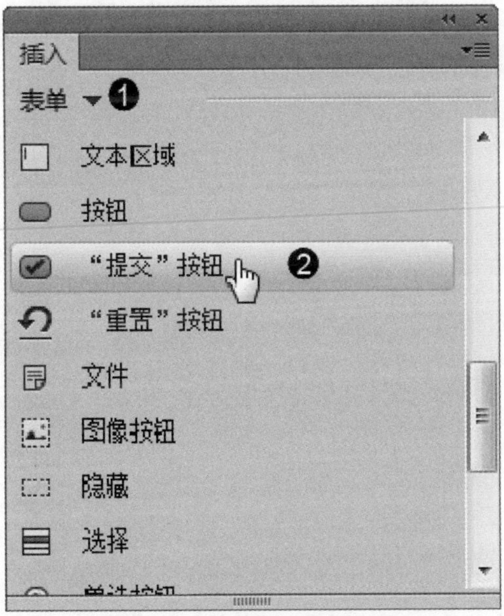

图 11-52

step 2 可以看到页面中已经插入了【提交】按钮对象。通过以上步骤即可完成插入【提交】按钮的操作，如图 11-53 所示。

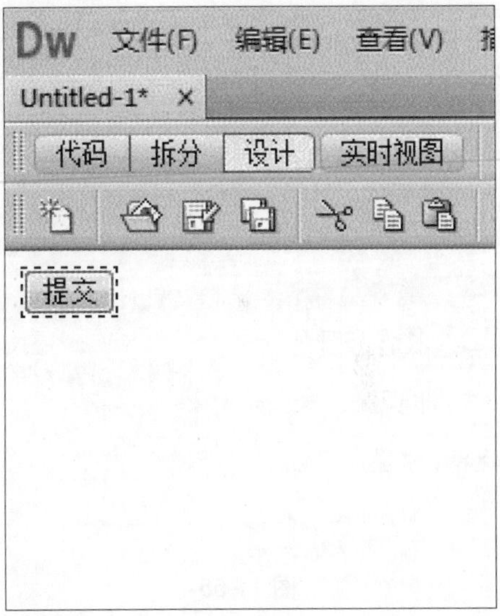

图 11-53

选中在页面中插入的【提交】按钮，在【属性】面板中可以对其属性进行相应的设置。【提交】按钮的【属性】面板(见图 11-54)与普通按钮的【属性】面板有重叠的内容，这里只介绍不重叠的内容。

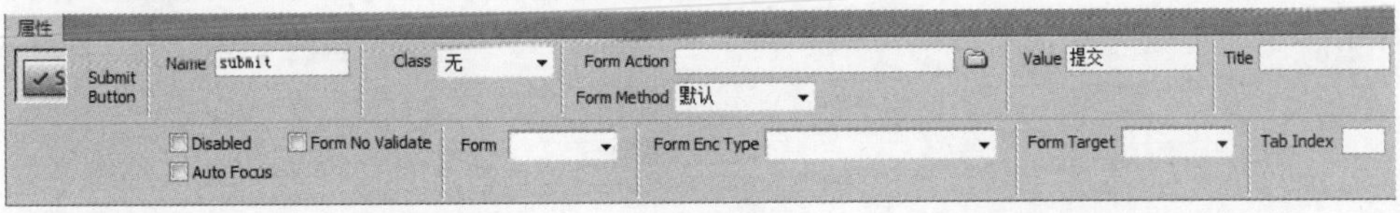

图 11-54

- Form Action 文本框：用于设定当提交表单时，向何处发送表单数据。
- Form Method 下拉列表框：用于设置如何发送表单数据，包括默认、GET 和 POST3 个选项。
- Form No Validate 复选框：选中该复选框可以禁用表单验证。

11.6.3 【重置】按钮

【重置】按钮的功能是在用户单击该按钮时清除表单中所做的设置，恢复为默认的设置内容。在表单中插入【重置】按钮的方法非常简单，下面详细介绍在表单中插入【重置】按钮的操作方法。

step 1 在【插入】面板中，① 选择【表单】选项卡，② 选择【“重置”按钮】选项，如图 11-55 所示。

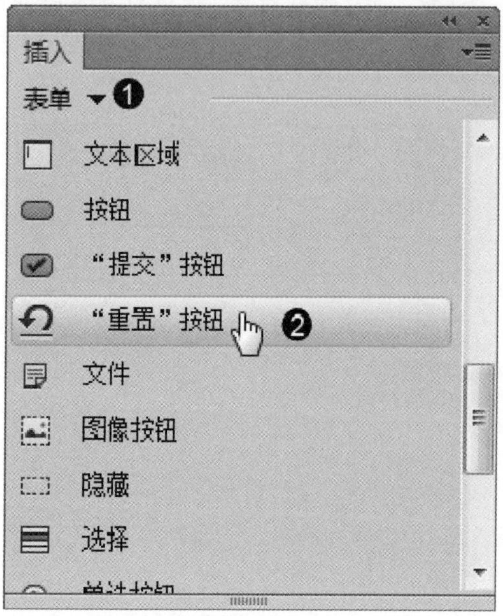

图 11-55

step 2 可以看到页面中已经插入了【重置】按钮对象。通过以上步骤即可完成插入【重置】按钮的操作，如图 11-56 所示。

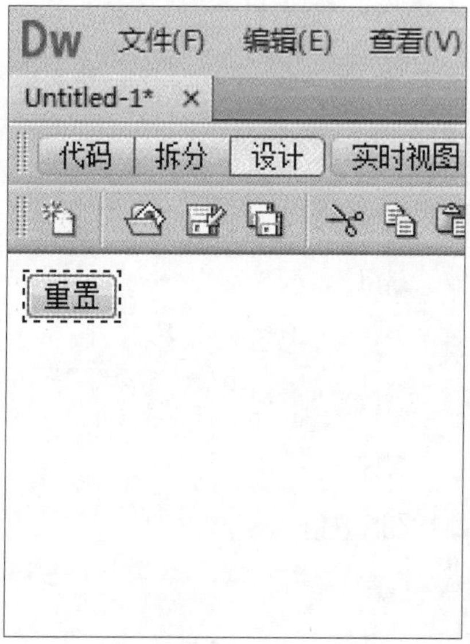

图 11-56

在表单中插入【重置】按钮后，预览网页时，单击【重置】按钮，可以清除表单中填写的数据。

选中在页面中插入的【重置】按钮，其【属性】面板中的设置选项与普通按钮完全一致，如图 11-57 所示。

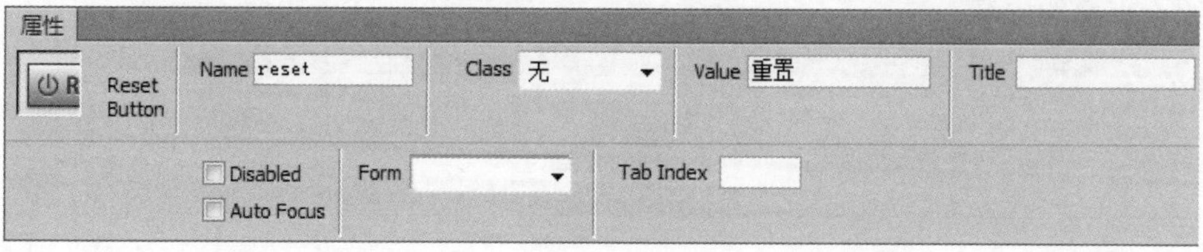

图 11-57

Section 11.7 范例应用与上机操作

手机扫描下方二维码，观看本节视频课程

本小节将主要介绍在网页中插入电子邮件对象的方法、在网页中插入本地日期时间对象的方法、在网页中插入复选框组的方法、在网页中插入图像按钮的方法以及在网页中插入隐藏域的方法。

11.7.1 插入电子邮件对象

新增的电子邮件表单元素是专门为输入 E-mail 地址而定义的文本框，主要是为了验证输入的文本是否符合 E-mail 地址的格式，并会提示验证错误。下面详细介绍插入电子邮件表单元素的操作方法。

素材文件：无

效果文件：第11章\效果文件\电子邮件对象.html

step 1 在【插入】面板中，① 选择【表单】选项卡，② 选择【电子邮件】选项，如图 11-58 所示。

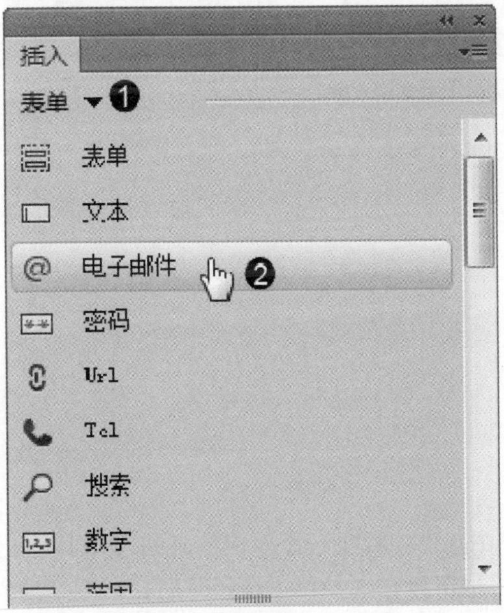

图 11-58

step 2 可以看到页面中已经插入了电子邮件对象。通过以上步骤即可完成插入电子邮件对象的操作，如图 11-59 所示。

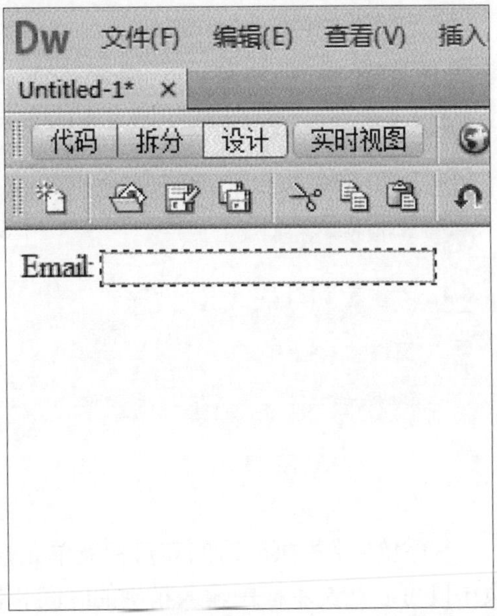

图 11-59

选中插入的电子邮件表单元素，在【属性】面板中可以对其属性进行设置，如图 11-60 所示。

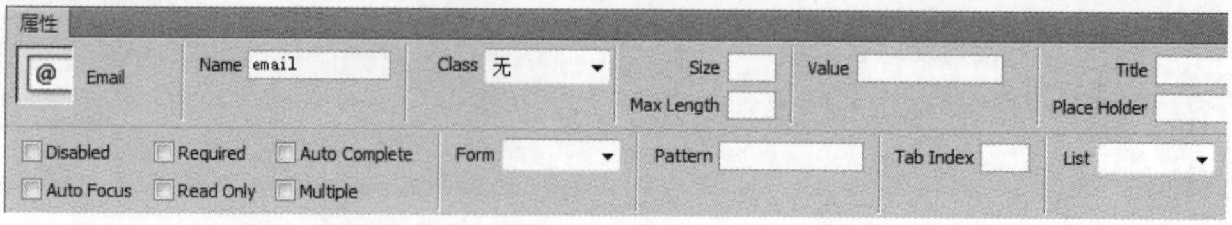

图 11-60

11.7.2 插入本地日期时间对象

在 Dreamweaver CC 中插入本地日期时间表单元素，网页会提供一个时间选择器。下面详细介绍插入本地日期时间对象的操作方法。

素材文件 无
效果文件 第 11 章\效果文件\本地日期时间对象.html

step 1 在【插入】面板中，① 选择【表单】选项卡，② 选择【日期时间(当地)】选项，如图 11-61 所示。

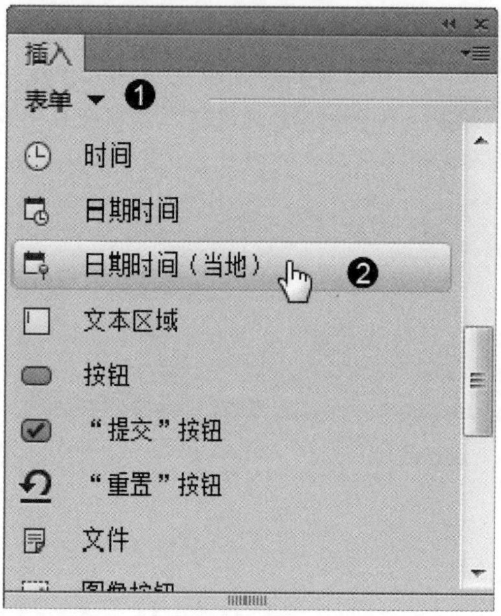

图 11-61

step 2 可以看到页面中已经插入了本地日期时间(DateTime-Local)对象。通过以上步骤即可完成插入本地日期时间对象的操作，如图 11-62 所示。

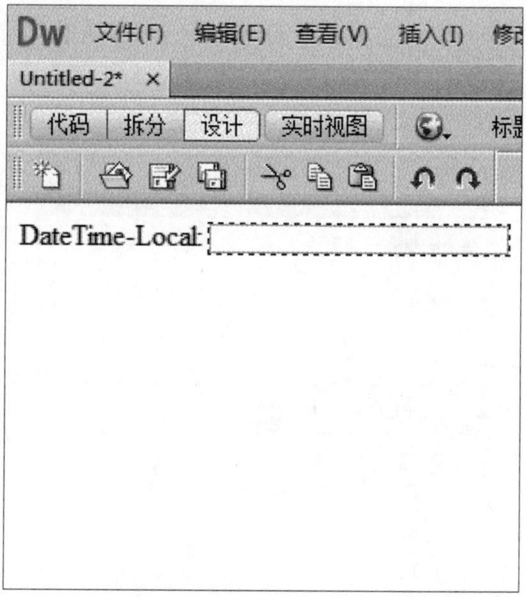

图 11-62

HTML5 中提供的时间和日期表单元素都会在网页中提供一个对应的时间选择器，在网页中既可以在文本框中输入精确的时间和日期，也可以在选择器中选择时间和日期。插入本地日期时间表单元素，Dreamweaver 会提供完整的不含时区的日期和时间选择器。

11.7.3 复选框组

在表单中插入复选框组的方法非常简单，下面详细介绍在表单中插入复选框组的操作方法。

素材文件 无
效果文件 第11章\效果文件\复选框组.html

step 1 在【插入】面板中，① 选择【表单】选项卡，② 选择【复选框组】选项，如图 11-63 所示。

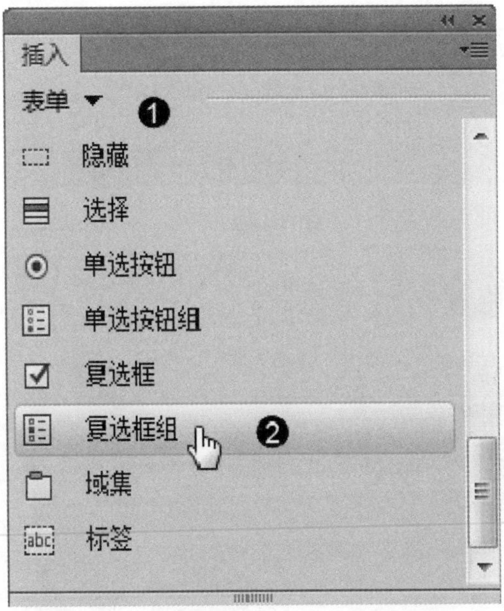

图 11-63

step 2 弹出【复选框组】对话框，① 可以在列表框中添加或减少复选框的个数，② 单击【确定】按钮，如图 11-64 所示。

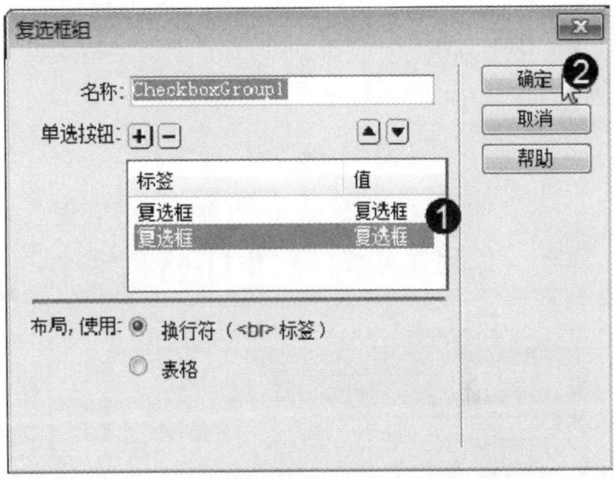

图 11-64

step 3 可以看到页面中已经插入了复选框组对象。通过以上步骤即可完成插入复选框组对象的操作，如图 11-65 所示。

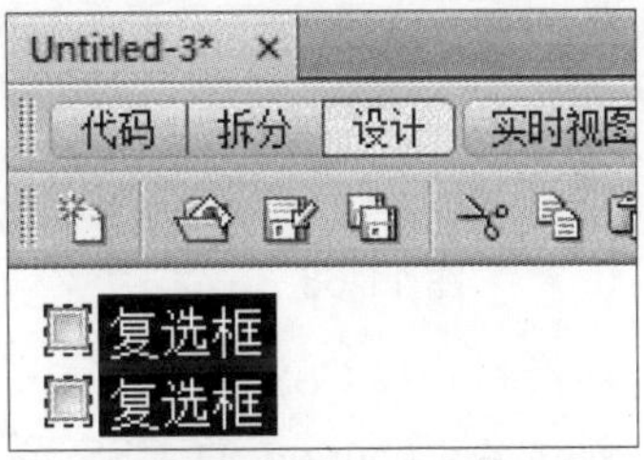

图 11-65

11.7.4 图像按钮

如果用户需要在网页中使用图像作为表单的提交按钮，可以使用图像按钮。在表单中插入图像按钮的方法非常简单，下面详细介绍在表单中插入图像按钮的操作方法。

素材文件 第11章\素材文件\图像按钮.html
效果文件 第11章\效果文件\图像按钮.html

step 1 在【插入】面板中，① 选择【表单】选项卡，② 选择【图像按钮】选项，如图 11-66 所示。

step 2 弹出【选择图像源文件】对话框，① 选择准备添加的图像，② 单击【确定】按钮，如图 11-67 所示。

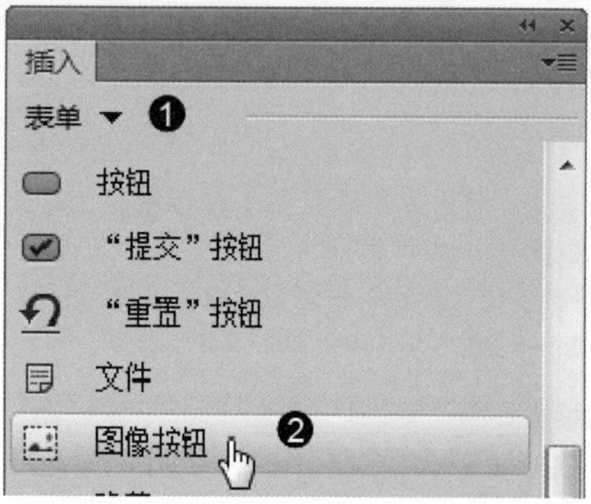

图 11-66

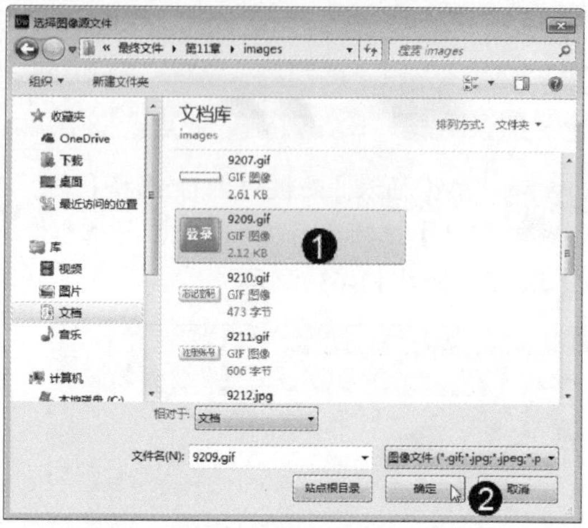

图 11-67

step 3 可以看到页面中已经插入了图像按钮对象，如图 11-68 所示。

图 11-68

step 4 选中刚刚插入的图像按钮，在【属性】面板中设置其 Name 属性为“button”，如图 11-69 所示。

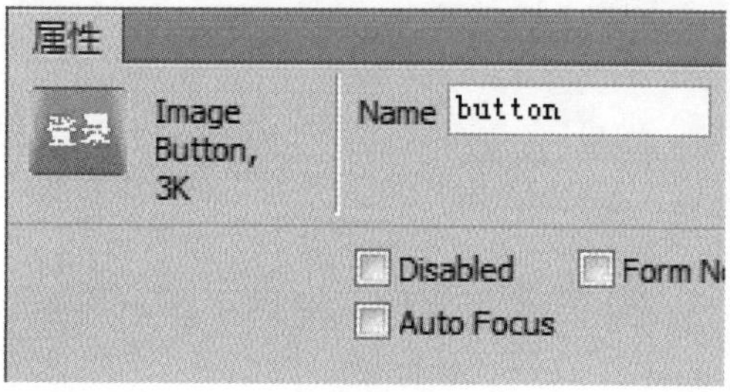

图 11-69

step 5 切换到外部 CSS 样式表文件中，创建名为#button 的 CSS 样式，如图 11-70 所示。

```
#upass {
    width: 118px;
    height: 18px;
    border: solid 1px #CDC
    margin-bottom: 8px;
}
#button {
    float: right;
    margin-top: 5px;
}
```

图 11-70

step 6 返回到网页设计视图，可以看到图像按钮的效果，如图 11-71 所示。

图 11-71

11.7.5　隐藏域

隐藏域在浏览器中浏览页面时是看不见的，它用于存储一些信息，以便被处理表单的程序使用。

素材文件 无

效果文件 第11章\效果文件\隐藏域.html

step 1 在【插入】面板中，① 选择【表单】选项卡，② 选择【隐藏】选项，如图 11-72 所示。

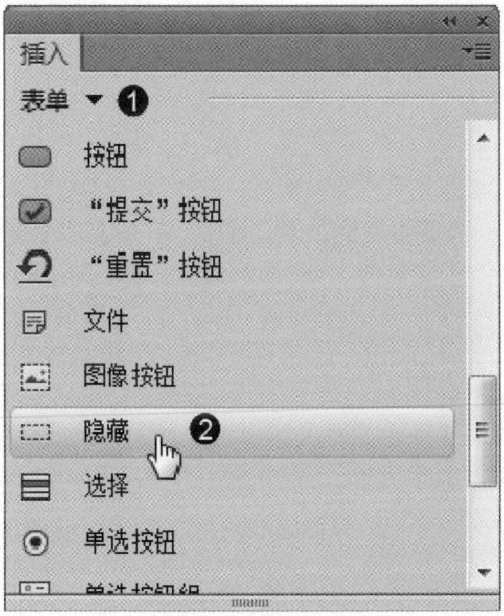

图 11-72

step 2 可以看到页面中已经插入了隐藏域图标。通过以上步骤即可完成插入隐藏域对象的操作，如图 11-73 所示。

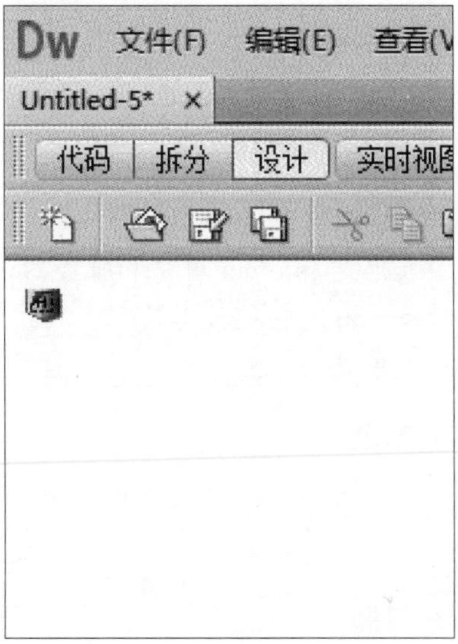

图 11-73

单击选中隐藏域的图标，可以在【属性】面板中对隐藏域的属性进行设置，如图 11-74 所示。

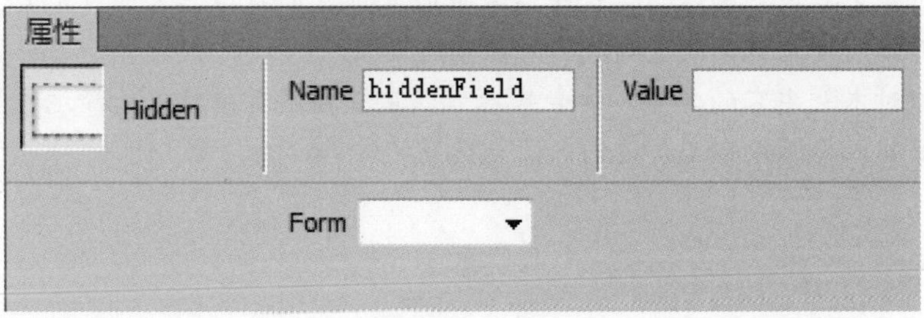

图 11-74

- Name 文本框：指定隐藏域的名称，默认为 hiddenField。
- Value 文本框：设置要为隐藏域指定的值，该值将在提交表单时传递给服务器。
- Form 下拉列表框：指定输入文字段所属的一个或多个表单。

隐藏域是不能被浏览器显示的，但在 Dreamweaver 的设计视图中为了方便编辑，会在插入隐藏域的位置显示一个黄色的隐藏域图标。如果用户看不到该图标，可以执行【查看】|【可视化助理】|【不可见元素】命令显示。

Section 11.8 本章小结与课后练习

本节内容无视频课程，习题参考答案在本书附录。

本章主要介绍了表单概述、添加表单、在网页中插入网页元素、在网页中插入日期与时间元素、在网页中插入选择元素和在网页中插入按钮元素等内容，下面通过课后练习达到巩固与提高的目的。

11.8.1 思考与练习

1. 填空题

(1) 表单是 Internet 用户和服务器进行______的最重要的工具。通常，一个表单中会包含多个对象，有时它们被称为______。

(2) 表单是由______和______组成的。

2. 判断题

(1) 所有表单元素要想实现作用，就必须存在于表单域中。 (　)

(2) 文本域可以接受任何类型的文本、字母与数字内容。 (　)

3. 思考题

(1) 如何插入表单密码？

(2) 如何插入月对象？

11.8.2 上机操作

(1) 通过对本章内容的学习，读者基本可以掌握在网页中插入网页元素方面的知识，下面通过练习插入搜索对象，达到巩固与提高的目的。

(2) 通过对本章内容的学习，读者基本可以掌握在网页中插入选择元素方面的知识，下面通过练习插入单选按钮组，达到巩固与提高的目的。

第 12 章

使用行为创建动态效果

本章主要介绍认识网页行为、使用行为调节浏览器、使用行为控制图像、使用行为显示文本、使用行为加载多媒体和控制表单方面的知识与技巧，同时还讲解了如何使用 JavaScript。通过本章的学习，读者可以掌握使用行为创建动态效果方面的知识，为深入学习 Dreamweaver CC 知识奠定基础。

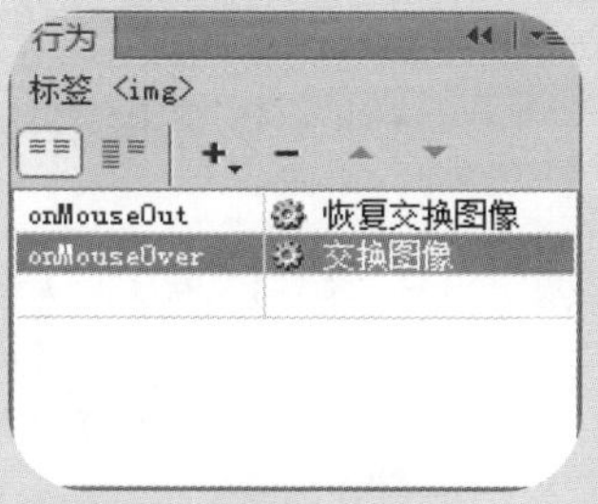

范例导航

1. 认识网页行为
2. 使用行为调节浏览器
3. 使用行为控制图像
4. 使用行为显示文本
5. 使用行为加载多媒体
6. 控制表单
7. 使用 JavaScript

Section 12.1 认识网页行为

手机扫描下方二维码，观看本节视频课程

行为是 Dreamweaver 中的一种强大的功能，通过行为可以完成页面中一些常用的交互效果。行为是由事件和该事件触发的动作组成的，是一系列使用 JavaScript 程序预定义的页面特效工具。本节将介绍网页行为方面的知识。

12.1.1 事件与动作

事件实际上是浏览器生成的消息，用于指示该页面在浏览时执行某种操作。例如，当浏览者将鼠标指针移动到某个链接上时，浏览器为该链接生成一个 onMouseOver 事件(鼠标经过)，然后浏览器查看是否存在链接该事件时浏览器应该调用的 JavaScript 代码。

每个页面元素所能发生的事件不尽相同，例如，页面文档本身能发生 onLoad(页面被打开时的事件)和 onUnload(页面被关闭时的事件)。

动作只有在某个事件发生时才会执行。例如，可以设置当鼠标指针移动到某超链接上时执行一个动作使浏览器的状态栏中出现一行文字。

行为可以附加到整个文档中，还可以附加到链接、表单、图像和其他元素中，用户也可以为每个事件指定多个动作，动作会按照【行为】面板中的显示顺序发生。

12.1.2 使用【行为】面板

在网页中应用行为之前，用户需要了解【行为】面板。该面板的用处是显示当前用户选择的网页对象的事件和行为属性。下面详细介绍打开【行为】面板的操作方法。

step 1 打开 Dreamweaver 程序，① 单击【窗口】菜单，② 在弹出的菜单中选择【行为】命令，如图 12-1 所示。

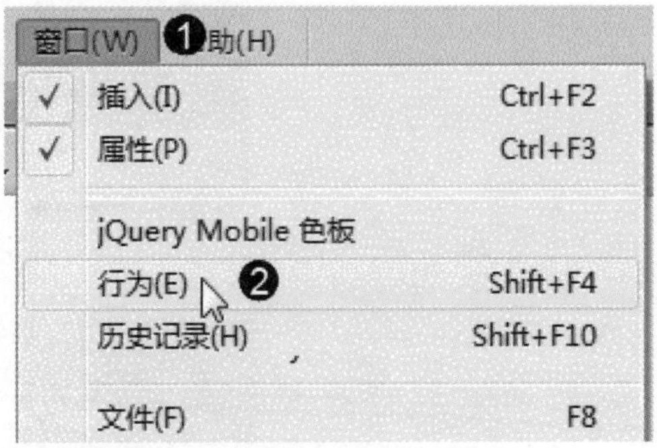

图 12-1

step 2 【行为】面板已经打开，如图 12-2 所示。

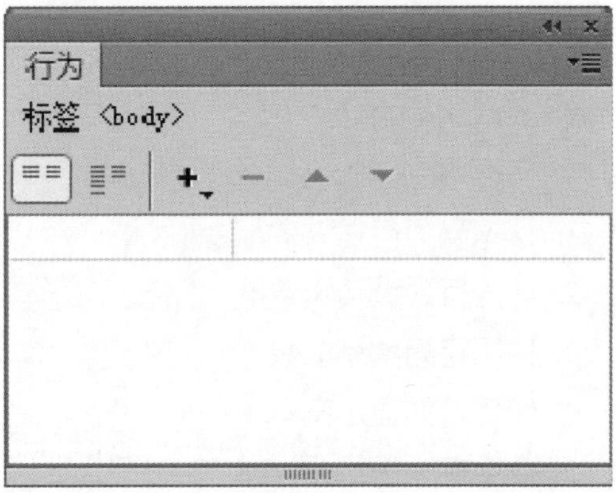

图 12-2

在【行为】面板中，除了显示当前所选择的网页标签类型以外，还提供了 6 个按钮，允许用户选择行为，进行编辑操作。

- 【显示设置事件】按钮：显示添加到当前文档的事件。
- 【显示所有事件】按钮：显示所有添加的行为事件。
- 【添加行为】按钮：单击弹出行为菜单中的选项添加行为。
- 【删除事件】按钮：从当前行为列表中删除选中的行为。
- 【增加事件值】按钮：动作项向前移动，改变执行的顺序。
- 【降低事件值】按钮：动作项向后移动，改变执行的顺序。

12.1.3 常见动作类型

动作是最终产生的动态效果，动态效果可以是播放声音、交换图像、弹出提示信息、自动关闭网页等。Dreamweaver 中默认提供的动作的种类如表 12-1 所示。

表 12-1 常见的动作类型

动作种类	说 明
调用 JavaScript	调用 JavaScript 特定函数
改变属性	改变选定客体的属性
检查浏览器	根据访问者的浏览器版本，显示适当的页面
检查插件	确认是否设有运行网页的插件
控制 Shockwave 或 Flash	控制影片的指定帧
拖动层	允许在浏览器中自由拖动层
转到 URL	可以转到特定的站点或者网页文档上
隐藏弹出式菜单	隐藏在 Dreamweaver 上制作的弹出窗口
设置导航栏图像	制作由图片组成的菜单的导航条
设置框架文本	在选定帧上显示指定内容
设置层文本	在选定层上显示指定内容
跳转菜单	可以建立若干个链接的跳转菜单
跳转菜单开始	在跳转菜单中选定要移动的站点之后，只有单击 GO 按钮才可以移动到链接的站点上
打开浏览器窗口	在新窗口中打开 URL
播放声音	在设置的事件发生之后，播放链接的音乐
弹出消息	在设置的事件发生之后，显示警告信息
预先载入图像	为了在浏览器中快速显示图片，事先下载图片之后显示出来
设置状态栏文本	在状态栏中显示指定内容
设置文本域文字	在文本字段区域显示指定内容
显示弹出式菜单	显示弹出菜单
显示-隐藏层	显示或隐藏特定层
交换图像	发生设置的事件后，用其他图片来取代选定图片
恢复交换图像	在运用交换图像动作之后，显示原来的图片
时间轴	用来控制时间轴，可以播放、停止动画
检查表单	检查表单文档在有效性的时候才能使用

12.1.4 常见事件

事件用于指定选定行为动作在何种情况下发生，例如想应用单击图像时，跳转到指定网站的行为，用户需要把事件指定为单击事件(onClick)。下面根据使用用途分类介绍Dreamweaver 中提供的事件种类，如表 12-2 所示。

表 12-2 常见事件

事 件	说 明
onAbort	在浏览器中停止加载网页文档的操作时发生的事件
onMove	移动窗口或框架时发生的事件
onLoad	选定的对象出现在浏览器上时发生的事件
onResize	访问者改变窗口或框架的大小时发生的事件
onUnLoad	访问者退出网页文档时发生的事件
onClick	单击选定要素时发生的事件
onBlur	鼠标指针移动到窗口或框架外侧时等非激活状态时发生的事件
onDragStart	拖动选定要素时发生的事件
onFocus	鼠标指针到窗口或框架中处于激活状态时发生的事件
onMouseDown	单击时发生的事件
onMouseMove	鼠标指针经过选定要素上面时发生的事件
onMouseOut	鼠标指针离开选定要素上面时发生的事件
onMouseOver	鼠标指针在选定要素上面时发生的事件
onMouseUp	放开按住的鼠标左键时发生的事件
onScroll	访问者在浏览器中移动了滚动条时发生的事件
onKeyDown	键盘上某个按键被按下时触发事件
onKeyPress	键盘上按下某个按键被释放时触发事件
onKeyUp	放开按下的键盘中的指定键时发生的事件
onAfterUpdate	表单文档的内容被更新时发生的事件
onBeforeUpdate	表单文档的项目发生变化时发生的事件
onChange	访问者更改表单文档的初始设定值时发生的事件
onReset	把表单文档重新设定为初始值时发生的事件
onSubmit	访问者传送表单文档时发生的事件
onSelect	访问者选择文本区域中的内容时发生的事件
onError	加载网页文档的过程中发生错误时发生的事件
onFilterChange	应用到选定要素上的滤镜被更改时发生的事件
onFinish	结束移动文字(Marquee)时发生的事件
onStart	开始移动文字(Marquee)时发生的事件

12.1.5 编辑与应用网页行为

在 Dreamweaver 中打开【行为】面板后，单击该面板中的【添加行为】按钮+.即可在弹出的菜单中选择相关的网页行为。通过各种属性的设置，将其添加至网页中，如图 12-3 所示。在【行为】面板的列表框中，显示当前标签已经添加的所有行为，以及触发这些行为的事件类型，如图 12-4 所示。

在选中行为后，用户可以单击触发器的名称更换触发器，也可以双击行为的名称，编辑行为的内容。

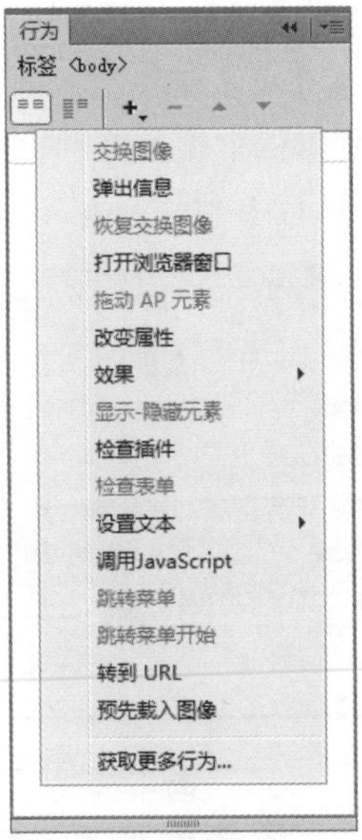

图 12-3

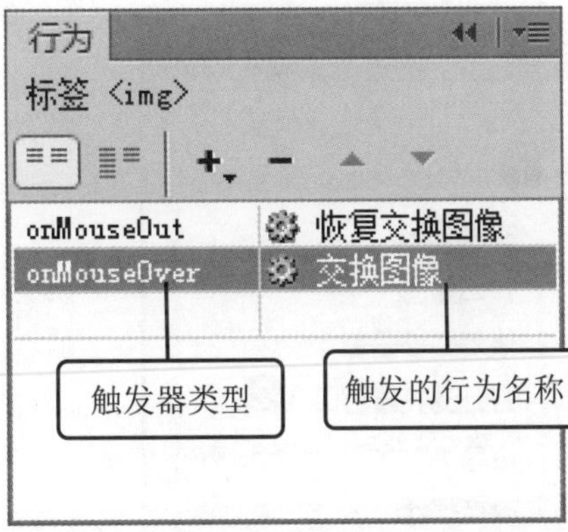

图 12-4

对于网页中已经存在的各种行为，可以通过【删除事件】按钮将其删除。如果网页内同时存在多个行为，还可以使用【增加事件值】按钮和【降低事件值】按钮改变其中某个行为的顺序，从而决定页面中这些行为的执行次序。

知识精讲

在【添加行为】菜单中不能单击灰色显示的行为，这些行为呈灰色显示的原因可能是当前页面中不存在该行为所需要的对象。在添加行为的任何时候都要遵循 3 个步骤：选择对象、添加行为和设置事件。

Section 12.2 使用行为调节浏览器

手机扫描下方二维码，观看本节视频课程

在网页中最常用的 JavaScript 源代码是调节浏览器窗口的源代码，它可以按照设计者的要求打开新窗口或更换新窗口的形状，同时根据用户所使用的浏览器，将浏览器中的显示内容设置为不同形式。本节将介绍使用行为调节浏览器的知识。

12.2.1　打开浏览器窗口

设置“打开浏览器窗口”行为的方法非常简单，下面详细介绍使用“打开浏览器窗口”行为的操作方法。

素材文件：第 12 章\素材文件\打开浏览器窗口.html　pop.html

效果文件：第 12 章\效果文件\打开浏览器窗口.html

step 1 打开素材文件，切换至打开浏览器窗口.html 页面中，在标签选择器中选中<body>标签作为对象，① 单击【行为】面板中的【添加行为】按钮，② 在弹出的下拉菜单中选择【打开浏览器窗口】命令，如图 12-5 所示。

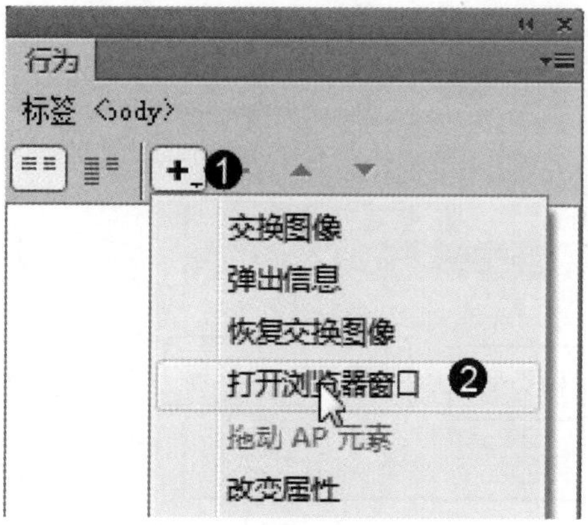

图 12-5

step 2 弹出【打开浏览器窗口】对话框，① 在【要显示的 URL】文本框中输入 URL 的名称，② 在【窗口高度】和【窗口宽度】文本框中输入数值，③ 在【窗口名称】文本框中输入名称，④ 单击【确定】按钮，如图 12-6 所示。

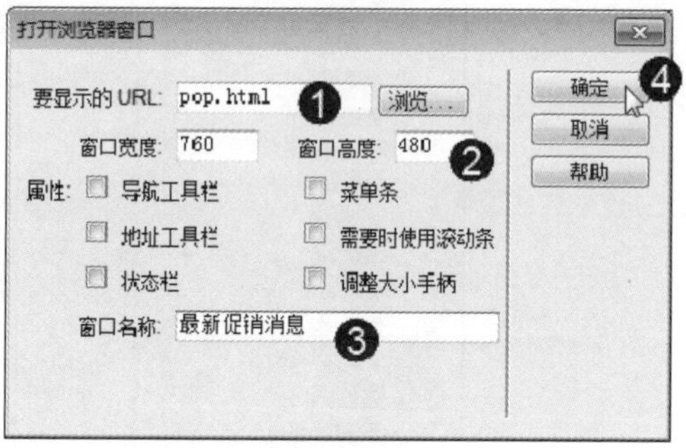

图 12-6

step 3 在【行为】面板中，将触发该行为的事件修改为 onLoad，即在页面载入时打开新窗口，如图 12-7 所示。

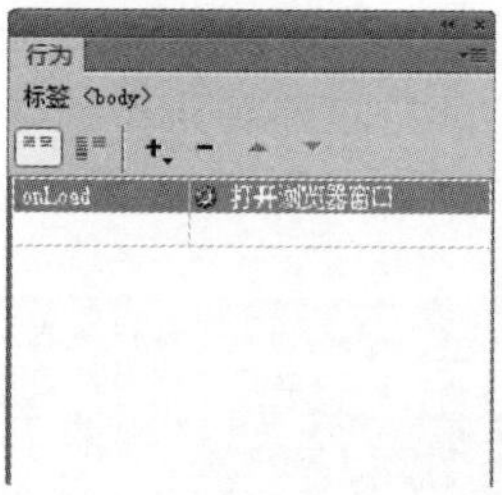

图 12-7

step 4 按 F12 键在浏览器中预览效果。通过以上步骤即可完成添加打开浏览器窗口的操作，如图 12-8 所示。

图 12-8

在【打开浏览器窗口】对话框中，可以对所要打开的浏览器窗口的相关属性进行设置。各选项的功能介绍如下。

- 【要显示的 URL】文本框：设置在新打开的浏览器窗口中显示的页面，可以是相对路径的地址，也可以是绝对路径的地址。

- 【窗口宽度】和【窗口高度】文本框：可以用来设置弹出的浏览器窗口的大小。
- 【属性】选项组：在该选项组中可以选择是否在弹出的窗口中显示导航工具栏、地址工具栏、状态栏和菜单条等。
- 【需要时使用滚动条】复选框：选中该复选框，可以指定在内容超出可视区域时显示滚动条。
- 【调整大小手柄】复选框：选中该复选框，可以指定用户能够调整窗口的大小。
- 【窗口名称】文本框：该文本框用来设置新浏览器窗口的名称。

12.2.2 调用 JavaScript

当某个鼠标事件发生的时候，可以指定调用某个 JavaScript 函数。下面详细介绍调用 JavaScript 的操作方法。

素材文件 第12章\素材文件\调用JavaScript.html

效果文件 第12章\效果文件\调用JavaScript .html

step 1 打开素材文件，选择页面中的图片，① 单击【行为】面板中的【添加行为】按钮，② 在弹出的下拉菜单中选择【调用 JavaScript】命令，如图 12-9 所示。

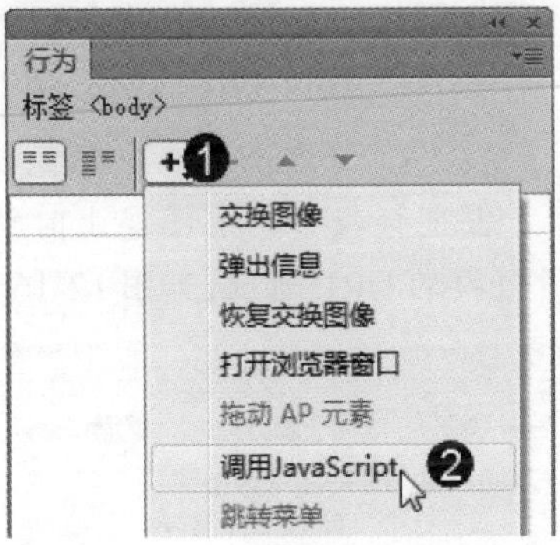

图 12-9

step 2 弹出【调用 JavaScript】对话框，① 在 JavaScript 文本框中输入将要执行的 JavaScript 或者要调用的函数名称，② 单击【确定】按钮，如图 12-10 所示。

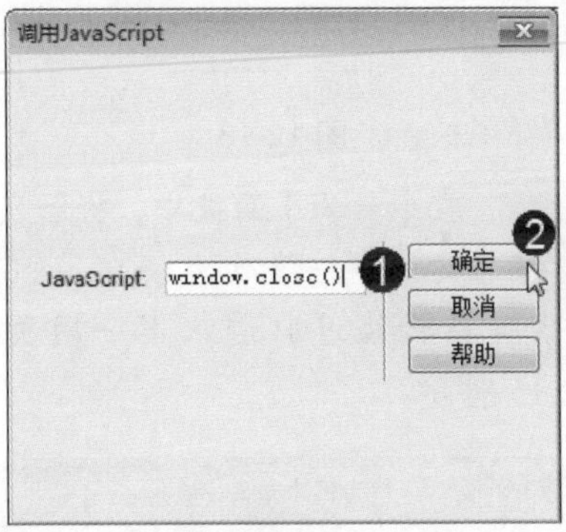

图 12-10

step 3 在【行为】面板中，将触发该行为的事件修改为 onLoad，即在页面载入时打开新窗口，如图 12-11 所示。

图 12-11

step 4 按 F12 键在浏览器中预览效果，单击网页中的图片，弹出提示框，单击【是】按钮将关闭网页，如图 12-12 所示。

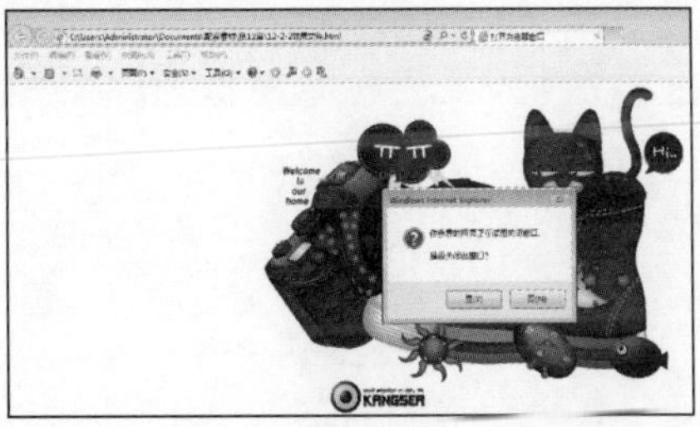

图 12-12

12.2.3 转到 URL

“转到 URL”行为可以丰富打开链接的事件及效果。通常，网页上的链接只有单击才能够被打开，使用“转到 URL”行为后，可以使用不同的事件打开链接，同时该行为还可以实现一些特殊的打开链接方式，例如在页面中一次性打开多个链接，当鼠标指针经过对象上方的时候打开链接等。下面详细介绍使用“转到 URL”行为的操作方法。

素材文件 第 12 章\素材文件\转到 URL.html

效果文件 第 12 章\效果文件\转到 URL.html

step 1 打开素材文件，选中图片，① 单击【行为】面板上的【添加行为】按钮，② 在弹出的下拉菜单中选择【转到 URL】命令，如图 12-13 所示。

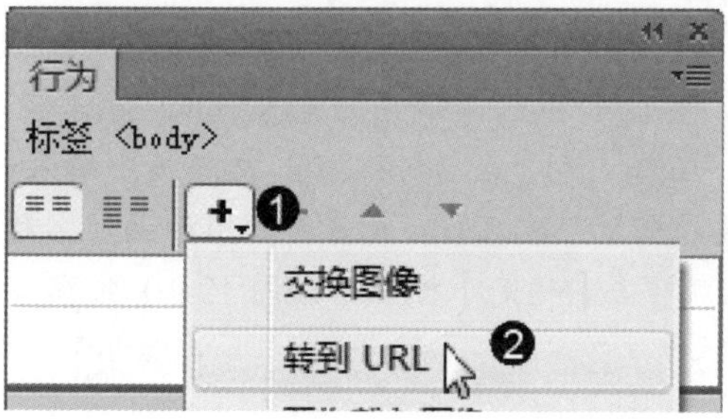

图 12-13

step 2 弹出【转到 URL】对话框，① 在 URL 文本框中输入网址，② 单击【确定】按钮，如图 12-14 所示。

图 12-14

step 3 在【行为】面板中，将触发该行为的事件修改为 onMouseOver，即当鼠标指针经过时进入下一网页，如图 12-15 所示。

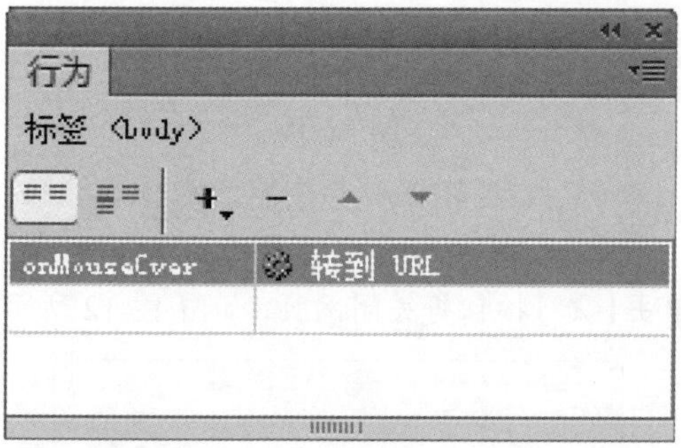

图 12-15

step 4 按 F12 键在浏览器中预览效果，当鼠标指针移至图像上时就可以跳转到所链接的 URL 地址，如图 12-16 所示。

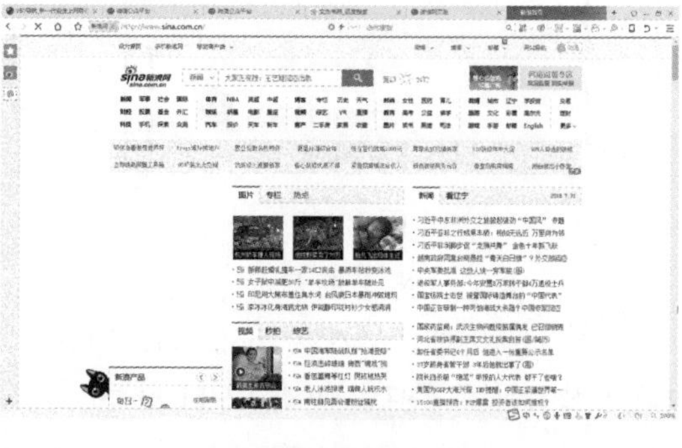

图 12-16

Section 12.3 使用行为控制图像

手机扫描下方二维码，观看本节视频课程

网页是网页设计中必不可少的元素。在 Dreamweaver 中，用户可以通过使用行为以各种各样的方式在网页中应用图像元素，从而制作出富有动感的网页效果。本节将介绍使用行为控制图像的知识。

12.3.1 交换图像

交换图像就是当鼠标指针经过图像时，原图像会变成另一幅图像。一个交换图像其实是由两幅图像组成的：原始图像(当页面显示时候的图像)和交换图像(当鼠标指针经过原始图像时显示的图像)。组成图像交换的两幅图像必须有相同的尺寸，如果两幅图像的尺寸不同，Dreamweaver 会自动将第二幅图像尺寸调成与第一幅同样的大小。下面详细介绍设置交换图像的操作方法。

素材文件 第 12 章\素材文件\交换图像.html

效果文件 第 12 章\效果文件\交换图像.html

step 1 打开素材文件，选中图片，① 在【行为】面板中单击【添加行为】按钮，② 在弹出的下拉菜单中选择【交换图像】命令，如图 12-17 所示。

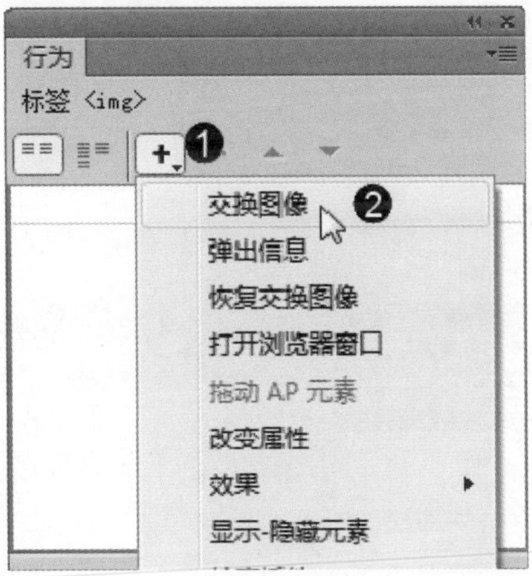

图 12-17

step 3 弹出【选择图像源文件】对话框，① 选中准备交换的图像，② 单击【确定】按钮，如图 12-19 所示。

step 2 弹出【交换图像】对话框，单击【设定原始档为】文本框后面的【浏览】按钮，如图 12-18 所示。

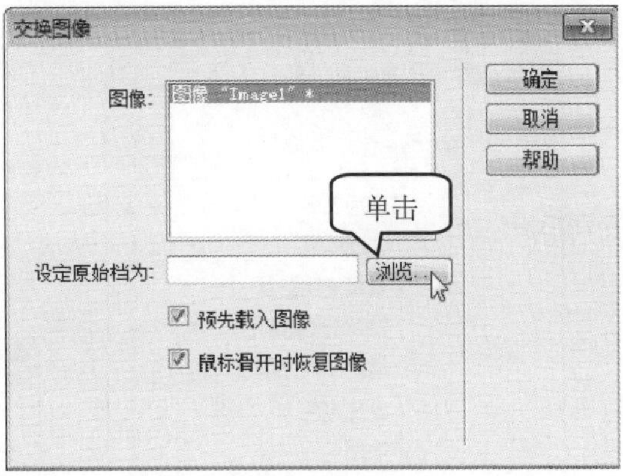

图 12-18

step 4 此时【行为】面板中已经添加了相应的行为，如图 12-20 所示。

图 12-19

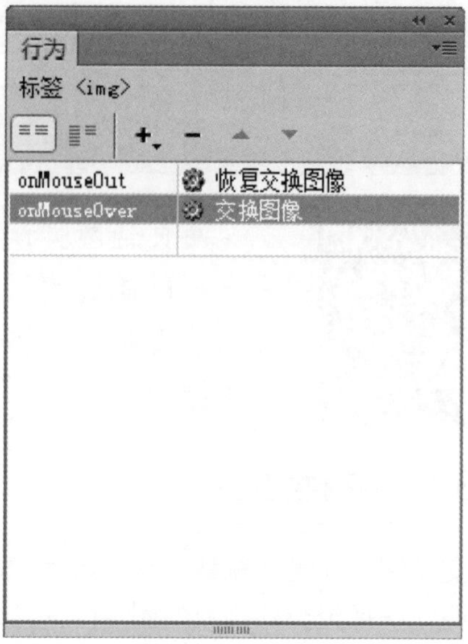

图 12-20

12.3.2 预先载入图像

预先载入图像行为可以将页面中由于某种动作才能显示的图片预先载入，使得显示的效果平滑。

选择页面中的某一个对象，然后单击【行为】面板上的【添加行为】按钮，在弹出的下拉菜单中选择【预先载入图像】行为(见图 12-21)，弹出【预先载入图像】对话框，如图 12-22 所示。

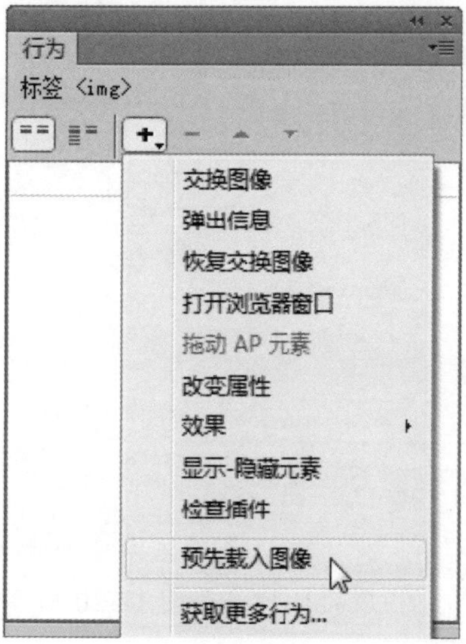

图 12-21

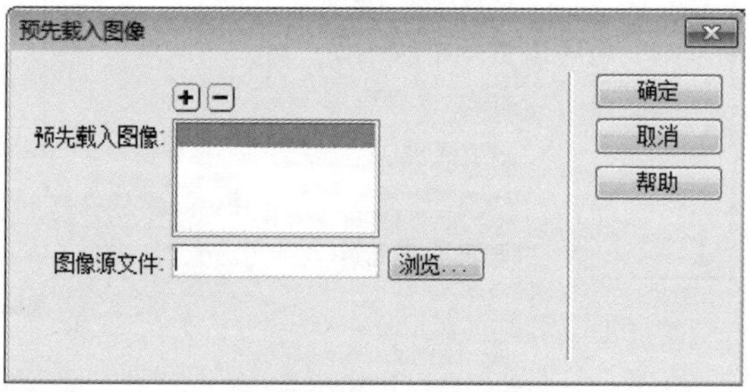

图 12-22

在【预先载入图像】对话框中单击【浏览】按钮，选择需要预先载入的图像文件，单击对话框中的【添加项】按钮，可以继续添加需要预先加载的图像文件。完成【预先载入图像】对话框的设置，单击【确定】按钮后，在【行为】面板中可以对触发行为的事件进行修改。

知识精讲

在【预先载入图像】对话框中，比较重要选项的功能包括【预先载入图像】列表框、【图像源文件】文本框。【预先载入图像】列表框列出了所需要载入的图像，【图像源文件】文本框用于设置要预先载入的图像文件。

12.3.3 恢复交换图像

在前面介绍了“交换图像”行为，当在页面中添加“交换图像”行为时会自动添加“恢复交换图像”行为，这两个行为通常是一起出现的。

“恢复交换图像”行为是将最后一组交换的图像恢复为它们的原始图像，该行为只有在网页中已经使用了“交换图像”行为后才可以使用。

Section 12.4 使用行为显示文本

手机扫描下方二维码，观看本节视频课程

文本作为网页文件中最基本的元素，比图像或其他多媒体元素具有更快的传输速度，因此网页文件中的大部分信息都是用文本来表示的。使用行为显示文本的内容包括弹出信息、设置状态栏文本、设置容器文本等，本节将详细介绍使用行为显示文本的操作方法。

12.4.1 弹出信息

当需要设置从一个网页跳转到另一个网页或特定的链接时，可以使用弹出信息行为设置网页弹出消息框。消息框是具有文本消息的小窗口，在登录信息错误或即将关闭网页等情况下，使用消息框能够快速、醒目地实现信息提示。下面详细介绍设置弹出信息的操作方法。

素材文件 第12章\素材文件\弹出信息.html

效果文件 第12章\效果文件\弹出信息.html

step 1 打开素材文件，选中<body>标签，在【行为】面板中，① 单击【添加行为】按钮，② 在弹出的下拉菜单中选择【弹出信息】命令，如图12-23所示。

step 2 弹出【弹出信息】对话框，① 在【消息】文本框中输入内容，如“Hello，Welcome！”，② 单击【确定】按钮，如图12-24所示。

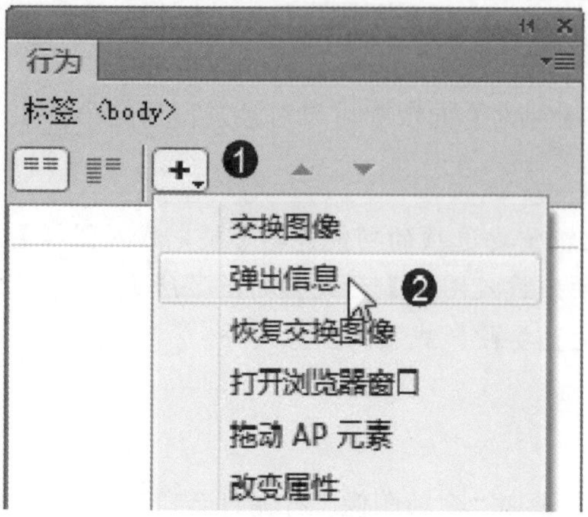

图 12-23

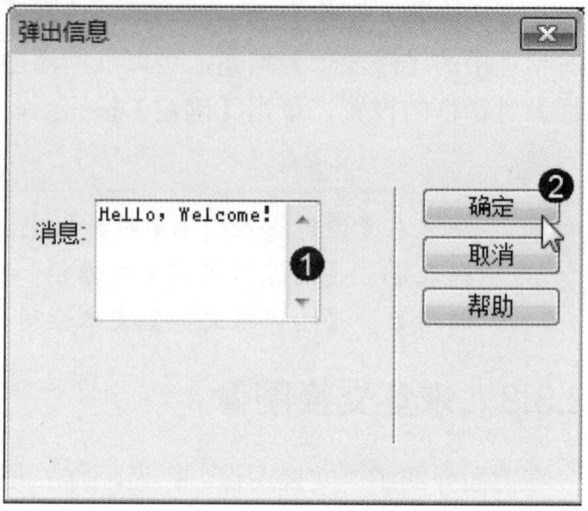

图 12-24

step 3 在【行为】面板中，将触发该行为的事件修改为 onLoad，即在页面载入时打开新窗口，如图 12-25 所示。

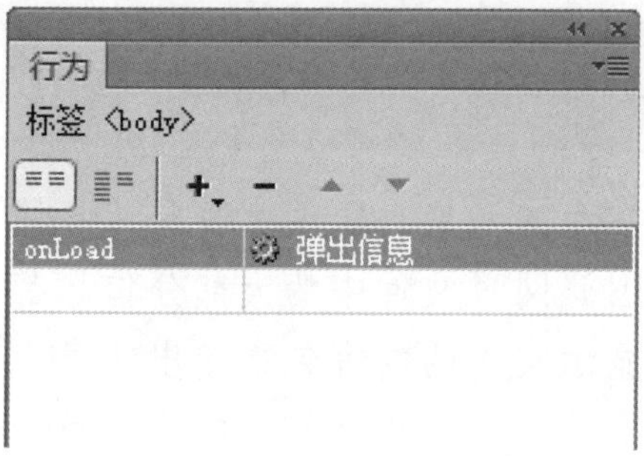

图 12-25

step 4 保存页面，按 F12 键在浏览器中预览效果。通过以上步骤即可完成添加弹出信息的操作，如图 12-26 所示。

图 12-26

12.4.2 设置状态栏文本

使用状态栏文本可以使页面在浏览器左下方的状态栏上显示一些文本信息，像一般的提示链接内容、显示欢迎信息和跑马灯等经典技巧都可以通过这个行为来实现。下面详细介绍设置状态栏文本的操作方法。

素材文件 第 12 章\素材文件\设置状态栏文本.html

效果文件 第 12 章\效果文件\设置状态栏文本.html

step 1 打开素材文件，在标签选择器中单击<body >标签，在【行为】面板中，① 单击【添加行为】按钮，② 在弹出的下拉菜单中选择【设置文本】菜单项，③在弹出的子菜单中选择【设置状态栏文本】命令，如图 12-27 所示。

step 2 弹出【设置状态栏文本】对话框，① 在【消息】文本框中输入 “欢迎来到我的个人空间，有什么建议可以随时联系我”，② 单击【确定】按钮，如图 12-28 所示。

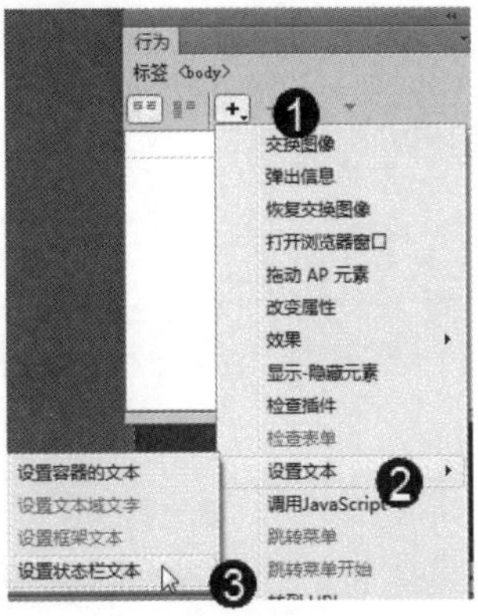

图 12-27

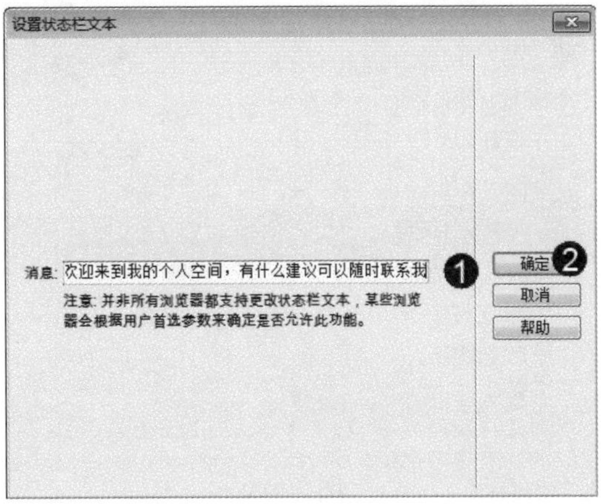

图 12-28

step 3 在【行为】面板中，将触发该行为的事件修改为 onLoad，即在页面载入时打开新窗口，如图 12-29 所示。

图 12-29

智慧锦囊

在网页中设置状态栏文本，一般能够实现以下几种功能：显示文档状态；将鼠标指针移动到链接上方时，在状态栏中显示链接地址；利用 JavaScript 在状态栏中显示特定的文本，从而遮盖链接地址或吸引浏览者注意。状态栏文本只能提示页面中简要的信息，而不能明确地指出相关的详细信息。

12.4.3 设置容器的文本

容器的文本行为将页面上的现有容器(即可以包含文本或其他元素的任何元素)的内容和格式替换为指定的内容。该内容可以包括任何有效的 HTML 源代码。下面详细介绍设置容器的文本的操作方法。

选中页面中的某个对象，然后单击【行为】面板上的【添加行为】按钮，在弹出的菜单中选择【设置文本】|【设置容器的文本】菜单项(见图 12-30)，弹出【设置容器的文本】对话框，如图 12-31 所示。

- 【容器】下拉列表框：单击其中的下拉按钮，在弹出的下拉列表中显示了该页面中可以包含文本或其他元素的任何元素。
- 【新建 HTML】列表框：在该列表框中输入容器中需要显示的相关内容。

单击【确定】按钮，完成对【设置容器的文本】对话框的设置。在【行为】面板中确认激活该行为的事件是否正确，如果不正确，单击扩展按钮，在弹出的菜单中选择正确的事件。

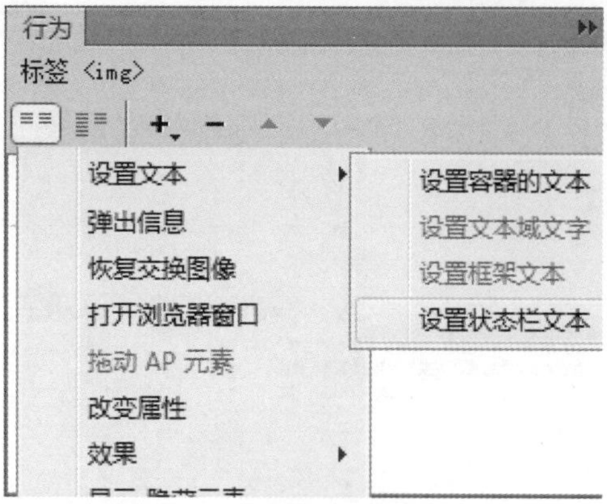

图 12-30

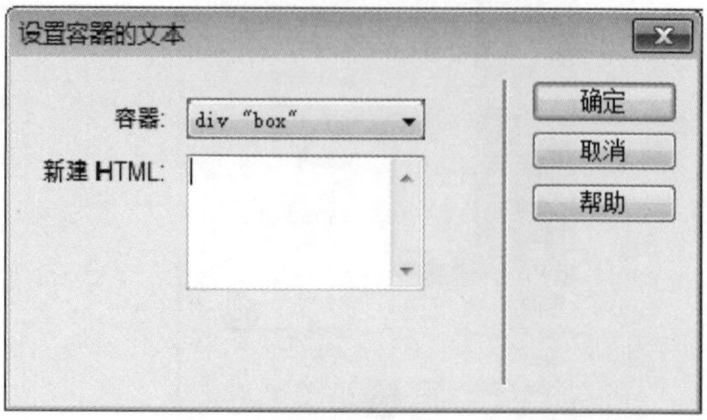

图 12-31

Section 12.5 使用行为加载多媒体

手机扫描下方二维码，观看本节视频课程

多媒体也是网页中不可或缺的元素，可以使网页变得更加丰富。在 Dreamweaver CC 中，用户可以利用行为控制网页中的多媒体，包括确认多媒体插件程序是否安装、显示隐藏元素、改变属性等。本节将介绍使用行为加载多媒体的知识。

12.5.1 检查插件

插件程序是为了实现IE浏览器自身不能支持的功能而与IE浏览器连接在一起使用的程序，通常简称为插件。具有代表性的程序是 Flash 播放器，IE 浏览器没有播放 Flash 动画的功能，初次打开含有 Flash 动画的网页时，会出现需要安装 Flash 播放器的提示信息。访问者可以检查自己是否已经安装了播放 Flash 动画的插件，如果安装了该插件，就可以显示带有 Flash 动画对象的网页；如果没有安装该插件，则只显示一幅仅包含图像替代的网页。下面详细介绍使用检查插件行为的操作方法。

素材文件 第 12 章\素材文件\检查插件.html

效果文件 第 12 章\效果文件\检查插件.html

step 1 打开素材文件，① 选中页面底部的“检查插件”文本，② 在【属性】面板的【链接】下拉列表框中输入#，为文字设置空链接，如图 12-32 所示。

step 2 在【行为】面板中，① 单击【添加行为】按钮，② 在弹出的下拉菜单中选择【检查插件】命令，如图 12-33 所示。

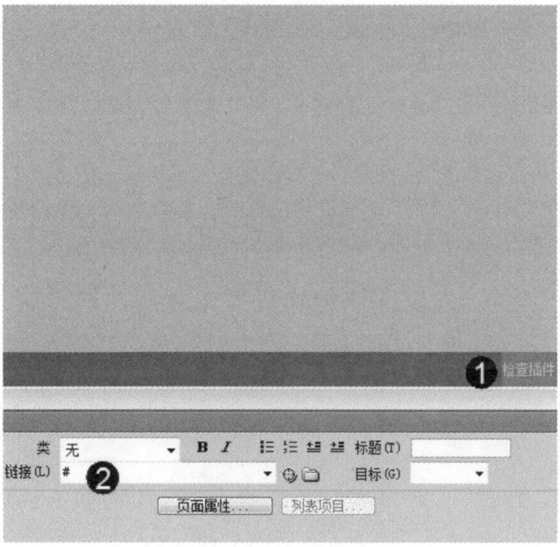

图 12-32

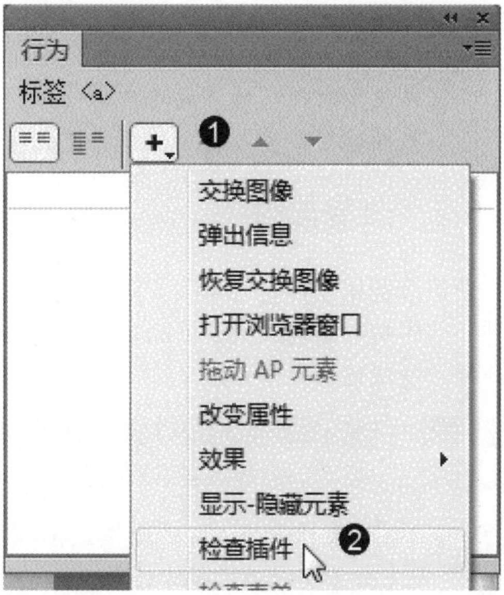

图 12-33

step 3 弹出【检查插件】对话框，① 在【如果有，转到 URL】和【否则，转到 URL】文本框中输入 HTML 文件名称，② 选中【如果无法检测，则始终转到第一个 URL】复选框，③ 单击【确定】按钮，如图 12-34 所示。

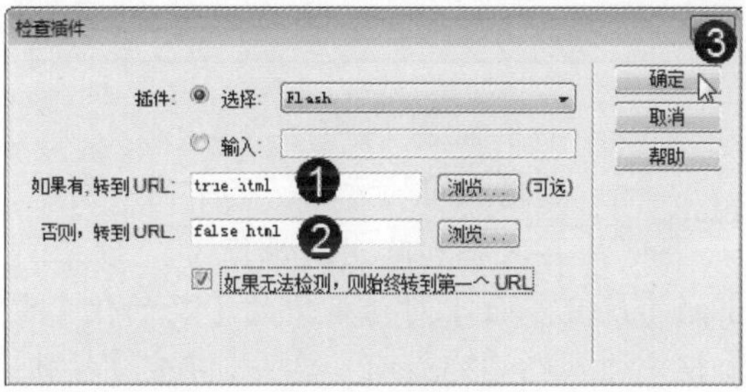

图 12-34

step 4 保存页面，在浏览器中预览页面，单击“检查插件”链接，页面跳转到 true.html，表示检测到了 Flash 插件，如图 12-35 所示。

图 12-35

在【检查插件】对话框中，可以对相关的选项进行设置。这些选项的功能如下。

- 【插件】选项组：单击该选项组中的下拉列表框中的下拉按钮，可以在弹出的下拉列表中选择插件类型，包括 Flash、Shockwave、QuickTime、LiveAudio 和 Windows Media Player。
- 【输入】文本框：可以直接在该文本框中输入要检查的插件类型。
- 【如果有，转到 URL】文本框：可以在该文本框中直接输入当检查到浏览者的浏览器中安装了所选插件时跳转到的 URL 地址，也可以单击【浏览】按钮选择目标文档。
- 【否则，转到 URL】文本框：在该文本框中可以直接输入当检查到浏览者的浏览器中未安装所选插件时跳转到的 URL 地址，也可以单击【浏览】按钮选择目标文档。

- 【如果无法检测，则始终转到第一个 URL】复选框：选中该复选框，如果浏览器不支持对所选插件的检查特性，则直接跳转到上面设置的第一个 URL 地址。大多数情况下，浏览器会提示并下载安装所选插件。

12.5.2 改变属性

使用改变属性行为可以改变对象的属性值。例如，当某个鼠标事件发生之后，通过这个动作的影响动态地改变表格的背景、Div 的背景等属性，以获得相对动态的页面。下面详细介绍改变属性的操作方法。

素材文件 第 12 章\素材文件\改变属性.html

效果文件 第 12 章\效果文件\改变属性.html

step 1 打开素材文件，选中图像，① 在【行为】面板中单击【添加行为】按钮，② 在弹出的下拉菜单中选择【改变属性】命令，如图 12-36 所示。

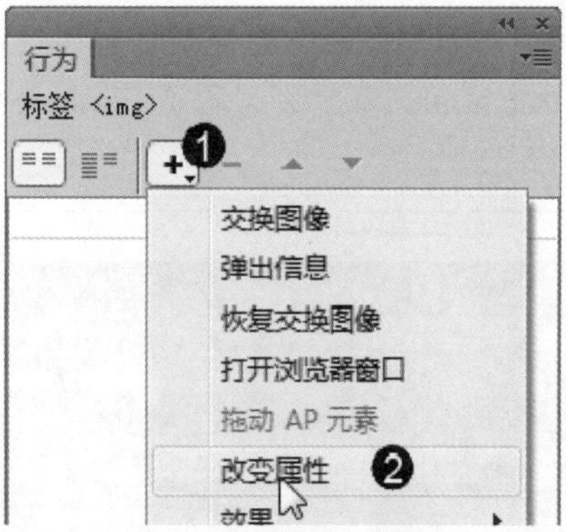

图 12-36

step 3 在【行为】面板中，将触发该行为的事件修改为 onMouseOver，如图 12-38 所示。

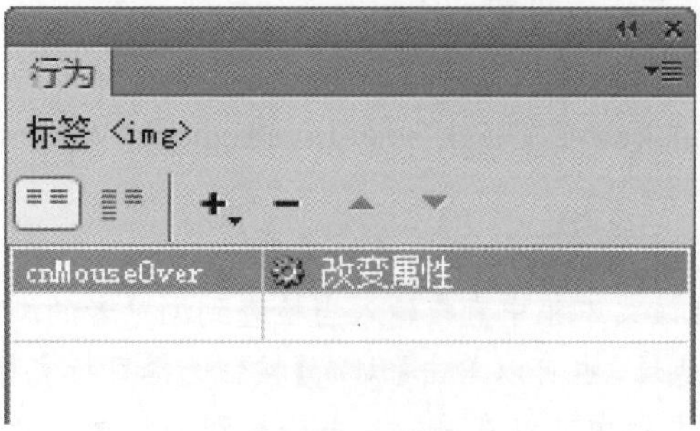

图 12-38

step 2 弹出【改变属性】对话框，① 在【新的值】文本框中输入#FF3300，② 单击【确定】按钮，如图 12-37 所示。

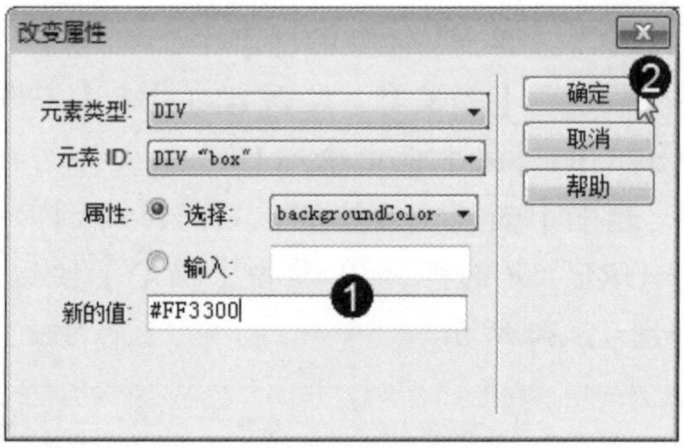

图 12-37

step 4 使用相同的方法，选中同一图像，再次添加改变属性行为，① 在弹出的【改变属性】对话框中的【新的值】文本框中输入#333333，② 单击【确定】按钮，如图 12-39 所示。

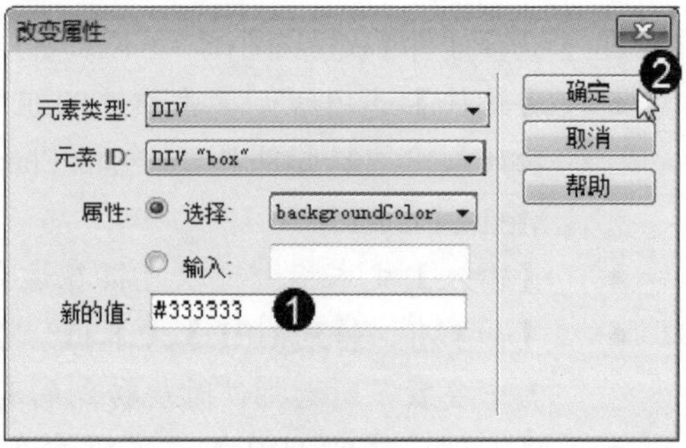

图 12-39

step 5 在【行为】面板中，将触发该行为的事件修改为 onMouseOut，如图 12-40 所示。

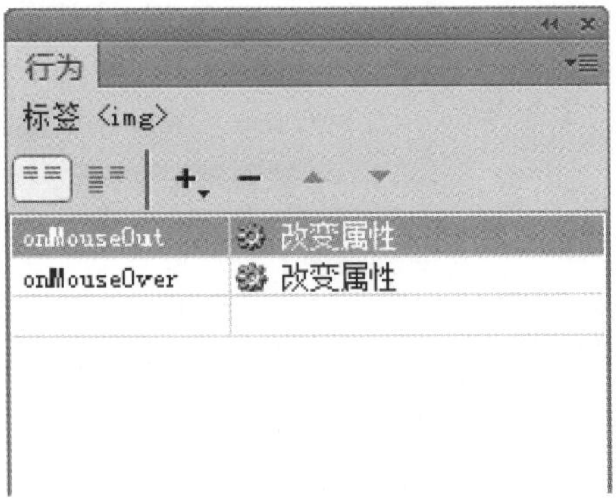

图 12-40

step 6 保存页面，按 F12 键在浏览器中预览页面，当鼠标指针移至网页中的图像上时可以看到改变属性行为的效果，如图 12-41 所示。

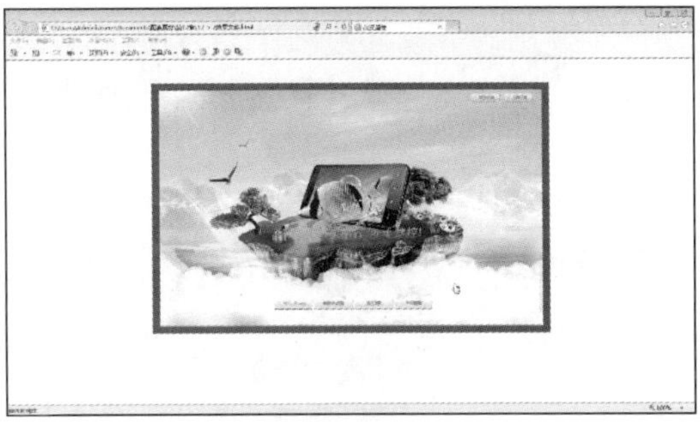

图 12-41

在【改变属性】对话框中，可以对相关的选项进行设置。这些选项的功能如下。

- 【元素类型】下拉列表框：单击其中的下拉按钮，在弹出的下拉列表中可以选择需要修改属性的元素。
- 【元素 ID】下拉列表框：用来显示网页中所有该类元素的名称，在下拉列表中选择需要修改属性的 Div 的名称。
- 【属性】区域：用来设置改变元素的何种属性，可以直接在【选择】后面的下拉列表中进行选择。如果需要更改的属性没有出现在下拉列表中，可以在【输入】选项中手动输入属性。
- 【新的值】文本框：在该文本框中可以为选择的属性赋予新的值。

Section 12.6 控制表单

手机扫描下方二维码，观看本节视频课程

使用行为可以控制表单元素，如常用的菜单、验证等。用户在 Dreamweaver 中制作出表单后，在提交前首先应确认是否在必填域中按照要求的格式输入了信息。本节将介绍控制表单的有关知识。

12.6.1 跳转菜单

跳转菜单是创建链接的一种形式，与真正的链接相比，跳转菜单可以节省很大的空间。跳转菜单从表单中的菜单发展而来，下面详细介绍添加跳转菜单的操作方法。

素材文件 第 12 章\素材文件\跳转菜单.html

效果文件 第 12 章\效果文件\跳转菜单.html

step 1 打开素材文件，将光标定位在红色虚线的表单域中，① 在【行为】面板中单击【添加行为】下拉按钮，② 在弹出的选项中选择【跳转菜单】选项，如图 12-42 所示。

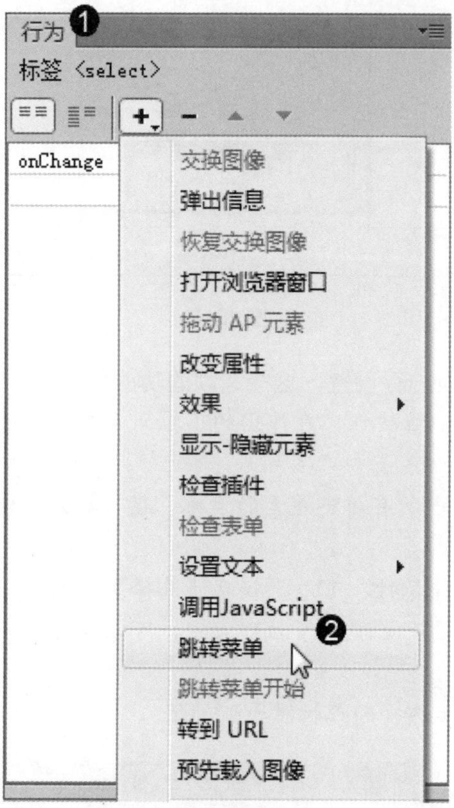

图 12-42

step 2 弹出【跳转菜单】对话框，① 在【文本】文本框中输入内容，② 单击【添加】按钮添加到【菜单项】列表中，运用相同方法继续添加其他内容，如图 12-43 所示。

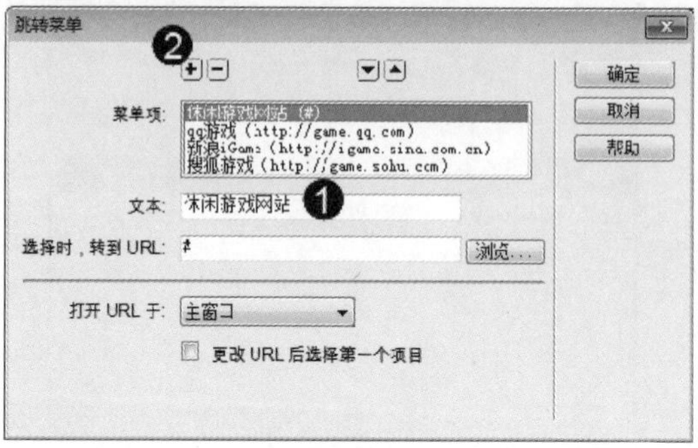

图 12-43

step 3 返回到网页中，可以看到已经添加了跳转菜单，通过以上步骤即可在页面中插入跳转菜单，如图 12-44 所示。

图 12-44

在【跳转菜单】对话框中，各选项的功能如下。

- 【菜单项】列表框：在该列表框中列出了所有存在的菜单。如果是刚弹出【跳转菜单】对话框，则只有一项默认的“项目 1”。
- 【文本】文本框：在该文本框中输入要在菜单列表中显示的文本。
- 【选择时，转到 URL】文本框：在该文本框中可以直接选择该选项跳转到的网页地址。也可以单击【浏览】按钮，在弹出的【选择文件】对话框中选择要链接到的文件，可以是一个 URL 的绝对地址，也可以是相对地址的文件。
- 【打开 URL 于】下拉列表框：单击其中的下拉按钮，在弹出的下拉列表中可以选择文件的打开位置，有【主窗口】和【框架】两个选项。如果选择【主窗口】选项，则在同一窗口中打开文件；如果选择【框架】选项，则在所选框架中打开文件。

- 【更改 URL 后选择第一个项目】复选框：如果要使用菜单选择提示，可以选中该复选框。

知识精讲

在 Dreamweaver CC 之前的版本中，在【插入】面板的【表单】选项下有【跳转菜单】选项，可以直接插入跳转菜单。而在 Dreamweaver CC 中，在【插入】面板的【表单】选项中去掉了【跳转菜单】选项，如果需要在网页中插入跳转菜单，可以通过添加“跳转菜单”行为来实现。

12.6.2 跳转菜单开始

这种类型的下拉菜单比一般的下拉菜单多了一个跳转按钮，当然，这个按钮可以是各种形式，例如图片等。在一般的商业网站中，这种技术很常用。

选中作为跳转按钮的图片，然后单击【行为】面板中的【添加行为】按钮，在弹出的菜单中选择【跳转菜单开始】行为，弹出【跳转菜单开始】对话框，如图 12-45 所示。

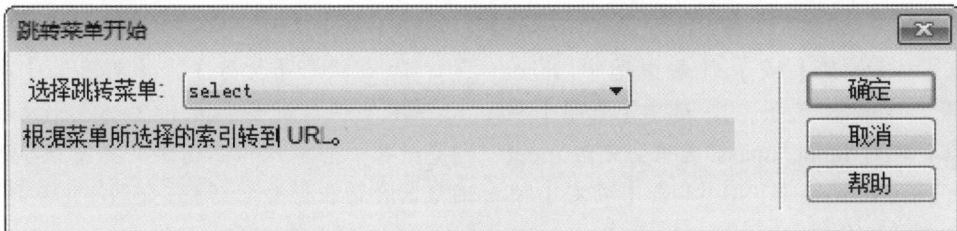

图 12-45

在该对话框的【选择跳转菜单】下拉列表中选择页面中存在的准备跳转的下拉菜单，单击【确定】按钮，完成“跳转菜单开始”行为的设置。

12.6.3 检查表单

在网上浏览时，用户经常需要填写这样或那样的表单，提交表单后，一般会有程序自动校验表单的内容是否合法。使用“检查表单”行为配以 onBlur 事件，可以在用户填写完表单的每一项之后立刻检验是否合法，也可以使用“检查表单”行为配以 onSubmit 事件，当用户单击【提交】按钮后一次校验所有填写内容的合法性。下面详细介绍使用“检查表单”行为的操作方法。

素材文件 第 12 章\素材文件\检查表单.html

效果文件 第 12 章\效果文件\检查表单.html

step 1 打开素材文件，在标签选择器中选中<form#form1>标签，在【行为】面板中，① 单击【添加行为】按钮，② 在弹出的下拉菜单中选择【检查表单】命令，如图 12-46 所示。

step 2 弹出【检查表单】对话框，① 在【域】列表框中选择 input “uname” 选项，② 选中【电子邮件地址】单选按钮，此时 input “uname”选项会变为 input “uname”(RisE-mail)选项，③ 单击【确定】按钮，如图 12-47 所示。

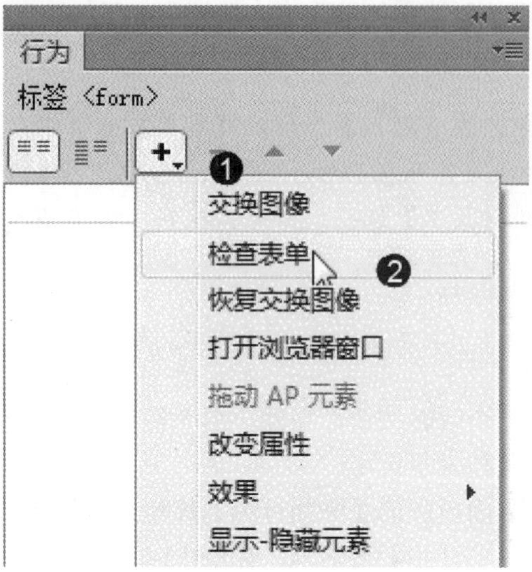

图 12-46

step 3 ① 在【域】列表中选中 input "upass"选项，② 选中【数字】单选按钮，此时 input "upass"选项会变为 input "upass"(RisNum)选项，③ 单击【确定】按钮，如图 12-48 所示。

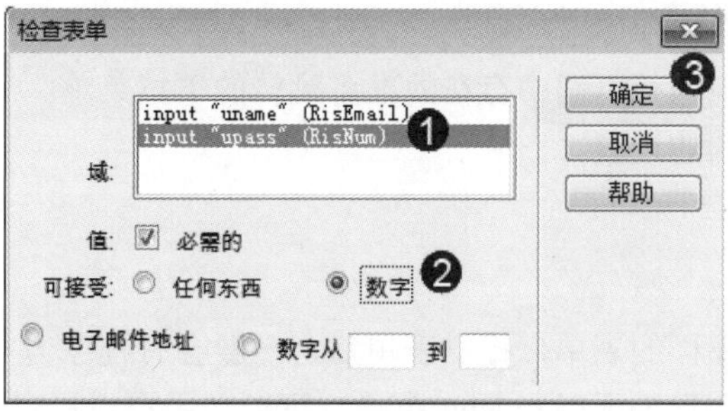

图 12-48

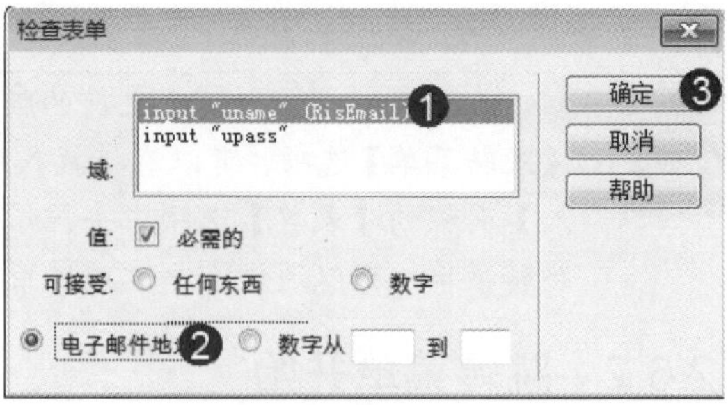

图 12-47

step 4 执行【文件】|【另存为】命令保存页面，按 F12 键在浏览器中预览效果。当输入信息错误并提交表单时，浏览器会弹出警告对话框，如图 12-49 所示。

图 12-49

Section 12.7 使用 JavaScript

手机扫描下方二维码，观看本节视频课程

JavaScript 是互联网上最流行的脚本语言，可以增强访问者与网站之间的交互，用户可以自己编写 JavaScript 代码，或者使用网络上免费的 JavaScript 库。本节将详细介绍 JavaScript 的相关知识。

12.7.1 利用 JavaScript 实现打印功能

利用 JavaScript 实现打印功能，在网页设计中是比较常见的。下面详细介绍利用 JavaScript 实现打印功能的操作方法。

素材文件 第 12 章\素材文件\Delicious\Index.html

效果文件 第 12 章\效果文件\Delicious\Index.html

step 1 打开素材文件，将准备设置打印的文本选中，如“打印此页”，① 单击【行为】面板中的【添加行为】下拉按钮，② 在弹出的下拉菜单中，选择【调用 JavaScript】命令，如图 12-50 所示。

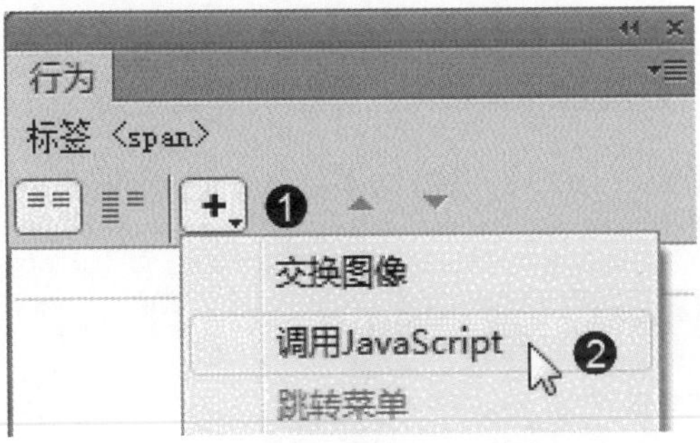

图 12-50

step 3 在【行为】面板中，将触发该行为的事件修改为 onClick，如图 12-52 所示。

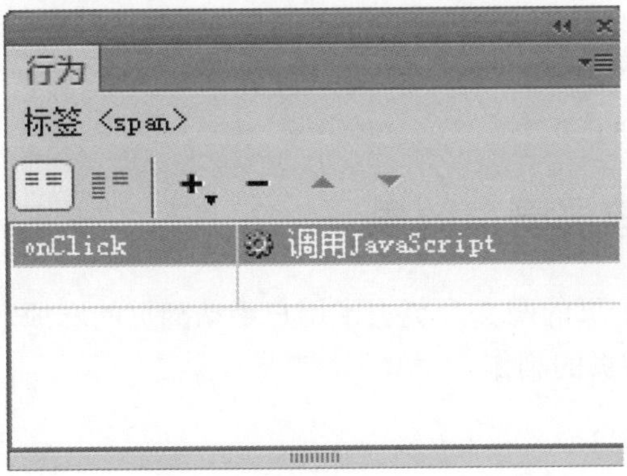

图 12-52

step 2 弹出【调用 JavaScript】对话框，①在 JavaScript 文本框中输入要执行的自定义函数名称或者 JavaScript 代码，如“window.print()”，② 单击【确定】按钮，如图 12-51 所示。

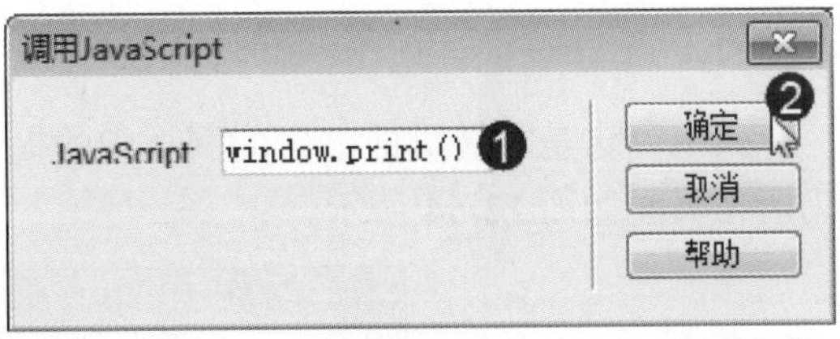

图 12-51

step 4 保存文件，按 F12 键在浏览器中进行预览，弹出浏览器，在网页中使用鼠标左键单击调用 JavaScript 的文本，系统会自动弹出【打印】对话框。通过以上方法，即可完成利用 JavaScript 实现打印功能的操作，如图 12-53 所示。

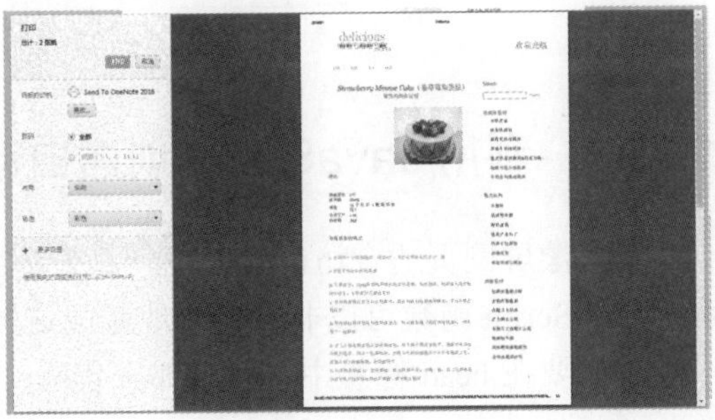

图 12-53

12.7.2 利用 JavaScript 函数跳转到某个页面

在浏览网页的时候，尤其是在注册网页的时候，经常会遇到打开一个页面，然后提示需要等待一段时间之后，自动跳转至其他页面。利用 JavaScript 函数可以轻松地完成这类网页的制作。

首先要在 head 标签中，输入如下代码：

```
<script type="text/javascript">
function redrect()
{
window.location = "1.html";
}
window.setTimeout(redrect,3000);
</script>
```

其中“1.html”为需要跳转至的网页，“window.setTimeout(redrect,3000)”中的数值为跳转时所需的时间，单位为毫秒。

然后在 body 标签中，输入如下代码：

```
<h4 style="color:#F00">这是跳转页面....</h4>
```

其中“这是跳转页面....”为网页中的提示信息，用户可以根据实际情况进行修改。代码所在页面如图 12-54 所示。

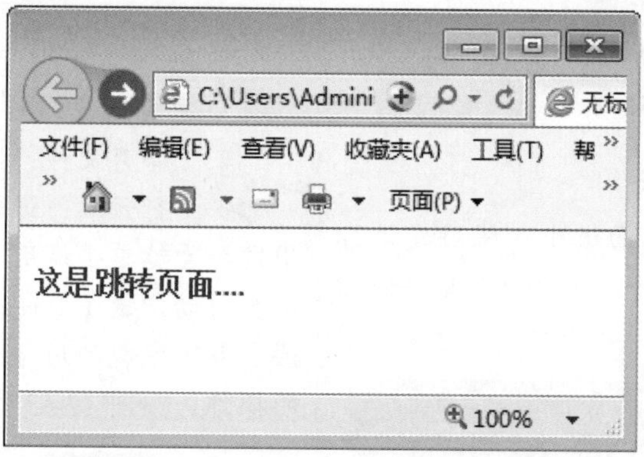

图 12-54

12.7.3 利用 JavaScript 创建自动滚屏网页效果

自动滚屏网页适合访问者浏览一篇长达数十页的网文，免去了用户手动翻页的麻烦，利用 JavaScript 函数可以非常轻松地完成这类网页的制作。

首先要在 head 标签中，输入如下代码：

```
<script>
<!--
locate = 0;
function autoscroll()
{if (locate !=400 )
{locate++;scroll(0,locate);
```

```
clearTimeout(timer);
var timer = setTimeout("autoscroll()",3);timer;}
}
-->
</script>
```

其中“var timer = setTimeout("autoscroll()",3);timer;}”语句中的数值“3”，为控制网页的滚屏速度，用户可以将其修改为其他数值以控制滚屏速度。

然后在 body 标签中，需要将<body>修改为如下代码：

```
<body onload="autoscroll()" >
```

这样即可完成利用 JavaScript 创建自动滚屏网页效果的操作。滚屏网页的效果如图 12-55 所示。

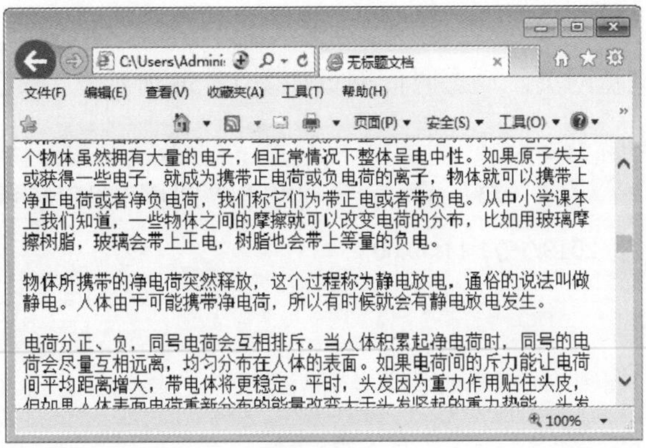

图 12-55

12.7.4 利用 JavaScript 函数实现动态时间

在网页中添加动态时间可以达到美化网页的目的，利用 JavaScript 函数可以轻松地实现显示动态时间。下面详细介绍具体操作方法。

首先要在 head 标签中，输入如下代码：

```
<script type="text/javascript">
function time() {
var dt;
var date = new Date();
dt = date.getFullYear()
+ "/"
+ date.getMonth()
+ "/"
+ date.getDate()
+ " "
+ (date.getHours() <= 9 ? '0' + date.getHours() : date
.getHours())
```

```
+ ":"
+ ((date.getMinutes() <= 9 ? '0' + date.getMinutes() : date
.getMinutes()))
+ ":"
+ (date.getSeconds() <= 9 ? '0' + date.getSeconds() : date
.getSeconds());
//document.getElementById("ht").innerHTML=dt;
return dt;
}
setInterval("document.getElementById('ht').innerHTML=time()", 1000);
</script>
```

然后在 body 标签中，输入如下代码：

```
<span id="ht"></span>
```

保存文件后即可浏览网页。动态时间网页如图 12-56 所示。

图 12-56

12.7.5 利用 JavaScript 函数实现动态侧边栏

利用 JavaScript 函数实现动态侧边栏，主要是利用“onMouseOver”以及“onMouseOut”两个行为完成，配合 CSS 样式即可实现动态侧边栏。

首先要在 head 标签中，输入如下代码：

```
<style type="text/css">
#div1{
    width:150px;
    height:200px;
    background:#999999;
    position:absolute;
    left:-150px;}
span{
    width:20px;
    height:70px;
    line-height:23px;
```

```
    background:#09C;
    position:absolute;
    right:-20px;
    top:70px;}
</style>
<script>
window.onload=function(){
    var odiv=document.getElementById('div1');
   odiv.onmouseover=function ()
   {
       startmove(0,10);
     }
  odiv.onmouseout=function ()
  {
     startmove(-150,-10);
    }
   }
    var timer=null;
function startmove(target,speed)
{
   var odiv=document.getElementById('div1');
clearInterval(timer);
     timer=setInterval(function (){
        if(odiv.offsetLeft==target)
        {
            clearInterval(timer);
            }
            else
            {
        odiv.style.left=odiv.offsetLeft+speed+'px';
            }
        },30)
   }
</script>
```

其中“startmove(0,10);”语句中第一个参数为 div“left”属性的目标值；第二个参数为每次移动多少的像素。

然后在 body 标签中，输入如下代码：

```
<div id="div1">
<span>侧边栏</span>
</div>
```

其中“<span>侧边栏</span>”中的文本可以随意更改为需要的文本内容，保存文件后即可在浏览器中查看网页文件。鼠标指针没有经过侧边栏和鼠标指针经过侧边栏的效果分别如图 12-57、图 12-58 所示。

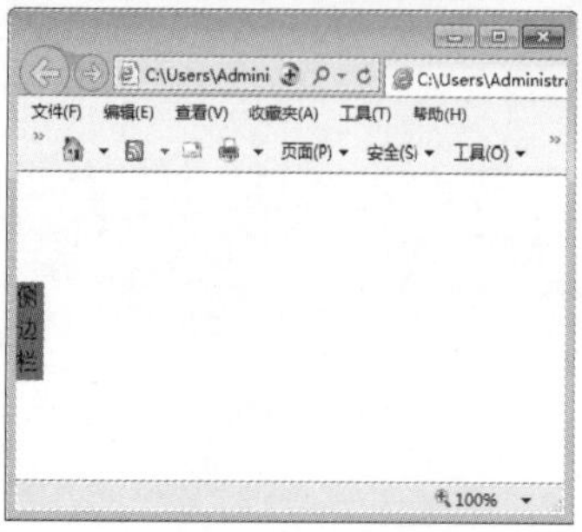

图 12-57

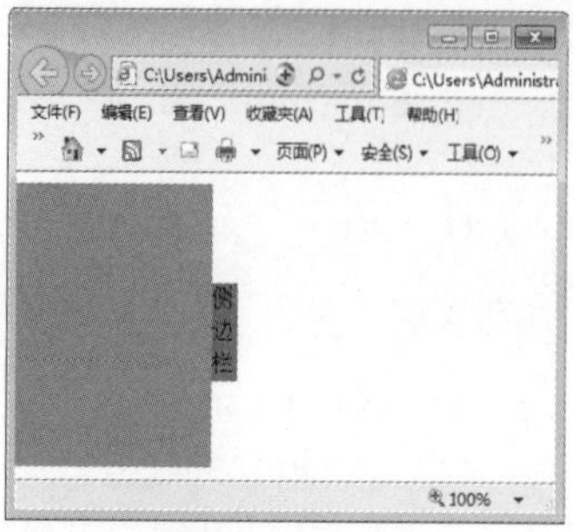

图 12-58

Section 12.8 范例应用与上机操作

手机扫描下方二维码，观看本节视频课程

本小节主要介绍设置文本域文字的方法、设置框架文本的方法、设置显示和隐藏元素的方法、设置拖动 AP 元素的方法以及利用 JavaScript 函数实现随意更改背景颜色的方法，以达到举一反三的目的。

12.8.1 设置文本域文字

使用“文本域文字”行为可以使用指定的内容替换表单文本域的内容。下面详细介绍设置文本域文字的操作方法。

素材文件 第 12 章\素材文件\设置文本域文字.html
效果文件 第 12 章\效果文件\设置文本域文字.html

step 1 打开素材文件，选中文本域，① 在【行为】面板中单击【添加行为】按钮，② 在弹出的下拉菜单中选择【设置文本】菜单项，③ 在弹出的子菜单中选择【设置文本域文字】命令，如图 12-59 所示。

图 12-59

step 2 弹出【设置文本域文字】对话框，① 在【新建文本】列表框中输入内容，② 单击【确定】按钮，如图 12-60 所示。

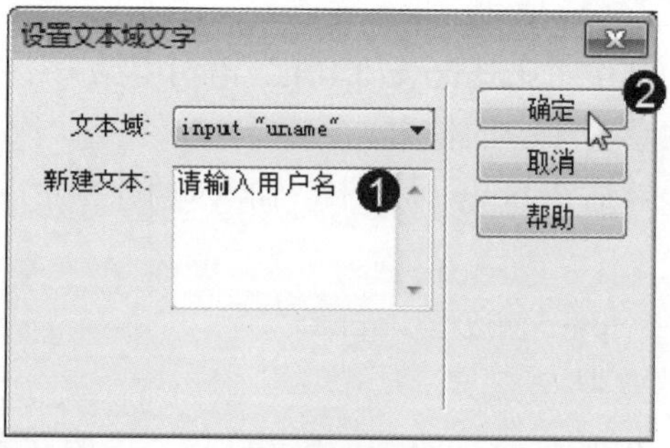

图 12-60

step 3 在【行为】面板中，将触发该行为的事件修改为 onMouseOut，如图 12-61 所示。

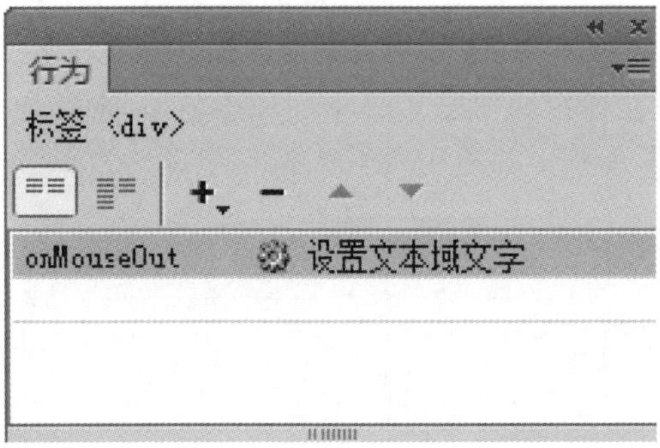

图 12-61

step 4 执行【文件】|【另存为】命令保存页面，按 F12 键在浏览器中预览页面，当鼠标指针移出表单域时，可以看到设置的文本域文字，如图 12-62 所示。

图 12-62

12.8.2 设置框架文本

设置框架文本行为用于包含框架结构的页面，可以动态地改变框架的文本、改变框架的显示和替换框架的内容。选中页面中的某个对象后，单击【行为】面板中的【添加行为】按钮，在弹出的菜单中选择【设置文本】菜单项，在弹出的子菜单中选择【设置框架文本】菜单项，弹出【设置框架文本】对话框，如图 12-63 所示。对话框中各选项的功能如下。

- 【框架】下拉列表框：在其中的下拉列表中选择显示设置文本的框架。
- 【新建 HTML】列表框：在该列表框中设置在选定框架中显示的 HTML 代码。
- 【获取当前 HTML】按钮：单击该按钮，可以在窗口中显示框架中<body>标签之间的代码。
- 【保留背景色】复选框：选中该复选框，可以保留原来框架中的背景颜色。

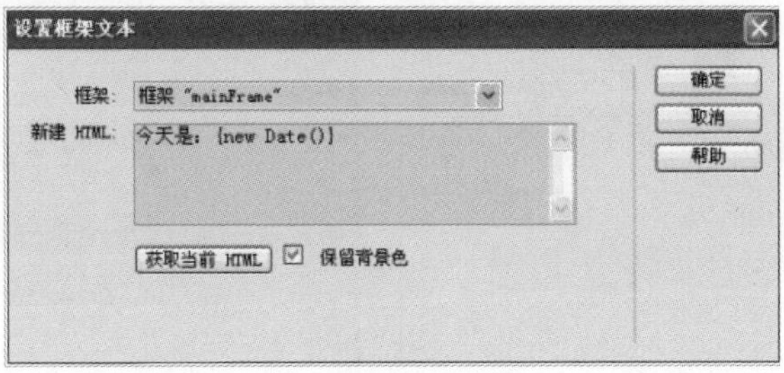

图 12-63

12.8.3 显示和隐藏元素

显示-隐藏元素行为可以根据鼠标事件显示或隐藏页面中的 Div，该行为很好地改善了网页与用户之间的交互。显示-隐藏行为一般用于给用户提示一些信息。当用户将鼠标指针划过栏目图像时，可以显示一个 Div 元素，给出有关该栏日的说明、内容等详细信息。下面详细介绍使用显示和隐藏元素行为的操作方法。

素材文件 第 12 章\素材文件\显示和隐藏元素.html

效果文件 第 12 章\效果文件\显示和隐藏元素.html

step 1 打开素材文件，① 选中名为 text 的 Div，② 在【属性】面板中的【可见性】下拉列表框中选择 hidden 选项，如图 12-64 所示。

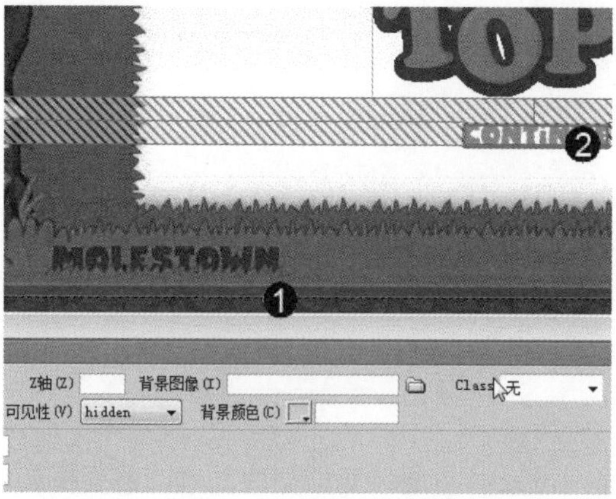

图 12-64

step 2 选中名为 16209 的图像，① 在【行为】面板中单击【添加行为】按钮，② 在弹出的下拉菜单中选择【显示-隐藏元素】命令，如图 12-65 所示。

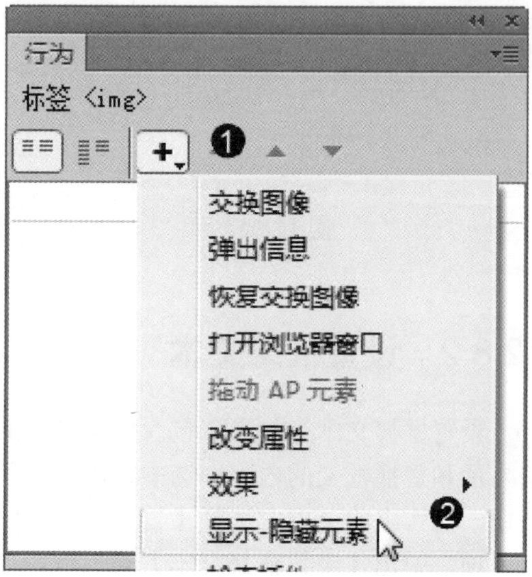

图 12-65

step 3 弹出【显示-隐藏元素】对话框，① 选择 div“text”选项，② 单击【显示】按钮，③ 单击【确定】按钮，如图 12-66 所示。

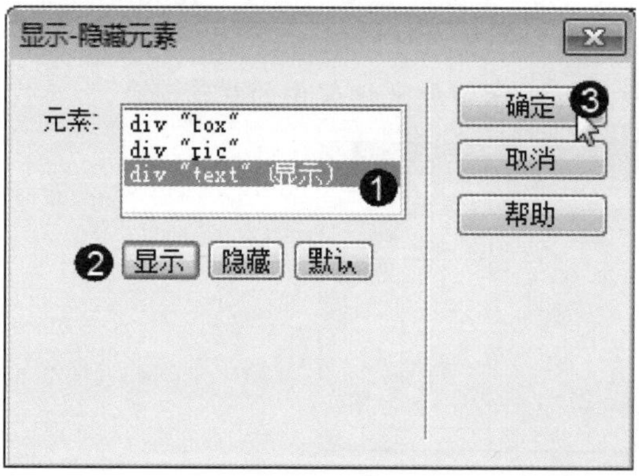

图 12-66

step 4 在【行为】面板中，将触发该行为的事件修改为 onMouseOver，如图 12-67 所示。

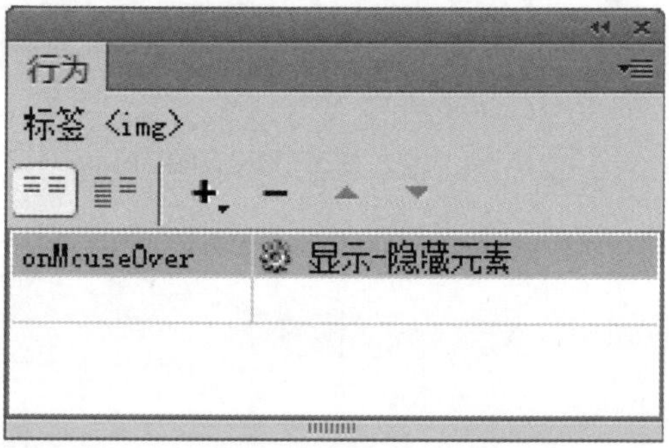

图 12-67

step 5 使用相同的方法，选中同一图像，再次添加显示-隐藏元素行为，① 在弹出的【显示-隐藏元素】对话框中选择 div “text”选项，② 单击【隐藏】按钮，③ 单击【确定】按钮，如图 12-68 所示。

step 6 在【行为】面板中，将触发该行为的事件修改为 onMouseOut，如图 12-69 所示。

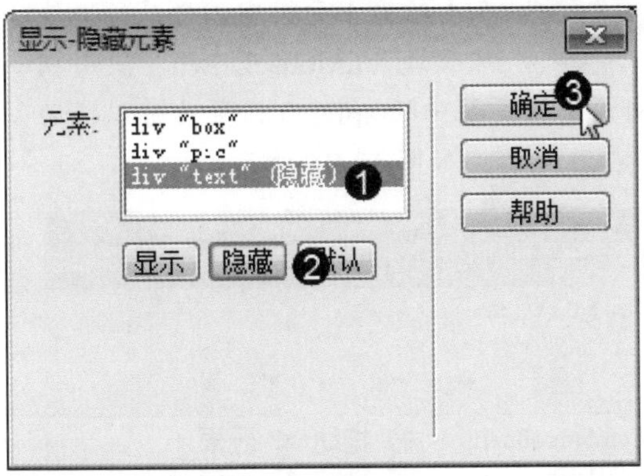

图 12-68

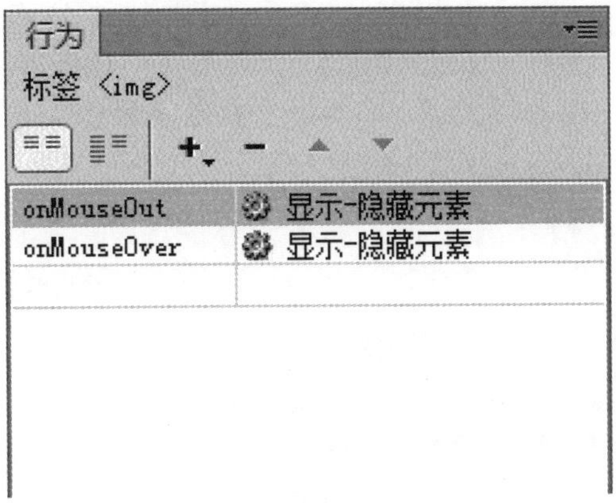

图 12-69

step 7 执行【文件】|【另存为】命令保存页面，按 F12 键在浏览器中预览页面，当鼠标指针离开图像时会隐藏相应的内容，当鼠标指针移至图像时会显示相应的内容，如图 12-70 所示。

图 12-70

12.8.4 拖动 AP 元素

在某些电子商务网站上，大家经常会看到把商品用鼠标直接拖动到购物车中的情形；在某些在线游戏网站上，还会提供一些拼图游戏等，这些使用鼠标拖动的行为称为拖动 AP 元素。下面详细介绍使用拖动 AP 元素的操作方法。

素材文件 第 12 章\素材文件\拖动 AP 元素.html
效果文件 第 12 章\效果文件\拖动 AP 元素.html

step 1 打开素材文件，① 选中 apDiv1，② 在【属性】面板中的【Z 轴】文本框中输入 1，如图 12-71 所示。使用相同的方法设置 apDiv2 和 apDiv3 的【Z 轴】值分别为 2 和 3。

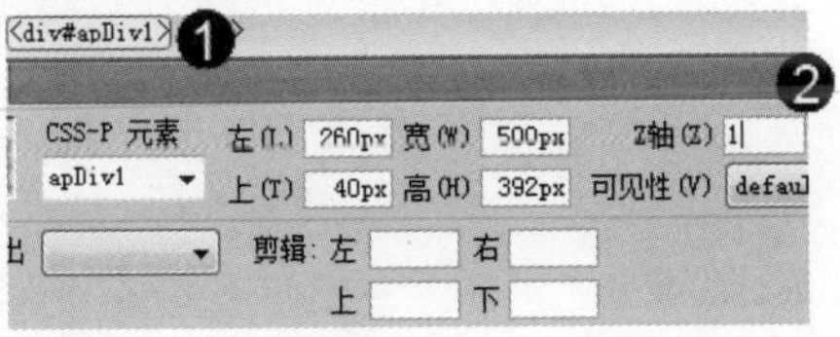

图 12-71

step 2 在【行为】面板中，① 单击【添加行为】按钮，② 在弹出的下拉菜单中选择【拖动 AP 元素】命令，如图 12-72 所示。

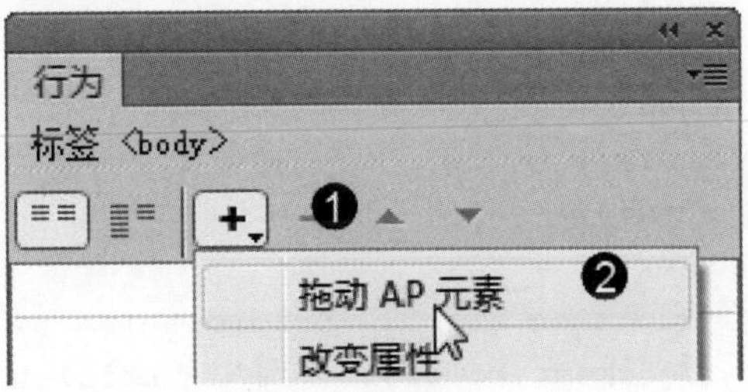

图 12-72

step 3 弹出【拖动 AP 元素】对话框，① 在【AP 元素】下拉列表框中选择 div “apDiv2”选项，② 单击【确定】按钮，如图 12-73 所示。

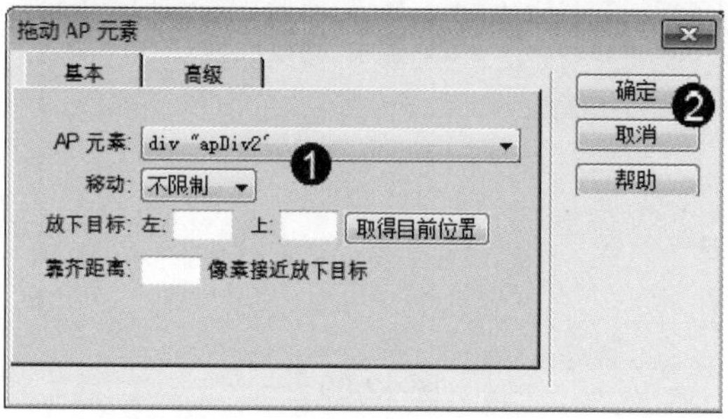

图 12-73

step 5 保存页面，在浏览器中预览效果，用鼠标指针拖动 Div，可以发现能够随意对其进行拖动，如图 12-75 所示。

图 12-75

step 4 在【行为】面板中，将鼠标事件修改成 onMouseDown。使用相同方法将页面中的 apDiv3 设置为可以拖动的 AP 元素，如图 12-74 所示。

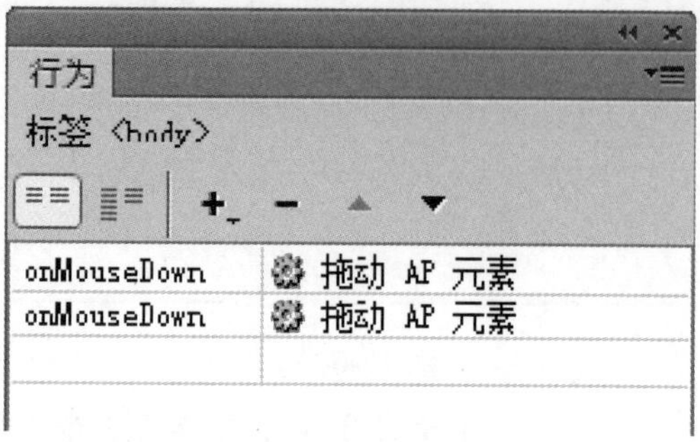

图 12-74

智慧锦囊

在【拖动 AP 元素】对话框中的【基本】选项卡中，在【AP 元素】下拉列表中可以选择允许用户拖动的 Div，可以查看 Div 名称后的设置。【移动】下拉列表包含了【限制】和【不限制】两个选项，【不限制】选项适用于拼版游戏和其他拖放游戏；对于滑块控制和可移动布景，可以选择【限制】选项。

12.8.5 利用 JavaScript 函数实现随意更改背景颜色

利用 JavaScript 函数可以在网页中添加调色板，使访问者随意地选择背景颜色。下面详细介绍利用 JavaScript 函数实现随意更改背景颜色的方法。

在 head 标签中，输入以下代码：

```
<script>
var hex = new Array(6)
hex[0] = "FF"
hex[1] = "CC"
hex[2] = "99"
hex[3] = "66"
hex[4] = "33"
hex[5] = "00"
function display(triplet) {
document.bgColor = '#' + triplet
}
```

```
    function drawCell(red, green, blue) {
    document.write('<TD BGCOLOR="#' + red + green + blue + '">')
    document.write('<A HREF="javascript:display(\'' + (red + green + blue) +
'\')">')
    document.write('<IMG SRC="place.gif" BORDER=0 HEIGHT=12 WIDTH=12>')
    document.write('</A>')
    document.write('</TD>')
    }
    function drawRow(red, blue) {
    document.write('<TR>')
    for (var i = 0; i < 6; ++i) {
    drawCell(red, hex[i], blue)
    }
    document.write('</TR>')
    }
    function drawTable(blue) {
    document.write('<TABLE CELLPADDING=0 CELLSPACING=0 BORDER=0>')
    for (var i = 0; i < 6; ++i) {
    drawRow(hex[i], blue)
    }
    document.write('</TABLE>')
    }
    function drawCube() {
    document.write('<TABLE CELLPADDING=5 CELLSPACING=0 BORDER=1><TR>')
    for (var i = 0; i < 6; ++i) {
    document.write('<TD BGCOLOR="#FFFFFF">')
    drawTable(hex[i])
    document.write('</TD>')
    }
    document.write('</TR></TABLE>')
    }
    drawCube()
    </script>
```

保存文件，即可在浏览器中查看网页，单击调色板中的任意色块即可更改背景颜色，如图 12-76 所示。

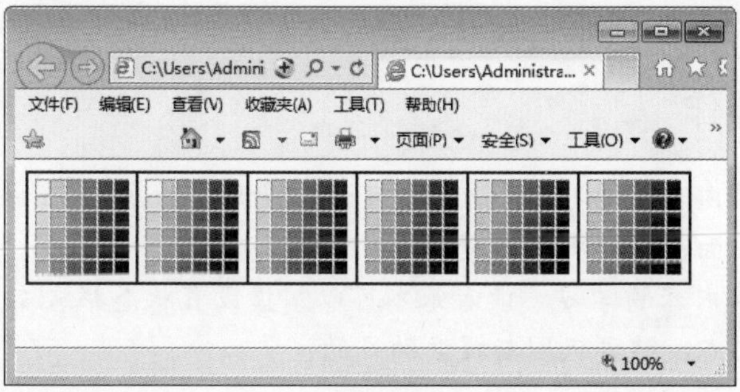

图 12-76

Section 12.9 本章小结与课后练习

本节内容无视频课程，习题参考答案在本书附录。

本章主要介绍了认识网页行为、使用行为调节浏览器、使用行为控制图像、使用行为显示文本、使用行为加载多媒体、控制表单和使用 JavaScript 等内容，下面通过练习题达到巩固与提高的目的。

12.9.1 思考与练习

1. 填空题

(1) 事件实际上是浏览器生成的______，用于指示该页面在浏览时执行某种______。

(2) 行为可以附加到整个文档中，还可以附加到______、表单、______和其他元素中，用户也可以为每个事件指定多个动作，动作会按照【行为】面板中的显示顺序发生。

(3) 通过【显示设置事件】按钮可以显示添加到______的事件。

(4) 鼠标指针移动到窗口或框架中处于激活状态时发生的事件叫作______。

2. 判断题

(1) 动作只有在某个事件发生时才会执行。 ( )

(2) 根据访问者的浏览器版本，显示适当的页面的动作类型是检查浏览器行为。 ( )

(3) 鼠标指针移动到窗口或框架外侧时等非激活状态时发生的事件是 onBlur 事件。 ( )

(4) 对于网页中已经存在的各种行为，用户可以通过【删除事件】按钮将其删除。如果网页内同时存在多个行为，用户还可以使用【增加事件值】按钮和【降低事件值】按钮改变其中某个行为的顺序，从而决定页面中这些行为的执行次序。 ( )

3. 思考题

(1) 如何使用行为打开浏览器窗口？

(2) 如何使用行为交换图像？

(3) 如何使用行为弹出信息？

12.9.2 上机操作

(1) 通过对本章内容的学习，读者基本可以掌握调用 JavaScript 方面的知识，下面通过练习设置关闭当前页面，达到巩固与提高的目的。

(2) 通过对本章内容的学习，读者基本可以掌握设置状态栏文本方面的知识，下面通过练习设置状态栏文本，达到巩固与提高的目的。

第13章

制作 jQuery Mobile 页面

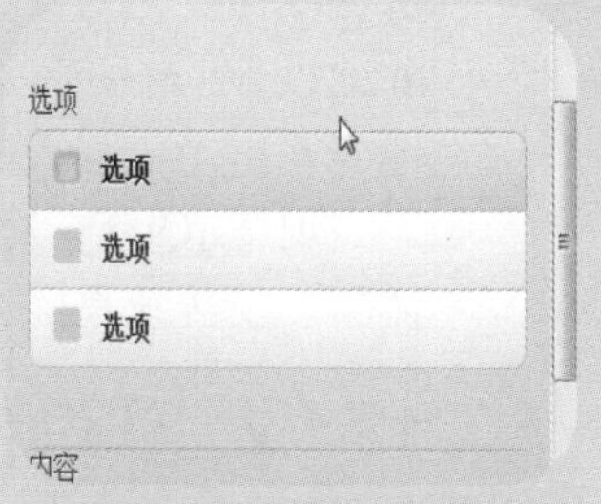

本章主要介绍了解 jQuery Mobile、创建 jQuery Mobile 页面、使用 jQuery Mobile 组件的知识与技巧，同时还讲解了如何使用列表与主题。通过对本章内容的学习，读者可以掌握制作列表与主题页面方面的知识，为深入学习 Dreamweaver CC 知识奠定基础。

范 例 导 航

1. 了解 jQuery Mobile
2. 创建 jQuery Mobile 页面
3. 使用 jQuery Mobile 组件
4. 列表与主题

Section 13.1 了解 jQuery Mobile

手机扫描下方二维码，观看本节视频课程

Dreamweaver CC 中新增了一系列 jQuery 效果，用于创建动画过渡或者以可视方式修改页面元素。在使用 Dreamweaver CC 创建 jQuery Mobile 网页之前，用户首先应该了解 jQuery 与 jQuery Mobile 的基本特征。本节将详细介绍有关 jQuery 与 jQuery Mobile 的知识。

13.1.1 什么是 jQuery

jQuery，是 JavaScript 和查询(Query)两个单词的缩写，即是辅助 JavaScript 开发的库。jQuery 是继 prototype 之后又一个优秀的 JavaScript 库。它是轻量级的 js 库，它兼容 CSS3，还兼容各种浏览器(IE 6.0+、FF1.5、Safari 2.0+、Opera 9.0+)，但 jQuery 2.0 及后续版本将不再支持 IE6/7/8 浏览器。

jQuery 是一个兼容多浏览器的 JavaScript 库，其核心理念是“写得更少，做得更多”。jQuery 在 2006 年 1 月由美国人 John Resig 在纽约的 barcamp 发布，吸引了来自世界各地的众多 JavaScript 高手加入，由 Dave Methvin 率领团队进行开发。如今，jQuery 已经成为最流行的 JavaScript 库，在世界前 10 000 个访问最多的网站中，有超过 55%在使用 jQuery。

jQuery 使用户能更方便地处理 HTML、events 和实现动画效果，并且方便地为网站提供 AJAX 交互。jQuery 还有一个比较大的优势是它的文档说明很全，而且各种应用也介绍得很详细，同时还有许多成熟的插件可供选择。jQuery 能够使用户的 html 页面保持代码和 html 内容分离，也就是说，不用再在 html 里面插入一堆 js 来调用命令了，只需要定义 id 即可。

jQuery 是免费、开源的，使用 MIT 许可协议。jQuery 的语法设计可以使开发更加便捷，例如操作文档对象、选择 DOM 元素、制作动画效果、事件处理、使用 Ajax 以及其他功能。除此以外，jQuery 提供 API 让开发者编写插件。其模块化的使用方式使开发者可以很轻松地开发出功能强大的静态或动态网页。

现在 jQuery Mobile 驱动着 Internet 上大量的网站，它可以在浏览器中提供动态的用户体验，使传统桌面应用程序越来越受到其影响。

13.1.2 认识 jQuery Mobile

jQuery Mobile 是 jQuery 在手机上和平板设备上的版本。jQuery Mobile 不仅会给主流移动平台带来 jQuery 核心库，而且会发布一个完整统一的 jQuery 移动 UI 框架。jQuery Mobile 支持全球主流的移动平台。

jQuery Mobile 的使命是向所有主流移动浏览器提供一种统一体验，使整个 Internet 上的内容更加丰富(无论使用何种设备)。jQuery Mobile 的目标是在一个统一的 UI 框架中交付 JavaScript 功能，跨最流行的智能手机和平板电脑设备工作。与 jQuery 一样，jQuery Mobile

是一个在 Internet 上直接托管、可以免费使用的开源代码基础。实际上，当 jQuery Mobile 致力于同意和优化这个代码基础时，jQuery Mobile 核心库受到了极大的关注。这种关注充分说明，移动浏览器技术在很短时间内取得了非常大的发展。

jQuery Mobile 与 jQuery 核心库一样，用户在计算机上不需要安装任何程序，只需要将各种*.js 和*.css 文件直接包含在 Web 页面中即可。这样 jQuery Mobile 的功能就好像被放到了用户的指尖上，供用户随时使用。

Section 13.2 创建 jQuery Mobile 页面

手机扫描下方二维码，观看本节视频课程

Dreamweaver 与 jQuery Mobile 相辅相成，可以帮助用户快速设计适合大部分移动设备的网页程序，同时也可以使网页自身适应各类尺寸的设备。本节将介绍创建 jQuery Mobile 页面的方法。

13.2.1 使用 jQuery Mobile 起始页

使用 jQuery Mobile 起始页的操作非常简单，下面详细介绍创建 jQuery Mobile 页面结构的操作方法。

step 1 启动 Dreamweaver CC 程序，① 单击【文件】菜单，② 在弹出的下拉菜单中选择【新建】命令，如图 13-1 所示。

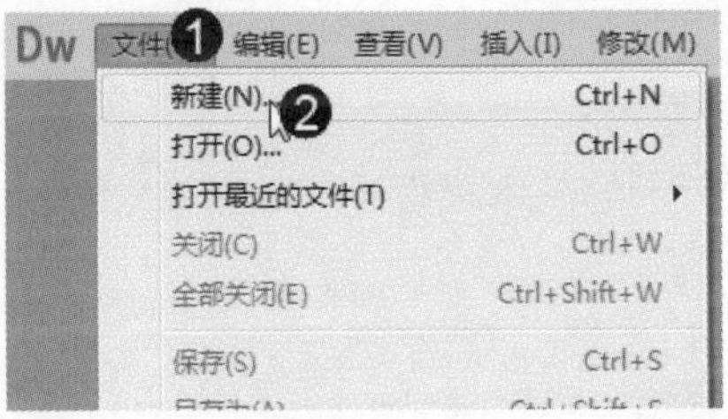

图 13-1

step 2 弹出【新建文档】对话框，① 选择【启动器模板】选项，② 在【示例页】列表中选择 jQuery Mobile(CDN)选项，③ 单击【创建】按钮，如图 13-2 所示。

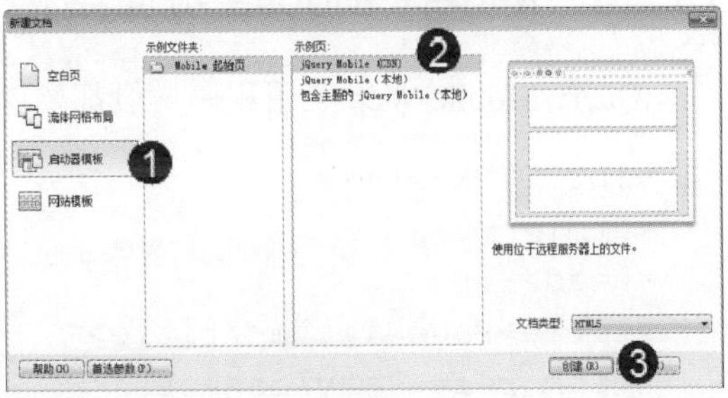

图 13-2

step 3 可以看到已经创建了 jQuery Mobile 起始页，如图 13-3 所示。

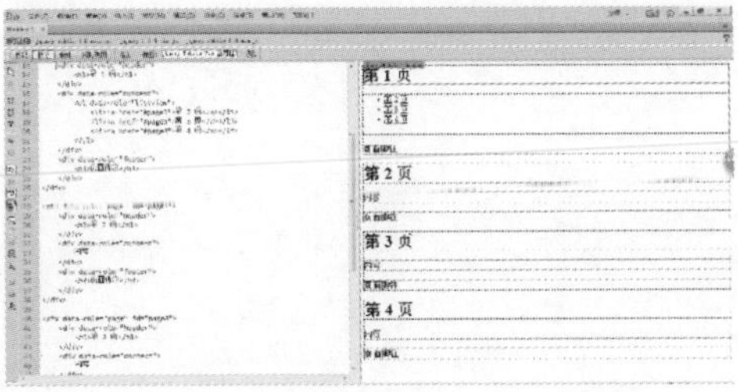

图 13-3

智慧锦囊

用户在安装 Dreamweaver 时，软件会将 jQuery Mobile 文件的副本复制到用户的计算机中。选择 jQuery Mobile(本地)起始页时所打开的 HTML 页会链接到本地 CSS、JavaScript 和图像文件。

13.2.2 使用 HTML5 页面

jQuery Mobile 页面组件充当所有其他 jQuery Mobile 组件的容器。在新的使用 HTML5 的页面中添加 jQuery Mobile 页面组件，可以创建出 jQuery Mobile 的页面结构。下面详细介绍使用 HTML5 的操作方法。

step 1 启动 Dreamweaver CC 程序，① 单击【文件】菜单，② 在弹出的下拉菜单中选择【新建】命令，如图 13-4 所示。

图 13-4

step 2 弹出【新建文档】对话框，① 选择【空白页】选项，② 在【页面类型】列表中选择 HTML 选项，③ 在【文件类型】下拉列表中选择 HTML5 选项，④ 单击【创建】按钮，如图 13-5 所示。

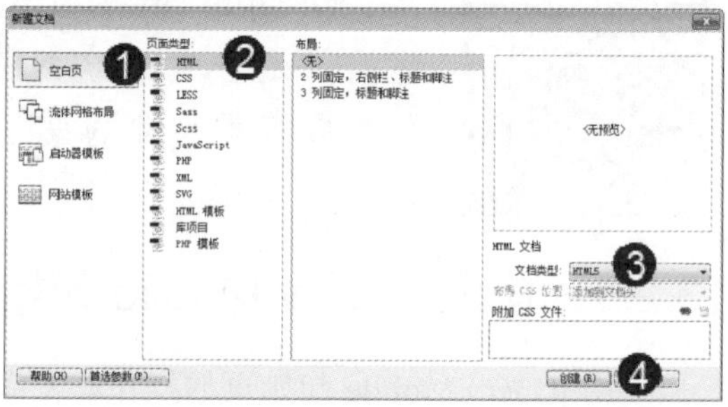

图 13-5

step 3 创建 HTML5 页面的操作完成，如图 13-6 所示。

图 13-6

13.2.3 jQuery Mobile 页面结构

jQuery Mobile Web 应用程序一般都要遵循下面所示的基本模板。

```
<!DOCTYPE html>
<html>
<head>
<title>Page Title</title>
<link rel= "stylesheet "
Href=http://code.jquery-1.6.4.min.js  type=  "text/javascript
"></script>
</head>
<body>
<div data-role= "page ">
<div data-role= "header ">
<h1>Page Title</h1>
</div>
<div data-role= "content ">
 <p>page content goes here.</p>
```

```
 </div>
<div data-role= "footer ">
<h4>Page Footer</h4>
</div>
</div>
</body>
</html>
```

以上基本页面模板中的内容都是包含在 div 标签中，并在标签中加入了 data-role= "page" 属性。这样 jQuery Mobile 就会知道哪些内容需要处理。

另外，在"page "div 中还包含 header、content、footer 的 div 元素。这些元素都是可选的，但至少要包含一个"content "div，具体解释如下。

- < div data-role="header"></div>标签：在页面的顶部建立导航工具栏，用于放置标题和按钮(典型的至少要放置一个【返回】按钮，用于返回前一页)。通过添加额外的属性 data-position="fixed"，可以保证头部始终保持在屏幕的顶部。
- < div data-role="content"></div>标签：包含一些主要内容，如文本、图像、按钮、列表、表单等。
- <div data-role="footer"></div>标签：在页面的底部建立工具栏，添加一些功能按钮。通过添加额外的属性 data-position= "fixed "，可以保证它始终保持在屏幕的底部。

Section 13.3 使用 jQuery Mobile 组件

手机扫描下方二维码，观看本节视频课程

jQuery Mobile 提供了多种组件，包括列表、布局、表单等多种元素。在 Dreamweaver CC 中使用【插入】面板中的 jQuery Mobile 分类，可以可视化地插入这些组件。本节将详细介绍使用列表视图、使用布局网格、使用可折叠区块、使用文本输入框等内容。

13.3.1 使用列表视图

jQuery Mobile 提供了多种组件，包括列表、布局、表单等多种元素。在 Dreamweaver 中使用【插入】面板中的 jQuery Mobile 分类，可以可视化地插入这些组件。下面详细介绍使用列表视图的方法。

step 1 打开 jQuery Mobile 页面，将鼠标指针定位在准备插入视图的位置，① 在【插入】面板中选择 jQuery Mobile 选项卡，② 选择【列表视图】选项，如图 13-7 所示。

step 2 弹出【列表视图】对话框，① 在【列表类型】下拉列表框中选择【无序】选项，② 在【项目】下拉列表框中选择 3 选项，③ 单击【确定】按钮，如图 13-8 所示。

图 13-7

step 3 在页面中插入列表视图的操作完成，如图 13-9 所示。

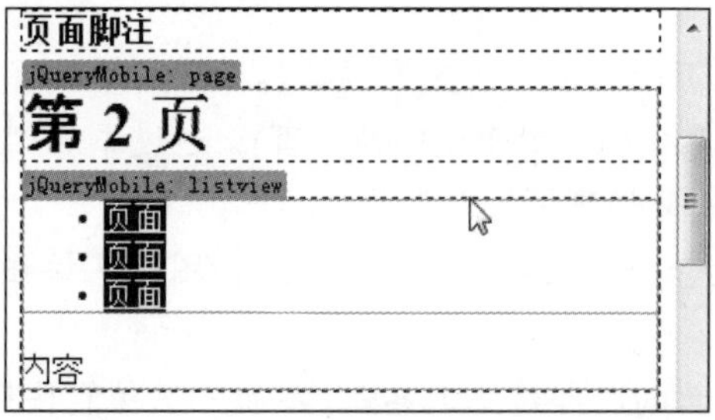

图 13-9

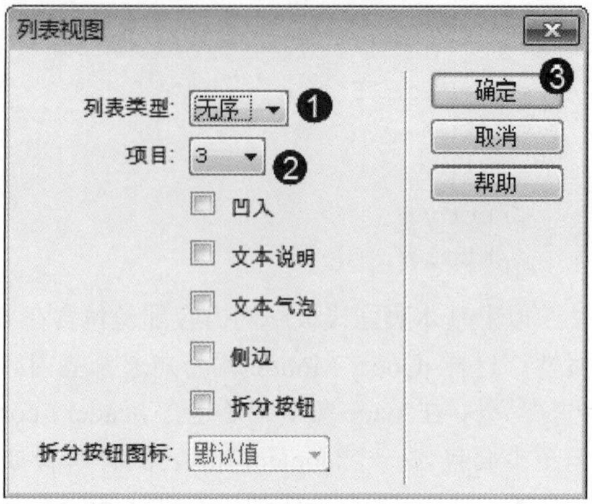

图 13-8

智慧锦囊

除了通过【插入】面板插入列表视图外，还可以执行【插入】|jQuery Mobile|【列表视图】命令来插入列表视图。

13.3.2 使用布局网格

因为移动设备的屏幕通常都比较小，所以不推荐用户在布局中使用多栏布局方法。当需要在网页中将一些小的元素并排放置时，可以使用布局网格。jQuery Mobile 框架提供了一种简单的方法构建基于 CSS 的分栏布局——ui-grid。jQuery Mobile 提供两种预设的配置布局：两列布局(class 含有 ui- grid-a)和三列布局(class 含有 ui- grid-b)。这两种配置的布局几乎可以满足任何情况。下面详细介绍使用布局网格的操作方法。

step 1 打开 jQuery Mobile 页面，① 将鼠标指针定位在准备插入布局网格的位置，在【插入】面板中选择 jQuery Mobile 选项卡，② 选择【布局网格】选项，如图 13-10 所示。

图 13-10

step 2 弹出【布局网格】对话框，① 在【行】下拉列表中选择 1 选项，② 在【列】下拉列表中选择 2 选项，③ 单击【确定】按钮，如图 13-11 所示。

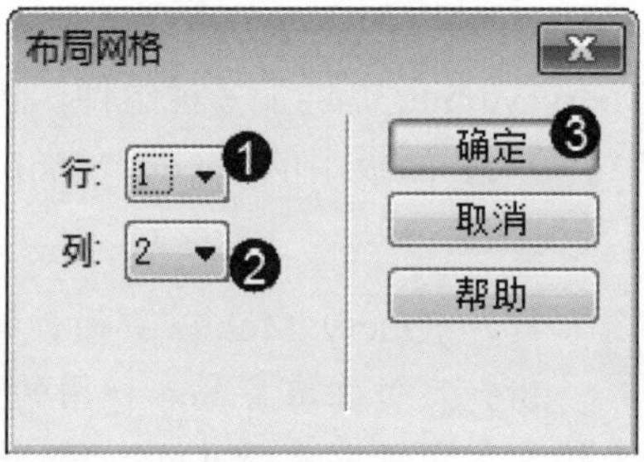

图 13-11

step 3 在页面中插入布局网格的操作完成，如图 13-12 所示。

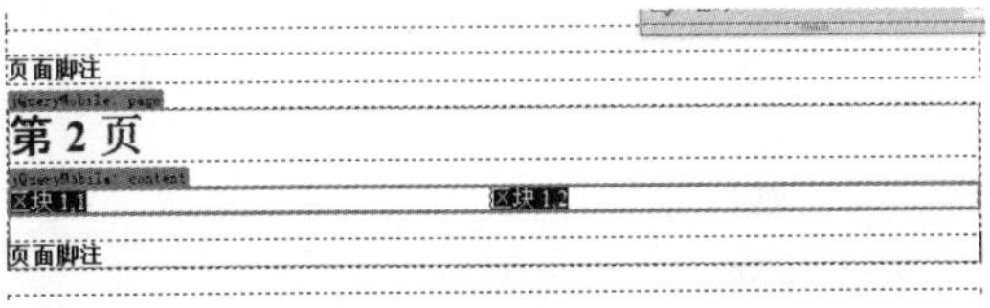

图 13-12

智慧锦囊

除了通过【插入】面板插入布局网格外，还可以执行【插入】|jQuery Mobile|【布局网格】命令来插入布局网格。

要构建两栏的布局，需要先构建一个父容器，添加一个名称为 ui-grid-a 的 class，内部设置两个子容器，并分别为第一个子容器添加 class: " ui-block-a"，为第二个子容器添加 class: " ui block-b"。默认两栏没有样式，并行排列。分类的 class 可以应用到任何类型的容器上。jQuery Mobile 两栏布局源代码如下：

```
<div data-role="content">
<div class="ui- grid-a">
<div class="ui- block-a">区块 1,1</div >
<div class="ui- block-b">区块 1,2</div >
</div >
</div >
```

另一种布局的方式是三栏布局，为父容器添加 class= "ui-grid-b"，然后分别为 3 个子容器添加 class= "ui-grid-a"、class= "ui-grid-b"、class= "ui-grid-c"。以此类推，如果是四栏布局，则为父容器添加 class= "ui-grid-ac"(两栏为 a，三栏为 b，四栏为 c，等等)，子容器分别添加 class="ui-block-a"、class="ui-block-b"、class=" ui-block-c"…jQuery Mobile 三栏布局源代码如下：

```
<div class="ui- block -a">区块 1,1</div >
<div class="ui- block-b">区块 1,2</div >
<div class="ui- block-c">区块 1,3</div >
</div >
```

13.3.3 使用可折叠区块

要在网页中创建一个可折叠区块，先要创建一个容器，然后为容器添加 data-role= "collapsible"属性。jQuery Mobile 会将容器内的子节点表现为可单击的按钮，并在左侧添加一个 “+ “按钮，表示其可以展开。在头部后面可以添加任何需要折叠的 html 标签，框架会自动将这些标签包裹在一个容器中用于折叠或显示。下面详细介绍使用可折叠区块的操作方法。

step 1 打开 jQuery Mobile 页面，将鼠标指针定位在准备插入可折叠区块的位置，① 在【插入】面板中选择 jQuery Mobile 选项卡，② 选择【可折叠区块】选项，如图 13-13 所示。

step 2 此时即可在页面中插入可折叠区块，如图 13-14 所示。

图 13-13

图 13-14

要构建两栏布局(50%/50%)，需要先构建一个父容器，添加一个 class 名称为 ui-grid-a，内部设置两个子容器，其中一个子容器添加 class=ui-block-a，另一个子容器添加 class="ui-block-b。在默认设置中，可折叠容器是展开的，可以通过单击容器的头部收缩。为折叠的容器添加 data-collapsible="true"的属性，可以设置默认收缩。

13.3.4 使用文本输入框

文本输入框和文本输入域使用标准的 HTML 标记，jQuery Mobile 会让它们在移动设备中变得更加易于触摸使用。下面详细介绍插入文本输入框的操作方法。

step 1 打开 jQuery Mobile 页面，将鼠标指针定位在准备插入文本输入框的位置，① 在【插入】面板中选择 jQuery Mobile 选项卡，② 选择【文本】选项，如图 13-15 所示。

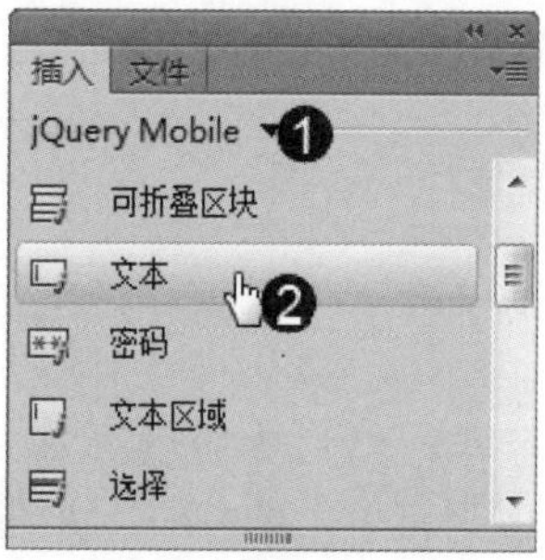

图 13-15

step 2 在【文档】工具栏中单击【实时视图】按钮，在页面中插入文本输入框的效果如图 13-16 所示。

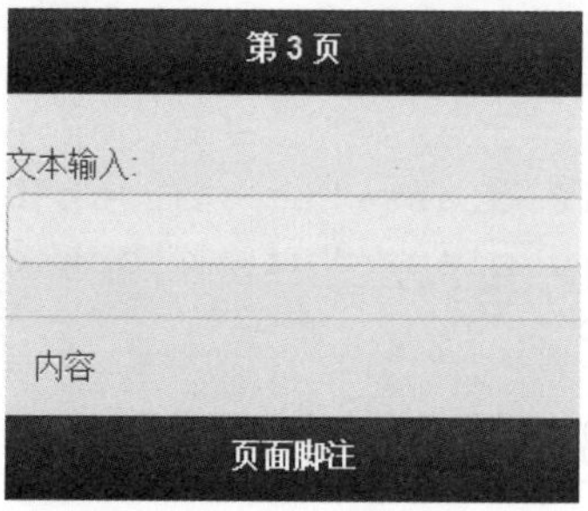

图 13-16

要使用标准字母数字的输入框，为 input 增加 type="text"属性。需要将 label 的 for 属性设置为 input 的 id 值，使它们能够在语义上相关联。如果用户在页面中不想看到 label，可以将其隐藏。

13.3.5 使用密码输入框

在 jQuery Mobile 中，用户可以使用旧版本的和新的 HTML5 输入类型，如 password。

有一些类型会在不同的浏览器中被渲染成不同的样式，例如 Chrome 浏览器会将 range 输入框渲染成滑动条，所以应通过将类型转换为 text 来标准化它们的外观(目前只作用于 range 和 search 元素)。下面详细介绍使用密码输入框的操作方法。

step 1 打开 jQuery Mobile 页面，将鼠标指针定位在准备插入密码输入框的位置，① 在【插入】面板中选择 jQuery Mobile 选项卡，② 选择【密码】选项，如图 13-17 所示。

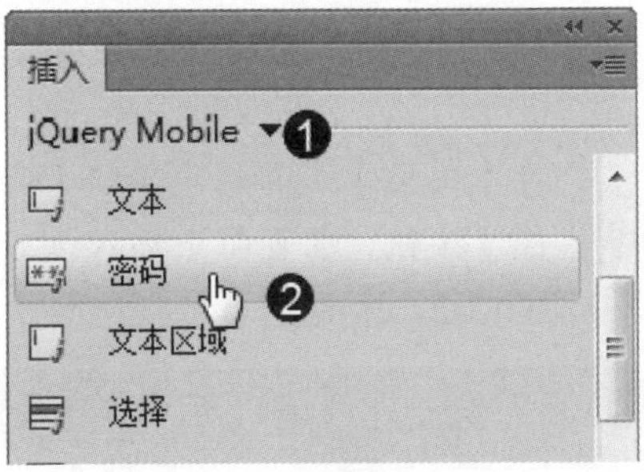

图 13-17

step 2 在【文档】工具栏中单击【实时视图】按钮，在页面中插入密码输入框的效果如图 13-18 所示。

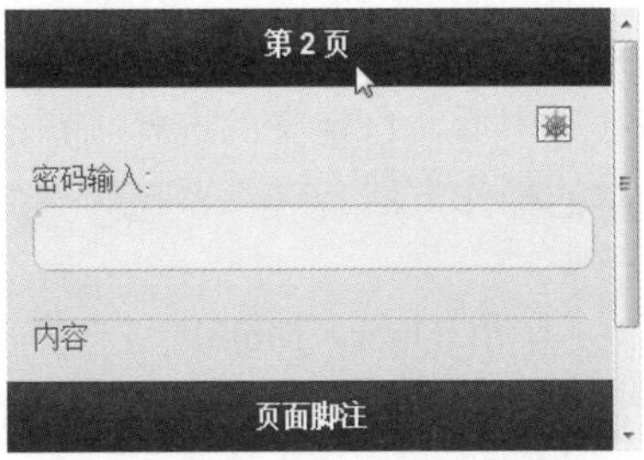

图 13-18

为 input 设置 type="password"属性，可以设置为密码框，注意要将 label 的 for 属性设置为 input 的 id 值，使它们能够在语义上相关联，并且要用 div 容器将其包括，设定 data-role="fieldcontain"属性。

13.3.6　使用文本区域

对于多行输入可以使用 textarea 元素。jQuery Mobile 框架会自动加大文本域的高度，防止出现滚动。下面详细介绍使用文本区域的操作方法。

step 1 打开 jQuery Mobile 页面，将鼠标指针定位在准备插入文本区域的位置，① 在【插入】面板中选择 jQuery Mobile 选项卡，② 选择【文本区域】选项，如图 13-19 所示。

图 13-19

step 2 在【文档】工具栏中单击【实时视图】按钮，在页面中插入文本区域的效果如图 13-20 所示。

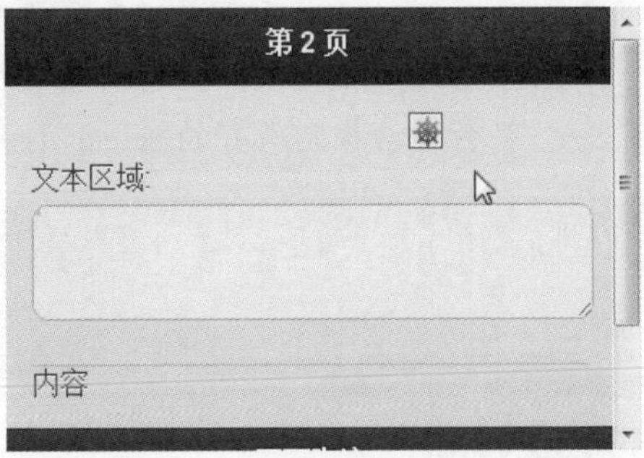

图 13-20

在插入 jQuery Mobile 文本区域时，应该注意将 label 的 for 属性设置为 input 的 id 值，使它们能够在语义上相关联，并且要用 div 容器包括它们，设定 data-role="fieldcontain"属性。

13.3.7 使用选择菜单

选择菜单放弃了 select 元素的样式(select 元素被隐藏，并由一个 jQuery Mobile 框架自动以样式的按钮和菜单所替代)，菜单 ARIA(Accessible Rich Internet Applications)不使用桌面电脑的键盘也能够访问。当选择菜单被单击时，手机自带的菜单选择器将被打开，菜单内某个值被选中后，自定义的选择按钮的值将被更新为用户选择的选项。下面详细介绍使用选择菜单的操作方法。

step 1 打开 jQuery Mobile 页面，将鼠标指针定位在准备插入选择菜单的位置，① 在【插入】面板中选择 jQuery Mobile 选项卡，② 选择【选择】选项，如图 13-21 所示。

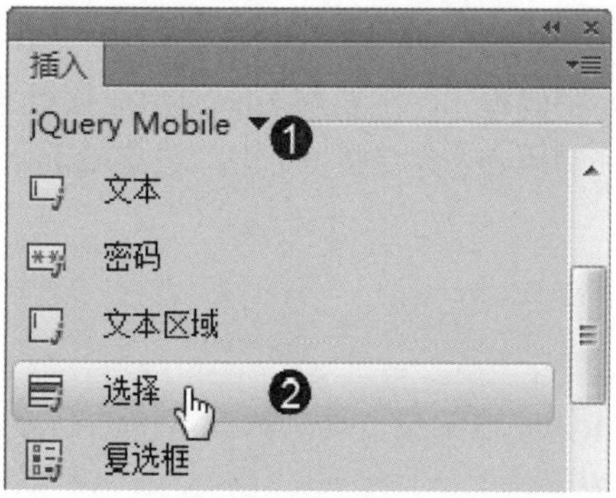

图 13-21

step 2 在【文档】工具栏中单击【实时视图】按钮，在页面中插入选择菜单的效果如图 13-22 所示。

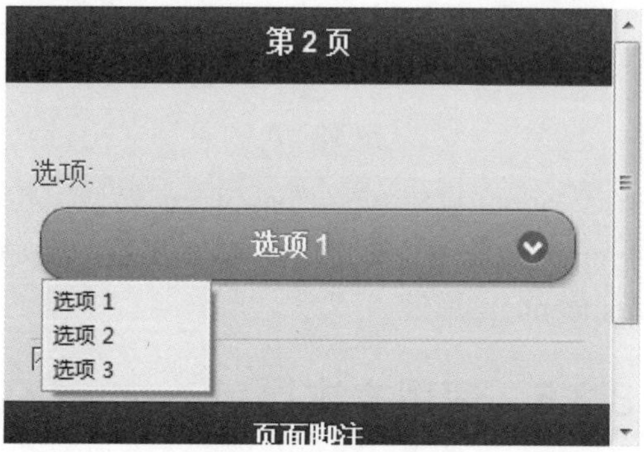

图 13-22

知识精讲

要添加 jQuery Mobile 选择菜单组件，应使用标准的 select 元素和位于其内的一组 option 元素。注意要将 label 的 for 属性设为 select 的 id 值，使它们能够在语义上相关联。把它们包裹在 data-role="fieldcontain"的 div 中进行分组。框架会自动找到所有的 select 元素并自动增强为自定义的选择菜单。

Section 13.4 列表与主题

手机扫描下方二维码，观看本节视频课程

jQuery Mobile 中每一个布局和组件都被设计为一个全新页面的 CSS 框架，可以使用户能够为站点和应用程序使用完全统一的视觉设计主题。本节主要内容将包括创建有序列表、创建内嵌列表以及使用 jQuery Mobile 主题方面的知识。

13.4.1 创建有序列表

通过有序列表 ol 可以创建数字排序的列表，用于表现顺序序列。例如，在设置搜索结果或电影排行榜时，有序列表非常有用。当增强效果应用在列表时，jQuery Mobile 优先使用 CSS 的方式为列表添加编号，当浏览器不支持该方式时，框架会采用 JavaScript 将编号写入列表中。jQuery Mobile 有序列表源代码如下：

```
<ol data-role="listview">
  <li><a href="#">页面</a></li>
  <li><a href="#">页面</a></li>
  <li><a href="#">页面</a></li>
  </ol>
```

13.4.2 创建内嵌列表

列表也可以用于展示没有交互的条目，通常会是一个内嵌的列表。通过有序列表或者无序列表都可以创建只读列表，列表项内没有链接即可，jQuery Mobile 默认将它们的主题样式设置为“c”白色无渐变色，并将字号设置得比可单击的列表项小，以达到节省空间的目的。jQuery Mobile 内嵌列表源代码如下所示：

```
<ul data-role="listview"data-inset="true">
  <li><a href="#">页面</a></li>
  <li><a href="#">页面</a></li>
  <li><a href="#">页面</a></li>
</ul>
```

13.4.3 使用 jQuery Mobile 主题

jQuery Mobile 的主题样式系统与 jQuery UI 的 ThemeRoller 系统非常类似，但是有以下几点重要改进。

- 使用 CSS3 来显示圆角、文字、盒阴影和颜色渐变，而不是图片，使主题文件轻量级，减轻了服务器的负担。
- 主题框架包含了几套颜色色板，每一套都包含了可以自由混搭和匹配的头部栏、主题内容部分和按钮状态，用于构建视觉纹理，创建丰富的网页设计效果。
- 开放的主题框架允许用户创建最多 6 套主题样式，为设计增加近乎无限的多样性。
- 一套简化的图标集，包含了移动设备上发布部分需要使用的图标，并且精简到一张图片中，从而减小了图片的大小。

主题系统的关键在于把针对颜色与材质的规则，和针对布局结构的规则(如 padding 和尺寸)的定义相分离。这使得主题的颜色和材质在样式表中只需要定义一次，就可以在站点中混合、匹配以及融合，使其得到广泛的使用。

每一套主题样式包括几项全局设置，包括字体阴影、按钮和模型的圆角值。另外，主题也包括几套颜色模板，每一个都定义了工具栏、内容区块、按钮和列表项的颜色以及字体的阴影。

jQuery Mobile 默认内建了 5 套主题样式，用 a、b、c、d、e 引用。为了使颜色主题能够保持一直地映射到组件中，其遵循的约定如下：

- a 主题是视觉上最高级别的主题；
- b 主题是次级主题(蓝色)；
- c 主题为基准主题，在很多情况下默认使用；
- d 主题为备用的次级内容主题；
- e 主题为强调用主题。

默认设置中，jQuery Mobile 为所有的头部栏和尾部栏分配的是 a 主题，因为它们在应用中是视觉优先级最高的。如果要为 bar 设置一个不同的主题，用户只需要为头部栏和尾部栏增加 data-theme 属性，然后设定一个主题样式字母即可。如果没有指定，jQuery Mobile 会默认为 content 分配主体 e，使其在视觉上与头部栏区分开。

step 1 创建 jQuery Mobile 起始页，将光标定位在页面中需要设置页面主题的位置，① 单击【窗口】菜单，② 在弹出的下拉菜单中选择【jQuery Mobile 色板】命令，如图 13-23 所示。

图 13-23

step 2 在【文档】工具栏中单击【实时视图】按钮，在【jQuery Mobile 色板】面板中单击【列表主题】列表中的颜色，如图 13-24 所示。

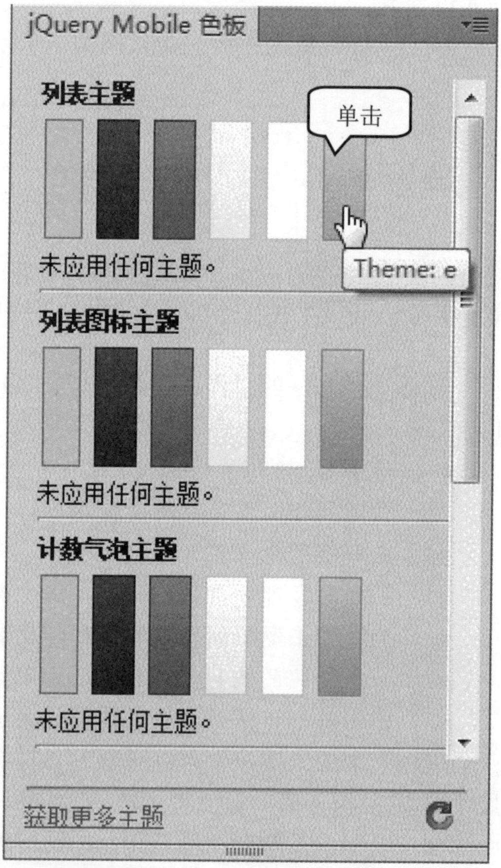

图 13-24

step 3 当前页面中的列表主题颜色已经被修改，如图 13-25 所示。

图 13-25

Section 13.5 范例应用与上机操作

手机扫描下方二维码，观看本节视频课程

本小节将介绍如何使用复选框、如何使用单选按钮、如何使用按钮、如何使用滑块以及如何使用翻转切换开关等相关操作，以达到举一反三、灵活运用 jQuery Mobile 组件丰富网页的目的。

13.5.1 使用复选框

复选框用于提供一组选项(可以选中不止一个选项)。传统桌面程序的单选按钮没有对触摸输入的方式进行优化，所以在 jQuery Mobile 中，label 也被样式化为复选框按钮，使按钮更长，更容易被单击，并添加了自定义的一组图标来增强视觉反馈效果。下面详细介绍使用复选框的操作方法。

素材文件 无

效果文件 第13章\效果文件\使用复选框.htm

step 1 创建 jQuery Mobile 起始页，将光标定位在准备插入复选框的位置，① 在【插入】面板中选择 jQuery Mobile 选项卡，② 选择【复选框】选项，如图 13-26 所示。

图 13-26

step 2 弹出【复选框】对话框，① 在【名称】文本框中输入名称，② 在【复选框】下拉列表中选择 3 选项，③ 在【布局】区域选择【垂直】单选按钮，④ 单击【确定】按钮，如图 13-27 所示。

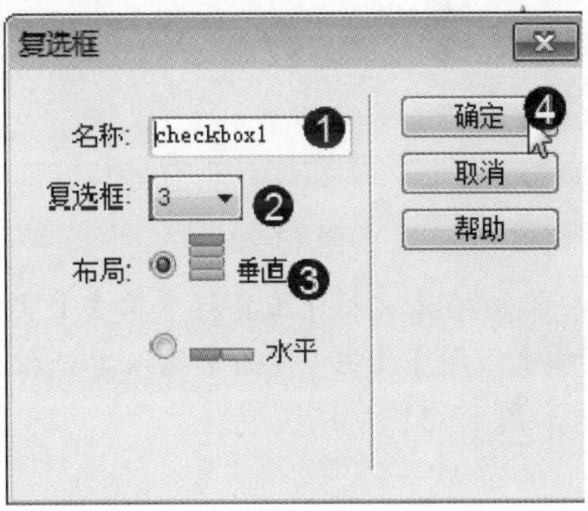

图 13-27

step 3 在【文档】工具栏中单击【实时视图】按钮。页面中插入复选框的效果如图 13-28 所示。

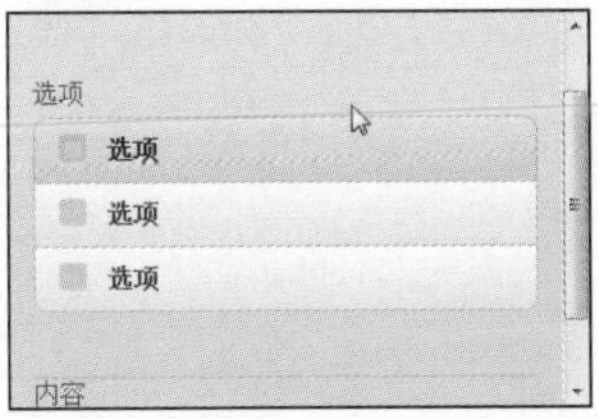

图 13-28

智慧锦囊

要创建一组复选框，为 input 添加 type="checkbox"属性和相应的 label 即可。注意要将 label 的 for 属性设置为 input 值，使它们能够在语义上相关联。

13.5.2 使用单选按钮

单选按钮和复选框都是使用标准的 HTML 代码，并且都更容易被单击。其中，可见的控件是覆盖在 input 上的 label 元素，因此如果图片没有正确加载，仍然可以正常使用控件。在大多数浏览器中，单击 label 会自动触发在 input 上的单击，但是用户不得不在部分不支持该特性的移动浏览器中手动触发该单击。下面介绍使用单选按钮的操作方法。

素材文件 无
效果文件 第13章\效果文件\使用单选按钮.html

step 1 创建 jQuery Mobile 起始页，将光标定位在准备插入单选按钮的位置，① 在【插入】面板中选择 jQuery Mobile 选项卡，②选择【单选按钮】选项，如图 13-29 所示。

图 13-29

step 2 弹出【单选按钮】对话框，① 在【名称】文本框中输入名称，② 在【单选按钮】下拉列表中选择 3 选项，③ 在【布局】区域选择【垂直】单选按钮，④ 单击【确定】按钮，如图 13-30 所示。

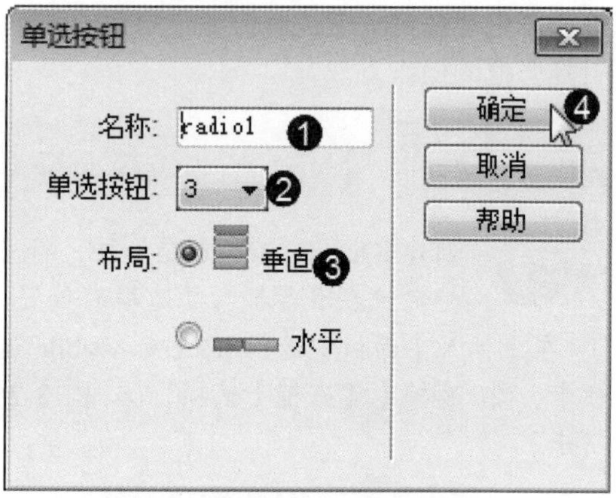

图 13-30

step 3 在【文档】工具栏中单击【实时视图】按钮。页面中插入单选按钮的效果如图 13-31 所示。

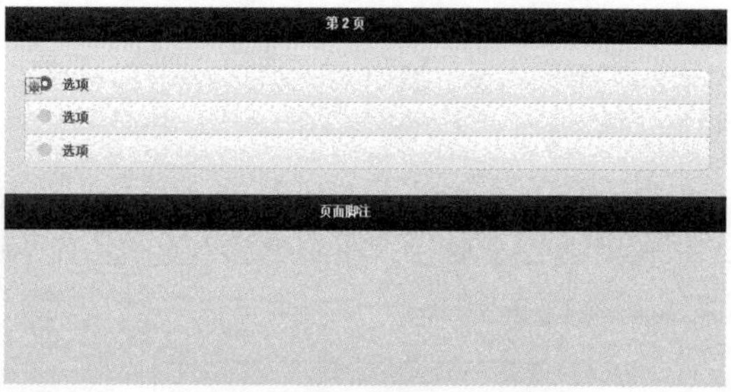

图 13-31

13.5.3 使用按钮

按钮是由标准 HTML 代码的 a 标签和 input 元素编写而成，jQuery Mobile 可以使其更加易于在触摸屏上使用。下面介绍使用按钮的操作方法。

素材文件 无

效果文件 第13章\效果文件\使用按钮.html

step 1 创建 jQuery Mobile 起始页，将光标定位在准备插入按钮的位置，① 在【插入】面板中选择 jQuery Mobile 选项卡，② 选择【按钮】按钮，如图 13-32 所示。

图 13-32

step 2 弹出【按钮】对话框，① 在【按钮】下拉列表中选择 1 选项，② 在【按钮类型】下拉列表中选择【链接】选项，③ 在【布局】区域选择【垂直】单选按钮，④ 单击【确定】按钮，如图 13-33 所示。

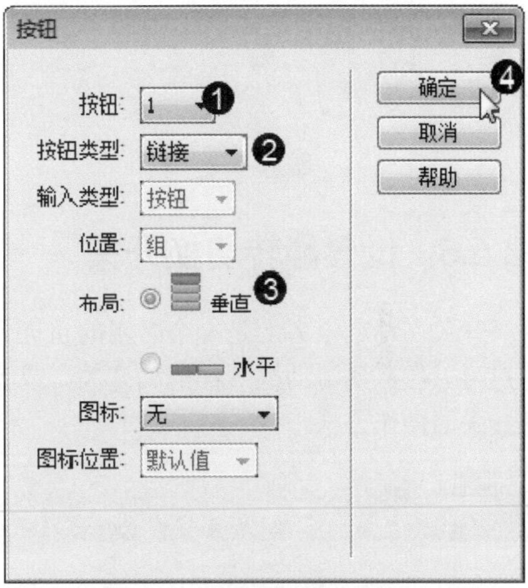

图 13-33

step 3 在【文档】工具栏中单击【实时视图】按钮。页面中插入按钮的效果如图 13-34 所示。

图 13-34

13.5.4 使用滑块

在 Dreamweaver 中单击【插入】面板中 jQuery Mobile 分类下的【滑块】按钮，可以插入 jQuery Mobile 滑块。下面介绍使用滑块的操作方法。

素材文件 无

效果文件 第13章\效果文件\使用滑块.html

step 1 创建 jQuery Mobile 起始页，将光标定位在准备插入滑块的位置，① 在【插入】面板中选择 jQuery Mobile 选项卡，②选择【滑块】选项，如图 13-35 所示。

step 2 在【文档】工具栏中单击【实时视图】按钮。页面中插入滑块的效果如图 13-36 所示。

图 13-35

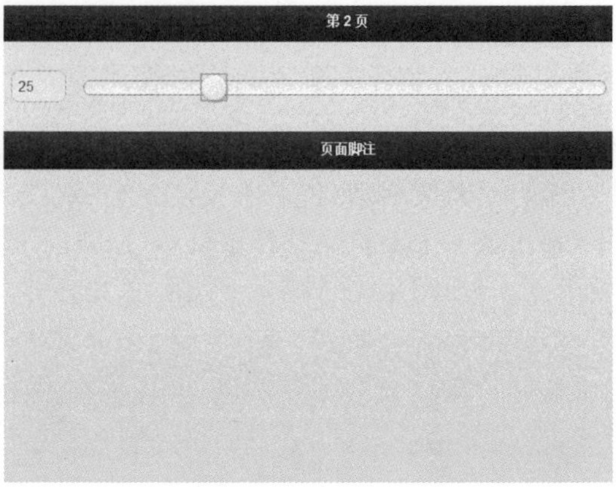

图 13-36

13.5.5 设置翻转切换开关

开关在移动设备上是一个常用的ui元素，它可以切换开/关或输入true/false类型的数据。用户可以像拖动滑动框一样拖动开关，或者单击开关任意一半进行操作。下面介绍翻转切换开关的操作方法。

素材文件 无

效果文件 第13章\效果文件\设置翻转切换开关.html

step 1 创建jQuery Mobile起始页，将光标定位在准备插入翻转切换开关的位置，① 在【插入】面板中选择jQuery Mobile选项卡，② 选择【翻转切换开关】选项，如图13-37所示。

图 13-37

step 2 在【文档】工具栏中单击【实时视图】按钮。页面中插入翻转切换开关的效果如图13-38所示。

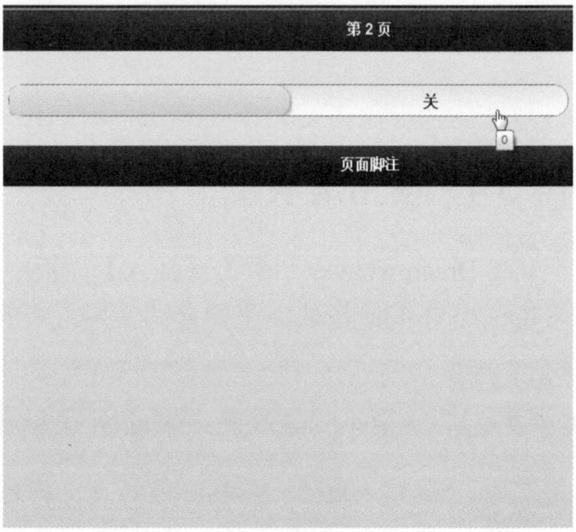

图 13-38

Section 13.6 本章小结与课后练习

本节内容无视频课程，习题参考答案在本书附录。

本章主要介绍了 jQuery Mobile 的基本概念、创建 jQuery Mobile 页面、使用 jQuery Mobile 组件、列表与主题等内容。通过本章的学习，用户可以完成 jQuery Mobile 页面的制作，下面通过练习题达到巩固与提高的目的。

13.6.1 思考与练习

1. 填空题

(1) jQuery，是______和______两个单词的缩写，即是辅助 JavaScript 开发的______。

(2) jQuery Mobile 是 jQuery 在______和______的版本。

2. 判断题

(1) 因为移动设备的屏幕通常都比较小，所以推荐用户在布局中使用多栏布局方法。 (　　)

(2) jQuery 能够使用户的 html 页面保持代码和 html 内容分离，也就是说，不用再在 html 里面插入一堆 js 来调用命令了，只需要定义 id 即可。 (　　)

3. 思考题

(1) 如何使用布局网格？

(2) 如何使用选择菜单？

13.6.2 上机操作

(1) 通过对本章内容的学习，读者基本可以掌握在网页中使用 jQuery Mobile 组件方面的知识，下面通过练习使用密码输入框，达到巩固与提高的目的。

(2) 通过对本章内容的学习，读者基本可以掌握在网页中使用 jQuery Mobile 主题方面的知识，下面通过练习使用 jQuery Mobile 主题，达到巩固与提高的目的。

第 14 章

编辑 HTML 代码与实践应用

本章主要介绍 HTML 概述、HTML 中的标签、在 Dreamweaver 中编辑 HTML、使用快速标签编辑器、使用代码片段方面的知识与技巧，同时还讲解了网页中的其他源代码。通过对本章内容的学习，读者可以掌握编辑 HTML 代码与时间应用方面的知识，为深入学习 Dreamweaver CC 知识奠定基础。

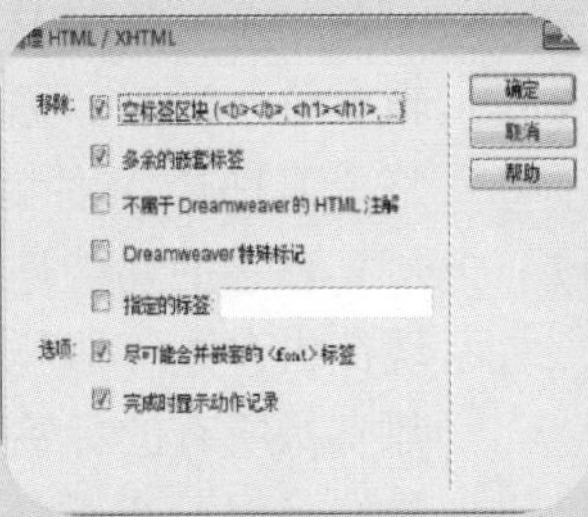

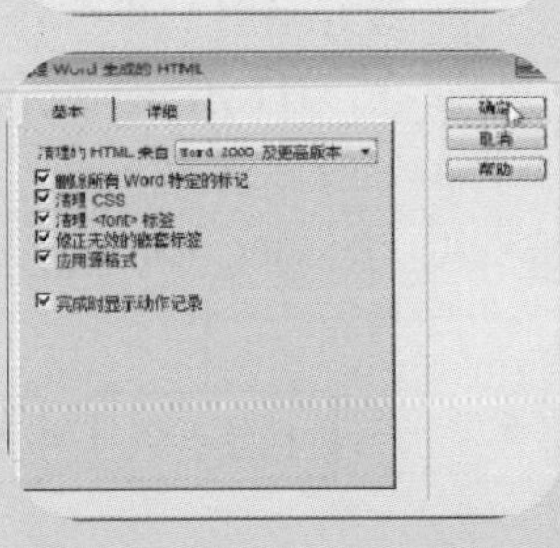

范例导航

1. HTML 概述
2. HTML 中的标签
3. 在 Dreamweaver 中编辑 HTML
4. 使用快速标签编辑器
5. 使用代码片段
6. 网页中的其他源代码

Section 14.1 HTML 概述

手机扫描下方二维码，观看本节视频课程

无论你是一个初学者，还是一个高级的网页制作人员，都需要或多或少地接触到 HTML。虽然 Dreamweaver CC 提供可视化的方式来创建和编辑 HTML 文件，但是对于一个希望深入掌握网页制作、对代码严格控制的用户来说，直接书写 HTML 源代码仍然是必须掌握的操作。

14.1.1 什么是 HTML

HTML 是以一种简易的文件交换标准，有别于物理的文件结构，它旨在定义文件内对象的描述文件的逻辑结构，而不是定义文件的显示。由于 HTML 所描述的文件具有极强的适应性，因此特别适合于万维网的环境。HTML 于 1990 年被万维网采用，至今经历了众多版本，主要由万维网国际协会(W3C)主导其发展。很多编写浏览器的软件公司也根据自己的需要定义 HTML 标签或属性，所以导致现在的 HTML 标准较为混乱。

由于 HTML 编写的文件是标准的 ASCII 码文本文件，因此用户可以使用任何文本编辑器打开 HTML 文件。

HTML 文件可以直接由浏览器解释执行，而无须编译。当用浏览器打开网页时，浏览器会读取网页中的 HTML 代码，分析其语法结构，然后根据解释的结果显示网页内容。正是因为如此，网页显示的速度和网页代码的质量有很大的关系，保持精简和高效的 HTML 源代码是十分重要的。

14.1.2 HTML 的语法结构

一个完整的 HTML 文件由标题、段落、列表和 Div(即嵌入的各种对象)等组成，这些逻辑上统一的对象称为 Element(元素)，HTML 使用 Tag(标签)来分隔并描述这些元素，实际上整个 HTML 文件就是由元素与标签组成的。

标签的功能是逻辑性地描述文件的结构，早期的 HTML 已经定义了许多基本的标签，现在也有浏览器厂商经常为自己的浏览器添加新的 HTML 标签。但是，并非所有的浏览器都支持所有的标签，如果希望所有设计制作的网页在大多数浏览器上能够正常显示，建议最好采用不新不旧的标签编写，因为太新或太旧的标签可能不被所有浏览器支持。

HTML 的文件规格沿用 SGML 的格式，采用“<”与“>”作为分割字符。起始标签的一般形式如下：

```
<tag_name [ [ attr_name[=attr_value] ]…]>
```

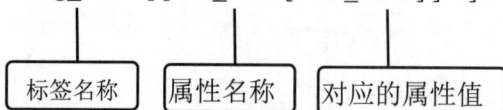

标签名称　属性名称　对应的属性值

其中，tag_name 是标签(也称标记)名称，attr_name 是可选择的属性名称，attr_value 是该属性名称对应的属性值，可以有多个属性。

一般情况下，一个属性名称可以有多个属性，每个起始标签都对应一个结束标签。

包含在两个标签之间的就是“对象”，标签和属性没有大小写区分。浏览器会忽略不能分辨的标签，不显示其中的对象。

从结构上来分，HTML 文件内容也分为 head(头部)和 body(主题)两大部分，这两部分各有其特定的标签即功能。如图 14-1 所示，列出了一个 HTML 文件的最基本的结构，<tittle>与</tittle>标签用来定义文件的标题，它一般放在 HTML 文件的头部，即<head>与</head>标签之间，而大部分的文件内容都是在<body>与</body>标签之间写入的，例如文本、图像和超链接。

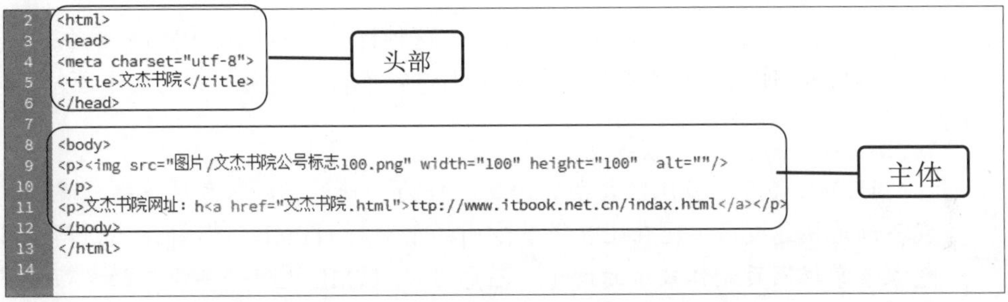

图 14-1

该段 HTML 代码在浏览器中显示的效果如图 14-2 所示。

图 14-2

14.1.3 HTML 中的 3 种标签形式

在查看 HTML 源代码或者编写网页时，大家经常会遇到 3 种形式的 HTML 标签。

第一种标签形式如下：

```
<tag_name 对象</tag_name>
```

这种标签形式是最常见的标签形式，文字的粗体、文字的标题格式、文字段落等都是这种形式。

第二种标签形式如下：

```
<tag_name [ [ attr_name[=attr_value] ]…]>对象>/tag_name>
```

这种形式的标签也是 HTML 代码中常见的标签形式，它与第一种标签形式相比只是在标签中加入了一些属性设置，使得标签的功能更加强大。常见的标签有表格、图像、超链接等，例如下面的 HTML 代码：

```
<a href="文杰书院.html">http://www.itbook.net.cn/indax.html</a>
```

其中，href 是超链接标签<a>的属性之一，用于设置超链接所指的 URL，“=”后面的是 href 属性的参数值。

第三种标签形式如下：

```
<tag_name>
```

这种标签形式只有起始标签，没有结束标签，这种标签在 HTML 代码中并不多见，常见的是换行标签
，使用该标签的目的是对文本进行换行，使换行后的文本还位于同一个段落中。

知识精讲

HTML 还有许多比较复杂的语法，作为一种语言，它有很多编写规则，并在不断地快速发展。现在还有很多专门的书籍对 HTML 进行详细的讲解，对于想深入掌握网页制作技术的读者，还需要对 HTML 进行一些深入的学习。用户在书写或修改 HTML 代码时需要注意，千万不要随便省略结束标记，如果省略了结束标记可能会使页面产生一些错误。

Section 14.2 HTML 中的标签

手机扫描下方二维码，观看本节视频课程

HTML 中的标签较多，本节主要对一些常用的标签进行介绍，例如文件结构标签、字符格式标签、区段格式标签等，读者需要对这些常用标签有一个基本的了解，这样后面的学习过程才能事半功倍。

14.2.1 文件结构标签

文件结构标签用来标识文件的结构，下面介绍几个主要的文件结构标签。

- <html>…</html>: <html>标签出现在 HTML 文档的第一行，用来标识 HTML 文档的开始。</html>标签出现在 HTML 文档的最后一行，用来标识 HTML 文档的结束。两个标签一定要一起使用，网页中的所有其他内容都需要放在<html>与</html>之间。
- <head>…</head>: <head>与</head>标签是网页的头标签，用来定义 HTML 文档的头部信息。该标签也是成对使用的。

- <body>…</body>：在<head>标签之后就是<body>与</body>标签了，该标签也是成对出现的。<body>与</body>标签之间为网页主体内容和其他用于控制内容显示的标签。

文件结构标签的应用实例如图 14-3 所示。

```
<!doctype html>
<html>
<head>
<meta charset="utf-8">
<title>文杰书院</title>
</head>

<body>
</body>
</html>
```

图 14-3

14.2.2 字符格式标签

字符格式标签用来改变 HTML 页面文字的外观，提高页面的美观程度。常用的字符格式标签主要有下面几个。

- <b>…</b>：文本加粗标签，用于显示需要加粗的文字。
- <i>…</i>：文本斜体标签，用于显示需要显示为斜体的文字。
- <font>…</font>：该标签用于设置文本的字体、字号和颜色，对应的属性分别为 face、size 和 color。
- <strong>…</strong >：该标签用于设置文本居中对齐。
- <big>…</big>：该标签用于加大字号。
- <small>…</small>：该标签用于减小字号。

字符格式标签的应用实例如图 14-4 所示。

```
<!doctype html>
<html>
<head>
<meta charset="utf-8">
<title>无标题文档</title>
</head>

<body style="font-style: oblique; font-weight: lighter; color: #C09; font-size
: larger;">
文杰书院
</body>
</html>

```

图 14-4

知识精讲

在 Dreamweaver CC 的【属性】面板中，有关字符格式的设置选项只有几个。目前，对字符格式进行设置，最好的方法是使用 CSS 样式，使用 CSS 控制文字的外观，效果又好，速度又快。

14.2.3 区段格式标签

区段格式标签的主要用途是将 HTML 文件中的某个区段文字以特定的格式显示，提高页面的可看度。常用的区段格式标签主要有以下几个。

- <tittle>…</tittle>：该标签出现在<head>与</head>标签中间，用来定义 HTML 文档的标题，显示在浏览器窗口的标题栏上。
- <hx>…</hx>：x=1,2，…，6，这 6 个标签为文本的标题标签，<h1></h1>标签是显示字号最大的标题，而<h6></h6>标签则是显示字号最小的标题。
-
：该标签是换行标签。

- <hr>：该标签是水平线标签，用来在网页中插入一条水平隔线。
- <p>…</p>：该标签用于定义一个段落，在该标签之间的文本将以段落的格式在浏览器中显示。
- <pre>…</pre>：该标签用于设置标签之间的内容以原始格式显示。
- <address>…</address>：标注联络人姓名、电话和地址等信息。

区段格式标签的应用实例如图 14-5 所示。

```
<!doctype html>
<html>
<head>
<meta charset="utf-8">
<title>无标题文档</title>
</head>
<body>
<h2>这里显示的是2号标题的格式文字</h2>
<p>这里是一个段落</p>
<hr/>
<address>这里显示的是地址信息</address>
</body>
</html>
```

图 14-5

14.2.4 列表标签

列表标签用来对相关的元素进行分组，并由此给它们添加功能和结构。常用的列表标签主要有以下几个。

- <ul>…</ul>：<ul>和</ul>标签用于创建一个项目列表。
- <ol>…</ol>：<ol>和</ol>标签用于创建一个有序列表。
- <li>…</li>：<li>和</li>标签用于创建列表项，只能放在<ol>和</ol>标签或<ul>和</ul>标签之间使用。
- <dl>…</dl>：<dl>和</dl>标签用于创建一个普通的列表。
- <dd>…</dd>：<dd>和</dd>标签用于创建列表中的上层项目。
- <dt>…</dt>：<dt>和</dt>标签用于创建列表中的下层项目。

其中，<dt></dt>标签和<dd></dd>标签一定要放在<dl></ dl>标签中。

列表标签的应用实例如图 14-6 所示。

```
<!doctype html>
<html>
<head>
<meta charset="utf-8">
<title>无标题文档</title>
</head>
<body>
<ul>
  <li>1</li>
  <li>2</li>
  <li>3</li>
  <li>4</li>
</ul>
<ol>
  <li>文杰书院</li>
  <li>文杰书院</li>
</ol>
<p><li>文杰书院</p>
<p><li>文杰书院</li></li></p>
</body>
</html>
```

图 14-6

14.2.5 表格标签

在 HTML 中表格标签是开发人员常用的标签，尤其是在对 Div+CSS 布局还没有兴趣的时候，表格是网页布局的主要方法。表格的标签是<table>…</table>，在表格中可以放入任何元素。常用的表格标签主要有以下几个。

- <table>…</table>：表格标签，用于定义表格区域。
- <caption>…</caption>：表格标题标签，用于设置表格的标题。
- <th>…</th>：表头标签，用于设置表头。
- <tr>…</tr>：单元行标签，用于在表格中定义表格单元行。
- <td>…</td>：单元格标签，用于在表格中定义表格单元格。

表格标签的应用实例如图 14-7 所示。

```
<!doctype html>
<html>
<head>
<meta charset="utf-8">
<title>无标题文档</title>
</head>
<body>
<table width="200" border="1">
  <tr>
    <td> </td>
    <td> </td>
  </tr>
  <tr>
    <td> </td>
    <td> </td>
  </tr>
</table>
</body>
</html>
```

图 14-7

14.2.6 超链接标签

链接可以说是 HTML 超文本文件的“命脉”，HTML 通过链接标签来整合分散在世界各地的图像、文字、影像和音乐等信息，此类标签的主要用途为标识超文本文件。在 HTML 代码中，超链接标签为<a>…</a>，用于为文本或图像等创建超链接。链接标签的应用实例如图 14-8 所示。

```
<!doctype html>
<html>
<head>
<meta charset="utf-8">
<title>无标题文档</title>
</head>
<body>
<a href="file:///D|/用户目录/我的文档/未命名站点 2/文杰书院.html">文杰书院
</a>
</body>
</html>
```

图 14-8

Section 14.3 在 Dreamweaver 中编辑 HTML

手机扫描下方二维码，观看本节视频课程

Dreamweaver CC 的主编辑环境中有【代码】、【拆分】和【设计】3 种视图模式，若想查看或编辑源代码，可以打开代码视图；在拆分视图下，编辑窗口被分割成左右两部分，这样用户可以在编辑源代码的同时在设计视图中观察效果；在设计视图中用户可以看到网页外观和在浏览器中看到的基本一致。

14.3.1 在代码视图中创建 HTML 页面

在对 HTML 有了一些了解之后，接下来，我们在 Dreamweaver CC 的代码视图中创建一个 HTML 页面。

step 1 启动 Dreamweaver CC 程序，① 单击【文件】菜单，② 在弹出的下拉菜单中选择【新建】命令，如图 14-9 所示。

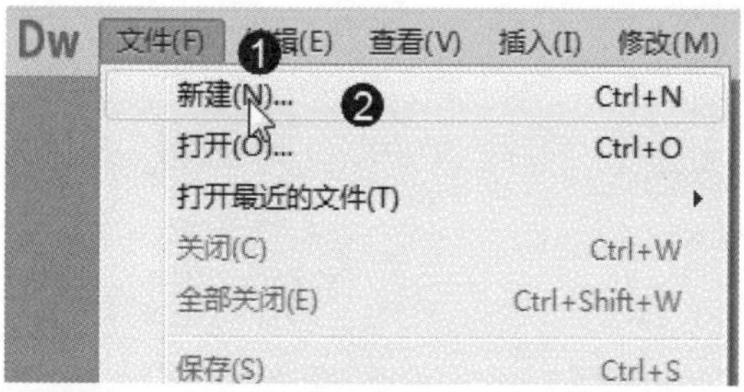

图 14-9

step 2 弹出【新建文档】对话框，① 选择【空白页】选项，② 在【页面类型】列表中选择 HTML 选项，③ 单击【创建】按钮，如图 14-10 所示。

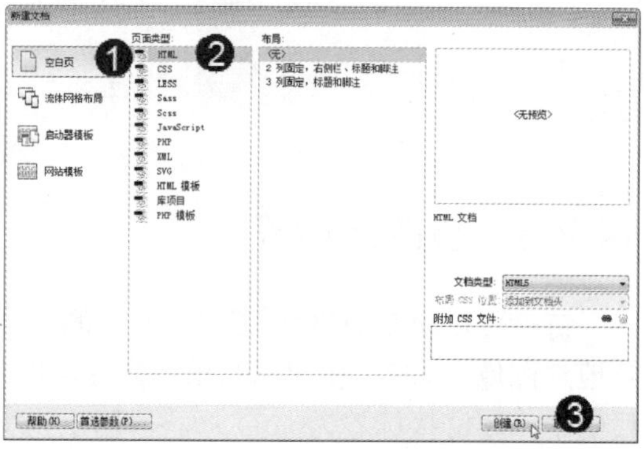

图 14-10

step 3 在页面的<tittle>与</tittle>标签之间输入标题，在<body>与</body>标签之间输入主体内容，如图 14-11 所示。

```
<!doctype html>
<html>
<head>
<meta charset="utf-8">
<title>制作一个HTML页面</title>
</head>

<body>
跟随文杰书院一起学习Dreamweaver CC!
</body>
</html>

```

图 14-11

step 4 保存页面，打开浏览器预览，如图 14-12 所示。

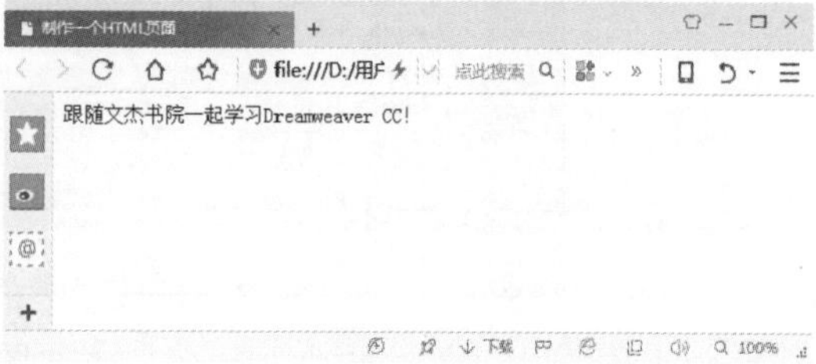

图 14-12

14.3.2 代码视图

代码视图会以不同的颜色显示 HTML 代码，以帮助用户区分各种标签，同时用户也可以自己指定标签或代码的显示颜色。Dreamweaver CC 的【编码】工具栏位于编码区域的左侧，其中包含了常用的编辑操作，如图 14-13 所示。

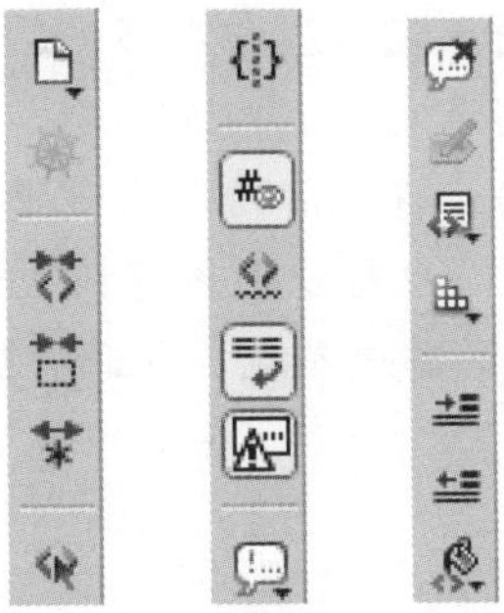

图 14-13

- 【打开文档】按钮：单击该按钮，在弹出的菜单中列出了当前在 Dreamweaver 中打开的文档，选择其中一个文档即可在当前文档窗口中显示所选择的文档的代码。
- 【显示代码浏览器】按钮：用于显示代码浏览器。
- 【折叠整个标签】按钮：折叠一组开始和结束标签之间的内容。
- 【折叠所选】按钮：将所选中的代码折叠。
- 【扩展全部】按钮：还原所有折叠的代码。
- 【选择父标签】按钮：选择插入点的哪一行的内容及其两侧的开始和结束标签。如果反复单击此按钮且标签是对称的，则 Dreamweaver 最终将选择最外面的<html>和</html>标签。
- 【选区当前代码段】按钮：选择插入点的哪一行的内容及其两侧的圆括号、大括号或方括号。如果反复单击此按钮且两侧的符号是对称的，则 Dreamweaver 最终将选择该文档最外面的大括号、圆括号或方括号。
- 【行号】按钮：使用户可以在每个代码行的行首隐藏或显示数字。
- 【高亮显示无效代码】按钮：用黄色高亮显示无效的代码。
- 【自动换行】按钮：当代码超过窗口宽度时自动换行。
- 【信息栏中的语法错误警告】按钮：启用或禁用页面顶部提示出现语法错误的信息栏。当 Dreamweaver 检测到语法错误时，语法错误信息栏会指定代码中发生错误的那一行。此外，Dreamweaver 会在代码视图中文档的左侧突出显示出现错误的行号。默认情况下，信息栏处于启用状态，但仅当 Dreamweaver 检测到页面中的语法错误时才显示。
- 【应用注释】按钮：使用户可以在所选代码两侧添加注释标签或打开新的注释标签。
- 【删除注释】按钮：删除所选代码的注释标签，如果所选内容包含嵌套注释，则只会删除外部注释标签。

- 【环绕标签】按钮: 在所选代码两侧添加选自【快速标签编辑器】的标签。
- 【最近的代码片段】按钮: 可以从【代码片段】面板中插入最近使用过的代码片段。
- 【移动或转换 CSS】按钮: 可以将 CSS 移动到另一位置，或将内联 CSS 转换为 CSS 规则。
- 【缩进代码】按钮: 将选定内容向右移动。
- 【凸出代码】按钮: 将选定内容向左移动。
- 【格式化源代码】按钮: 将之前指定的代码格式应用于所选代码，如果未选择代码，则应用于整个页面。也可以通过【格式化源代码】按钮执行“代码格式”设置来快速设置代码格式的首选参数，或通过执行“编辑标签库”来编辑标签库。

14.3.3 折叠代码

如果希望折叠代码，可以直接选择多行代码，单击【编码】工具栏中的【折叠所选】按钮，如图 14-14 所示。折叠代码后，将光标移动到标签上，可以看到标签内被折叠的相关代码，如图 14-15 所示。

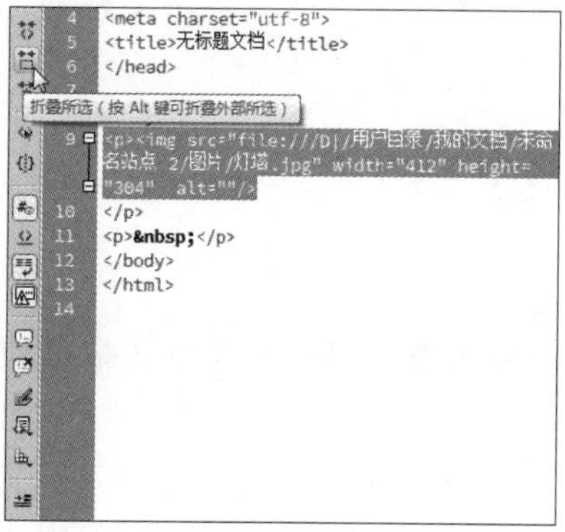

图 14-14

图 14-15

如果使用 Dreamweaver CC 提供的【编码】工具栏，则无须选择多行代码，只需要将光标定位到需要折叠的标签中，例如将光标置于<head>标签内，然后单击【折叠整个标签】按钮，此时 Dreamweaver 会将其首尾对应的标签区域进行折叠。

【折叠整个标签】按钮只能对规则的标签区域起作用，如果标签不是很规则，则不能实现折叠效果。

如果按住 Alt 键的同时单击【折叠整个标签】按钮，则 Dreamweaver CC 将折叠外部的标签。

如果希望打开已经折叠的代码，只要单击列左侧的已折叠代码的展开按钮即可。单击【编码】工具栏上的【扩展全部】按钮，可以将页面中的所有折叠代码全部展开显示。

14.3.4 选择父标签

代码标签之间一般都存在嵌套的关系，那么应该如何快速地查找某个代码标签之间的父标签呢？可以直接将光标定位在该标签代码内，然后单击【编码】工具栏上的【选择父标签】按钮。可以单击多次依次选择父标签。例如，选中图 14-16 所示的代码区域，将会选择如图 14-17 所示的代码区域。

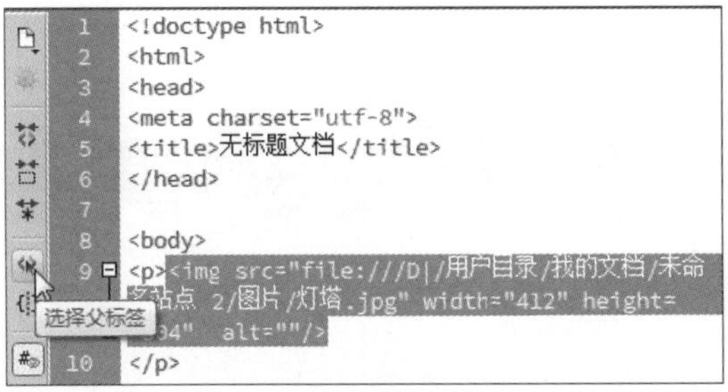

图 14-16

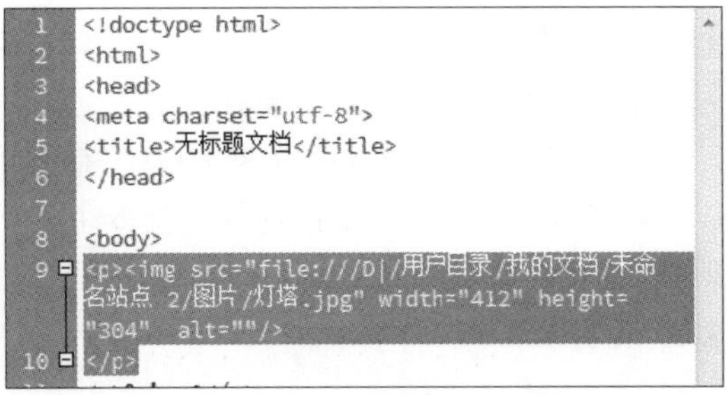

图 14-17

Section 14.4 使用快速标签编辑器

手机扫描下方二维码，观看本节视频课程

快速标签编辑器的作用是让用户在文档窗口中直接对 HTML 标签进行编写，此时无须使用代码视图就可以编辑单独的 HTML 标签，使网页制作人员能够在可视化的工作环境中编辑 HTML 代码。

14.4.1 使用插入模式的快速标签编辑器

打开快速标签编辑器的方法非常简单，只需要将光标定位在设计视图中，然后按 Ctrl+T 组合键即可。

如果在文档中没有选择任何对象就直接启动快速标签编辑器，快速标签编辑器会以插入模式启动，如图 14-18 所示。这时，编辑器中只显示一对尖括号，提示用户输入新的标签及标签中的其他内容。

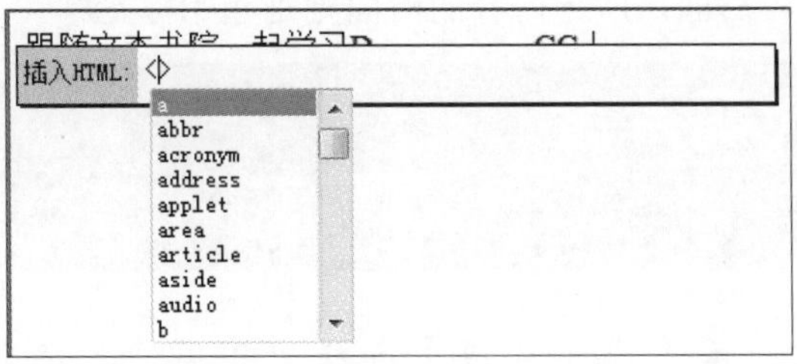

图 14-18

在关闭快速标签编辑器后，输入的 HTML 代码会被添加到文档窗口中插入点所在的位置。如果用户在快速标签编辑器中输入了起始标签，未输入结束标签，则 Dreamweaver CC 会自动为其补上封闭标签，以免出现不必要的错误。

14.4.2 使用编辑模式的快速标签编辑器

如果用户在文档窗口中选择了完整的 HTML 标签，包括起始标签、结束标签和标签间的内容，启动快速标签编辑器时会自动进入编辑模式。

选择完整的标签内容最有效的方法是利用文档窗口左下角的标签选择器。单击标签选择器上对应的标签，就可以在文档窗口中选中该标签及标签间的内容，如图 14-19 所示。

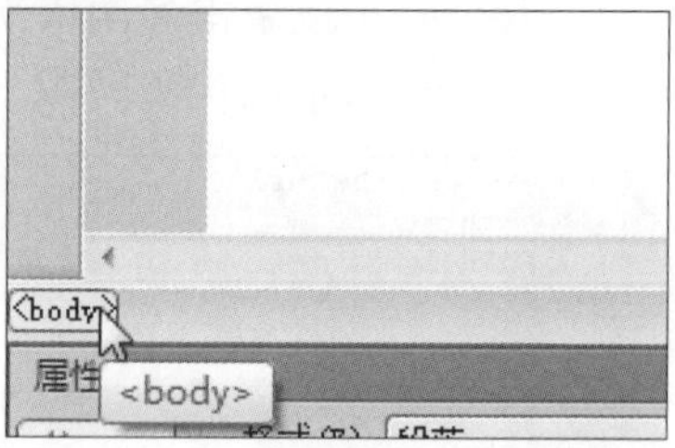

图 14-19

14.4.3 使用环绕模式的快速标签编辑器

如果用户在文档窗口中只选择了标签间的内容，而未选择任何标签，那么打开快速标签编辑器时会自动进入环绕模式，如图 14-20 所示。

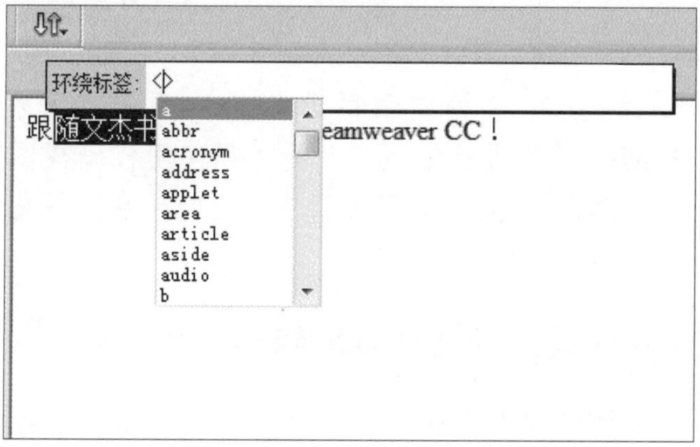

图 14-20

环绕模式与插入模式有着明显的区别，在环绕模式中只能够输入单个的起始标签，并且在关闭快速标签编辑器后，Dreamweaver CC 会自动将与其匹配的结束标签加入到用户在文档窗口中所选择的内容后面，所选内容的前面则是起始标签。

Section 14.5 使用代码片段

手机扫描下方二维码，观看本节视频课程

使用【代码片段】面板可以减少网页设计人员编写代码的工作量。在该面板中可以存储 HTML、JavaScript、CFML、ASP 和 JSP 的代码片段，当需要重复使用这些代码时就可以很方便地重用这些代码，或者创建并存储新的代码片段。

14.5.1 插入代码片段

在 Dreamweaver CC 界面中单击【窗口】主菜单，在弹出的菜单中选择【代码片段】菜单项(见图 14-21)，打开【代码片段】面板，在面板中选择准备插入的代码片段，单击面板上的【插入】按钮(见图 14-22)，即可将代码片段插入到页面中。

图 14-21

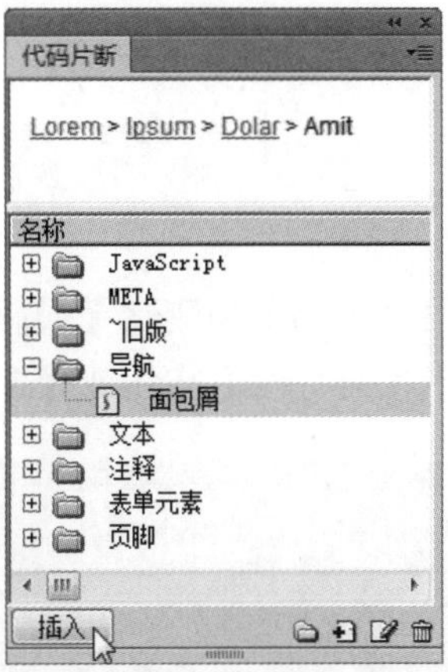

图 14-22

14.5.2 创建代码片段

如果用户自己编写了一段代码，希望在其他页面中重复使用，这时可以使用【代码片段】面板创建自己的代码片段，从而轻松地实现代码的重用。

单击【代码片段】面板上的【新建代码片段文件夹】按钮，如图 14-23 所示，创建一个自定义名称的文件夹，单击【新建代码片段】按钮，如图 14-24 所示。弹出【代码片段】对话框(见图 14-25)，在该对话框中设置各项参数，单击【确定】按钮，就可以把自己的代码片段添加到【代码片段】面板中。

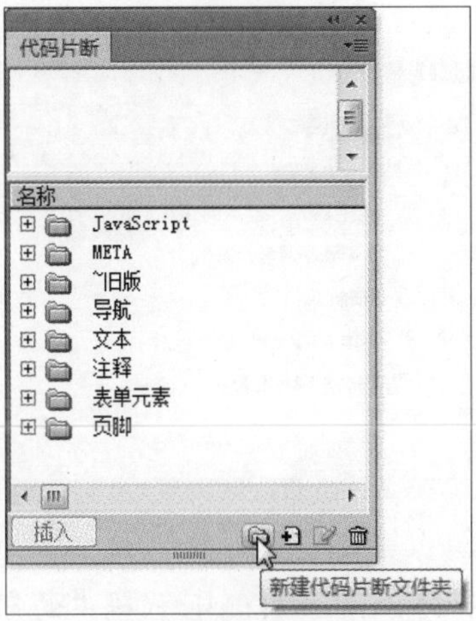

图 14-23

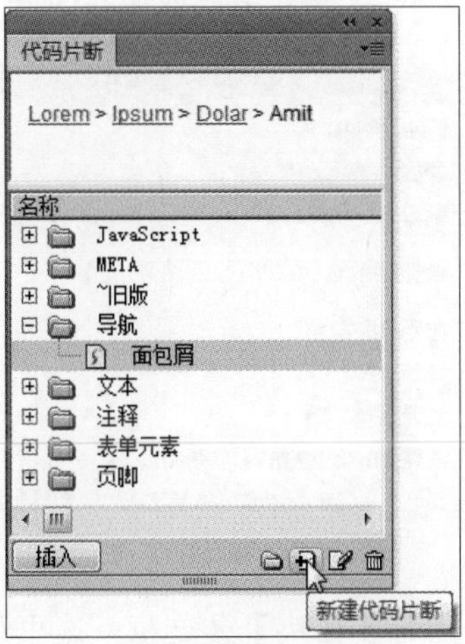

图 14-24

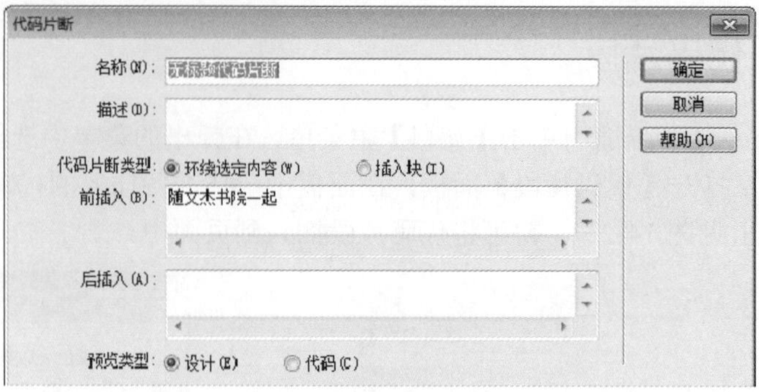

图 14-25

如果希望编辑和删除【代码片段】面板中的代码，只需要选中代码片段，单击面板上的【编辑代码片段】按钮或【删除】按钮即可。

Section 14.6 优化代码

手机扫描下方二维码，观看本节视频课程

由于经常需要复制一些其他格式的文件，在这些文件中可能会带有垃圾代码和一些 Dreamweaver 不能识别的错误代码，它们不仅会增加文档的大小，延长下载时间，在用浏览器浏览时也会变得很慢，所以要对 HTML 源代码进行优化处理。

14.6.1 优化 HTML 代码

在 Dreamweaver CC 中打开需要进行代码优化的 HTML 页面，单击【命令】主菜单，在弹出的菜单中选择【清理 HTML】菜单项(见图 14-26)，弹出【清理 HTML/XHTML】对话框(见图 14-27)，在其中选择优化方式。

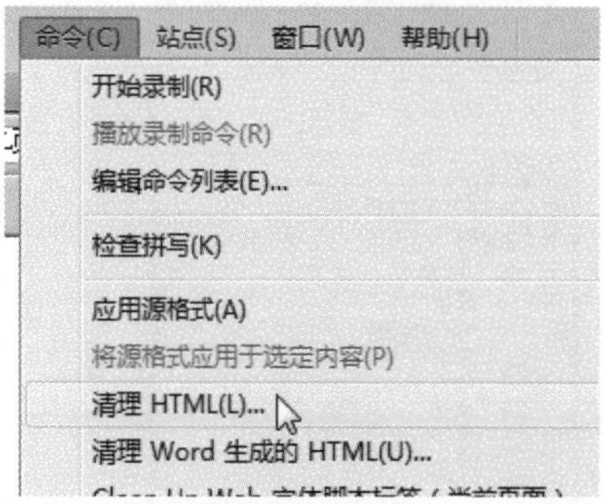

图 14-26

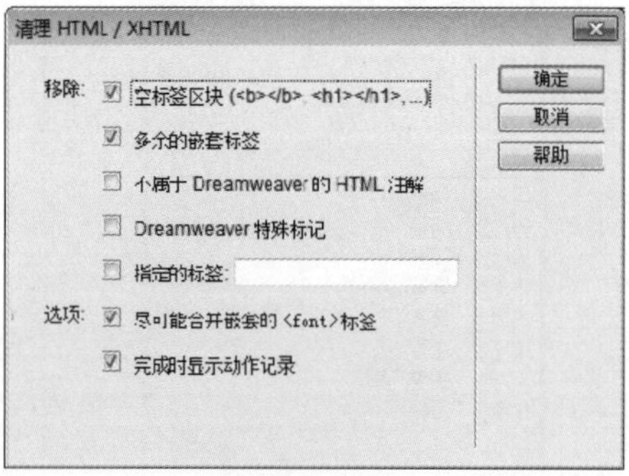

图 14-27

- 【空标签区块】复选框：选中该复选框，可以清除 HTML 代码中的空标签区块，例如<font color="#00FF00"></font>就是一个空标签。
- 【多余的嵌套标签】复选框：选中该复选框，可以清除 HTML 代码中多余的嵌套标签。

- 【不属于 Dreamweaver 的 HTML 注解】复选框：选中该复选框后，<!—begin body text-- >这种类型的注释将被删除，而像<!--#BeginEditable"main"-- >这种注释则不会被删除，因为它是由 Dreamweaver 生成的。
- 【Dreamweaver 特殊标记】复选框：与上面正好相反，选中该复选框后将只清理 Dreamweaver 生成的注释。如果当前页面是一个模板或者库页面，选中该复选框清除 Dreamweaver 特殊标记后，模板与库页面都将变为普通页面。
- 【指定的标签】复选框：选中该复选框后，在该复选框后面的文本框中输入需要删除的标签即可。
- 【尽可能合并嵌套的<font>标签】复选框：选中该复选框后，Dreamweaver 会将可以合并的<font>标签进行合并，可以合并的<font>标签通常用来控制一段相同的文本。
- 【完成时显示动作记录】复选框：在单击【确定】按钮后，Dreamweaver 会花一段时间进行处理，如果选中该复选框，则处理结束时会弹出一个提示对话框，其中详细地列出了修改的内容。

14.6.2 清理 Word 生成的 HTML 代码

在 Dreamweaver 中，可以打开或导入由 Microsoft Word 软件保存的 HTML 文件，由于 Word 生成的 HTML 文件中有许多无用的 HTML 代码，因此 Dreamweaver CC 提供了一个【清理 Word 生成的 HTML】命令用来清理那些只有 Word 才使用的、Dreamweaver 并不使用的代码。虽然是这样，这里还是建议大家对 Word 文档进行备份，因为使用了【清理 Word 生成的 HTML】命令的文件有可能出现无法打开的情况。下面介绍其操作方法。

step 1 ① 在 Dreamweaver CC 中单击【文件】菜单，② 在弹出的下拉菜单中选择【导入】菜单项，③ 在弹出的子菜单中选择【Word 文档】命令，如图 14-28 所示。

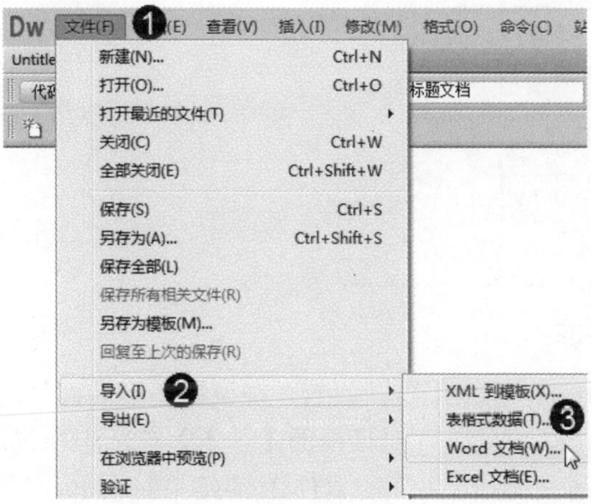

图 14-28

step 2 弹出【导入 Word 文档】对话框，① 选中准备导入的文档，② 单击【打开】按钮，如图 14-29 所示。

图 14-29

step 3 文档已经导入到网页中，① 单击【命令】菜单，② 在弹出的下拉菜单中选择【清理 Word 生成的 HTML】命令，如图 14-30 所示。

图 14-30

step 4 弹出【清理 Word 生成的 HTML】对话框，① 在其中可以对清理 Word 生成的 HTML 代码的方式进行设置，② 设置完成后单击【确定】按钮即可完成操作，如图 14-31 所示。

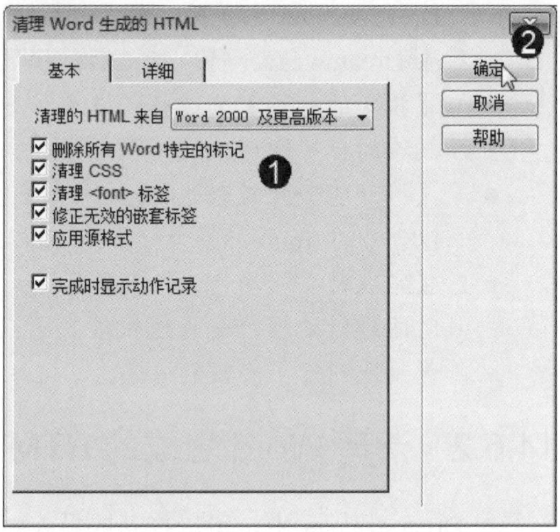

图 14-31

在【清理 Word 生成的 HTML】对话框中有两个选项卡，分别是【基本】和【详细】，其中【基本】选项卡用来做基本设置，【详细】选项卡用来对清理 Word 特定标签和 CSS 进行具体的设置，如图 14-32 所示。

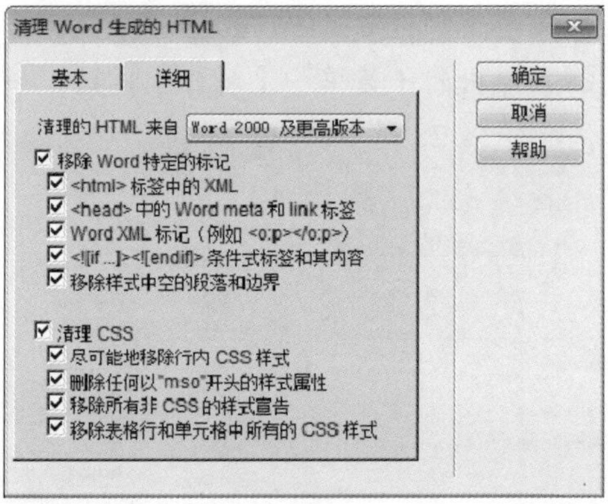

图 14-32

一般情况下，【清理 Word 生成的 HTML】对话框采用默认设置。在设置完毕后，单击【确定】按钮即可开始清理过程。清理完毕后，如果此前在对话框的【基本】选项卡中选中了【完成时显示动作记录】复选框，将弹出清理 Word 生成的 HTML 的结果对话框，显示完成了哪些清理动作。

Section 14.7 网页中的其他源代码

手机扫描下方二维码，观看本节视频课程

在网页的源代码中，除了 HTML 以外还有很多不同的代码类型，例如 CSS 层叠样式表、JavaScript 脚本等。本节将简单介绍几种源代码的特点，同时还会介绍有关源代码中注释的知识。

14.7.1 CSS 样式代码

使用 CSS 样式可以为 Web 设计带来全新的构思空间，提供纯 HTML 不具备的功能和灵活性。CSS 样式主要是为了和 HTML 一起使用而设计的，所以 CSS 非常适合在 Web 设计中使用。CSS 使用起来简单且灵活性很强，可以实现所有常见的 Web 显示效果，并且以前使用 HTML 的所有用户也应该熟悉 CSS 中的概念，从而更有效地使用 CSS。

CSS 可以和几种不同的标记语言一起使用，这些标记语言包括 HTML 和 XML 语言。运用 CSS 层叠样式表，用户可以自由地改变 HTML 页面的外观。CSS 可以用来改变从文本样式到页面布局的一切，并且可以与 JavaScript 结合产生动态效果。

14.7.2 JavaScript 脚本代码

为了具有交互性，能够包含更多活跃的元素，就有必要在网页中嵌入其他的技术。如：JavaScript、VBScript、DOM (Document Object Model，文档对象模型)、Layers 和 CSS(Cascading Style Sheets，层叠样式表)，这里主要介绍 JavaScript。JavaScript 是一种由 Netscape 的 LiveScript 发展而来的脚本语言，主要目的是解决服务器终端语言，比如 Perl 遗留的速度问题。当时服务端需要对数据进行验证，由于网络速度相当缓慢，只有 28.8Kbps，验证步骤浪费的时间太多，于是 Netscape 的浏览器 Navigator 加入了 JavaScript，提供了数据验证的基本功能。

JavaScript 就是适应动态网页制作的需要而诞生的一种新的编程语言，如今越来越广泛地使用于 Internet 网页制作上。JavaScript 是由 Netscape 公司开发的一种脚本语言(scripting language)，或者称为描述语言。在 HTML 基础上，使用 JavaScript 可以开发交互式 Web 网页。JavaScript 的出现使得网页和用户之间实现了一种实时性的、动态的、交互性的关系，使网页包含更多活跃的元素和更加精彩的内容。运行用 JavaScript 编写的程序需要能支持 JavaScript 语言的浏览器。Netscape 公司 Navigator 3.0 以上版本的浏览器都能支持 JavaScript 程序，微软公司 Internet Explorer 3.0 以上版本的浏览器基本上支持 JavaScript。微软公司还有自己开发的 JavaScript，称为 JScript。JavaScript 和 JScript 基本上是相同的，只是在一些细节上有出入。JavaScript 短小精悍，又是在客户机上执行的，大大提高了网页的浏览速度和交互能力。同时它又是专门为制作 Web 网页而量身定做的一种简单的编程语言。

JavaScript 可使网页增加互动性。JavaScript 可使有规律地重复的 HTML 文段简化，减少下载时间。JavaScript 能及时响应用户的操作，对提交表单做即时的检查，无须浪费时间交由 CGI 验证。

14.7.3 源代码中的注释

在几百行甚至更多的代码中要想清楚地区分各个部分的功能是件相当麻烦的事情，而且很多编程任务并不是一个人完成的，需要多人分工合作，那么怎样保证彼此能够清楚地了解对方代码的含义呢？这时可以借助在代码中加入注释来解决问题。注释内容不会在最终效果中显示，只是作为提示内容存在。

在 HTML 中使用<!--…-- >注释的代码示例如下：

```
<body>
<!--这里是注释内容-- >
<p>代码注释是不会显示在网页里的。</p>
</body>
```

Section 14.8 范例应用与上机操作

手机扫描下方二维码，观看本节视频课程

本小节主要介绍多媒体标签、表单标签、代码的注释、分区标签以及环绕标签的使用。多媒体标签用来显示图像、动画和声音等数据，表单标签用来制作交互式表单，<div>标签称为区域标签(又称为容器标签)，用来作为多种 HTML 标签组合的容器。

14.8.1 多媒体标签

多媒体标签用来显示图像、动画和声音等数据。多媒体标签主要有以下几个。

- <img>：图像标签，用于在网页中嵌入图像。
- <embed>：多媒体标签，用于在网页中嵌入多媒体对象。
- <bgsound>：声音标签，用于在网页中嵌入背景音乐。

多媒体标签的应用实例如图 14-33 所示。

```
<!doctype html>
<html>
<head>
<meta charset="utf-8">
<title>无标题文档</title>
</head>
<body>
<p><img src="图片/灯塔.jpg" width="365" height="278"  alt=""/>
</p>
<p>
  <embed src="视频/What Are Words.mp3" width="32" height="32"></embed>
</p>
</body>
</html>
```

图 14-33

在 HTML5 中取消了<bgsound>标签，新增了<audio>标签。由于是新增的标签，因此用户在使用时要注意浏览器的兼容问题，否则将不能正确播放背景音乐。

14.8.2 表单标签

表单标签用来制作交互式表单。常用的表单标签主要有以下几个。

- <form>…</form>：表单区域标签，用于表明表单区域的开始与结束。
- <input>：用于产生单行文本框、单选按钮和复选框等。
- <textarea>…</textarea>：用于产生多行输入文本框。
- <select>…</select>：用于表明下拉列表的开始与结束。
- <option>…</option>：用于在下拉列表中产生一个选择项目。

表单标签的应用实例如图 14-34 所示。

```
<!doctype html>
<html>
<head>
<meta charset="utf-8">
<title>无标题文档</title>
</head>
<body>
<form id="form1" name="form1" method="post">
  <p>
    <label for="textfield">Text Field:</label>
    <input type="text" name="textfield" id="textfield">
  </p>
  <p>
    <input type="button" name="button" id="button" value="提交">
  </p>
</form>
</body>
</html>
```

图 14-34

14.8.3 代码的注释

以前为了调试某些程序需要注释掉部分代码，并且这些代码有不少的行数，我们只能一行一行地添加注释。现在只需要选择需要注释的代码行，然后单击【应用注释】按钮，在弹出的菜单中执行相应的命令，就可以在所选代码两侧添加注释标签或打开新的注释标签，如图 14-35 所示。

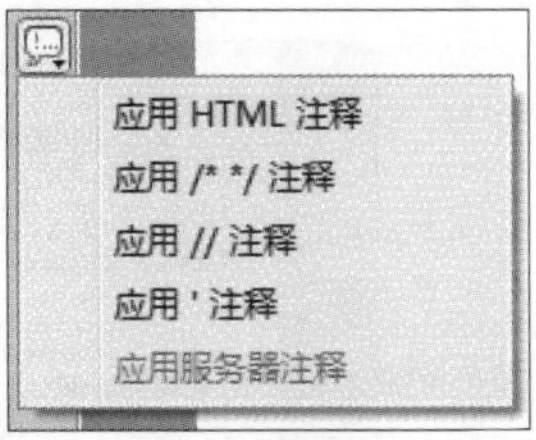

图 14-35

- 【应用 HTML 注释】选项：将在所选代码两侧添加<!-和-- >，如果未选择代码，则插入一对空的注释标签。
- 【应用/**/注释】选项：选择 CSS 样式或 JavaScript 代码为其添加/**/注释。
- 【应用//注释】选项：将在所选 CSS 样式或 JavaScript 代码的每一行的行首插入//，如果未选择代码，则单独插入一个//符号。
- 【应用 ' 注释】选项：适用于 Visual Basic 代码，它将在每一行 Visual Basic 脚本的行首插入一个单引号，如果未选择代码，则在插入点处插入一个单引号。
- 【应用服务器注释】选项：如果在处理 ASP、ASP.NET、JSP、PHP 或 ColdFusion 文件时执行了该命令，程序会自动检测正确的注释标签并将其应用到所选内容。

14.8.4 分区标签

在 HTML 文档中常用的分区标签有两个，即<div>标签和<span>标签。

其中，<div>标签称为区域标签(又称为容器标签)，用来作为多种 HTML 标签组合的容器，对区域进行操作和设置，就可以完成对语气中元素的操作和设置。

通过使用<div>标签，能够让网页代码具有很高的可扩展性。其基本应用格式如下：

```
<body>
<div>这里是第一个区块的内容</div>
<div>这里是第二个区块的内容</div>
</body>
```

在<div>标签中可以包含文字、图像、表格等。需要注意的是，<div>标签不能嵌套在<p>标签中使用。

<span>标签用来作为片段文字、图像等简短内容的容器标签，其意义与<div>标签类似，但是和<div>标签不一样。<span>标签是文本级元素，默认情况下不会占用整行，可以在一行显示多个<span>标签。<span>标签常用于段落、列表等项目。

14.8.5 环绕标签

设置环绕标签主要是防止写标签时忘记关闭标签。其操作方法是选择一段代码，单击【环绕标签】按钮，然后输入相应的标签代码，此时就在该选择区域外围添加了一段完整的新标签代码，这样既快速又能防止前后标签遗漏不能关闭的情况。

例如，在 HTML 代码中选中文本“跟随文杰书院一起学习 Dreamweaver CC！”，单击【环绕标签】按钮，如图 14-36 所示，输入<a>标签后，只需要按 Enter 键，即可在选择的文字的首尾出现<a>与</a>标签，如图 14-37 所示。

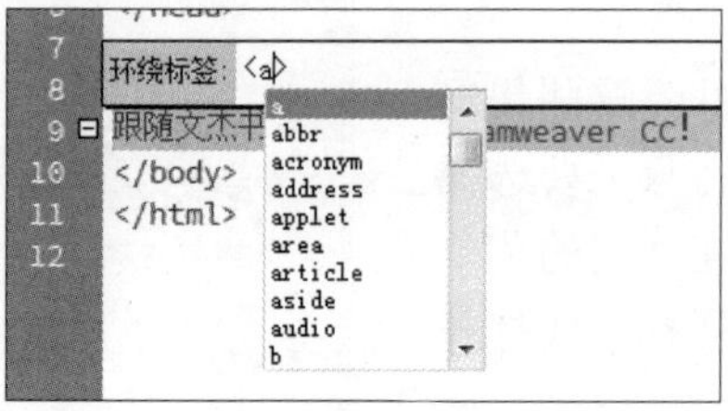

图 14-36

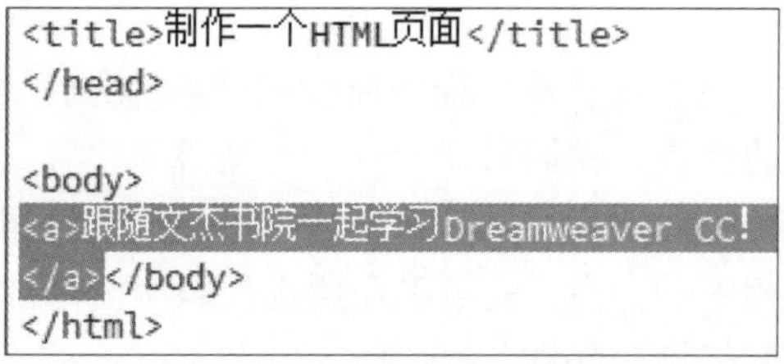

图 14-36

Section 14.9 本章小结与课后练习

本节内容无视频课程，习题参考答案在本书附录。

本章主要介绍了 HTML 概述、HTML 中的标签、在 Dreamweaver 中编辑 HTML、使用快速标签编辑器、使用代码片段、优化代码、网页中的其他源代码等内容。下面通过练习题达到巩固与提高的目的。

14.9.1 思考与练习

1. 填空题

(1) HTML 于______年被万维网采用，至今经历了众多版本，主要由______主导其发展。

(2) 一个完整的 HTML 文件由标题、______、列表和______等组成，这些逻辑上统一的对象称为 Element(元素)，HTML 使用______来分隔并描述这些元素，实际上整个 HTML 文件就是由元素与标签组成的。

(3) 一般情况下，一个属性名称可以有多个属性，每个起始标签都对应一个______。包含在两个标签之间的就是______，标签和属性没有大小写区分。

(4) 在查看 HTML 源代码或者编写网页时，大家经常会遇到 3 种形式的 HTML 标签，分别为______、<tag_name [[attr_name[=attr_value]]…]>对象>/tag_name>和______。

(5) 链接可以说是 HTML 超文本文件的“命脉”，HTML 通过链接标签来整合分散在世界各地的图像、文字、影像和音乐等信息，此类标签的主要用途为______。在 HTML 代码中，超链接标签为______，用于为文本或图像等创建超链接。

(6) CSS 可以和几种不同的标记语言一起使用，这些标记语言包括 HTML 和______语言。运用 CSS 层叠样式表，用户可以自由地改变 HTML 页面的______。CSS 可以用来改变所有的文本样式和页面布局，并且可以与______结合产生动态效果。

2. 判断题

(1) 网页显示的速度和网页代码的质量有很大的关系，保持精简和高效的 HTML 源代码是十分重要的。 ( )

(2) 标签的功能是逻辑性地描述文件的结构，所有的浏览器都支持所有的标签，HTML 的文件规格沿用 SGML 的格式，采用“<”与“>”作为分割字符。 ( )

(3) 从结构上来分，HTML 文件内容也分为 head(头部)和 body(主体)两大部分，这两部分各有其特定的标签即功能。 ( )

(4) <html>标签出现在 HTML 文档的第一行，用来标识 HTML 文档的开始。</html>标签出现在 HTML 文档的最后一行，用来标识 HTML 文档的结束。两个标签一定要一起使用，网页中的所有其他内容都需要放在<html>与</html>之间。 ( )

(5) 代码视图会以不同的颜色显示 HTML 代码，以帮助用户区分各种标签，同时用户也可以自己指定标签或代码的显示颜色。 ( )

(6) 【折叠整个标签】按钮不仅对规则的标签区域起作用，如果标签不是很规则，也可以实现折叠效果。 ( )

3. 思考题

(1) 如何在代码视图中创建 HTML 页面？

(2) 如何使用插入模式的快速标签编辑器？

(3) 如何使用编辑模式的快速标签编辑器？

14.9.2 上机操作

(1) 通过对本章内容的学习，读者基本可以掌握使用快速标签编辑器方面的知识，下面通过练习使用环绕模式的快速标签编辑器，达到巩固与提高的目的。

(2) 通过对本章内容的学习，读者基本可以掌握优化代码方面的知识，下面通过练习清理 Word 生成的 HTML 代码，达到巩固与提高的目的。

范例导航
系列丛书

第 15 章

站点的发布与推广

本章主要介绍测试与维护站点、上传发布站点、网站的运营与维护方面的知识与技巧，同时还讲解了如何推广网站。通过本章的学习，读者可以掌握站点的发布与推广方面的知识，为深入学习 Dreamweaver CC 知识奠定基础。

范 例 导 航

1. 测试与维护站点
2. 上传发布站点
3. 网站的运营与维护
4. 推广网站

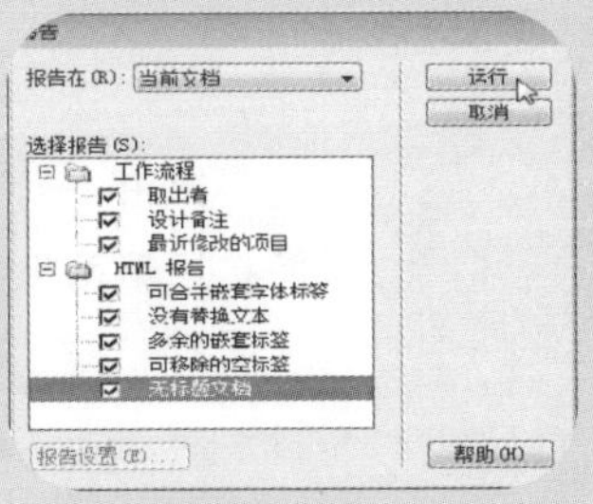

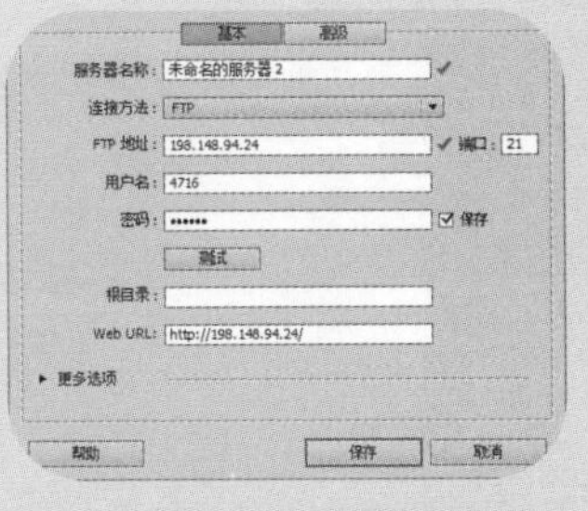

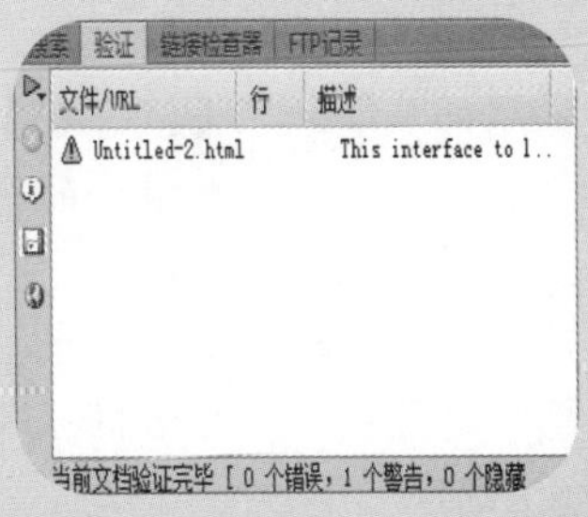

Section 15.1 测试与维护站点

手机扫描下方二维码，观看本节视频课程

测试站点主要是为了保证在目标浏览器中页面的内容能正常显示、网页中的链接能正常进行跳转，测试站点的另一个目的是使页面下载时间缩短。本节将详细介绍网站测试与维护方面的知识。

15.1.1 创建站点报告

在测试站点时，可以使用【报告】命令来为一些 HTML 属性编译并产生报告。下面详细介绍创建站点报告的操作方法。

step 1 打开准备检查链接的网页，① 单击【站点】菜单，② 在弹出的下拉菜单中选择【报告】命令，如图 15-1 所示。

图 15-1

step 3 弹出【站点报告】面板，在面板中显示站点报告，如图 15-3 所示。

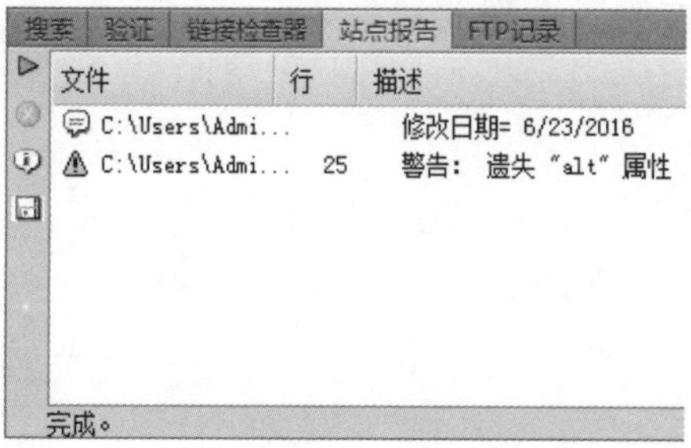

图 15-3

step 2 弹出【报告】对话框，① 在【选择报告】列表框中勾选报告类型，② 单击【运行】按钮，如图 15-2 所示。

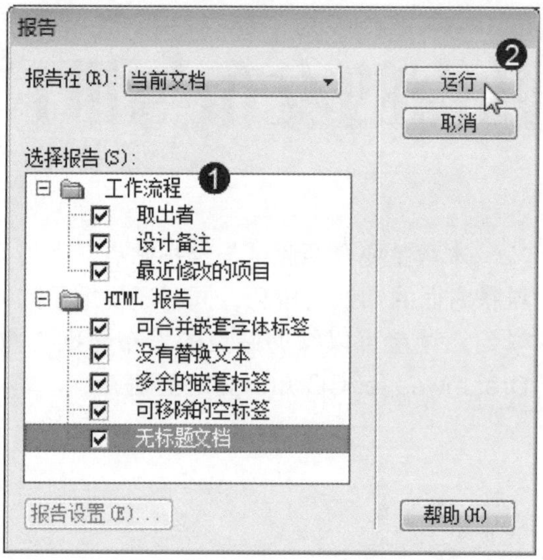

图 15-2

【报告】对话框中的各选项功能如下。

- 【报告在】下拉列表框：单击其中的下拉按钮，在弹出的下拉列表中选择生成站点报告的范围，从中可以是当前文档、整个当前本地站点、站点中的已选文件和文件夹。
- 【取出者】复选框：选中该复选框，单击【报告设置】按钮，将弹出【报告设置】对话框，从中可以设置取出者的名称，可以显示网站页面被小组成员取出的情况。

- 【设计备注】复选框：选中该复选框，将会列出所选文档或站点的所有设计备注。
- 【最近修改的项目】复选框：选中该复选框，将会列出指定时间段内修改过的文件。
- 【可合并嵌套字体标签】复选框：选中该复选框，将列出所有没有替换文本的 img 标签。
- 【多余的嵌套标签】复选框：选中该复选框，将详细地列出应该清理的嵌套标签。
- 【可移除的空标签】复选框：选中该复选框，将详细地列出所有可以移除的空标签，以便清理 HTML 代码。
- 【无标题文档】复选框：选中该复选框，将列出在选定参数中输入的所有无标题的网页文档。

15.1.2 使用链接检查器

在发布站点前应确认站点中所有文本和图形的显示是否正确，并且所有链接的 URL 地址是否正确。下面详细介绍使用链接检查器的方法。

step 1 打开准备检查链接的网页，① 单击【窗口】菜单，② 在弹出的菜单中选择【结果】菜单项，③ 在弹出的子菜单中选择【链接检查器】命令，如图 15-4 所示。

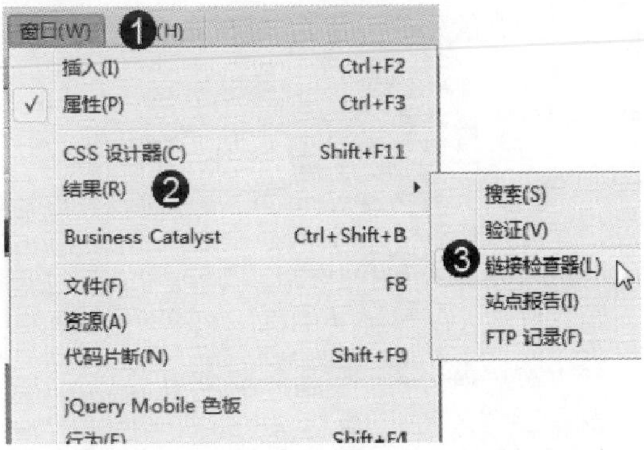

图 15-4

step 3 在面板中即可显示检查结果，如图 15-6 所示。

图 15-6

step 2 弹出【链接检查器】面板，① 单击【检查链接】按钮，② 在弹出的下拉菜单中选择【检查整个当前本地站点的链接】命令，如图 15-5 所示。

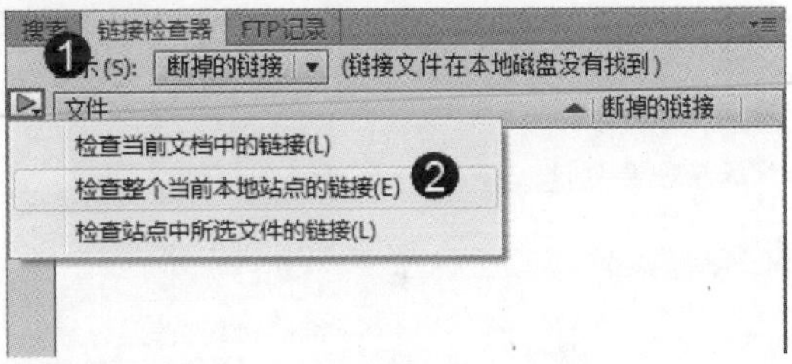

图 15-5

智慧锦囊

在【链接检查器】面板的【显示】下拉列表中除了有默认的【断掉的链接】选项外，还有【外部链接】和【孤立文件】两个选项。通过【外部链接】选项可以检查文档中的外部链接是否有效；通过【孤立文件】选项可以检查站点中是否存在孤立文件。

考考您

请您根据上述方法检查网页的链接情况，测试一下您的学习效果。

Section 15.2 上传发布网站

手机扫描下方二维码，观看本节视频课程

网站制作完毕后，就可以将其正式上传到 Internet。在上传网站前，应先在 Internet 上申请一个网站空间，这样才能把所做的网页放到 www 服务器上，供全世界的人参观。本节将详细介绍上传发布网站方面的知识。

15.2.1 设置 FTP 服务器

当远程服务器采取的是 FTP 技术时，需要在 Dreamweaver 中设置 FTP 的相关参数，这也是互联网中最常用的远程站点维护技术。如果需要使用 FTP 远程上传或管理站点，必须有一个远程的 FTP 服务器提供服务，用户需要有自己的用户名和密码，在 Dreamweaver 中设置远程服务器的信息。

step 1 启动 Dreamweaver CC 程序，① 单击【窗口】菜单，② 在弹出的下拉菜单中选择【文件】命令，如图 15-7 所示。

图 15-7

step 2 打开【文件】面板，单击面板上的【展开以显示本地和远程站点】按钮，如图 15-8 所示。

图 15-8

step 3 打开【站点管理】窗口，单击【连接到 远程服务器】按钮，如图 15-9 所示。

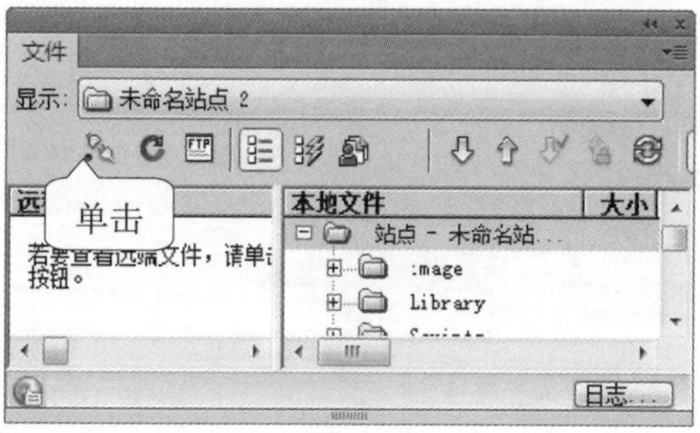

图 15-9

step 4 弹出【站点设置对象 未命名站点 2】对话框，① 选择【服务器】选项卡，② 单击【添加服务器】按钮，如图 15-10 所示。

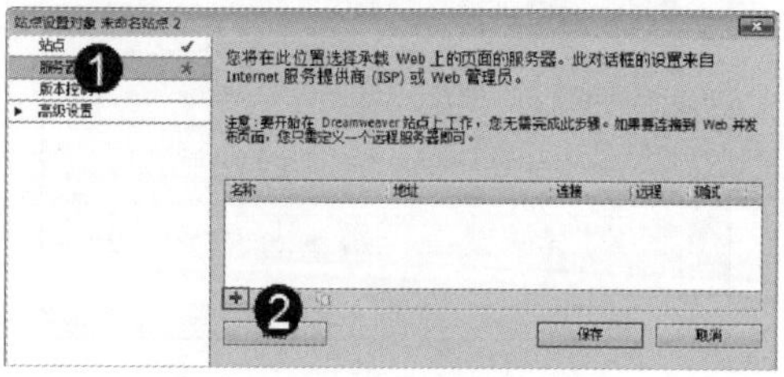

图 15-10

step 5 弹出【服务器设置】对话框，① 在【FTP 地址】、【用户名】和【密码】文本框中输入地址、用户名以及密码，② 单击【保存】按钮，如图 15-11 所示。

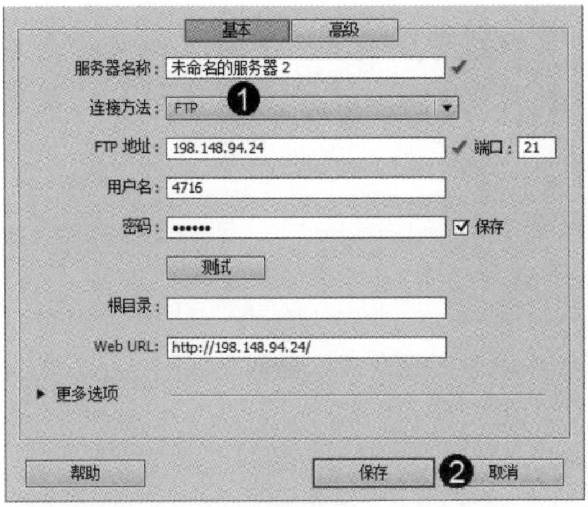

图 15-11

step 6 返回到【站点设置对象 未命名站点 2】对话框，可以看到服务器已经添加到列表中，单击【保存】按钮即可完成设置 FTP 服务器的操作，如图 15-12 所示。

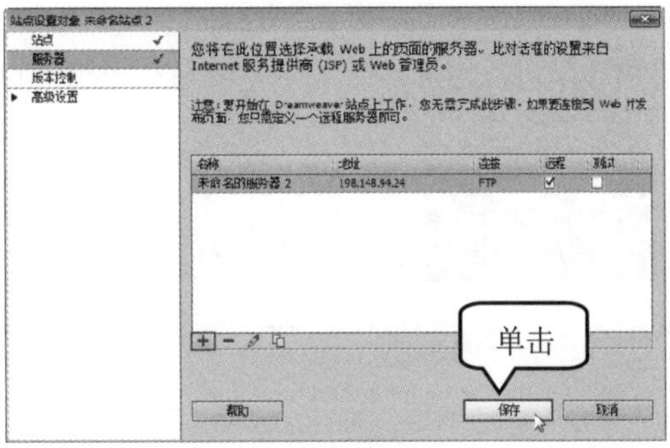

图 15-12

15.2.2 连接到远程服务器

在完成站点的远程服务器信息的设置后，就可以通过 Dreamweaver 连接到远程服务器了。打开【站点管理】窗口，单击工具栏上的【连接到远端主机】按钮，弹出【后台文件活动】对话框，连接到远程服务器。

知识精讲

如果在定义站点的远程服务器信息时没有选中【保存】复选框保存 FTP 密码，则当用户连接到远程服务器时会弹出对话框，提示用户输入 FTP 密码，并且可以选中【保存密码】复选框，以便下次连接时不用再次输入密码。

15.2.3 文件上传

网站页面制作完成，相关的信息也检查完毕，并且连接到远程服务器后就可以上传站点。在这里用户可以选择将整个站点上传到服务器上或只将部分内容上传到服务器上。

一般来讲，第一次上传需要将整个站点上传，以后更新站点时，只需要上传被更新的文件即可。

在【站点管理】窗口右侧的本地站点文件窗格中选中要上传的文件或文件夹，单击【上传】按钮，即可上传选中的文件或文件夹，如图 15-13 所示。

图 15-13

Section 15.3 网站的运营与维护

手机扫描下方二维码，观看本节视频课程

随着网络应用的深入和网络营销的普及，越来越多的企业意识到建立网站并非一次性投资建立一个网站那么简单，更重要的工作在于网站建成后的长期更新、维护及推广过程。本节将详细介绍网站运营与维护方面的知识。

15.3.1 网站的运营

想要把一个网站做好并不是一件容易的事情，很多人也在问：如何做好网站运营？简单来说，做好网站运营，至少应该注意以下几个方面。

1. 技术

技术不是最重要的，但却是做网站运营的基本前提和条件。网站运营的过程中，必须和客户、程序员、设计人员沟通，如果一点技术都不懂，创意就无法被很好地实现，因此网站的语言、架构、设计这些方面多少都要熟悉，用户至少得懂一点点技术。

2. 全方位运作

做网站运营要了解传统经济，如果在传统行业有些人脉和资源更好。要清楚，网站运营不是一个单独的产品，不管是公司运营还是个人网站，运营依然是传统的服务或者产品，而网站只是另外一个渠道。网站运营者所做的是通过互联网先进技术与传统行业相结合，为客户提供一种更为方便的服务。

所以，网站运营切忌只搞网络线上活动而脱离线下的运作。否则，只会离目标客户越来越远，陷入错误的运作模式。

3. 广告人的思维和策划能力

做网站运营同样也是在宣传，传统的广告在包装上、设计上都是非常有经验和冲击力的，广告人的思维和策划能力能够更快地接近客户，更迅速地把产品销售出去。如果网站运营者不懂得去宣传网站，客户找东西找起来很麻烦，或者来过网站之后从此不再记得，那网站没有很好的客户体验，也不可能留住客户。

4. 生产与销售

做网站运营的实质还是生产与销售。要产生利润，就必须分析目标群体需求什么，网站能提供什么，用户能从站点上得到哪些方便、价值、信息。要求网站运营者在需求和市场分析方面做足工作，这样才不会盲目。了解清楚了市场，才能知道如何精准推广，如何在网站上有的放矢地促进销售。其实网络推广和线下推广一样，重要的是思路，多借鉴传统行业的推广点子，会事半功倍。

5. 需求分析

做好网络营销也需要向竞争对手和同行学习，要做到取长补短，最好是深入了解一个行业。熟悉一种运营模式的网站，不单是分析他们的盈利模式，还要分析用户群体，只有这样才能在运营中不断进步，变得有竞争力。学会吸收竞争对手的优点来不断完善自己，这也是一个合适的网站运营人员必不可少的。

其实运营网站和经营一个公司在本质上没有很大的区别，这两者都涉及产品设计研发、市场推广和销售、人员的管理培训、财务管理等很多方面，所以做网站运营是一个系统而庞大的工作，需要不断地学习、不断地创新。

6. 网站内容的建设

网站内容的建设是网站运营的重要工作，网站内容是决定网站性质的重要因素。网站内容的建设，主要是由专业的编辑人员来完成，工作包括栏目的规划、信息的采编、内容的整理与上传、文件的审阅等。所以，编辑人员的工作也是网站运营的重要环节之一，在运营网站的过程中，与优秀的网站编辑人员合作也是十分有必要的。

7. 合理的网站规划

合理的网站规划包括前期的市场调研、项目的可行性分析、文档策划撰写和业务流程操作等步骤，一个网站的成功与否，与合理的网站规划有着密不可分的关系。根据网站构建的需要，网站运营商来进行有效的网站规划，如文章标题应怎么制作显示，广告应如何设置等，这些都需要合理和科学的规划。好的规划可使网站的形象得到提升，吸引更多的客户来观摩和交流，是网站运营时必要的操作手法。

15.3.2 网站的更新维护

在网站优化中，网站内容的更新维护是必不可少的。由于每个网站的侧重点不同，网站内容更新维护也是有所不同的。下面详细介绍网站更新维护需要注意的几点内容。

- 网站内容更新维护的时间：网站内容的更新维护时间形成一定的规律性后，百度也会按照更新时间形成一定爬行的规律，而在这个固定的时间段里更新文章，往往很快就会被收录。因此，如果条件允许的话，网站内容更新尽量在固定时间段进行。
- 网站内容更新维护的数量：网站每天更新多少篇文章才好，其实百度对这个并没有什么明确要求，一般个人网站的话每天更新七八篇也就行了，网站每天更新最好也是按照固定的量进行。
- 网站内容的质量：这是网站更新维护最为关键的一点，网站内容质量要涉及用户体验性和 SEO 优化技术。SEO 优化技术，文章的标题写法是内容更新的关键，一个权重高的网站往往会因一篇标题写得好的文章而带来不少的流量，标题的一般写法是体现文章内容的主题思想。

Section 15.4 推广网站

手机扫描下方二维码，观看本节视频课程

常见的网站推广方式包括注册搜索引擎、电子邮件推广、微博推广、资源合作推广方法、导航网站登录、博客推广和博客推广和 BBS 论坛宣传等。本节将详细介绍网站推广方式方面的知识。

15.4.1 注册搜索引擎

搜索引擎推广是指利用搜索引擎、分类目录等具有在线检索信息功能的网络推广网站的方法。

按照搜索引擎的基本形式，大致可以分为网络蜘蛛型搜索引擎和基于人工分类目录的搜索引擎两种。前者包括搜索引擎优化、关键词广告、竞价排名、固定排名、基于内容定位的广告等多种形式；而后者则主要是在分类目录合适的类别中进行网站登录。随着搜索引擎形式的进一步发展变化，也出现了其他一些形式的搜索引擎，不过大都是以这两种形式为基础。

搜索引擎推广的方法分为多种不同的形式，常见的有：登录免费分类目录、登录付费分类目录、搜索引擎优化、关键词广告、关键词竞价排名、网页内容定位广告等。

从目前的发展趋势来看，搜索引擎在网络营销中的地位依然重要，并且受到越来越多企业的认可，搜索引擎营销的方式也在不断发展演变，因此应根据环境的变化选择搜索引擎营销的合适方式。

15.4.2 资源合作推广方法

资源合作推广方法是通过网站交换链接、交换广告、内容合作、用户资源合作等方式，在具有类似目标网站之间实现互相推广的目的。其中最常用的资源合作方式为网站链接策略，利用合作伙伴之间网站访问量资源合作互为推广。

每个企业网站都拥有自己的资源，这种资源可以表现为一定的访问量、注册用户信息、有价值的内容和功能、网络广告空间等，利用网站的资源与合作伙伴开展合作，实现资源共享，达到共同扩大收益的目的。

在这些资源合作形式中，交换链接是最简单的一种合作方式，调查表明也是新网站推广的有效方式之一。交换链接或称互惠链接，是具有一定互补优势的网站之间的简单合作形式，即分别在自己的网站上，放置对方网站的 LOGO 或网站名称，并设置对方网站的超级链接，使得用户可以从合作网站中发现自己的网站，达到互相推广的目的。

交换链接的作用主要表现在以下几个方面：获得访问量、增加用户浏览时的印象、在搜索引擎排名中增加优势、通过合作网站的推荐增加访问者的可信度等。

15.4.3 电子邮件推广

上网的人，每人至少有一个电子邮箱，因此使用电子邮件进行网上营销是目前国际上很流行的一种网络营销方式。电子邮件具有成本低廉、效率高、范围广、速度快的优点。而且接触互联网的人也都是思维非常活跃的人，平均素质较高，并且具有很强的购买力和商业意识。越来越多的调查显示，电子邮件营销是网络营销最常用的也是最实用的方法。

电子邮件推广的常用方法包括电子刊物、会员通讯、专业服务商的电子邮件广告等。

群发邮件营销是最早的营销方式之一，邮件群发可以在短时间内把产品信息投放到海量的客户邮件地址内。下面介绍群发邮件时需要注意哪些问题。

1. 怎样填写群发邮件主题及内容

群发邮件时，一定要注意邮件主题和邮件内容。很多邮件服务器为过滤邮件设置了垃圾字词过滤，如果邮件主题和邮件内容中包含有大量宣传和赚钱等字词，服务器将会过滤掉该邮件，导致邮件不能发送。因此，在书写邮件主题和内容时应尽量避开有垃圾字词倾向的文字和词语，才能顺利群发邮件。

2. HTML 格式的邮件

大多数邮件群发软件都支持此发送形式，有的软件是将网页格式的邮件源代码复制粘贴到邮件内容处，然后选择发送模式为 HTML 即可。

3. 如何选择使用 DSN 及 SMTP 服务器地址

在使用软件群发邮件时，必须正确输入可用的主机 DSN 名称。由于各 DSN 主机或 smtp 服务器性能不一，发送速度也有差异，群发前可多试几个 DSN，选择速度快的 DSN 将大大加快群发速度。

基于用户许可的 E-mail 营销与滥发邮件(Spam)不同，许可营销比传统的推广方式或未经许可的 E-mail 营销具有明显的优势，比如可以减少广告对用户的滋扰、增加潜在客户定位的准确度、增强与客户的关系、提高品牌忠诚度等。

根据用户电子邮件地址资源的所有形式，可以分为内部列表 E-mail 营销和外部列表 E-mail 营销，或简称内部列表和外部列表。

内部列表也就是通常所说的邮件列表，是利用网站的注册用户资料开展 E-mail 营销的方式，常见的形式如新闻邮件、会员通讯、电子刊物等。外部列表 E-mail 营销则是利用专业服务商的用户电子邮件地址来开展 E-mail 营销，也就是以电子邮件广告的形式向服务商的用户发送信息。

15.4.4 导航网站登录

现在国内有大量的网址导航类站点，如：http://www.hao123.com，http://www.265.com等。在这些网址导航类网站上添加链接也能带来大量的流量，不过现在想登录上像 hao123 这种流量特别大的站点并不是件容易事。

15.4.5 软文推广

软文的撰写要分别站到用户角度、站到行业角度、站到媒体角度来有计划地发布推广，促使每篇软文都能够被各种网站转摘发布，以达到最好的效果。软文写得要有价值，让用户看了有收获，标题要写得吸引网站编辑，这样才能达到最好的宣传效果。

15.4.6 BBS 论坛网站推广

在论坛上经常看到很多用户在签名处都留下了他们的网站地址，这也是网站推广的一种方法。将有关的网站推广信息发布在其他潜在用户可能访问的网站论坛上，利用用户在这些网站获取信息的机会，实现网站推广的目的。

论坛里暗藏了许多潜在客户，所以千万不要忽略了这里的作用。记得把自己的头像和签名档设置好，并且做得好看些、动人些。再配合优秀的帖子，无论是首帖还是回帖，别人都能注意到你的。分享你的生意经、生活里的苦辣酸甜、读书和听音乐的乐趣等。定期更换你的签名，把网站的最新活动和商品及时通知给别人。

15.4.7 博客推广

博客在发布自己的生活经历、工作经历和某些热门话题的评论等信息的同时，还可以附带宣传网站信息等。特别是作者是在某领域有一定影响力的人物，所发布的文章更容易引起关注，吸引大量潜在顾客浏览，通过个人博客文章内容为读者提供了解企业的机会。用博客来推广企业网站首要条件是拥有良好的写作能力。

现在做博客的网站很多，虽不可能把各家的博客都利用起来，但也需要多注册几个博客进行推广。没时间的可以少选几个，但是新浪和百度的是不能少的。新浪博客浏览量最大，许多明星都在上面开博，人气很高。百度是全球最大的中文搜索引擎，大部分上网者都习惯用百度搜索东西。

博客的内容不要只写关于自己的事，多写点时事、娱乐和热点评论，这样会很受欢迎。利用博客推广自己的网站要巧妙，尽量别生硬地做广告，最好是软文广告。博客的题目要尽量吸引人，内容要和准备推广的网站内容尽量一致。博文题目是可以写夸大一点的，博文的内容必须吸引人，可以留下悬念，让想看的朋友去点击网站。

如何在博文里巧妙地放入广告，这个是必须要有技能的，不能把文章写好后，结尾留了个网址，这样人家看完文章后，就没有必要再打开网站。可以有所保留，另外一半放在网站上，让想看的朋友点击进入网站来阅读。同时，超文本链接广告也是很不错的推广方式，可以有效地应用超文本链接导入网站，那么网友在看的时候，也有可能点击进入网站。

写好博客后，有空多去别人博客转转，只要点进去，用户的头像就会在其博客里显示，出于对陌生拜访者的好奇，大部分的博主都会来你的博客看看。

15.4.8 微博推广

微博推广是以微博作为推广平台，每一个粉丝都是潜在营销对象。每个企业利用更新自己的微型博客向网友传播企业、产品的信息，树立良好的企业形象和产品形象。每天更新的内容都可以跟大家交流，或者有大家所感兴趣的话题，这样就可以达到营销的目的。

随着近几年微博的发展，使用人数也不断地增长，微博推广已成为一种常见的必备的推广方法之一。然而，微博的推广并不像论坛推广那样简单，随便发个帖子就是一条外链，发了帖子就会有人去看，仅仅是多少而已，即使没人去看，对你也不会有什么危害。微博则不然，不合时宜的广告帖，不但起不到宣传作用，搞不好还会殃及微博的命运，让你的微博人气尽失，成为一个无人问津的死博。那么到底该如何才能发挥微博的推广作用呢？

首先，微博需要人们的精心呵护，要像对自己的孩子一样去呵护。所谓精心呵护也就是人们平常说的养博。博主应根据自己网站的类别，确定微博的目标人群，多加一些和网站同类的微群，从中寻找活跃的群友加为好友，这在 SEO 的专业术语里叫作追星。当然了，追星的感觉绝对没有被追的感觉好，在追别人的同时，要好好想想怎样才能让别人追自己，用户要根据微博群体的共性，努力打造自己的微博风格，使之成为一个内容精美、丰富，受人喜爱的交流基地。若成了某个圈子的有影响的名人，那你的微博就功成名就了，这个时候才用它去推广你的网站，其效果必然是显而易见的。

其次，养好的微博也不是一劳永逸的。微博初期不能发广告的道理站长们都知道，可是一旦微博养到了一定的时候，有了一定的影响力，早就等不及的站长们便再也按捺不住了，于是便开始大肆地发广告，殊不知这又犯了大忌，不但起不到宣传作用，还很有可能让你以前为养博付出的精力付诸东流。这些都是由微博的特性决定的，因为微博本身就是具有某种共性的一类人的信息交流聚集地，没有什么利害关系的束缚，人们一点你觉得你的微博失去了这种作用，他们便会毫无眷恋地离你而去。要想留住这些人，自己发布的信息就必须要有量、有节、有度，同时，更要注重共性话题的活动质量，让有限的广告淹没在无限的共性话题之中才是上上之策，因为只有这样才能真正起到宣传作用，才能确保微博的良性发展。

15.4.9 口碑营销

口碑营销是指网站运营商在调查市场需求的情况下，为消费者提供需要的产品和服务，同时制定一定的口碑推广计划，让消费者自动传播网站产品和服务的良好评价，从而让人们通过口碑了解产品、树立品牌、加强市场认知度，最终达到网站销售产品和提供服务的目的。

相对于纯粹的广告宣传、促销手段、公关交际、商家推荐等而言，口碑营销可信度要更高。这个特征是口碑传播的核心，也是开展口碑宣传的一个最佳理由，与其不惜巨资投入广告、促销活动、公关活动来吸引潜在消费者的目光以增加客户的网站忠诚度，不如通过这种相对简单奏效的口碑传播的方式来达到推广网站的目的。

15.4.10 微信营销

微信营销是网络经济时代企业或个人营销模式的一种，是伴随着微信的火热而兴起的一种网络营销方式。微信不存在距离的限制，用户注册微信后，可与周围同样注册的朋友形成一种联系，订阅自己所需的信息，商家通过提供用户需要的信息，推广自己的产品，从而实现点对点的营销。

微信营销是以安卓系统、苹果系统的手机或者平板电脑中的移动客户端进行的区域定位营销。商家通过微信公众平台，结合转介率微信会员管理系统展示商家微官网、微会员、微推送、微支付、微活动，已经形成了一种主流的线上线下微信互动营销方式。

微信营销推广网站的方式有以下优势。

1. 点对点精准营销

微信拥有庞大的用户群，借助移动终端、天然的社交和位置定位等优势，每个信息都是可以推送的，能够让每个个体都有机会接收到这个信息，继而帮助商家实现点对点精准化营销。

2. 形式灵活多样的漂流瓶

用户可以发布语音或者文字然后投入大海中，如果有其他用户捞到则可以展开对话。

3. 位置签名

商家可以利用用户签名档这个免费的广告位为自己做宣传，附近的微信用户就能看到商家的信息。

4. 开放平台

通过微信开放平台，应用开发者可以接入第三方应用，还可以将应用的 LOGO 放入微信附件栏，使用户可以方便地在会话中调用第三方应用进行内容选择与分享。

5. 公众平台

在微信公众平台上，每个人都可以用一个 QQ 号码，打造自己的微信公众账号，并在微信平台上实现和特定群体的文字、图片、语音的全方位沟通和互动。

6. 强关系的机遇

微信的点对点产品形态注定了其能够通过互动的形式将普通关系发展成强关系，从而产生更大的价值。通过互动的形式与用户建立联系，互动就是聊天，可以解答疑惑、可以讲故事甚至可以卖萌，用一切形式让企业与消费者形成朋友的关系。你不会相信陌生人，但是会信任你的朋友。

Section 15.5 范例应用与上机操作

手机扫描下方二维码，观看本节视频课程

本小节主要介绍对网页进行 W3C 验证的操作方法、下载文件的操作方法以及优化网站 SEO 的相关知识。通过 W3C 验证功能的使用检查当前网页或整个站点中的所有网页是否符合 W3C 的要求。

15.5.1 W3C 验证

在 Dreamweaver 中可以通过 W3C 验证功能的使用检查当前网页或整个站点中的所有网页是否符合 W3C 的要求。下面详细介绍使用 W3C 验证功能的操作方法。

step 1 打开准备验证的网页，① 单击【窗口】菜单，② 在弹出的下拉菜单中选择【结果】菜单项，③ 在弹出的子菜单中选择【验证】命令，如图 15-14 所示。

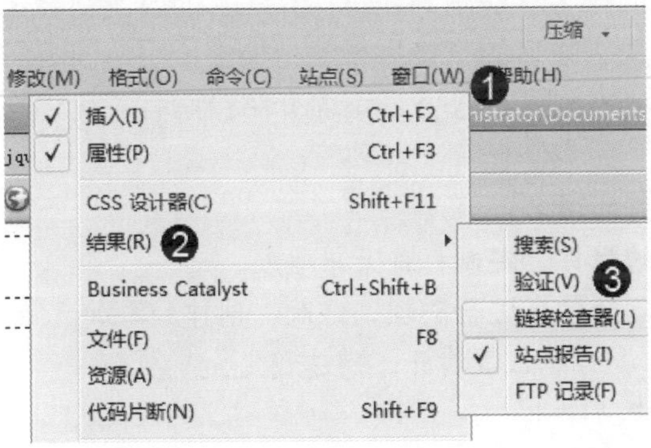

图 15-14

step 2 弹出【验证】面板，① 单击【W3C 验证】按钮，② 在弹出的下拉菜单中选择【验证当前文档(W3C)】命令，如图 15-15 所示。

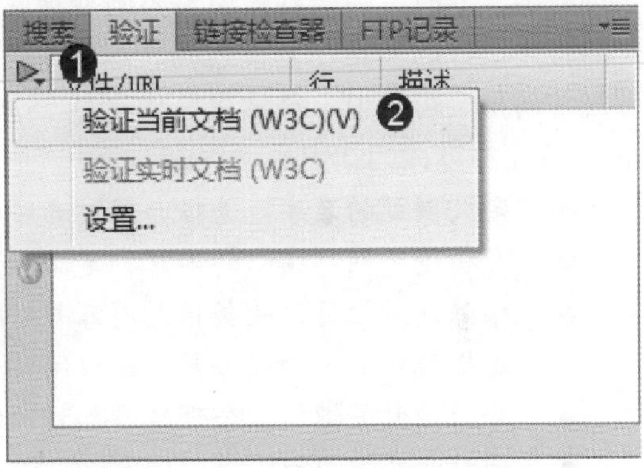

图 15-15

step 3 弹出【W3C 验证器通知】对话框，单击【确定】按钮，如图 15-16 所示。

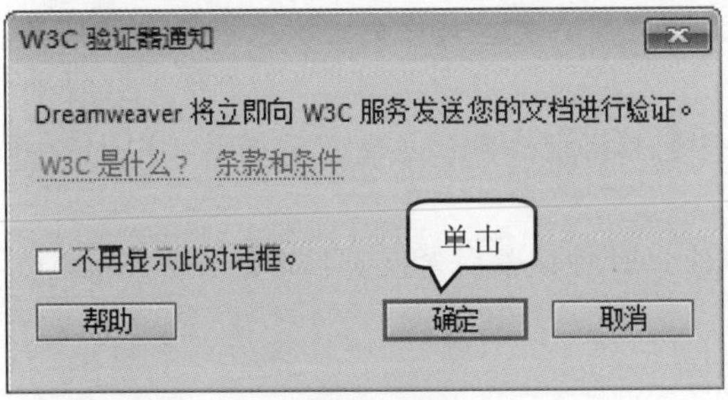

图 15-16

step 4 验证完成后将显示验证结果，如图 15-17 所示。

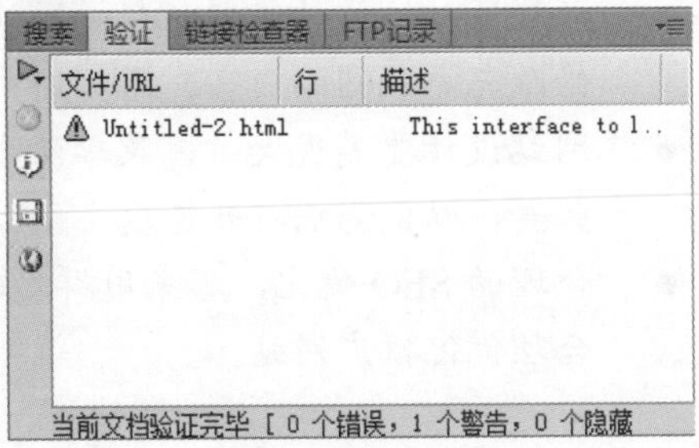

图 15-17

15.5.2 文件下载

单击【站点管理】窗口中的【连接到 远程服务器】按钮，连接到远程服务器，选择需要下载的文件或文件夹，然后单击【从“远程服务器”获取文件】按钮，即可将远程服务器上的文件下载到本地计算机中，如图 15-18 所示。

图 15-18

15.5.3 优化网站 SEO

SEO 的英文全称为 Search Engine Optimization，中文翻译为搜索引擎优化。

SEO 的主要工作是通过了解各类搜索引擎如何抓取互联网页面、如何进行索引以及如何确定其对某一特定关键词的搜索结果排名等技术，来对网页进行相关的优化，使其提高搜索引擎排名，从而提高网站访问量，最终提升网站的销售能力或宣传能力的技术。

优化网站 SEO 的目的是通过 SEO 这样一套基于搜索引擎的营销思路，为网站提供生态式的自我营销解决方案，让网站在行业内占据领先地位，从而获得品牌收益。

SEO 可分为站外 SEO 和站内 SEO 两种。

对于任何一家网站来说，要想在网站推广中取得成功，搜索引擎优化都是至为关键的一项任务。同时，随着搜索引擎不断变换它们的排名算法规则，每次算法上的改变都会让一些排名很好的网站在一夜之间名落孙山，而失去排名的直接后果就是失去了网站固有的可观访问量。可以说，搜索引擎优化是一个愈来愈复杂的任务。下面介绍一些有关优化网站 SEO 流程方面的知识：

- 定义网站的名字，选择与网站名字相关的域名。
- 分析围绕网站核心的内容，定义相应的栏目，定制栏目菜单导航。
- 根据网站栏目，收集信息内容并对收集的信息进行整理、修改、创作和添加。
- 选择稳定安全的服务器，保证网站 24 小时能正常打开，网速稳定。
- 分析网站关键词，合理地添加到内容中。
- 网站程序采用<DIV>+<CSS>构造，符合 WWW 网页标准，全站生成静态网页。
- 制作生成 xml 与 htm 的地图，便于搜索引擎对网站内容的抓取。
- 为每个网页定义标题、meta 标签。标题简洁，meta 围绕主题关键词。
- 网站经常更新相关信息内容，禁用采集，手工添置，原创为佳。
- 放置网站统计计算器，分析网站流量来源、用户关注什么内容，根据用户的需求，修改与添加网站内容，增加用户体验。
- 网站设计要美观大方，菜单清晰，网站色彩搭配合理。尽量少用图片、Flash、视频等，以免影响打开速度。
- 合理的 SEO 优化，不采用群发软件，禁止针对搜索引擎网页排名的作弊(Spam)，合理优化推广网站。

Section 15.6 本章小结与课后练习

本节内容无视频课程，习题参考答案在本书附录。

本章主要介绍了测试与维护站点、上传并发布站点、网站的运营与维护、推广网站的方法等内容，通过对本章内容的学习，用户可以掌握站点的发布与推广方面的知识。下面通过练习题达到巩固与提高的目的。

15.6.1 思考与练习

1. 填空题

(1) 单击【报告】对话框中的【报告在】下拉按钮，在弹出的下拉列表中选择生成站点报告的范围，可以是______、整个当前本地站点、______。

(2) 在【链接检查器】面板的【显示】下拉列表中除了有默认的【断掉的链接】选项外，还有______和______两个选项。

2. 判断题

(1) 网站内容的建设是网站运营的重要工作，网站内容是决定网站性质的重要因素。 (　)

(2) 第一次上传文件到远程服务器时需要将整个站点上传，以后更新站点时也需要上传整个站点。 (　)

3. 思考题

(1) 如何使用链接检查器？

(2) 如何设置 FTP 服务器？

15.6.2 上机操作

(1) 通过对本章内容的学习，读者基本可以掌握测试与维护站点方面的知识，下面通过练习 W3C 验证操作，达到巩固与提高的目的。

(2) 通过对本章内容的学习，读者基本可以掌握测试与维护站点方面的知识，下面通过练习创建站点报告，达到巩固与提高的目的。

第16章

设计与制作网站

本章主要介绍确定网页主题、添加网页内容方面的知识与技巧，同时还讲解了如何上传与浏览网页。通过本章的学习，读者可以通过一个具体的实例掌握设计与制作网站方面的知识，为深入学习Dreamweaver CC知识奠定基础。

范例导航

1. 确定网页主题
2. 添加网页内容
3. 上传与浏览网页

Section 16.1 确定网站主题

手机扫描下方二维码，观看本节视频课程

设计者在设计网页之前，首先要明确网页的制作目的，所有的页面内容都要围绕这个目的去实施，这样在内容上有较强的统一感。主题确定后就可以开始创建网页了，并对网页进行一些基础设置，例如创建 CSS 样式表等。

16.1.1 选择网站的主题

本例设计制作一个游戏类网站页面，主要想要运用活泼、鲜艳的颜色，在页面中采用强烈的色彩对比，给人一种积极向上、充满激情的感觉，并且通过运用大量的 Flash 动画营造一种动感、快乐、活泼的氛围。

素材文件 第 16 章\素材文件\无

效果文件 第 16 章\效果文件\设计与制作网站.html

16.1.2 创建网页

首先需要做的是创建空白网页。创建空白网页的方法非常简单，下面详细介绍创建空白网页的方法。

step 1 启动 Dreamweaver CC 程序，① 单击【文件】菜单，② 在弹出的下拉菜单中选择【新建】命令，如图 16-1 所示。

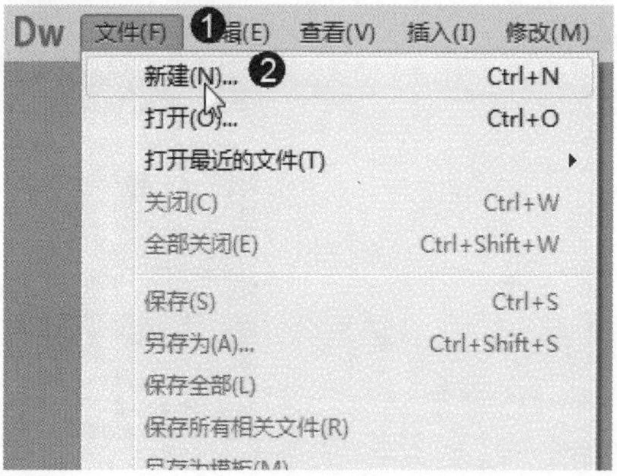

图 16-1

step 2 弹出【新建文档】对话框，① 选择【空白页】选项，② 在【页面类型】列表中选择 HTML 选项，③ 单击【创建】按钮即可完成操作，如图 16-2 所示。

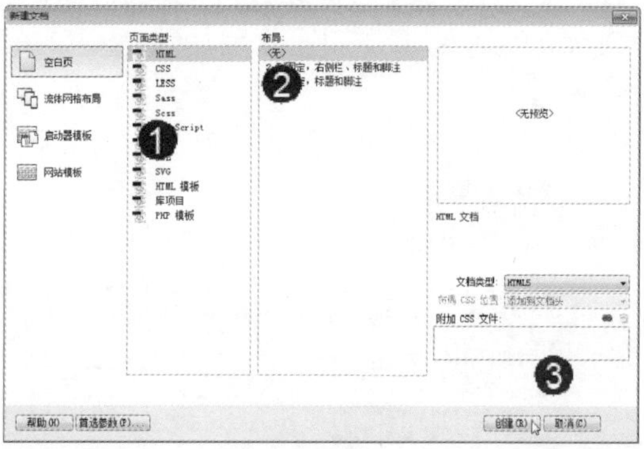

图 16-2

16.1.3 创建 CSS 链接

创建完网页后接下来创建外部 CSS 样式表文件。创建外部 CSS 样式表文件的方法非常简单，下面详细介绍创建外部 CSS 样式表文件的方法。

step 1 在新创建的空白网页中打开【CSS设计器】面板，① 单击【源】窗格的【添加 CSS 源】按钮，② 在弹出的下拉菜单中选择【创建新的 CSS 文件】命令，如图 16-3 所示。

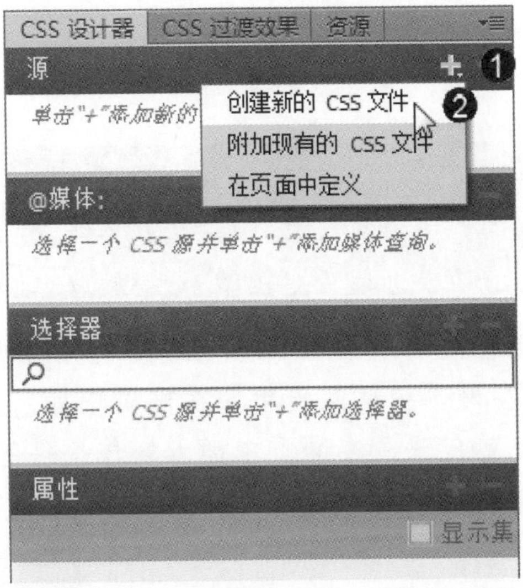

图 16-3

step 3 在【CSS 设计器】面板中，① 单击【源】窗格的【添加 CSS 源】按钮，② 在弹出的下拉菜单中选择【附加现有的 CSS 文件】命令，如图 16-5 所示。

图 16-5

step 2 弹出【创建新的 CSS 文件】对话框，① 在【文件】文本框中输入名称，② 在【添加为】区域中选择【链接】单选按钮，③ 单击【确定】按钮，如图 16-4 所示。

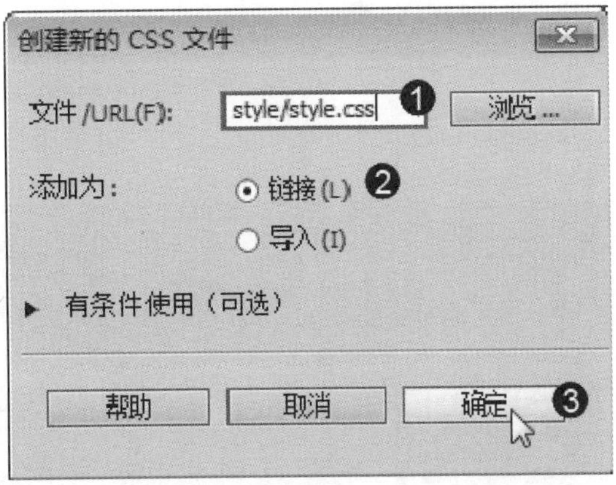

图 16-4

step 4 弹出【使用现有的 CSS 文件】对话框，① 在【文件】文本框中输入名称，② 在【添加为】区域中选择【链接】单选按钮，③ 单击【确定】按钮，将刚刚创建的样式表链接到网页中，如图 16-6 所示。

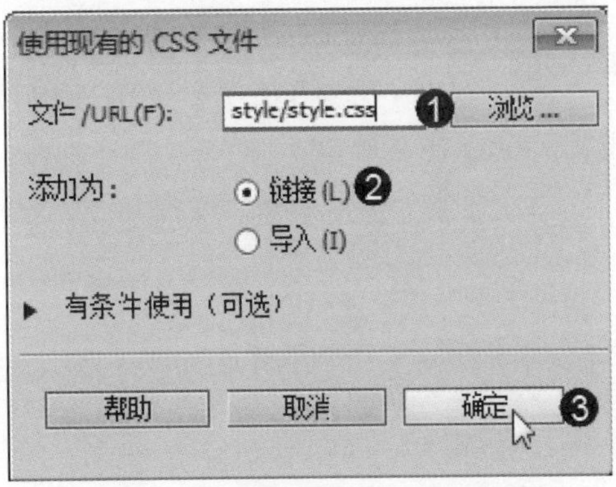

图 16-6

16.1.4 设置 CSS 样式

创建完 CSS 样式后就可以对样式进行设置了。设置 CSS 样式的方法非常简单，下面详细介绍设置 CSS 样式的方法。

step 1 打开网页，切换到 style.css 文件中，创建名为*的通配符 CSS 样式，如图 16-7 所示。

step 2 创建名为 body 的标签 CSS 样式，如图 16-8 所示。

```
*{
    margin:0px;
    padding:0px;
    border:0px;
}
```

图 16-7

```
body{
    font-size:12px;
    font-family:"宋体";
    color: #82785F;
    margin:0px;
    background-image: url(../images/21-02.jpg)
;
    background-repeat: repeat-x;
    background-position: left 43px;
}
```

图 16-8

Section 16.2 添加网页内容

手机扫描下方二维码，观看本节视频课程

本小节的主要内容包括在网页中插入 Div、在网页中插入图片、在网页中插入 Flash、在网页中插入表单、在网页中插入类样式、在网页中添加列表标签代码、在网页中插入媒体插件等，达到美化网页的效果。

16.2.1 插入 Div

本节开始在网页中插入 Div。在网页中插入 Div 的方法非常简单，下面详细介绍在网页中插入 Div 的方法。

step 1 打开网页，① 在【插入】面板中选择【常用】选项卡，② 选择 Div 选项，如图 16-9 所示。

图 16-9

step 2 创建名为 top 的 Div，然后切换到 style.css 文件中，创建名为#top 的 CSS 样式，如图 16-10 所示。

```
    font-family:"宋体";
    color: #82785F;
    margin:0px;
    background-image: url(../images/21-02.jpg)
;
    background-repeat: repeat-x;
    background-position: left 43px;
}
#top {
    height: 43px;
    width: 100%;
    background-image: url(../images/21-01.gif)
;
    background-repeat: repeat-x;
}
```

图 16-10

16.2.2 插入图片

在网页中插入 Div 之后，就可以在 Div 中插入图片。在 Div 中插入图片的方法非常简单，下面详细介绍在 Div 中插入图片的方法。

step 1 将光标定位在名为 top 的 Div 中，将多余的文字删除，并插入图像“21-03.gif”，切换到 style.css 文件，创建名为#top img 的 CSS 样式，如图 16-11 所示。

```
    font-size:12px;
    font-family:"宋体";
    color: #82785F;
    margin:0px;
    background-image: url(../images/21-02.jpg)
;
    background-repeat: repeat-x;
    background-position: left 43px;
}
#top {
    height: 43px;
    width: 100%;
    background-image: url(../images/21-01.gif)
;
    background-repeat: repeat-x;
}
#top img {
    float: left;
    margin-right: 40px;
}
```

图 16-11

step 2 将光标移到刚刚插入的图像右侧，在光标所在位置插入名为 top_menu 的 Div，切换到 style.css 文件，创建名为#top_menu 的 CSS 样式，如图 16-12 所示。

```
#top {
    height: 43px;
    width: 100%;
    background-image: url(../images/21-01.gif)
;
    background-repeat: repeat-x;
}
#top img {
    float: left;
    margin-right: 40px;
}
#top_menu {
    float: left;
    height: 29px;
    width: 470px;
    padding-top: 14px;
    color: #4E4E4E;
}
```

图 16-12

16.2.3 插入 Flash

接下来在 Div 中插入 Flash 动画。在 Div 中插入 Flash 动画的方法非常简单，下面详细介绍在 Div 中插入 Flash 动画的方法。

step 1 在名为 top 的 Div 之后插入名为 top-flash 的 Div，切换到 style.css 文件，创建名为#top-flash 的 CSS 样式，如图 16-13 所示。

```
#top-flash {
    height: 235px;
    width: 988px;
    background-image: url(../images/21-02.jpg)
;
    background-repeat: repeat-x;
}
```

图 16-13

step 2 将光标移到名为 top-flash 的 Div 中，将多余的文本删除，并插入 Flash 动画“top.swf”，单击【属性】面板上的【播放】按钮预览动画，如图 16-14 所示。

图 16-14

step 3 在名为 top-flash 的 Div 之后插入名为 main 的 Div，切换到 style.css 文件，创建名为#main 的 CSS 样式，如图 16-15 所示。

step 4 将光标移动到名为 main 的 Div 中，将多余的文本删除，并在该 Div 中插入名为 left 的 Div，切换到 style.css 文件，创建名为#left 的 CSS 样式，如图 16-16 所示。

```
#top_menu {
    float: left;
    height: 29px;
    width: 470px;
    padding-top: 14px;
    color: #4E4E4E;
}
#top-flash {
    height: 235px;
    width: 988px;
    background-image: url(../images/21-02.jpg)
;
    background-repeat: repeat-x;
}
#main {
    width: 900px;
    height: 620px;
}
```

图 16-15

```
#top-flash {
    height: 235px;
    width: 988px;
    background-image: url(../images/21-02.jpg)
;
    background-repeat: repeat-x;
}
#main {
    width: 900px;
    height: 620px;
}
#left {
    height: 614px;
    width: 193px;
    background-image:url(../images/21-04.gif);
    background-repeat:no-repeat;
    padding-left: 9px;
    background-position: left 375px;
    float: left;
}
```

图 16-16

16.2.4 插入表单

下面介绍制作登录用户界面的操作方法，该界面需要插入表单来完成。在网页中插入表单的操作很简单，下面详细介绍在网页中插入表单的操作方法。

step 1 将光标移动到名为 left 的 Div 中，将多余的文本删除，并在该 Div 中插入名为 login 的 Div，切换到 style.css 文件，创建名为#login 的 CSS 样式，如图 16-17 所示。

```
    background-repeat:no-repeat;
    padding-left: 9px;
    background-position: left 375px;
    float: left;
}
#login {
    background-image: url(../images/21-05.gif)
;
    background-repeat: no-repeat;
    height: 115px;
    width: 179px;
    padding-top: 36px;
    padding-right: 7px;
    padding-left: 7px;
}
```

图 16-17

step 2 将光标移动到名为 login 的 Div 中，将多余的文本删除，并插入红色虚线的表单，如图 16-18 所示。

图 16-18

step 3 根据前面章节讲解的表单制作方法完成登录页面窗口的制作，如图 16-19 所示。

图 16-19

step 4 在名为 login 的 Div 之后插入名为 pic 的 Div，切换到 style.css 文件，创建名为#pic 的 CSS 样式，如图 16-20 所示。

```
    font-size: 12px;
    color: #9b9386;
    float: left;
    margin-top: 7px;
}
#button {
    float: right;
}
#login img {
    margin-top: 10px;
    margin-right: 5px;
}
#pic {
    height: 270px;
    width: 193px;
}
```

图 16-20

step 5 将光标移动到名为 pic 的 Div 中，将多余的文本删除，并在该 Div 中插入名为“21-09.gif”的动图，然后在该图像后接着插入相应的 Flash 动画和图像，如图 16-21 所示。

图 16-21

step 6 切换到 style.css 文件，创建名为#pic img 的 CSS 样式，如图 16-22 所示。

```
#login img {
    margin-top: 10px;
    margin-right: 5px;
}
#pic {
    height: 270px;
    width: 193px;
}
#pic img {
    padding-top: 10px;
    padding-bottom: 6px;
}
```

图 16-22

step 7 在名为 left 的 Div 之后插入名为 center 的 Div，切换到 style.css 文件，创建名为#center 的 CSS 样式，如图 16-23 所示。

```
#pic img {
    padding-top: 10px;
    padding-bottom: 6px;
}
#center {
    height: 614px;
    width: 366px;
    float: left;
    background-color:#f3f0e9;
    margin-left: 8px;
}
```

图 16-23

16.2.5 插入类样式

用户还可以在网页中创建类样式。创建类样式的方法非常简单，下面介绍在网页中创建类样式的操作方法。

step 1 将光标移动到名为 center 的 Div 中，将多余的文字删除，并插入 Flash 动画“eventzone.swf”，如图 16-24 所示。

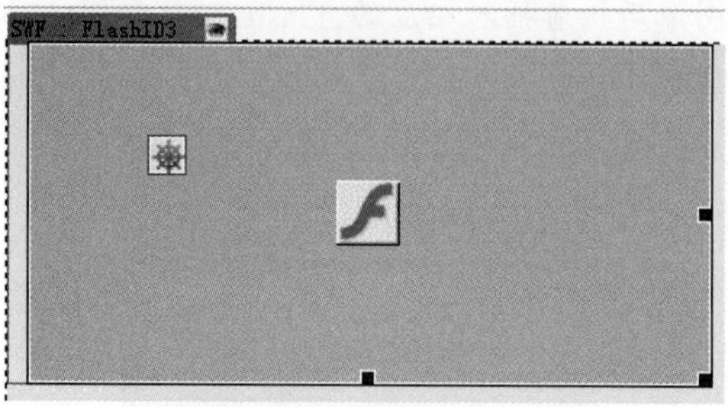

图 16-24

step 2 切换到 style.css 文件，设置 Flash 动画的 margin 样式，如图 16-25 所示。

```
    width: 366px;
    float: left;
    background-color:#f3f0e9;
    margin-left: 8px;
}
.swf {
    margin-left: 10px;
}
```

图 16-25

16.2.6 添加列表标签代码

在制作好的 Div 中为文字和图像添加列表标签代码。添加列表标签代码的方法非常简单，下面介绍添加列表标签代码的方法。

step 1 将光标移动到名为 top1-left 的 Div 中，将多余的文本删除，插入相应的图像并输入文字，切换到代码视图中，添加相应的列表标签代码，如图 16-26 所示。

```
  <dl>
    <dt><img src="images/21-14.gif" width="16" height="15" /></dt>
    <dd class="font01">被水呛死的鱼</dd>
    <dt><img src="images/21-15.gif" width="16" height="15" /></dt>
    <dd>Vaper</dd>
    <dt><img src="images/21-16.gif" width="16" height="15" /></dt>
    <dd>蓝烟火</dd>
    <dt><img src="images/21-17.gif" width="16" height="15" /></dt>
    <dd>小虾米</dd>
    <dt><img src="images/21-18.gif" width="16" height="15" /></dt>
    <dd>天亮说晚安</dd>
    <dt><img src="images/21-19.gif" width="16" height="15" /></dt>
    <dd>权权</dd>
  </dl>
</div>
```

图 16-26

step 2 切换到 style.css 文件，创建名为#top1-left dt 和#top1-left dd 的 CSS 样式，如图 16-27 所示。

```
#top1-left dt {
    float: left;
    height: 15px;
    width: 21px;
    padding-top: 1px;
}
#top1-left dd {
    line-height: 15px;
    float: left;
    width: 100px;
    border-bottom-width: 1px;
    border-bottom-style: dotted;
    border-bottom-color: #bcb8ad;
    padding-top: 1px;
}
```

图 16-27

step 3 切换到 style.css 文件，创建名为.font01 的类样式，如图 16-28 所示。

```
    border-bottom-color: #bcb8ad;
    padding-top: 1px;
}
.font01 {
    color:#ff4202;
}
```

图 16-28

step 4 在设计视图中选择文字，在【属性】面板的【类】下拉列表框中选择.font01 选项，效果如图 16-29 所示。

图 16-29

step 5 使用相同的方法，在名为 top1-left 的 Div 之后插入名为 top1-main 和名为 top1-right 的 Div，并分别完成这两个 Div 中内容的制作，效果如图 16-30 所示。

图 16-30

step 7 将光标移动到名为 event 的 Div 中，将多余的文本删除，并输入文字，切换到代码视图，添加相应的列表标签代码，如图 16-32 所示。

```
<div id="event">
  <dl>
    <dt>最新"环球汽车之旅"开赛啦! </dt>
    <dd>06.12</dd>
    <dt>车队PK争霸，胜者为王! </dt>
    <dd>06.13</dd>
    <dt>网友踏青聚会活动现已开始报名了....</
dt>
    <dd>06.14</dd>
    <dt>车友单身派对，等着你的到来...</dt>
    <dd>06.15</dd>
  </dl>
</div>
<div id="car">
  <div id="car-left"><img src=
"images/21-30.gif" width="90" height="68" /></
div>
  <div id="car-right">
```

图 16-32

step 9 返回到设计视图中，效果如图 16-34 所示。

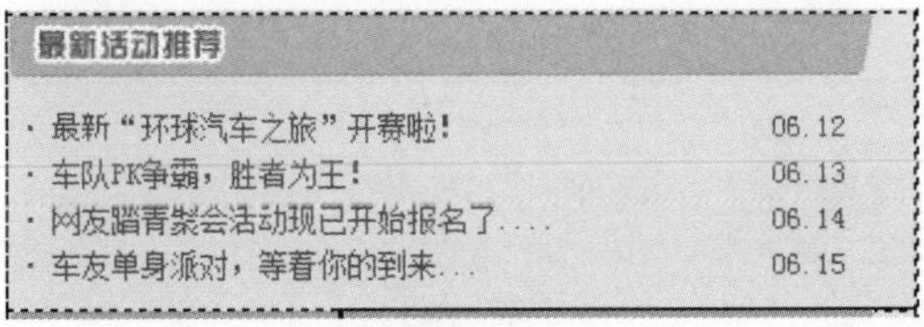

图 16-34

step 6 在名为 top1 的 Div 之后插入名为 event 的 Div，切换到 style.css 文件，创建名为#event 的 CSS 样式，如图 16-31 所示。

```
#event {
    height: 65px;
    width: 357px;
    background-image: url(../images/21-28.gif);
    background-repeat: no-repeat;
    padding-top: 35px;
    padding-left: 8px;
    padding-bottom: 16px;
    font-size: 12px;
    color: #82785f;
}
```

图 16-31

step 8 切换到 style.css 文件，创建名为#event dt 和#event dd 的 CSS 样式，如图 16-33 所示。

```
#event dt {
    height: 18px;
    width: 290px;
    background-image: url(../images/21-27.gif)
;
    background-repeat: no-repeat;
    background-position: left center;
    padding-left: 10px;
    line-height: 18px;
    float: left;
}
#event dd {
    float: left;
    height: 18px;
    width: 30px;
    line-height: 18px;
}
```

图 16-33

step 10 根据前面讲解的页面制作方法在页面中插入相应的 Div，并完成相应内容的制作，效果如图 16-35 所示。

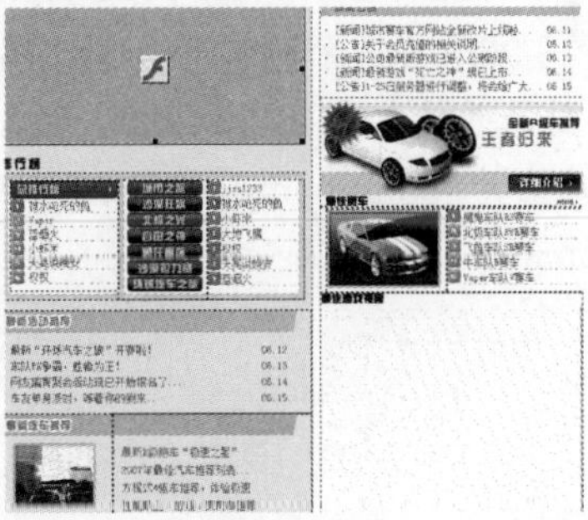

图 16-35

16.2.7 插入媒体插件

为 Div 添加媒体插件的方法非常简单，下面详细介绍为 Div 添加媒体插件的方法。

step 1 将光标移动到名为 movie 的 Div 中，将多余的文字删除，① 在【插入】面板中选择【媒体】选项卡，② 选择【插件】选项，如图 16-36 所示。

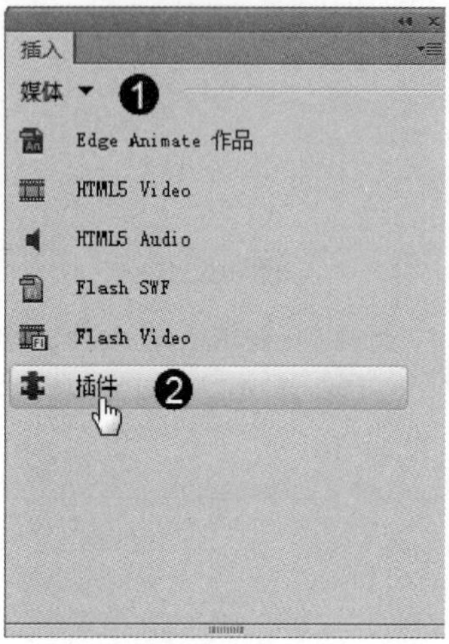

图 16-36

step 2 弹出【选择文件】对话框，① 选中准备插入的媒体文件“movie.wmv”，② 单击【确定】按钮，如图 16-37 所示。

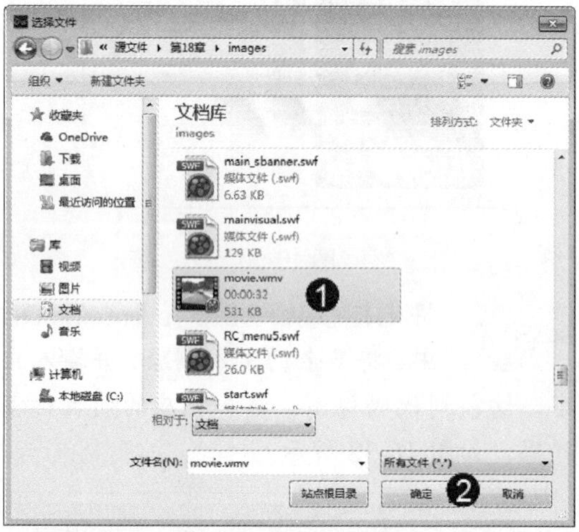

图 16-37

step 3 选择刚插入的视频，在【属性】面板中设置宽为 305、高为 264，如图 16-38 所示。

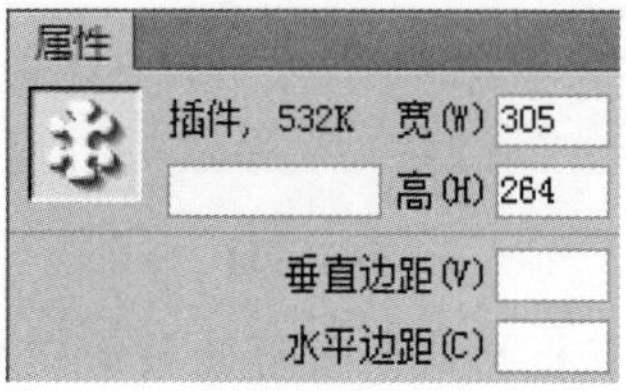

图 16-38

step 4 在名为 right 的 Div 之后插入名为 bottom 的 Div，切换到 style.css 文件，创建名为#bottom 的 CSS 样式，如图 16-39 所示。

```
#bottom {
    height: 70px;
    width: 530px;
    padding-left: 100px;
    padding-top: 15px;
    color: #4e4936;
    line-height: 18px;
}
```

图 16-39

step 5 将光标移动到名为 bottom 的 Div 中，将多余的文字删除，然后插入相应的图像并输入文字，切换到 style.css 文件，创建名为#bottom img 的 CSS 样式，如图 16-40 所示。

```
#bottom img {
    float: left;
    margin-right: 20px;
}
```

图 16-40

step 6 返回到设计视图，效果如图 16-41 所示。

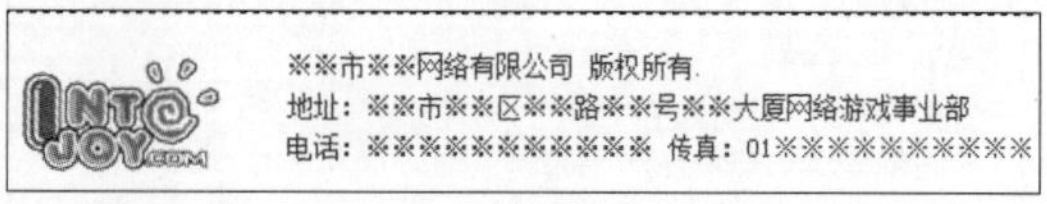

图 16-41

step 7 根据前面讲解的页面制作方法在页面中插入相应的 Div，并完成相应内容的制作，效果如图 16-42 所示。

图 16-42

Section 16.3 上传与浏览网页

手机扫描下方二维码，观看本节视频课程

网页制作完成后就可以进行上传到服务器的操作，上传后就可以在浏览器中查看网页的最终效果了。当远程服务器采取的是 FTP 技术时，需要在 Dreamweaver 中设置 FTP 的相关参数，这也是互联网中最常用的远程站点维护技术。

16.3.1 连接远程服务器

根据之前章节学习的知识对远程服务器进行设置，下面介绍连接远程服务器的方法。

在【文件】面板中单击【连接到 远程服务器】按钮，在弹出的【站点设置对象】对话框中的【服务器】选项卡中设置 FTP 地址等内容，在完成了站点的远程服务器信息的设置后，用户就可以通过 Dreamweaver 连接到远程服务器了。

16.3.2 浏览网页

在浏览器中打开之前制作的网页，查看制作效果，如果有不满意的地方再进行细节调试，如图 16-43 所示。

本章通过一个完整的网页制作案例使读者更加深入、具体地了解网页的制作过程，通过本章的案例读者基本可以掌握制作网页的基本流程和步骤，希望给读者在使用 Dreamweaver CC 制作网页方面提供帮助。

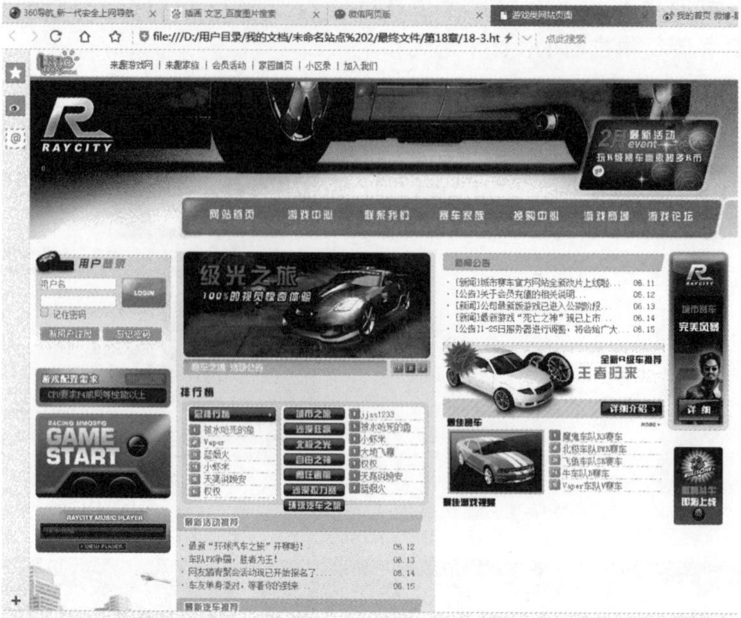

图 16-43

参 考 答 案

第 1 章

思考与练习

1. 填空题

(1) Banner、文本、Flash 动画

(2) 前期策划、规划网站、测试并上传网站

(3) 红色、蓝色

2. 判断题

(1) 对　　　(2) 错

3. 思考题

(1) 明确主题、首页设计、分类、互动性、图像的应用、避免过分使用网页技术、更新与维护。

(2) 整体布局、有价值的信息、速度、图形和版面设计。

第 2 章

思考与练习

1. 填空题

(1) 菜单栏、状态栏、【属性】面板、编辑窗口

(2) 【代码】、【实时视图】

2. 判断题

(1) 错　　　(2) 对

3. 思考题

(1) 启动程序，单击【查看】菜单，在弹出的下拉菜单中，选择【窗口大小】菜单项，在弹出的子菜单中，选择【方向纵向】命令，返回到工作界面，可以看到编辑窗口中页面以纵向的方式显示。通过以上方法，即可完成调整页面显示方向的操作。

(2) 启动 Dreamweaver CC 程序，单击【查看】菜单，在弹出的菜单中选择【网格设置】菜单项，在弹出的子菜单中选择【显示网格】命令，可以看到编辑窗口中已经添加了网格。通过以上步骤即可完成在 Dreamweaver CC 中设置网格的操作。

上机操作

(1) 启动 Dreamweaver CC 软件，单击【查看】菜单，在弹出的下拉菜单中，选择【辅助线】命令，在弹出的子菜单中，选择【清除辅助线】命令，这样即可完成清除辅助线的操作。

(2) 启动 Dreamweaver CC 软件，单击【查看】菜单，在弹出的下拉菜单中，选择【标尺】菜单项，在弹出的子菜单中，选择【厘米】命令，通过以上方法，即可完成调整标尺的显示方式为厘米的操作。

第 3 章

思考与练习

1. 填空题

(1) Business Catalyst、Import Site

(2) 树状链接、星状链接

2. 判断题

(1) 对　　(2) 对

3. 思考题

(1) 启动 Dreamweaver CC 后，可以在【文件】面板中，单击【显示】下拉列表，在弹出的下拉列表中选择准备打开的站点，单击即可打开相应的站点。

(2) 在【管理站点】对话框中，选择准备删除的站点名称，单击【复制】按钮，弹出 Dreamweaver 对话框，单击【是】按钮，返回到【管理站点】对话框，可以看到已经将选择的站点删除。通过以上方法即可完成删除站点的操作。

上机操作

(1) 在【文件】面板中，使用鼠标右键单击站点的根目录，在弹出的快捷菜单中，选择【新建文件夹】命令，在弹出的新建文件夹文本框中输入文件夹名称 “pic”，按 Enter 键，这样即可完成建立名为“pic”的文件夹的操作。

(2) 在【文件】面板中，使用鼠标右键单击站点的根目录，在弹出的快捷菜单中，选择【新建文件】命令，系统会自动新建一个网页文件，此时，文件名称为可编辑状态，修改文件名称为“tushang.html”，并按 Enter 键，这样即可完成建立名为“tushang.html”的网页文件的操作。

第 4 章

思考与练习

1. 填空题

(1) 版权、英镑符号
(2) 项目列表、符号列表

2. 判断题

(1) 对　　　(2) 对

3. 思考题

(1) 启动 Dreamweaver CC 程序，单击【修改】菜单，在弹出的下拉菜单中选择【页面属性】命令，弹出【页面属性】对话框，在【分类】列表中选择【标题(CSS)】选项，在【标题(CSS)】区域中可以对标题名称、字体、大小等属性进行具体设置，单击【确定】按钮即可完成设置网页标题的操作。

(2) 启动 Dreamweaver CC 程序，单击【插入】菜单，在弹出的下拉菜单中选择 Head 菜单项，在子菜单中选择【说明】命令，弹出【说明】对话框，在【说明】文本框中输入内容，单击【确定】按钮即可添加说明。

上机操作

(1) 打开文件，将准备设置字体颜色的文本选中，在【属性】面板中，单击【文本颜色】按钮，在弹出的【调色板】中，选择紫色色块，可以看到，欢迎词的字体颜色变为紫色。通过以上方法，即可完成将欢迎词字体颜色设置为“紫色”的操作。

(2) 打开文件，在【属性】面板中，单击【页面属性】按钮，弹出【页面属性】对话框，在【分类】列表框中，选择【外观(CSS)】选项，分别在【左边距】、【右边距】、【上边距】和【下边距】文本框中输入相应的数值“30”，单击【确定】按钮。通过以上方法，即可完成设置页边距各值为“30px”的操作。

第 5 章

思考与练习

1. 填空题

(1) 联合图像专家组、24

(2) 8

2. 判断题

(1) 对　　　　(2) 错

3. 思考题

(1) 新建网页，单击【属性】面板中的【页面属性】按钮，打开【页面属性】对话框，在【分类】列表框中选择【外观(CSS)】选项，单击右侧【外观(CSS)】区域中的【浏览】按钮，弹出【选择图像源文件】对话框，选中准备设置为背景的图片，单击【确定】按钮，可以看到网页背景已经改变。通过以上步骤即可完成设置网页背景图的操作。

(2) 启动 Dreamweaver CC 程序，在【插入】面板中选择【媒体】选项，选择 Flash Video 选项，弹出【插入 FLV】对话框，单击 URL 文本框右侧的【浏览】按钮，弹出【选择 FLV】对话框，选中准备插入的视频文件，单击【确定】按钮，返回【插入 FLV】对话框，在【宽度】和【高度】文本框中输入相应参数，单击【确定】按钮即可完成插入 Flash Video 的操作。

上机操作

(1) 将光标定位在文本后方，按空格键另起一行，单击【插入】菜单，在弹出的下拉菜单中选择【图像】菜单项，在弹出的子菜单中选择【图像】命令，弹出【选择图像源文件】对话框，选中图像，单击【确定】按钮。通过以上步骤即可完成在文本下方插入图像的操作。

(2) 将光标定位在标题前面，单击【插入】菜单，在弹出的下拉中选择【媒体】菜单项，在弹出的子菜单中选择 Flash SWF 命令，弹出【选择 SWF 文件】对话框，选择文件，单击【确定】按钮即可完成在标题前方插入视频的操作。

第 6 章

思考与练习

1. 填空题

(1) 源端点、目标端点、源端点、目标端点
(2) 统一资源定位器、数字、字母
(3) 内部超链接、脚本链接、文本超链接、E-mail 链接、多媒体文件链接

2. 判断题

(1) 对　　　　(2) 错　　　　(3)

3. 思考题

(1) 选中准备设置链接的文本，在属性面板下的【链接】文本框中输入半角状态下的“#”，按 Enter 键即可完成创建空链接的操作。

(2) 选中文本，在【属性】面板中单击【链接】文本框后的【浏览文件】按钮，弹出【选择文件】对话框，选中一个文件，单击【确定】按钮，单击【文件】主菜单，在弹出的菜单中选择【另存为】菜单项，按 F12 键，打开浏览器查看网页，单击“音视频链接”文本，弹出链接的视频文件。通过以上步骤即可完成创建音视频链接的操作。

上机操作

(1) 选中“联系”文本，在【插入】面板中选择【常用】选项，选择【电子邮件链接】选项，弹出【电子邮件链接】对话框，在【文本】文本框中输入内容，在【电子邮件】文本框中输入电子邮件地址，单击【确定】按钮，可以看到网页中已经添加了带下划线的文本链接。

(2) 启动 Dreamweaver CC 程序，单击【站点】菜单，在弹出的下拉菜单中选择【检查站点范围的链接】命令，打开【链接检查器】面板，在【显示】选项中包括【断掉的链接】、【外部链接】和【孤立的文件】3 个选项，单击任何一项即可检查相应的信息。

第 7 章

思考与练习

1. 填空题

(1) 单元格、文字

(2) 有序地整理页面内容、构建网页文档的布局

2. 判断题

(1) 错　(2) 对

3. 思考题

(1) 选中表格，单击【命令】菜单，在弹出的下拉菜单中选择【排序表格】命令，弹出【排序表格】对话框， 在【排序按】下拉列表中选择【列 2】， 在【顺序】下拉列表中选择【按数字顺序】选项， 在后面的下拉列表中选择【升序】选项，单击【确定】按钮，表格数据已经按照列 2 进行升序排序。

(2) 将光标放置在准备拆分的单元格中，单击【修改】菜单，在弹出的下拉菜单中选择【表格】菜单项，在弹出的子菜单中选择【拆分单元格】命令，弹出【拆分单元格】对话框，在【把单元格拆分】区域选择【行】单选按钮，在【行数】微调框中输入数值，单击【确定】按钮，单元格已经被拆分完毕。

上机操作

(1) 在网页中插入一个表格，并输入内容，单击【文件】菜单，在弹出的下拉菜单中选择【导出】菜单项，在弹出的子菜单中选择【表格】命令，弹出【导出表格】对话框，单击【导出】按钮，弹出【表格导出为】对话框，选择导出位置，在【文件名】文本框中输入名称，单击【保存】按钮即可完成导出表格的操作。

(2) 单击【文件】菜单，在弹出的下拉菜单中选择【导出】菜单项，在弹出的子菜单中选择【作为 XML 的数据模板】命令，弹出【导出 XML 的数据模板】对话框，选择导出位置，在【文件名】文本框中输入名称，单击【保存】按钮即可完成导出 XML 的数据模板的操作。

第 8 章

思考与练习

1. 填空题

(1) “层叠样式表”、HTML

(2) 自定义 CSS(类样式)、CSS 选择器样式(高级样式)

2. 判断题

(1) 对　　　(2) 错

3. 思考题

(1) 打开素材文件，选中文本，在【属性】面板中的【目标规则】文本框中查看被选中文本的选择器(本例为.linews h3)，在【CSS 过渡效果】面板中，单击【新建过渡效果】按钮，弹出【新建过渡效果】对话框，在【目标规则】下拉列表中选择.linews h3 选项，在【过渡效果开启】下拉列表框中选择 hover 选项，单击【属性】列表框下的【添加】按钮，在弹出的菜单中选择 color 选项，在【结束值】文本框中输入参数，单击【创建过渡效果】按钮，在【CSS 过渡效果】面板中可以看到已经创建的过渡效果，并显示效果所应用的实例个数。

(2) 在【CSS 设计器】面板中，单击【源】窗格中的【添加 CSS 源】按钮，在弹出的列表中选择【附加现有的 CSS 文件】选项，弹出【使用现有的 CSS 文件】对话框，单击【有条件使用(可选)】前的三角形按钮，可以在展开的【有条件使用(可选)】选项中对样式进行设置，设置完成后单击【确定】按钮即可完成附加现有 CSS 样式的操作。

上机操作

(1) 将光标定位在准备设置文本类型的标题处，在【属性】面板中，单击 CSS 按钮，单击【编辑规则】按钮，弹出【h1 的 CSS 规则定义】对话框，在【分类】列表框中，选择

【类型】列表项，在 Font-family 下拉列表框中选择准备设置的字体，如“Trebuchet MS, Arial, Helvetica, sans-serif”，单击【确定】按钮。通过以上方法，即可完成设置文本类型的操作。

(2) 将光标定位在准备设置准星样式的位置，在【属性】面板中，单击 CSS 按钮，单击【编辑规则】按钮，弹出【h1 的 CSS 规则定义】对话框，选择【扩展】列表项，在 Cursor 下拉列表中，选择相应的鼠标指针效果，如“crosshair”，单击【确定】按钮，返回软件主界面，单击【实时视图】按钮，并将鼠标指针移动至设置准星样式的文本处，可以看到鼠标指针的样式发生了改变，这样即可完成设置准星样式的操作。

第 9 章

思考与练习

1. 填空题

(1) 区分、</div>

(2) border(边框)、content(内容)

2. 判断题

(1) 错　　(2) 对

3. 思考题

(1) 启动 Dreamweaver CC，在【插入】面板上选择【常用】选项，单击 Div 按钮，弹出【插入 Div】对话框，在【插入】下拉列表中选择【在插入点】选项，在 ID 文本框中输入 apDiv1，单击【确定】按钮，可以看到网页中已经插入了 Div。

(2) CSS 盒子模型都具备的属性包括内容(content)、填充(padding)、边框(border)和边界(margin)，这些属性我们可以把它转移到我们日常生活中的盒子上来理解，日常生活中所见的盒子也就是能装东西的一种箱子，也具有这些属性，所以叫它盒子模型。

上机操作

(1) 在设计一列自适应的时候，首先要输入如下代码：

```
<body>
<div id="Row1">一列自适应</div>
</body>
```

然后在 head 标签中，输入如下代码：

```
#Row1{
    width:70%;
    background-color: #f0f0ff;
    border:3px solid #ff33ff;
}
```

这样即可完成布局一列自适应的操作。

(2) 在设计两列固定宽度的时候，首先要输入如下代码：

```
<body>
<div id="left">左列</div>
<div id="right">右列</div>
</body>
```

然后在 head 标签中，输入如下代码：

```
#left{
    width:220px;
    height:150px;
    background-color: #f0f0ff;
    border:3px solid #ff33ff;
    float:left;
}
#right{
    width:220px;
    height:150px;
    background-color: #f0f0ff;
    border:3px solid #ff33ff;
    float:left;
}
```

这样即可完成布局两列固定宽度的操作。

第 10 章

思考与练习

1. 填空题

(1) 图像、可编辑区域

(2) 矩形边框、双引号

2. 判断题

(1) 错　　(2) 对

3. 思考题

(1) 将光标定位在 Div 中，在【插入】面板中选择【模板】选项卡，选择【可编辑区域】选项，弹出【新建可编辑区域】对话框， 在【名称】文本框中输入该区域的名称，单击【确定】按钮，网页中已经插入了可编辑区域。

(2) 在 Dreamweaver CC 中，单击【文件】菜单，在弹出的下拉菜单中选择【新建】命令，弹出【新建文档】对话框，选择【空白页】选项，在【页面类型】列表中选择 HTML 选项，单击【创建】按钮，在新建的 HTML 文档中，单击【修改】菜单，在弹出的下拉菜单中选择【模板】菜单项，在弹出的子菜单中选择【应用模板到页】命令，在 Dreamweaver CC 中，单击【文件】菜单，在弹出的菜单中选择【新建】菜单项，可以看到新建的空白网页中已经应用了模板。通过以上步骤即可完成创建基于模板的网页的操作。

上机操作

(1) 启动 Dreamweaver CC 程序，单击【文件】菜单，在弹出的下拉菜单中选择【新建】命令，弹出【新建文档】对话框，①在左侧选择【空白页】选项，②在【页面类型】列表中选择【库项目】选项，③ 单击【创建】按钮即可完成创建基于模板的网页的操作。

(2) 将光标定位在准备插入重复表格的位置，在【插入】面板中选择【模板】选项卡，选择【重复表格】选项，弹出【插入重复表格】对话框，在【行数】文本框中输入 3，在【列数】文本框中输入 3，在【宽度】文本框中输入 25，单击【确定】按钮，页面中已经添加了可编辑的可选区域。

第 11 章

思考与练习

1. 填空题

(1) 信息交流、控件

(2) 窗体、控件

2. 判断题

(1) 对　　　(2) 对

3. 思考题

(1) 在【插入】面板中，选择【表单】选项卡，选择【密码】选项，可以看到页面中已经插入了表单密码。

(2) 在【插入】面板中，选择【表单】选项卡，选择【月】选项，可以看到页面中已经插入了月对象。通过以上步骤即可完成插入月对象的操作。

上机操作

(1) 在【插入】面板中，选择【表单】选项卡，选择【搜索】选项，可以看到页面中已经插入了搜索对象，通过以上步骤即可完成插入搜索对象的操作。

(2) 在【插入】面板中，选择【表单】选项卡，选择【单选按钮组】选项，弹出【单选按钮组】对话框，可以在列表框中添加或减少单选按钮的个数，单击【确定】按钮，可以看到页面中已经插入了单选按钮组对象。通过以上步骤即可完成插入单选按钮组的操作。

第 12 章

思考与练习

1. 填空题

(1) 消息、操作
(2) 链接、图像
(3) 当前文档
(4) onFocus

2. 判断题

(1) 对 (2) 错 (3) 对 (4) 对

3. 思考题

(1) 打开素材文件，切换至打开浏览器窗口.html 页面中，在标签选择器中选中<body>标签作为对象，弹出【打开浏览器窗口】对话框，在【显示的 URL】文本框中输入 URL 的名称，在【窗口高度】和【窗口宽度】文本框中输入数值，在【窗口名称】文本框中输入名称，单击【确定】按钮，在【行为】面板中，将触发该行为的事件修改为 onLoad，即在页面载入时打开新窗口，按 F12 键在浏览器中预览效果。通过以上步骤即可完成添加打开浏览器窗口的操作。

(2) 打开素材文件，选中图片，在【行为】面板中单击【添加行为】按钮，在弹出的菜单中选择【交换图像】命令，弹出【交换图像】对话框，单击【设定原始值为】选项后面的【浏览】按钮，弹出【选择图像源文件】对话框，选中准备交换的图像，单击【确定】按钮，此时【行为】面板中已经添加了相应的行为。

(3) 打开素材文件，选中<body>标签，在【行为】面板中，单击【添加行为】按钮，在弹出的菜单中选择【弹出信息】命令，弹出【跳出消息】对话框，在【消息】文本框中输入内容如“Hello，Welcome！”， 单击【确定】按钮，在【行为】面板中，将触发该行为的事件修改为 onLoad，即在页面载入时打开新窗口，保存页面，按 F12 键在浏览器中预览效果。通过以上步骤即可完成添加弹出信息的操作。

上机操作

(1) 将准备调用 JavaScript 的文本选中，单击【行为】面板中的【添加行为】下拉按钮，在弹出的下拉菜单中，选择【调用 JavaScript】命令，弹出【调用 JavaScript】对话框，在 JavaScript 文本框中，输入要执行的自定义函数名称或者 JavaScript 代码，如“window.close()”，单击【确定】按钮，在【行为】面板中，单击【触发事件】下拉按钮 ，将【触发事件】设置为“onClick”，保存文件，单击【在浏览器中预览/调试】下拉按钮，在弹出的下拉菜单中，选择【预览在 IExplore】菜单项，弹出浏览器，在网页中使用鼠标左键单击“关闭当前页面”，弹出 Windows Internet Explorer 对话框，单击【是】按钮，即可关闭当前页面，通过以上方法，即可完成调用 JavaScript 的操作。

(2) 打开素材文件，在标签选择器中单击选中<body >标签，在【行为】面板中，单击【添加行为】按钮，在弹出的菜单中选择【设置文本】菜单项，在弹出的子菜单中选择【设置状态栏文本】命令，弹出【设置状态栏文本】对话框，在【消息】文本框中输入内容“欢迎来到我的个人空间，有什么建议随时联系我”，单击【确定】按钮，在【行为】面板中，将触发该行为的事件修改为 onLoad，即在页面载入时打开新窗口。

第 13 章

思考与练习

1. 填空题

(1) JavaScript、查询(Query)、库
(2) 手机上、平板设备上

2. 判断题

(1) 错　　(2) 对

3. 思考题

(1) 打开 jQuery Mobile 页面，将鼠标指针定位在准备插入布局网格的位置，在【插入】面板中选择 jQuery Mobile 选项卡，选择【布局网格】选项，弹出【布局网格】对话框，在【行】下拉列表中选择 1 选项，在【列】下拉列表中选择 2 选项，单击【确定】按钮，在页面中插入布局网格的操作完成。

(2) 打开 jQuery Mobile 页面，将鼠标指针定位在准备插入选择菜单的位置，在【插入】面板中选择 jQuery Mobile 选项卡，选择【文本区域】选项，在【文档】工具栏中单击【实时视图】按钮，即可查看在页面中插入选择菜单的效果。

上机操作

(1) 打开 jQuery Mobile 页面，将鼠标指针定位在准备插入密码输入框的位置，在【插入】面板中选择 jQuery Mobile 选项卡，选择【密码】选项，在【文档】工具栏中单击【实时视图】按钮，即可查看在页面中插入密码输入框的效果。

(2) 创建 jQuery Mobile 起始页，将光标定位在页面中需要设置页面主题的位置，单击【窗口】菜单，在弹出的下拉菜单中选择【jQuery Mobile 色板】命令，在【文档】工具栏中单击【实时视图】按钮，在【jQuery Mobile 色板】面板中单击【列表主题】列表中的颜色，当前页面中的列表主题颜色已经被修改。

第 14 章

思考与练习

1. 填空题

(1) 1990、万维网国际协会(W3C)

(2) 段落、Div(即嵌入的各种对象)、Tag(标签)

(3) 结束标签、“对象”

(4) <tag_name 对象</tag_name>、<tag_name>

(5) 标识超文本文件、<a>…</a>

(6) XML、外观、JavaScript

2. 判断题

(1) 对　(2) 错　(3) 对　(4) 对　(5) 对　(6) 错

3. 思考题

(1) 启动 Dreamweaver CC 程序，单击【文件】菜单，在弹出的下拉菜单中选择【新建】命令，弹出【新建文档】对话框，选择【空白页】选项，在【页面类型】列表中选择 HTML 选项，单击【创建】按钮，在页面的<tittle>与</tittle>标签之间输入标题，在<body>与</body>标签之间输入主体内容，保存页面，打开浏览器预览。

(2) 打开快速标签编辑器的方法非常简单，只需要将光标定位在设计视图中，然后按 Ctrl+T 键即可。如果在文档中没有选择任何对象就直接启动快速标签编辑器，快速标签编辑器会以插入模式启动。这时，编辑器中只显示一对尖括号，提示用户输入新的标签及标签中的其他内容。

(3) 如果用户在文档窗口中选择了完整的 HTML 标签，包括起始标签、结束标签和标签间的内容，启动快速标签编辑器时会自动进入编辑模式。

选择完整的标签内容最有效的方法是利用文档窗口左下角的标签选择器。单击标签选择器上对应的标签，就可以在文档窗口中选中该标签及标签间的内容。

上机操作

(1) 环绕模式与插入模式有着明显的区别，在环绕模式中只能够输入单个的起始标签，并且在关闭快速标签编辑器后，Dreamweaver CC 会自动将与其匹配的结束标签加入到用户在文档窗口中所选择的内容后面，所选内容的前面则是起始标签。如果用户在文档窗口中只选择了标签间的内容，而未选择任何标签，那么打开快速标签编辑器时会自动进入环绕模式。

(2) 在 Dreamweaver CC 中单击【文件】菜单，在弹出的下拉菜单中选择【导入】菜单项，在弹出的子菜单中选择【Word 文档】命令，弹出【导入 Word 文档】对话框，选中准备导入的文档，单击【打开】按钮，文档已经导入到网页中，单击【命令】菜单，在弹出的菜单中选择【清理 Word 生成的 HTML】命令，弹出【清理 Word 生成的 HTML】对话框，在其中可以对清理 Word 生成的 HTML 代码的方式进行设置，设置完成后单击【确定】按钮即可完成操作。

第 15 章

思考与练习

1. 填空题

(1) 当前文档、站点中的已选文件和文件夹

(2) 【外部链接】、【孤立文件】

2. 判断题

(1) 对　　(2) 错

3. 思考题

(1) 打开准备检查链接的网页，单击【窗口】菜单，在弹出的下拉菜单中选择【结果】菜单项，在弹出的子菜单中选择【链接检查器】命令，弹出【链接检查器】面板，单击【检查链接】按钮，在弹出的菜单中选择【检查整个当前本地站点的链接】菜单项，在面板中即可显示检查结果。

(2) 启动 Dreamweaver CC 程序，单击【窗口】菜单，在弹出的下拉菜单中选择【文件】命令，打开【文件】面板，单击面板上的【展开以显示本地和远程站点】按钮，打开【站点管理】窗口，单击【连接到 远程服务器】按钮，弹出【站点设置对象 未命名站点 2】对话框，选择【服务器】选项卡，单击【添加服务器】按钮，弹出【服务器设置】对话框，在【FTP 地址】、【用户名】和【密码】文本框中输入地址、用户名以及密码，单击【保存】按钮，弹出【服务器设置】对话框，在【FTP 地址】、【用户名】和【密码】文本框中输入地址、用户名以及密码，单击【保存】按钮。

上机操作

(1) 打开准备验证的网页，单击【窗口】菜单，在弹出的下拉菜单中选择【结果】菜单项，在弹出的子菜单中选择【验证】命令，弹出【验证】面板，单击【W3C 验证】按钮，在弹出的菜单中选择【验证当前文档(W3C)】命令，弹出【W3C 验证器通知】对话框，单击【确定】按钮，验证完成后将显示验证结果。

(2) 打开准备检查链接的网页，单击【站点】菜单，在弹出的下拉菜单中选择【报告】命令，弹出【报告】对话框，在【选择报告】列表框中选择报告类型，单击【运行】按钮，弹出【站点报告】面板，在面板中显示站点报告。